石油和化工行业“十四五”规划教材

河南省战略性新兴领域“十四五”高等教育教材

普通高等教育高端装备制造系列教材

# 智能制造优化方法及应用

文笑雨 张丽科 张玉彦 张伟伟 编著

化学工业出版社

·北京·

## 内容简介

本书详细讲解了进化计算、群体智能、领域搜索、机器学习、深度学习、强化学习等智能制造领域主流的优化方法，并将其与智能制造环境中的多种应用场景结合，如智能工艺规划、智能物流规划、智能车间调度、智能车间布局、加工参数优化、智能车间产能预测、产品缺陷检测、工业机器人路径规划等，帮助读者全面了解、学习和掌握优化方法在智能制造各流程中的应用。

本书兼顾理论基础与应用实践，展望智能制造技术前沿，可作为智能制造及相关专业的教材，也可为相关领域的技术人员提供有益参考。

**图书在版编目（CIP）数据**

智能制造优化方法及应用 / 文笑雨等编著. -- 北京 ： 化学工业出版社，2025. 8. --（石油和化工行业“十四五”规划教材）（河南省战略性新兴领域“十四五”高等教育教材）. -- ISBN 978-7-122-49159-6

Ⅰ. TH166

中国国家版本馆 CIP 数据核字第 2025KW2198 号

责任编辑：贾　娜　　　　文字编辑：侯俊杰　温潇潇
责任校对：边　涛　　　　装帧设计：史利平

出版发行：化学工业出版社
（北京市东城区青年湖南街 13 号　邮政编码 100011）
印　　装：河北延风印务有限公司
787mm×1092mm　1/16　印张 15¾　字数 385 千字
2025 年 11 月北京第 1 版第 1 次印刷

购书咨询：010-64518888　　　　售后服务：010-64518899
网　　址：http://www.cip.com.cn
凡购买本书，如有缺损质量问题，本社销售中心负责调换。

定　　价：59.00 元

# 前言

现代制造系统日益呈现出高度复杂性与集成化的特征。制造过程中的优化问题往往具备多目标、多约束、动态变化及不确定性等多重挑战，传统优化方法在处理此类问题时逐渐显现出效率与精度上的局限。在这一背景下，智能优化方法作为应对复杂工程与管理问题的重要工具，正以其强大的适应能力和广泛的应用潜力，成为推动智能制造发展的关键力量。通过模拟自然界的智能行为与物理机制，智能优化方法为智能制造中的复杂优化问题提供了有效的技术手段。

为顺应智能制造对先进优化技术的迫切需求，满足高等院校和相关领域从业人员对智能优化方法学习的需求，我们编写了这本《智能制造优化方法及应用》。本书依托编写团队多年的教学积累与科研成果，融合国内外研究前沿，系统介绍了智能优化方法的基础理论、算法设计及其在智能制造中的典型工程应用。全书共分为 8 章：第 1 章介绍智能优化方法的基本概念、特点分类及其在智能制造中的重要意义；第 2 章详细阐述进化计算方法，包括遗传算法、免疫算法等及其在柔性工艺规划、车间调度等场景的应用；第 3 章探讨群体智能方法，如蚁群算法、蜂群算法等在产品质量检测、装配线平衡等方面的应用；第 4 章分析邻域搜索方法，包括变邻域搜索算法、模拟退火等在车间布局、参数优化中的应用；第 5～7 章分别讨论机器学习、深度学习和强化学习等人工智能前沿方法在智能生产中的创新应用；第 8 章为综合应用案例分析。本书具有理论体系完整、应用案例丰富、内容新颖前沿、实践性强等特点，既系统介绍了主流智能优化方法，又紧密结合智能制造实际场景，提供了算法实现和应用的具体指导。

本书在编写过程中注重理论与实践的结合，既阐述了算法的基本原理与实现机制，也提供了丰富的应用实例和参考文献，旨在帮助读者建立起系统的智能优化知识体系，并具备解决实际工程问题的能力。本书适合作为高等院校智能制造工程、机械工程、自动化、计算机、管理科学与工程等相关专业的高年级本科生或研究生的教材，也可供从事智能制造、优化算法研究与应用的工程技术人员和研究人员参考。

本书由郑州轻工业大学机电工程学院文笑雨、张丽科、张玉彦和张伟伟共同编著。其中，文笑雨编写第 1、2 章和第 8 章的 8.2 节，并负责全书架构设计和统稿工作；张丽科编写第 3 章和第 8 章的 8.1 节；张伟伟编写第 4 章和第 7 章；张玉彦编写第 5 章、第 6 章和第 8 章的 8.3 节。研究生王文婷、刘浩浩、张昊、梁冲、郭帅兵等参与了资料收集和图表绘制工作。化学工业出版社、郑州轻工业大学机电工程学院以及相关的兄弟院校，对本书的编写和出版给予了积极的支持和帮助，在此一并表示衷心的感谢！同时，我们参考了大量国内外相关文献，在此向所有被引用文献的作者表示诚挚的谢意。

由于编著者水平有限，书中难免存在不足之处，恳请广大读者批评指正。

编著者

# 目录

## 第 1 章 001

### 绪论



## 第 2 章 019

### 进化计算方法

## 第 3 章 055

### 群体智能方法



## 第 4 章 081

### 邻域搜索方法

## 第 7 章 180

## 强化学习方法



## 第 8 章 204

## 综合应用案例

# 第1章 绪论

## 1.1 智能优化方法简介

### 1.1.1 智能优化方法的含义与特点

所谓优化方法或优化算法，其实就是一种搜索过程或规则，它基于一定的原理和机制，通过特定的途径或规则寻求满足用户需求的解。

从优化理论和方法的发展历程来看，优化方法可以分为传统优化方法和现代人工智能优化方法两大类。

传统优化方法通常适用于结构化问题，有较为明确的问题和条件描述，如根据问题的性质不同，通常将问题划分为线性规划问题、非线性规划问题、整数规划问题和多目标规划问题等，相应的有一些较成熟的常规算法，如应用于线性规划问题的单纯形法，应用于非线性规划问题的共轭梯度法、序列二次规划法等，应用于整数规划问题的分支定界法、割平面法和动态规划法等，即有清晰的结构信息。传统优化方法不少都属于凸优化范畴，有唯一明确的全局最优点。传统优化方法一般是确定性算法，有固定的结构和参数，其计算复杂度和收敛性可做理论分析。

传统优化方法具有较高的计算效率、较强的可靠性及比较成熟等优点，是一类最重要的、应用最广泛的优化算法。尽管待求解问题的类型和具体的求解方法千差万别，但这类方法都具有以下三大基本的迭代步骤：

① 选择一个初始解；

② 判断停止准则是否满足；

③ 向改进方向移动。

但是，传统的优化方法在应用于复杂、困难的组合优化问题时有较大的局限性。一个优化问题称为复杂的，通常是指：目标函数没有明确的解析表达；目标函数虽有明确表达，但不可能恰好估值；目标函数为多峰函数；目标函数有多个，即多目标优化。一个优化问题称为困难的，通常是指：目标函数或约束条件不连续、不可微、高度非线性，或者问题本身是困难的组合问题。传统优化方法往往要求目标函数是凸的、连续可微的，以及可行域是凸集等条件，而且处理非确定性信息的能力较差，这些弱点使传统优化方法在解决许多实际问题时受到了限制。

为了解决上述问题，部分研究者提出了一类新的解决方法，它们不以寻找问题的最优解为目的，而是追求在有限的时间内找到满足需要的解（或满意解）即可。计算智能（或称为软计算）就是在这种情况下出现的一个学科领域，它是由多个学科相互交叉和渗透的结果，得益于运筹学与管理科学、计算数学、人工智能、模式识别和自动控制理论等许多学科，而智能优化方法是计算智能的重要研究内容。

20 世纪 80 年代以来，尤其是在最近几年，一些与经典的数学规划原理截然不同的、试图通过模拟自然生态机制来求解复杂优化问题的新型智能优化方法相继被提出，如人工神经网络源于对大脑结构和思维过程的模拟、进化算法领域源自达尔文对自然界进化理论的研究、蚁群优化算法仿真了真实蚂蚁的集体觅食行为、对飞禽行为的观察启发了粒子群优化算法的产生，而从生物免疫系统获取的灵感促使了人工免疫系统的出现。这些智能优化算法的出现，一方面孕育了许多新的计算机技术和解决问题的方法，特别是，它们大大地丰富了最优化技术，也为那些用传统的最优化技术难以处理的组合优化问题提供了切实可行的解决方案，另一方面，它们也为从另一个角度去探索生物世界的概念和机理提供了新的工具和技术。

智能优化算法是模拟自然界生物系统，完全依赖生物体自身的本能，通过无意识地寻优行为来优化其生存状态，以适应环境的一类新型的最优化方法。智能优化方法有下述共同的特点：

① 不以达到某个最优条件或找到理论上的精确最优解为目标，而是更看重计算的速度和效率。

② 对目标函数和约束函数的要求比较宽松。

③ 算法的基本思想都来自对某种自然规律的模仿，具有人工智能的特点。

④ 多数算法含有一个多个体的种群，寻优过程实际上就是种群的进化过程。

⑤ 这些算法的理论工作相对比较薄弱，一般来说都不能保证收敛到最优解，甚至不能保证求到可行解。

从这些不同的特点出发，这些算法获得了各种不同的名称：由于算法理论薄弱，它们最早被称为元启发式方法（meta-heuristic algorithms，MHA）；从其人工智能的特点，还被称为智能计算或智能优化方法；因其具有不以精确解为目标的特点，它们又被归到软计算方法中；从种群进化的特点，它们又可以称为进化计算；从它们模仿自然规律的特点出发，近几年又有人将它们称为自然计算。当然，这些不同的计算方法名称各自都还有本身的一些新概念。

从应用这些方法的角度来看，以上方法的名称并不重要，重要的是掌握它们各自的特点，知其所长，也知其所短，这样才能在不同问题中选择合适的方法。

目前，这些算法在理论和实际应用方面均取得了较大的发展，虽说有些算法可以从理论上证明能够收敛到 NP 难组合优化问题的全局最优解，但 NP 难的理论限制它们只能以启发式算法的方式去求解实际问题，即在可接受的花费（指计算时间和占用空间等）下给出待解决组合优化问题每一个实例的可行解，该可行解与最优解的偏离程度不一定事先可以预计。但这些算法的终极目标是希望能够求得 NP 难问题的全局最优解，有一定的普适性，为解决大量的实际应用问题提供了新的思维。因此，对其进行研究具有很重要的实际意义。

### 1.1.2 智能优化方法的分类

有关智能优化方法的分类还没有统一的标准，因此从不同的角度会有不同的分类方法，因为这些算法都凸显出智能性或灵性的特点，它们通过确定性算法结合启发式随机搜索的反复迭代获取优化问题的最优数值解。目前，智能优化算法可以分为三个主要研究方向：通过控制算法的参数来改进当前方法、将不同的算法混合以从每个算法中受益，以及引入一种新的算法。在过去的 30 年中，引入一种解决优化问题的新颖算法吸引了许多研究人员。因此，本书以自然启发式算法的灵感来源将智能优化方法分为六类，如图 1-1 所示。

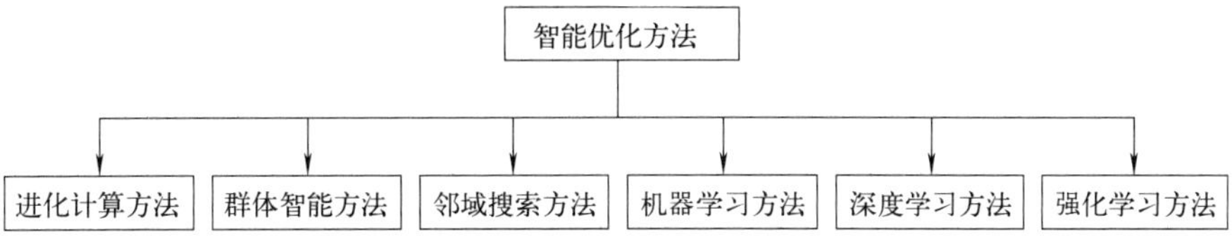


图 1-1　智能优化方法分类

① 进化计算方法。受生物学启发的进化技术。在进化计算方法中，存在一个初始的随机种群，这些种群经过多代进化，通过交叉和变异产生新的解，并利用选择消除最差的解，以提高适应度值。在每一代中，劣质个体会被淘汰，而优秀个体则会被保留下来，以产生新的解。进化计算方法包括遗传算法、差分进化算法、免疫算法等。其中，遗传算法是最早应用于复杂问题求解的智能优化算法之一，应用领域广泛。其基本原理是效仿生物界中“物竞天择、适者生存”的演化法则，它的概念最初由美国密歇根州立大学的 J. H. Holland 教授于 1967 年提出，其理论体系在 1975 年得到完善并通过 K. A. De. Jong 的实验验证性能。

② 群体智能方法。从社会昆虫或动物的行为启发而来的群智能技术，以及自然界启发的算法。在群体智能中，虽然每个个体都有自己的智能和行为，但它们的交互与合作能够产生超出个体能力的智能表现，提供了解决复杂问题的更多能力。群体智能方法包括蚁群算法、粒子群算法、菌群算法、蛙跳算法、人工蜂群算法以及花朵授粉算法等。其中，蚁群算法是一种用来寻找优化路径的概率型算法。它由 Marco Dorigo 于 1992 年在其博士论文中提出，其灵感来源于蚂蚁在寻找食物过程中发现路径的行为。

③ 邻域搜索方法。评价算法的优劣通常需要考虑其全局搜索能力和局部搜索能力。全局搜索能力是指找到全局最优解的能力，而局部搜索能力则是指能够无穷接近局部最优解的能力，两者缺一不可。局部搜索又叫邻域搜索，其主要目的是从当前解跳到更好的邻近解，并不断迭代更新，以获得局部/全局最优解。邻域搜索方法包括爬山算法、模拟退火算法、禁忌搜索等。其中，爬山算法是一种简单的贪心搜索算法，该算法每次从当前解的邻近解空间中选择一个最优解作为当前解，直到达到一个局部最优解。

④ 机器学习方法。机器学习是一类通过数据驱动来实现智能的技术，具有五个主要的大类研究方向，包括监督学习、无监督学习、深度学习、强化学习和结构学习。其旨在通过学习数据中的模式和规律，帮助计算机作出预测或优化决策。机器学习方法包括决策树方法、聚类分析方法、BP 神经网络等。其中，决策树是基于树结构来进行决策的一种方法，由于这种决策分支画成图形很像一棵树的枝干，故称决策树。在机器学习中，决策树是一个预测模型，是一种常用的监督学习方法，它代表的是对象属性与对象值之间的一种映射关系。

⑤ 深度学习方法。深度学习是机器学习研究中的一个新领域，它是机器学习中的一种专注于通过构建多层神经网络来进行复杂数据的表征学习的算法。这类方法能够自动提取数据中的高层次特征，适用于处理大规模数据集。深度学习方法包括卷积神经网络、循环神经网络、自动编码器等。其中，神经网络发展的第一阶段最早由心理学家 Warren 和数理逻辑学家 Walter 在 1943 年首次提出神经元的概念，将神经反应转化为信号的输入、求和、线性激活和输出过程，此过程通过一个简单的模型完成。

⑥ 强化学习方法。强化学习是一种以环境反馈作为输入的、特殊的、适应环境的机器学习方法，它的主要思想是与环境交互和试错，利用评价性的反馈信号实现决策的优化。其强调学习过程中的探索与利用，能够适应复杂且动态的环境。强化学习方法包括 Q-learning 方法、DQN 方法、策略梯度方法等。其中，Q-learning 是一种无模型强化学习的形式，是一种基于价值（value-based）的强化学习算法，它可以被视为异步动态编程（DP）的一种方法。

在对论文统计中发现，自 1966 年以来，进化算法一直是智能优化算法的领导者，直到今天，进化算法类别中仍存在许多算法。在过去的 20 年中，群智能算法获得了研究人员的更多关注，并且与进化算法和基于物理学的算法竞争激烈。在过去的 10 年中，基于人类智能的算法作为一种新趋势开始受到关注，但仍无法与进化算法、群智能算法和基于物理学的算法竞争。

目前，由于每种算法经过改进后可以衍生出较多算法，为了能够对常用算法的提出思想有所了解，如表 1-1 所示，给出了智能优化方法的部分经典算法基本信息。

表 1-1 部分智能优化方法基本信息

| 方法 | 中英文名称 | 作者 | 基本思想 | 年份 |
|---|---|---|---|---|
| 进化计算方法 | 遗传算法<br>(genetic algorithm,GA) | Holland[1] | 模拟自然进化过程 | 1975 |
| | 免疫算法<br>(immune algorithm,IA) | Farmer,et al.[2] | 模拟生物免疫系统的识别和记忆机制 | 1986 |
| | 协同进化算法<br>(co-evolutionary algorithm,CEA) | Hillis W. Daniel[3] | 使用两个或多个进化种群相互作用和竞争来提高整体性能 | 1990 |
| | 遗传规划<br>(genetic programming,GP) | Koza[4] | 基于遗传算法的思想,演化出适合特定问题的计算程序 | 1992 |
| | 差分进化<br>(differential evolution,DE)算法 | Storn,et al.[5] | 使用向量的差异来驱动搜索过程 | 1997 |
| | 非支配排序遗传算法<br>(non-dominated sorting genetic algorithm,NSGA-Ⅱ) | Deb K,et al.[6] | 通过快速的非支配排序、拥挤度距离排序,生成帕累托最优解 | 2002 |
| 群体智能方法 | 蚁群优化<br>(ant colony optimization,ACO)算法 | Dorigo[7] | 模拟蚂蚁在觅食过程中通过信息素寻路的过程 | 1992 |
| | 粒子群优化<br>(particle swarm optimization,PSO)算法 | Kennedy,et al.[8] | 模拟鸟群觅食的行为 | 1995 |
| | 菌群觅食优化算法<br>(bacterial foraging optimization algorithm,BFOA) | Passino[9] | 模拟细菌寻找营养物质时的行为 | 2002 |
| | 鱼群算法<br>(fish swarm algorithm,FSA) | Li,et al.[10] | 模拟鱼群觅食过程中的集体行为 | 2002 |

续表

| 方法 | 中英文名称 | 作者 | 基本思想 | 年份 |
| --- | --- | --- | --- | --- |
| 群体智能方法 | 人工蜂群<br>(artificial bee colony,ABC)算法 | Karaboga[11] | 模拟蜜蜂采蜜的过程 | 2005 |
| | 萤火虫算法<br>(firefly algorithm,FA) | Yang[12] | 模拟萤火虫的闪烁行为 | 2008 |
| 邻域搜索方法 | 爬山<br>(hill climbing)算法 | Samuel[13] | 逐步在邻域中选择更优的解,直到没有更优解为止 | 1959 |
| | 模拟退火<br>(simulated annealing,SA)算法 | Kirkpatrick,et al.[14] | 模拟物理退火过程 | 1983 |
| | 禁忌搜索<br>(tabu search,TS) | Glover[15] | 通过记录被禁止的解,以避免回到已访问过的区域 | 1986 |
| | 随机邻域搜索<br>(randomized neighborhood search,RNS) | Johnson,et al.[16] | 在局部搜索中随机选择邻域来搜索更优的解 | 1997 |
| | 变量邻域搜索<br>(variable neighborhood search,VNS) | Mladenović,et al.[17] | 通过在多个不同的邻域中切换搜索,跳出局部最优陷阱 | 1997 |
| | 迭代局部搜索<br>(iterated local search,ILS) | Lourenço,et al.[18] | 通过反复地扰动当前解,并从扰动后的解进行局部搜索 | 2001 |
| 机器学习方法 | 线性回归<br>(linear regression) | Legendre[19] | 通过最小化误差的平方和,找到一条最佳拟合直线 | 1805 |
| | K 近邻<br>(K-nearest neighbors,KNN) | Cover,et al.[20] | 通过测量新样本与已知样本的距离,选择最近的 $K$ 个邻居,并通过多数投票进行分类 | 1967 |
| | 决策树<br>(decision tree) | Quinlan[21] | 通过将数据逐步划分为多个子集,构建一个类似于树的结构,用于分类或回归 | 1986 |
| | 支持向量机<br>(support vector machine,SVM) | Cortes,et al.[22] | 通过寻找一个最大化两类之间间隔的超平面,实现分类任务 | 1995 |
| | 朴素贝叶斯<br>(naive Bayes) | McCallum,et al.[23] | 基于贝叶斯定理的分类算法,假设特征之间条件独立 | 1998 |
| | 梯度提升决策树<br>(gradient boosting decision trees,GBDT) | Friedman[24] | 通过构建多个弱决策树,每次迭代通过拟合前一轮的误差来不断改进预测结果 | 2001 |
| 深度学习方法 | 多层感知机<br>(multilayer perceptron,MLP) | Rumelhart,et al.[25] | 通过增加网络层数和神经元数量,MLP 可以捕捉更复杂的模式和关系 | 1986 |
| | 长短期记忆网络<br>(long short-term memory,LSTM) | Hochreiter,et al.[26] | 通过引入记忆单元和门机制,解决了传统 RNN 无法长期记忆和梯度消失的问题 | 1997 |
| | 卷积神经网络<br>(convolutional neural network,CNN) | LeCun,et al.[27] | 通过局部感受野和共享权重来捕捉图像的局部特征 | 1998 |
| | 生成对抗网络<br>(generative adversarial network,GAN) | Goodfellow,et al.[28] | 通过相互对抗的方式训练模型 | 2014 |
| | 残差网络<br>(residual network,resNet) | He K,et al.[29] | 通过引入残差块解决深层网络训练中梯度消失的问题 | 2015 |
| | Transformer | Vaswani,et al.[30] | 通过多头自注意力机制来捕捉输入序列中的长距离依赖关系 | 2017 |

续表

| 方法 | 中英文名称 | 作者 | 基本思想 | 年份 |
| --- | --- | --- | --- | --- |
| 强化学习方法 | 时间差分学习（temporal difference learning，TD） | Sutton[31] | 通过每一步与环境交互后，基于当前估计值更新值函数，避免需要等到回合结束 | 1988 |
| | Q-learning 算法 | Watkins[32] | 通过更新 Q 函数来估计每个状态-动作对的未来回报 | 1989 |
| | 深度 Q 网络（deep Q-network，DQN） | Mnih，et al.[33] | 通过深度神经网络近似 Q 函数来应对高维状态空间问题 | 2013 |
| | 深度确定性策略梯度（deep deterministic policy gradient，DDPG） | Lillicrap，et al.[34] | 通过策略网络和目标网络更新动作，处理高维连续控制任务 | 2015 |
| | 近端策略优化（proximal policy optimization，PPO） | Schulman，et al.[35] | 通过限制每次策略更新的步长来提高训练的稳定性，避免策略的突然大幅变化 | 2017 |
| | 软演员-评论家（soft actor-critic，SAC）算法 | Haarnoja，et al.[36] | 通过在累积奖励目标中加入熵项，鼓励策略的探索性 | 2018 |

# 1.2 智能生产中的最优化问题

## 1.2.1 最优化问题

在经济贸易、生产制造和日常生活等场景中，人们都希望获得一个最佳的处理结果。在有多种方案及各种具体的措施可供选择时，处理结果与所选取的方案、具体措施密切相关。获取最佳处理结果的问题被称为最优化问题。

最优化问题在生产制造中是普遍存在的，旨在特定的现实环境约束下，找到最优的解决方案以获得最佳的实践效果[37]。最优化问题的应用领域非常广泛，涵盖了设计、加工、调度、物流配送、系统控制、工程、金融、医学等众多领域。在工程设计中，最优化问题可以用于选择设计参数，以使设计方案既满足设计要求，又能降低成本。例如，在设计一个产品时，可以通过最优化方法确定最佳的材料、尺寸和结构，以在满足性能要求的前提下降低制造成本。在车间生产中，最优化问题可以应用于自动导引车（AGV）路径规划。通过最优化方法，可以确定小车的最佳路径，以满足生产需求，并提高生产效率和降低成本。例如，在一个车间中有多个任务需要由 AGV 完成，通过最优化方法可以确定最佳的任务调度和路径规划，以最大程度地提高生产效率和降低能耗。在生产计划安排中，最优化问题可以用于选择最佳的计划方案，以提高效率和利润。例如，在一个生产线上有多个产品需要生产，通过最优化方法可以确定最佳的生产计划安排，以最大程度地提高生产效率、减少生产时间和降低成本，同时保证产品质量。在智能制造的生产过程中，实现最优化在各个阶段都具有重要作用。通过应用最优化方法，可以提高生产效率和效益、节省资源、提高顾客满意度，从而推动智能制造的发展。在智能制造的各个生产过程阶段中实现最优化，将为企业带来巨大的益处[38]。

最优化问题就是在满足一定的约束条件下，寻找一组参数值，使系统的目标函数（即衡量优劣的性能指标）达到最大或最小。最优化问题根据其目标函数、约束函数的性质，以及决策变量的取值等可以分为许多类型，每一种类型的最优化问题根据其性质的不同都有其特定的求解方法。

通常情况下，最优化问题是寻找最小值问题（寻找最大值问题可以转化为寻找最小值问题)。不失一般性，以最小值问题为例，最优化问题的一般形式可以用以下两种方式表达[39]。

一般式：

$$\left.\begin{array}{l} \min\limits_{X\in\Omega} f(X) \\ \text{s. t.} \begin{array}{l} h_j(X)=0, j=1、2、\cdots、n \\ s_i(X)\geqslant 0, i=1、2、\cdots、m \end{array} \end{array}\right\} \tag{1-1}$$

向量式：

$$\left.\begin{array}{l} \min\limits_{X\in\Omega} f(X) \\ \text{s. t.} \begin{array}{l} \boldsymbol{h}(X)=0 \\ \boldsymbol{s}(X)\geqslant 0 \end{array} \end{array}\right\} \tag{1-2}$$

式中，$f(X)$ 称为目标函数。优化过程就是定义域中在满足约束的情况下选择合适的 $X$，使目标函数 $f(X)$ 达到最优值。$s_i(X)$ 称为不等式约束，它的向量表示法可以写成 $\boldsymbol{s}(X)=[s_1(X), s_2(X), \cdots, s_m(X)]^{\mathrm{T}}$。$h_j(X)$ 称为等式约束，它的向量表示法可以写成 $\boldsymbol{h}(X)=[h_1(X), h_2(X), \cdots, h_m(X)]^{\mathrm{T}}$。

当约束函数 $s(X)$ 和 $h(X)$ 所限制的约束空间为整个欧氏空间时，上述最优化问题就简化为无约束优化问题，当然也可以通过某些方法（如惩罚函数法）将有约束优化问题转换为无约束优化问题。

如果目标函数 $f(X)$ 和约束函数 $s(X)$ 和 $h(X)$ 都是线性的，并且变量 $X$ 是连续的，那么称其为线性规划问题。如果 $f(X)$、$s(X)$ 和 $h(X)$ 中至少有一个为非线性函数时，则上述问题为非线性规划问题。非线性规划问题相当复杂，其求解方法多种多样，但到目前仍然没有一种有效的适应所有问题的方法。

当优化变量 $X$ 仅取整数值时，上述问题为整数规划问题，特别是当 $X$ 仅能取 0 或 1 时，上述问题即为 0-1 整数规划问题。由于整数规划问题属于组合优化范畴，其计算量随变量维数的增长而指数增长，所以存在着“维数灾难”问题。

### 1.2.2 最优化问题的分类

按照不同类型对最优化问题进行分类，主要可以分为以下几类。

**（1）按照最优化问题对象，可以分为组合优化和函数优化**

组合优化和函数优化的区别在于应用领域优化问题对象是离散的还是连续的。组合优化问题的可行空间是离散的值，而函数优化问题的可行空间是一定范围内的连续值[40]。

函数优化算法性能的比较通常是基于基准函数进行的，常用的基准函数包括 Schwefel、Rosenbrock、Griewank、Sphere、Quartic、Ackley、Kowalik、Hartman、Penalized 等。鉴于许多工程问题或工艺参数问题存在约束条件，受约束的函数优化问题也一直是优化领域关注的主要对象。

组合优化的对象是解空间的离散状态，通常涉及排序、分类、筛选等问题，典型的组合优化问题有旅行商问题（traveling salesman problem）、加工调度问题（scheduling problem）、工艺规划（process planning）问题、聚类问题（clustering problem）、背包问题（knapsack problem）和图形着色问题（graph coloring problem）等。在智能工厂与智能车间领域中，存在许多组合优化问题，如AGV的路径问题、车间调度问题等[41]。

**（2）按照求解问题的优化方法特点，可以分为全局最优和局部最优**

针对一定条件/环境下的一个问题/目标，若一项决策和所有解决该问题的决策相比是最优的，就可以称为全局最优。

将上述定义用数学公式表示为：在无限制环境集合 $R$ 内，假设限制条件/环境为集合 $D$（$D$ 包含于$R$），问题代价或目标函数为 $f(x)$，其中 $x$ 指决策，那么全局最优就是指决策满足 $f(x_0)=\min\{f(x)\}, x_0\in D$。和全局最优不同，局部最优不要求在所有决策中是最好的。针对一定条件/环境下的一个问题/目标，若一项决策和部分解决该问题的决策相比是最优的，就可以被称为局部最优。将上述定义用数学公式表示为：按照上面的定义，对于 $D$ 内的一个子集 $D_n$，局部最优就是指决策满足 $f(x_0)=\min\{f(x)\}, x_0\in D_n$。

对于优化问题，尤其是最优化问题，总是希望找到全局最优的解或策略。然而，当问题的复杂度过高、需考虑的因素和处理的信息量过多时，我们往往会倾向于接受局部最优解，因为局部最优解的质量不一定都是差的。尤其是当我们有确定的评判标准表明得出的解是可以接受的话，通常会接收局部最优的结果。这样，从成本、效率等多方面考虑，才是实际工程中会采取的策略。

**（3）按照问题的优化目标来分类，可以分为单目标优化和多目标优化**

单目标优化（single objective optimization）是指在一个优化问题中，仅有一个目标函数需要优化。目标函数可以是最大化或最小化的，而约束条件可以是等式约束或不等式约束。优化的目标是找到使目标函数取得最优值的决策变量的取值。举例来说，假设要在指定的预算下购买不同种类的商品，我们希望最大化购买的总价值。这个问题可以被建模为一个目标优化问题，其中目标函数是购买的总价值，约束条件是预算限制和商品数量的限制。多目标优化（multi-objective optimization）是指在一个优化问题中，存在多个冲突的目标函数需要被优化。这些目标函数通常是相互矛盾的，无法同时达到最优值[42]。多目标优化的目标是找到一组决策变量的取值，使得在这组取值下，所有目标函数都能达到一个较好的平衡。同样举例来说，考虑一个生产调度问题，我们希望最小化生产成本和最大化产量两个目标。生产成本和产量之间存在着一种权衡关系，即降低成本可能会导致产量减少，而增加产量可能会导致成本增加。这个问题可以被建模为一个多目标优化问题，其中一个目标函数是最小化成本，另一个目标函数是最大化产量。在多目标优化中，通常会引入一个称为“帕累托前沿”（Pareto front）的概念。帕累托前沿是指在多目标优化问题中，所有无法通过改变决策变量同时使得所有目标函数取得更优秀解的集合。帕累托前沿上的解被称为“非劣”（non-dominant solution），它们在不同目标函数之间不存在明显的优劣关系。

**（4）线性规划与非线性规划问题**

上文中提到，当最优化问题的目标函数和约束条件均为线性，且决策变量 $X$ 为连续时，就称其为线性规划问题。正因为目标函数和约束条件都是线性的，这使得问题相对容易求解。线性规划的解决方法包括单纯形法和内点法等。相比之下，非线性规划问题则因目标函数或约束条件中的非线性特性而变得更加复杂。求解非线性规划问题的方法多种多样，包括梯度下降法、牛顿法、拟牛顿法等。这些方法通过不同的迭代技术和策略来逐步接近最优解，尽管其计算复杂度通常高于线性规划。非线性规划在实际应用中也相当广泛，尤其是在工程、经济和科学研究等领域，通常需要处理更复杂的优化模型。因此，深入理解这两类问题的特征及其求解方法，对于高效解决实际问题至关重要。

除了上述几类，最优化问题还包括许多其他类型，例如整数规划、混合整数规划、约束优化、无约束优化，以及非凸优化等。将最优化问题进行分类，有助于使问题的解决过程更加系统化。通过对问题进行分类，能够更好地理解其本质和特点，从而有针对性地选择合适的求解方法。不同的最优化问题可能需要不同的求解策略，因此，根据问题的性质和特点，选择最适合的求解方法是至关重要的。此外，不同类型的问题也可能需要不同的数学工具和算法，针对性地选择合适的方法可以提高求解效率、缩小求解方法的范围、减少尝试和测试的次数，从而提升求解效率。

### 1.2.3 计算复杂性与 NP 问题

算法的时间和空间复杂性对计算机的求解能力有重大影响。算法所需的时间和空间量分别称为算法的时间复杂性和空间复杂性。具体来说，问题的时间复杂性是指所有求解该问题的算法中时间复杂性最小的算法的时间复杂性，而问题的空间复杂性也可以类似定义。

算法或问题的复杂性一般表示为问题规模 $n$ 的函数，时间复杂性记为 $T(n)$，空间复杂性记为 $S(n)$。在算法分析和设计中，通常将求解问题的关键操作（如加、减、乘、比较等运算）视为基本操作，算法执行基本操作的次数则定义为算法的时间复杂性，而算法执行期间占用的存储单元则定义为算法的空间复杂性。在分析复杂性时，可以求出算法的复杂性函数 $p(n)$，也可以用复杂性函数主要项的阶 $O[p(n)]$ 来表示。若算法 $A$ 的时间复杂性为 $T_A(n)=O[p(n)]$，且 $p(n)$ 为 $n$ 的多项式函数，则称算法 $A$ 为多项式算法。时间复杂性不属于多项式时间的算法统称为指数时间算法[43]。

按照计算复杂性理论，研究问题求解的难易程度，可把问题分为 P 类、NP 类和 NP 完全类。P 类问题指对具有多项式时间求解算法的问题。反之，为非多项式确定问题，即 NP 问题。在实际工程应用中，更多的属于 NP 完全类问题，有兴趣的读者可以阅读王凌编写的《智能优化算法及其应用》一书，了解它们的详细内容。

## 1.3 智能优化方法的应用与发展

### 1.3.1 智能优化方法的应用

随着智能优化方法理论的不断发展，智能优化方法在数学、物理学、计算机科学、社会科学、经济学以及工程应用等领域得到了广泛应用[44]。进化计算类方法、群体智能类方法、仿物理学优化方法和仿人工智能等优化方法都有一个共同的应用目标，即在求 NP 难组合优化问题时，能够找到全局最优解，并且在此过程中保证较好的稳定性。在智能生产领域，智能优化方法已被广泛应用于智能加工、智能车间、智能物流和维护诊断等场景。表 1-2 总结了这些领域中的具体应用案例与场景。

表 1-2 智能优化方法应用案例与场景

| 序号 | 应用方向 | 优化方法 | 具体应用场景 |
| --- | --- | --- | --- |
| 1 | 智能加工 | 进化计算方法 | a. 飞机装配调度问题：通过遗传算法优化飞机装配大纲，减少装配周期和生产成本。<br>b. 柔性工艺规划问题：进化算法优化不同加工工艺的选择，提升产品质量并减少能源消耗。<br>c. 复杂零件加工路径优化：利用遗传算法规划加工路径，降低设备切换时间和加工误差 |
| | | 群体智能方法 | a. 加工工艺参数优化：利用蚁群算法选择最佳加工参数，提升产品质量和精度。<br>b. 机器人路径规划：通过粒子群优化算法规划机器人在加工车间的移动路径，避免障碍物，减少路径长度。<br>c. 增材制造加工优化：群体智能优化增材制造的材料利用和层叠策略，提升加工效率 |
| | | 邻域搜索方法 | a. 基于遗传模拟退火的工艺参数优化：通过邻域搜索算法，选择最佳加工工艺，减少生产周期。<br>b. 复杂零件的路径规划：使用禁忌搜索算法规划复杂零件的加工路径，减少加工误差。<br>c. 设备配置优化：邻域搜索用于车间内设备配置优化，以提升加工过程的效率 |
| | | 机器学习方法 | a. 工艺参数优化：机器学习分析历史加工数据，预测最佳加工参数，提升产品一致性。<br>b. 零件质量检测：通过机器学习分析加工后的零件表面，检测微小缺陷，提升成品率。<br>c. 动态加工流程优化：基于机器学习的模型优化实时加工流程，调整参数，以适应不同批次需求 |
| | | 深度学习方法 | a. 加工过程监控与诊断：通过深度学习模型监控加工过程中的振动和声音信号，诊断潜在故障。<br>b. 工件缺陷检测：使用卷积神经网络（CNN）分析工件表面的图像，快速识别缺陷，降低人工检测成本。<br>c. 加工路径预测与优化：深度学习模型用于预测加工路径的优化，减少不必要的移动和能耗 |
| | | 强化学习方法 | a. 动态刀具调整：通过强化学习算法，动态调整刀具的加工参数，延长刀具寿命并提高切削质量。<br>b. 加工顺序优化：强化学习用于优化复杂零件的加工顺序，减少设备的停机时间和切换频率。<br>c. 机器人协同加工规划：基于深度 Q 网络，优化多个机器人协同工作时的任务分配，提升协作效率 |

续表

| 序号 | 应用方向 | 优化方法 | 具体应用场景 |
|---|---|---|---|
| 2 | 智能车间 | 进化计算方法 | a. 作业车间调度问题:利用遗传算法优化生产任务的调度顺序,减少工件等待时间,提高车间的生产效率。<br>b. 柔性工艺规划:进化计算用于制定不同设备的工艺路线,确保资源利用最大化和灵活生产。<br>c. 多目标生产线平衡:通过遗传算法优化多个工序在生产线上的分配,提升整体产能和均衡性 |
| | | 群体智能方法 | a. 作业车间调度:使用蚁群算法进行车间生产任务的调度,减少任务完成时间,提升资源利用率。<br>b. AGV 路径规划:利用粒子群优化(PSO)实现 AGV 在车间内的最佳路径规划,减少运输时间和冲突。<br>c. 车间能耗管理:通过群体智能算法(如蚁群或蜂群优化),在车间能耗管理中优化设备运行策略,降低总能耗 |
| | | 邻域搜索方法 | a. 基于遗传模拟退火算法的车间布局优化:通过遗传模拟退火算法设计车间布局,减少工件流动路径,提升生产效率。<br>b. 带时间窗的车辆路径问题求解:禁忌搜索算法求解车间内物流运输任务,确保运输车辆按时间窗准时到达。<br>c. 工件加工顺序优化:使用邻域搜索优化加工车间中的工件加工顺序,提升工艺流转效率 |
| | | 机器学习方法 | a. 智能车间产能预测:通过机器学习分析历史生产数据,预测未来生产的产能需求,优化生产计划。<br>b. 设备故障预测与诊断:机器学习模型监控设备运行状态,预测潜在故障,提前进行维护,减少停机时间。<br>c. 车间物流优化:机器学习模型分析物流数据,优化 AGV 等运输工具的调度,减少生产瓶颈 |
| | | 深度学习方法 | a. 设备健康监测:深度学习模型通过分析传感器数据,实时监控设备运行状态,预测异常情况,防止突发停机。<br>b. 工件缺陷检测:基于深度学习的图像处理技术检测工件的表面缺陷,提高产品质量检测的自动化水平。<br>c. 车间环境监测:利用深度神经网络分析车间内的环境数据(如温度、湿度、气流等),优化生产环境 |
| | | 强化学习方法 | a. 基于 Q-learning 的单 AGV 调度:强化学习算法用于单 AGV 的任务分配和路径规划,提升车间物流效率。<br>b. 多 AGV 协同调度:通过深度 Q 网络实现多个 AGV 之间的协同工作,优化路径规划和任务分配,减少冲突和等待时间。<br>c. 动态生产任务分配:强化学习用于车间中的动态任务分配,根据实时数据调整任务优先级,减少生产延迟 |

续表

| 序号 | 应用方向 | 优化方法 | 具体应用场景 |
| --- | --- | --- | --- |
| 3 | 智能物流 | 进化计算方法 | a. 物流网络设计优化：利用遗传算法优化物流网络布局，降低运输成本，提升配送效率。<br>b. 多目标车辆路径规划：通过进化计算解决物流配送中的多目标路径规划问题，实现最短路径和最低能耗的双重目标。<br>c. 供应链调度优化：遗传算法用于优化供应链中的物流调度，确保物流资源的高效配置，减少延迟 |
| | | 群体智能方法 | a. 物流配送路径规划：蚁群算法优化配送路径，确保在复杂路网环境中找到最短且最优的配送路线，减少运送时间。<br>b. AGV 路径规划与调度：利用粒子群优化算法规划自动导引车的路径，提升仓储物流中的运输效率，避免冲突。<br>c. 物流仓储分拣优化：蜂群算法用于优化仓储系统中的分拣作业，最大化分拣效率，降低人工成本 |
| | | 邻域搜索方法 | a. 带时间窗的车辆路径优化：禁忌搜索算法用于解决物流配送中带时间窗的路径规划问题，确保车辆按时到达配送点。<br>b. 车间内物料搬运路径优化：通过邻域搜索算法优化车间内物料搬运路径，减少物料在运输中的停滞时间。<br>c. 多仓库调度优化：利用模拟退火算法优化多仓库之间的物资调度和协调，降低运输成本，提升配送效率 |
| | | 机器学习方法 | a. 物流需求预测：机器学习通过分析历史订单数据，预测未来的物流需求，帮助优化运输资源的配置。<br>b. 库存管理优化：基于机器学习模型预测库存需求，避免过多或过少库存，提升库存周转率。<br>c. 包裹路径追踪与优化：机器学习算法用于分析包裹的运输路径，优化配送链条中的每个节点，减少配送延误 |
| | | 深度学习方法 | a. 包裹分类与分拣系统优化：通过深度学习的图像识别技术实现自动分拣系统的优化，快速识别包裹信息并分类。<br>b. 运输车辆的故障预测：利用深度学习模型分析运输车辆的传感器数据，预测车辆可能的故障，避免运输延误。<br>c. 物流路径智能预测：基于深度学习模型预测最优的物流配送路径，减少交通拥堵导致的延误 |
| | | 强化学习方法 | a. 物流配送调度：通过强化学习算法动态调度配送车辆，优化配送顺序和路线，减少运输成本。<br>b. 多 AGV 协同调度：基于深度 Q 网络的强化学习算法优化多个 AGV 在物流仓库中的协同调度，提升作业效率。<br>c. 动态仓储优化：利用强化学习模型在动态环境下优化仓储布局和货物分配，最大化仓储空间的利用率 |

续表

| 序号 | 应用方向 | 优化方法 | 具体应用场景 |
| --- | --- | --- | --- |
| 4 | 维护诊断 | 进化计算方法 | a. 设备健康状态评估：遗传算法用于优化设备健康状态评估模型的参数，提供精准的设备运行状态预测。<br>b. 预防性维护策略优化：通过进化计算优化维护计划，确定最佳维护时间和频率，降低设备故障率和维护成本。<br>c. 故障诊断模型优化：利用进化算法优化故障诊断模型的参数，提高设备故障检测的精度和及时性 |
| | | 群体智能方法 | a. 设备故障诊断优化：蚁群算法用于优化设备的故障检测路径，快速发现潜在问题，减少设备停机时间。<br>b. 维护调度优化：粒子群优化算法应用于大规模设备的维护调度，合理分配资源，降低维护成本。<br>c. 多设备协同诊断：蜂群算法用于多台设备的协同诊断，提升诊断速度和准确性，避免设备故障扩展 |
| | | 邻域搜索方法 | a. 故障排查路径优化：利用邻域搜索算法优化设备故障排查的路径，减少诊断时间，加快设备修复。<br>b. 设备替换和维修策略优化：基于模拟退火算法的设备维护方案，优化设备的替换和维修决策，降低全生命周期成本。<br>c. 设备维护计划调整：使用禁忌搜索优化设备维护计划，确保生产流程不中断的同时，合理安排维修任务 |
| | | 机器学习方法 | a. 滚动轴承故障诊断：基于机器学习分析振动信号，提前发现滚动轴承的潜在故障，提高设备的运行可靠性。<br>b. 预测性维护：通过机器学习模型分析历史数据，预测设备何时会出现故障，从而进行主动维护，减少停机时间。<br>c. 设备健康监测：机器学习算法用于实时监控设备状态，提前检测设备运行中的异常情况，防止突发故障 |
| | | 深度学习方法 | a. 故障类型识别：利用深度学习模型对设备故障数据进行分类，自动识别出故障类型，减少人工分析的负担。<br>b. 产品缺陷检测：通过深度学习的图像识别技术自动检测产品的表面缺陷，及时发现问题并做出处理，提升产品质量。<br>c. 设备故障信号处理：深度学习模型用于分析复杂的设备振动和声音信号，提取出故障特征，提升诊断精度 |
| | | 强化学习方法 | a. 设备维护策略优化：通过强化学习动态优化设备的维护策略，根据设备运行状态调整维护计划，提高设备寿命。<br>b. 基于 Q-learning 的单设备故障诊断：利用 Q-learning 算法进行单台设备的故障检测和诊断，降低误报率，提高效率。<br>c. 多设备协同维护：通过深度 Q 网络实现多设备协同维护，合理分配维护资源，优化维护顺序，降低整体停机时间 |

## 1.3.2 智能优化方法的发展

**（1）进化计算类方法的发展**

进化计算方法融合了生命科学和工程科学的精髓，借鉴了生物进化与自然选择的原理，其核心思想是通过模拟生物进化来解决各领域中复杂的优化问题。这一领域的兴起源于对传统优化理论和方法局限性的认识，尤其在面对复杂问题时，传统方法往往束手无策。

在进化计算的三大核心内容中，遗传算法是应用最为广泛的一种[45]。它汲取自然界进化的灵感，将问题的解看作个体，并通过模拟自然选择、交叉和变异等遗传操作来逐步改进这些个体。这种群体搜索策略使得遗传算法不需要依赖问题的梯度信息，因此非常适用于解决那些传统方法难以应对的复杂、非线性问题。

进化计算在众多领域都有广泛的应用。在组合优化领域，它可以应用于解决路线规划、资源分配等问题，通过演化过程寻找最佳解决方案。在机器学习领域，进化算法用于自动化调整模型参数，以优化模型性能。在自适应控制方面，它可以帮助系统实时调整控制参数，以适应动态环境的变化。在规划与设计中，设计师可以利用进化计算找到最佳的设计方案，兼顾多个因素和约束条件。甚至在人工生命研究中，进化计算可以用于模拟生命起源与演化的过程，帮助科学家更好地理解生命的奥秘。

**（2）群体智能类方法的发展**

① 没有免费午餐定理的启示。Wolpert 和 Macready 提出了没有免费午餐定理（no free lunch theorem，NFL）[47]。该定理的结论是由于对所有可能函数的相互补偿，最优化算法的总体性能是等价的。对于所有可能的问题，任意给定两个算法 $A$、$A'$，如果 $A$ 在某些问题上表现比 $A'$ 好（差），那在其他问题上的表现就一定比 $A'$ 差（好），即任意两个算法 $A$、$A'$ 对所有问题的平均表现度量是完全一样的。该定理只是定义在有限的搜索空间，对无限搜索空间结论是否成立尚不清楚。在计算机上实现的搜索算法都只能在有限的搜索空间实施，所以该定理对现存的所有算法都可直接使用[46]。因此，需要从问题本身出发，选择更合适的优化方法，以提升算法性能，反之，优化方法适用于一定范围的优化问题。

② 群体智能算法仍需要理论研究。群体智能算法是通过模拟生物群体行为而提出的，缺乏统一完整的数学理论基础，各个算法的参数设定、收敛性等方面需要进一步从理论上进行研究和分析。其次，对于群体智能算法的参数取值缺乏有效的理论依据，参数对算法的运行效果起着至关重要的作用，然而针对具体问题如何有效设置参数没有固定的规则可用。此外，现有的群体智能算法大多依赖于最大迭代次数的判断作为终止条件，如何平衡算法效果与效率，设定合理的终止条件也缺乏足够的理论依据[47]。因此，群体智能算法与理论都需要进一步深入研究，为完善算法体系、参数设置等提供有效的理论支撑和参考。

③ 应用领域不断扩展，多学科之间进一步交叉融合。群体智能作为一个新的研究方向，已经逐渐在物理、电子、通信、控制、制造以及服务优化等多个学科中交叉融合、应用和发展[48]。例如，在医学领域，群体智能已应用于对人类震颤的分析和诊断。人类震颤的分析和诊断是一个非常具有挑战性的领域，最常见的震颤形式分为两种：原发性震颤和帕金森病。通常我们很难区分正常生理性震颤和病理性震颤，并且还没有定义正常生理性震颤范围的精确表征。Eberhart 等人[49] 使用数字活动记录仪从正常对象和震颤对象中获取数据，并通过粒子群优化技术开发了一个神经网络来区分患有震颤的对象和正常对象。总之，未来群体智能将会与大数据、机器学习、深度学习等新技术进一步融合，在更多学科和实际问题

中得到应用。

**（3）仿物理学优化方法的发展**

仿物理学优化方法是一个跨学科的研究领域，它借鉴了自然界中的物理过程和现象来解决优化问题。这一领域的兴起源于对于传统优化方法在某些问题上效率不高的反思。因此，研究者们开始寻求模仿物理系统中的原理来改进优化方法。

模拟退火算法是仿物理学优化方法的一个经典代表。该算法的灵感来自金属加热后的退火过程：金属在高温下具有高度的随机性，随着逐渐冷却，最终达到低能量状态的稳定结构。模拟退火算法将这一过程类比为一个优化问题的搜索过程，通过在这一搜索过程中引入随机性，避免陷入局部最优解，并允许在搜索空间中跳出局部极小值。模拟退火算法的核心思想是通过一个控制温度的参数，来控制搜索过程中的随机性程度。在初始时，温度较高，允许较大的随机性，以便在搜索空间中广泛探索。随着时间的推移，温度逐渐下降，随机性减小，使算法朝着更稳定的解收敛。这一过程在一定的时间内进行，直到满足停止条件为止。

随着仿物理学优化算法的不断发展和演变，涌现出了许多变种和改进版本，以适应不同的问题和应用场景。这些方法的成功源于它们对物理原理的巧妙应用，为解决实际问题提供了有力的工具。未来，随着对优化方法的深入研究和不断创新，仿物理学优化方法将继续为各领域的优化问题提供有益的解决方案。

**（4）仿人工智能类方法的发展**

仿人工智能类方法的发展是人工智能领域中一个引人注目的研究方向，它旨在模拟人类思维和智能行为，以解决各种复杂问题。这些方法通过模仿人类的认知过程和学习方式，不断进化和改进，为解决各种实际问题提供了强大的工具。这类算法受到人类解决问题过程的启发，例如思考、试错和学习。其中的代表性方法包括蚁群算法、粒子群优化（particle swarm optimization，PSO）算法[49]和人工鱼群算法（artificial fish swarm algorithm，AFSA）等。这些算法通过模拟个体或群体的行为，以寻找问题的最优解或近似最优解。例如：蚁群算法模拟了蚂蚁在寻找食物时释放信息素的过程，以引导蚂蚁集体找到最短路径；粒子群优化算法则模仿了鸟群或鱼群在搜索空间中寻找最优位置的行为。

另一个重要的仿人工智能类方法是人工免疫算法。它模拟了人类免疫系统的工作原理，用于解决优化和模式识别问题。人工免疫算法中的关键概念包括抗体、克隆和免疫记忆等。它们通过模拟抗体的生成、进化和选择过程来解决问题。这种方法的优势在于它具有较强的搜索和适应能力，能够处理复杂的优化问题和模式识别任务。

这些仿人工智能类方法在多个领域得到广泛应用，例如：仿人工智能优化算法可用于解决路线规划、资源分配、网络优化等问题；人工免疫算法则在模式识别、异常检测、生物信息学等领域发挥着重要作用[50]。它们的发展和改进不断推动人工智能领域的进步，为解决复杂问题提供了更多的选择和工具。

未来，随着对仿人工智能类方法的深入研究和不断创新，这些方法将继续为各种领域的优化和智能决策问题提供更为高效和强大的解决方案，为人工智能的发展开辟新的可能性。

## 本章小结

本章主要介绍了智能优化方法的含义与特点，以及智能优化方法的分类。首先从传统的优化方法出发，介绍了其优缺点，并引出智能优化方法。然后，简介了智能优化方法的起源和特点，重点描述了其分类，并对每个分类进行了举例说明。

## 习　题

1. 什么是传统优化方法？传统优化方法有何优点？
2. 智能优化方法的起源是什么？
3. 列出智能优化方法的分类，并对每个分类举例说明。
4. 智能优化方法的优点是什么？与传统优化方法相比，智能优化方法有哪些优势？
5. 智能优化方法的特点包括哪些？请简要描述其特性。
6. 传统优化方法与智能优化方法在解决实际问题时的适用范围有何不同？

## 参考文献


[1] Holland J H . Adaptation in natural and artificial systems [J]. 1975.

[2] Farmer J D, Packard N H, Perelson A S. The immune system, adaptation, and machine learning [J]. Physica Di Nonlinear Phenomena, 1986, 22 (1-3): 187-204.

[3] Hillis W D. Co-evolving parasites improve simulated evolution as an optimization procedure [J]. Physica D: Nonlinear Phenomena, 1990, 42 (1-3): 228-234.

[4] Koza, JohnR. Genetic programming: on the programming of computers by means of natural selection [M]. MIT Press, 1992.

[5] Storn R , Price K . Differential Evolution—A Simple and Efficient Heuristic for global Optimization over Continuous Spaces [J]. Journal of Global Optimization, 1997, 11 (4): 341-359.

[6] Deb K, Pratap A, Agarwal S, et al. A fast and elitist multiobjective genetic algorithm: NSGA-Ⅱ [J]. IEEE Transactions on Evolutionary Computation, 2002, 6 (2): 182-197.

[7] Dorigo M . Optimization, learning and natural algorithms [J]. Phd Thesis Politecnico Di Milano, 1992.

[8] Kennedy J, Eberhart R. Particle swarm optimization [C]. Proceedings of ICNN'95-international conference on neural networks. IEEE, 1995, 4: 1942-1948.

[9] Passino K M. Biomimicry of bacterial foraging for distributed optimization and control [J]. IEEE control systems magazine, 2002, 22 (3): 52-67.

[10] Li X. An optimizing method based on autonomous animats: fish-swarm algorithm [J]. Systems engineering-theory & practice, 2002, 22 (11): 32-38.

[11] Karaboga D. An idea based on honey bee swarm for numerical optimization [R]. Technical report-tr06. Kayseri: Erciyes university, engineering faculty, computer engineering department, 2005: 1-10.

[12] Yang X S. Nature-inspired metaheuristic algorithms [M]. Salisbury: Luniver press, 2010.

[13] Samuel A L. Some studies in machine learning using the game of checkers [J]. IBM journal of research and development, 1959, 3 (3): 210-229.

[14] Kirkpatrick S, Gelatt Jr C D, Vecchi M P. Optimization by simulated annealing [J]. Science, 1983, 220 (4598): 671-680.

[15] Glover F. Future paths for integer programming and links to artificial intelligence [J]. Computers & operations research, 1986, 13 (5): 533-549.

[16] Johnson D S, Mcgeoch L A . The traveling salesman problem: A case study in local optimization

[J]. Local search in combinatorial optimization, 1997, 1 (1): 215-310.

[17] Mladenović N, Hansen P. Variable Neighborhood Search [J]. Computers & Operations Research, 1997, 24 (11): 1097-1100.

[18] Lourenço H R, Martin O C, Stützle T. Iterated local search [M]. Handbook of metaheuristics. Boston, MA: Springer US, 2003.

[19] Legendre A M. Nouvelles méthodes pour la détermination des orbites des comètes: avec un supplément contenant divers perfectionnemens de ces méthodes et leur application aux deux comètes de 1805 [M]. Paris: Courcier, 1806.

[20] Cover T, Hart P. Nearest neighbor pattern classification [J]. IEEE transactions on information theory, 1967, 13 (1): 21-27.

[21] Quinlan J R. Induction of decision trees [J]. Machine learning, 1986, 1: 81-106.

[22] Cortes C, Vapnik V. Support-Vector Networks [J]. Machine Learning, 1995, 20 (3): 273-297.

[23] McCallum A, Nigam K. A comparison of event models for Naive Bayes text classification [C]. AAAI-98 workshop on learning for text categorization. Madison, Wisconsin, 1998, 41-48.

[24] Friedman J H. Greedy function approximation: a gradient boosting machine [J]. Annals of statistics, 2001, 29 (5): 1189-1232.

[25] Rumelhart D E, Hinton G E, Williams R J. Learning representations by back-propagating errors [J]. Nature, 1986, 323 (6088): 533-536.

[26] Hochreiter S, Schmidhuber J. Long Short-term Memory [J]. Neural Computation, 1997, 9 (8): 1735-1780.

[27] LeCun Y, Bottou L, Bengio Y, et al. Gradient-based learning applied to document recognition [J]. Proceedings of the IEEE, 1998, 86 (11): 2278-2324.

[28] Goodfellow I, Pouget-Abadie J, Mirza M, et al. Generative adversarial nets [J]. Advances in neural information processing systems, 2014, 27.

[29] He K, Zhang X, Ren S, et al. Deep residual learning for image recognition [C]. Proceedings of the IEEE conference on computer vision and pattern recognition. Las Vegas, Nevada, USA, 2016: 770-778.

[30] Vaswani A. Attention is all you need [J]. Advances in Neural Information Processing Systems, 2017: 30.

[31] Sutton R S. Learning to predict by the methods of temporal differences [J]. Machine learning, 1988, 3 (1): 9-44.

[32] Watkins C J C H. Learning from delayed rewards [D]. Cambridge: University of Cambridge, 1989.

[33] Mnih V, Kavukcuoglu K, Silver D, et al. Playing atari with deep reinforcement learning [J]. arXiv preprint arXiv: 1312. 5602, 2013.

[34] Lillicrap T P, Hunt J J, Pritzel A, et al. Continuous control with deep reinforcement learning [J]. arXiv preprint arXiv: 1509. 02971, 2015.

[35] Schulman J, Wolski F, Dhariwal P, et al. Proximal policy optimization algorithms [J]. arXiv preprint arXiv: 1707. 06347, 2017.

[36] Haarnoja T, Zhou A, Abbeel P, et al. Soft actor-critic: Off-policy maximum entropy deep reinforcement learning with a stochastic actor [C]. International conference on machine learning. PMLR, 2018: 1861-1870.

[37] 李春明. 优化方法 [M]. 南京：东南大学出版社，2009.

[38] 吕聪颖. 智能优化方法的研究及应用 [M]. 北京：中国水利水电出版社，2014.

[39] 陈春梅，王正元，屈娜. 人工智能优化算法综述 [J]. 大学，2020 (26): 71-72.

[40] 李晓磊. 一种新型的智能优化方法——人工鱼群算法 [D]. 杭州：浙江大学，2003.

[41] 董红宇，黄敏，王兴伟，等. 变邻域搜索算法综述 [J]. 控制工程，2009，16 (S2)：1-5，13.
[42] 孙志军，薛磊，许阳明，等. 深度学习研究综述 [J]. 计算机应用研究，2012，29 (08)：2806-2810.
[43] 何清，李宁，罗文娟，等. 大数据下的机器学习算法综述 [J]. 模式识别与人工智能，2014，27 (04)：327-336.
[44] Mavrovouniotis M，Li C，Yang S. A survey of swarm intelligence for dynamic optimization：Algorithms and applications [J]. Swarm and Evolutionary Computation，2017，33：1-17.
[45] 张超勇，邵新宇. 作业车间调度理论与算法 [M]. 武汉：华中科技大学出版社，2014.
[46] 赵吉. 群体智能算法研究及其应用 [D]. 无锡：江南大学，2010.
[47] Wolpert D H，Macready W G. No free lunch theorems of search [R]. Technical Report SFI-TR-95-02-010，Santa Fe Institute，1995.
[48] Li X Y，Zhang C J. Some new trends of intelligent simulation optimization and scheduling in intelligent manufacturing [J]. Service Oriented Computing and Applications，2020，14：149-151.
[49] Eberhart R C，Hu X. Human tremor analysis using particle swarm optimization [J]. IEEE，1999.
[50] 刘涛，黄梓瑜. 智能控制系统综述 [J]. 信息通信，2014 (08)：101-102.

# 第2章 进化计算方法

## 2.1 进化计算简介

进化计算（evolutionary computation，EC）是在达尔文（Darwin）的进化论和孟德尔（Mendel）的遗传变异理论的基础上产生的一种在基因和种群层次上模拟自然界生物进化过程与机制的问题求解技术。

进化计算以达尔文进化论的“物竞天择、适者生存”作为算法的进化规则，并结合孟德尔的遗传变异理论，将生物进化过程中的繁殖（reproduction）、变异（mutation）、竞争（competition）、选择（selection）引入到了算法中。进化计算具有自组织、自适应、自学习的特点，并且不受其搜索空间限制性条件（如可微、单峰等）的约束，不需要其他辅助信息（如导数），这使得进化计算不仅能获得较高的效率，而且操作简单、通用性强。在当前的研究领域中，针对进化计算进行优化处理，并探索其在实际问题解决中的应用，已成为备受关注的热点方向。

### 2.1.1 进化计算的含义与特点

经过数亿年的演变，在我们的地球上，简单的细胞逐渐演化成了丰富多彩的大自然。尽管在很长一段时间里，人类并不知道生物的进化过程，但人类对生命进化现象的研究进入了前所未有的伟大时期，这段时期中，达尔文的进化论是对人类影响深远的伟大学说。根据这个学说，地球生物在繁殖过程中可能会产生变异，从而导致新物种的形成。由于资源有限，不同的物种之间必然会存在竞争关系，自然界中的生物正是根据这种“物竞天择，适者生存”的原则来不断地进化。

进化计算正是受到进化生物学的启发而发展起来的计算模型。进化计算受生物进化过程中“物竞天择，适者生存”的自然选择机制和遗传信息传递规律的影响，采用简单的编码技术来表示各种复杂的结构，通过程序迭代来模拟生物进化的过程。算法将要解决的问题看作环境，采用种群（即“组”来表示）的方式组织搜索，这使得它可以同时搜索解空间内的多个区域，在一些可能的解组成的种群中，借用以上生物进化的规律，通过繁殖、竞争、再繁殖、再竞争，实现优胜劣汰，一步步逼近复杂工程技术问题的最优解。

但进化计算在 20 世纪六七十年代并未受到普遍的重视，主要原因有三：首先，这些方法本身尚未完全成熟；其次，它们需要大量的计算资源，而当时的计算机普及程度有限且处理速度较慢，这在很大程度上限制了它们的应用范围；第三，当时正值基于符号处理的人工智能方法的巅峰期，这使得人们难以认识到其他方法的有效性和适用性。进入 20 世纪 80 年代后，人工智能方法的局限性日益凸显，加之计算机速度的大幅提升和并行计算机的广泛应用，进化计算对机器速度的需求不再是制约其发展的瓶颈。

进化计算主要通过模拟生物进化的过程来寻找最优解，它在调度问题中的应用非常广泛，包括任务调度、车辆路径规划、生产调度等。在任务调度中，进化计算可以帮助确定任务的最佳分配和执行顺序，以最大化系统的效率和性能，通过考虑任务的优先级、资源约束、任务之间的依赖关系等因素，从而生成一个最优的调度方案。在车辆路径规划中，进化计算可以帮助确定车辆行驶的最佳路径和行驶顺序，以最小化行驶距离或时间，通过对路况、交通拥堵、配送要求等因素进行分析后，从而生成一个最优的路径规划方案。在生产调度中，进化计算可以帮助确定生产任务的最佳顺序和资源分配，以最大化生产效率和资源利用率，通过考虑设备的可用性、工序之间的依赖关系、生产能力等因素，从而生成一个最优的生产调度方案。

进化计算在调度中的应用优势在于它能够处理复杂的问题，考虑多个因素，并生成高质量的解决方案。它的搜索过程是自适应的，可以根据问题的特点进行调整和优化。进化计算不依赖于问题的具体数学模型，而是通过自适应的搜索策略来逐步优化解空间。其拥有优异的全局搜索能力，能够帮助它在解空间中搜索到全局最优解或近似最优解。比如遗传算法可以通过遗传、选择、变异等操作来寻找到问题的最优解或者近似最优解。鉴于进化计算在多个领域取得的显著成就，科学家们对此展现出了浓厚的兴趣。自 20 世纪 80 年代中叶起，进化计算在全球范围内引发了众多国家的广泛研究与探讨热潮。当前，世界各地定期举办多场以进化计算为主题的国际会议，并已经发布了多种关于进化计算的学术期刊。可以预料，随着进化计算理论研究的不断深入和应用领域的不断拓展，进化计算必将取得更大的成功。计算机能力的急剧提升使得包括自动演化的计算机程序等实际应用得以实现，进化算法比起人类设计的软件，可以更有效地解决多维问题，优化系统的设计。

同时，进化计算算法相较于传统算法，在多个方面呈现出显著差异，其核心特性集中体现在以下两大方面[1]。

**（1）智能性（intelligence）**

进化计算的智能性包括自组织、自适应和自学习性等。应用进化计算求解问题时，在确定了编码方案、适应度函数及遗传算子以后，算法将根据“适者生存、不适应者淘汰”的策略，利用进化过程中获得的信息自行组织搜索，从而不断地向最佳解方向靠近。自然选择消除了传统算法设计过程中的一个最大障碍，即需要事先描述问题的全部特点，并说明针对问题的不同特点算法应采取的措施。因此，利用进化计算的方法可以解决那些结构极其复杂、难以被传统方法精确建模的复杂问题。

**（2）本质并行性（essential parallelism）**

进化计算的本质并行性主要表现在以下两个方面。

进化计算是内在并行（inherent parallelism）的，即进化计算本身非常适合大规模并行计算。最简单的并行方式是让多台计算机进行独立种群的进化计算，运行过程中甚至不需要进行任何通信，等到运算结束时才进行通信比较，以选取最佳个体，这种并行处理方式对并行系统结构也没有什么限制和要求。可以说，进化计算适合在目前所有的并行机或分布式系统上进行并行处理，而且对其并行效率没有太大影响。

进化计算的内涵并行性（implicit parallelism）。由于进化计算采用种群的方式组织搜索，它可以同时搜索解空间内的多个区域，并相互交流信息，这种搜索方式使得它虽然每次只执行与种群规模 $N$ 成比例的计算，但实质上已进行了多次有效搜索。这使得进化计算能以较少的计算代价获得较大的收益。

除了上述特征外，进化计算算法通过融合多样性操作，诸如交叉与变异等，显著增强了其探索解空间的能力，进而提升了算法的鲁棒性与全局搜索性能。这些独特的优势赋予了进化计算算法在应对复杂优化问题时的广泛应用潜力。

此外，进化计算还展现出在动态调度问题中的卓越处理能力，它能够在系统运行过程中灵活调整任务与资源的分配策略。在调度领域的这一应用，不仅促进了系统效率与性能的显著提升，还实现了资源利用的最优化，有效降低了成本与时间消耗。通过将进化计算算法应用于各类调度难题中，能够高效地寻找到解决问题的理想方案。

### 2.1.2 进化计算的分类

进化计算的主要三大分支包括[2]：遗传算法（genetic algorithm，GA）、进化策略（evolution strategies，ES）和进化规划（evolutionary programming，EP），这三个分支在算法实现方面具有一些细微的差别，但它们具有一个共同的特点，即都是借助生物进化的思想和原理来解决实际问题。

下面将分别介绍进化计算的三大分支。

**（1）遗传算法**

遗传算法的理论由美国 Holland 教授于 1975 年首次提出，是进化计算中最重要的分支。遗传算法强调的对染色体的操作，尽管看起来很神奇，但实现思路却相对简单：遗传算法通过模拟自然界的进化机制来求解问题。首先，通过随机生成一组初始解，形成初始种群。其次，根据问题的评估函数，计算每个个体的适应度，适应度高的个体将有更大的概率被选中进行交叉和变异操作。交叉操作是将两个个体的基因信息进行交换，从而产生新的个体。变异操作是随机改变个体的某些基因值。经过交叉与变异操作的处理，能够生成全新的个体，随后这些个体将被纳入下一代种群之中。这个过程将重复迭代多次，直到达到终止条件。最后，种群中的个体将收敛到问题的最优解。

为了方便表述，通常对遗传算法的基本概念定义如下。

① 编码（encoding）。把问题解从参数形式转换成基因码串形式。

② 解码（decoding）。编码的逆过程，把基因码串转化为问题解。

③ 个体（individual）。是模拟生物个体而对问题中的对象（一般就是问题的解）的一种称呼，一个个体也就是搜索空间中的一个点。

④ 种群（population）。是模拟生物种群而由若干个体组成的群体，一般是整个搜索空间的一个很小的子集。

⑤ 染色体（chromosome）。问题解的编码，即对个体进行编码后得到的编码串。如图 2-1 所示为问题解对应的二进制编码染色体。

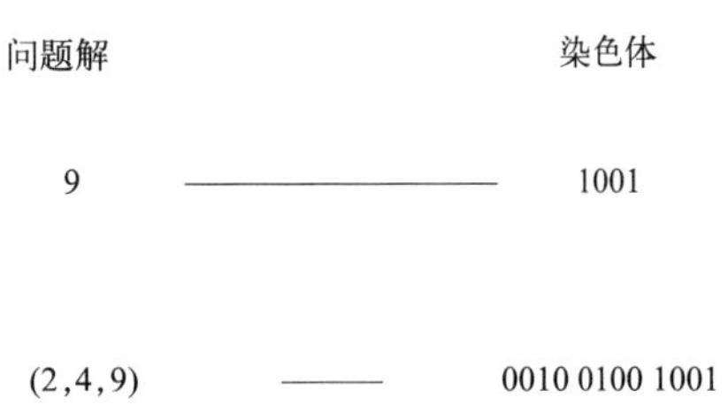

图 2-1 问题解和染色体

⑥ 基因（gene）。表示问题解编码的分量，染色

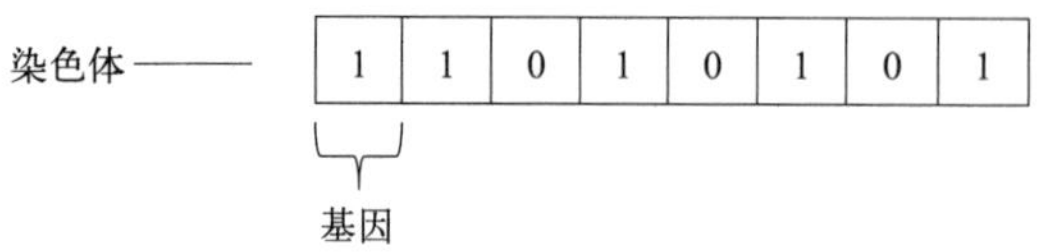

图 2-2 染色体和基因

体中的每一个元素都称为基因。如图 2-2 所示为一条二进制编码染色体，其中的每个数字都代表一个基因。

⑦ 适应度（fitness）。借鉴生物个体对自然界环境适应程度的原理，适应度在遗传算法中被用来判断问题解个体对于问题的优劣程度。

⑧ 适应度函数（fitness function）。也被称为评估函数（evaluate function）。适应度函数是问题中的全部个体与其适应度之间的一个对应关系，它一般是一个实值函数。该函数通常依据问题的特定需求与目标定义，来评估个体解对问题解决的贡献程度，对解的优劣进行判定。

适应度函数的设计可以基于问题的约束条件、目标函数或者其他衡量标准。基于适应度函数的计算，可以确定哪些个体更适合在遗传算法的进化过程中进行选择、交叉和变异操作。

例如，有一个函数 $f(x)=4x^7+3x^5+x$，需要计算当 $x$ 为多少时，$f(x)$的取值为最小值。面对这样的函数，很难直接看出问题的答案，但是可以选择代入数据 $x$ 观察得到的 $f(x)$值的方式来判断当前的解是不是问题的最优解。通过不断改变 $x$ 的值来计算对应 $f(x)$ 的值，这样就能得到当 $f(x)$最接近最小值时对应的数值 $x$ 为多少。在这里，$f(x)$就是适应度函数。

⑨ 选择-复制（selection-reproduction）。选择操作也被称为复制操作，根据得到的染色体适应度来决定它在下一代是被淘汰还是被保留。一般来说，适应度较大（优良）的个体被保留的机会较大，而适应度较小（低劣）的个体继续存在的机会比较小。

⑩ 交叉（crossover）。也被称为交换、交配或杂交。遗传算法每进行一次迭代都会生成 $N$ 条染色体，每一次的迭代都被称为一次“进化”。交叉需要我们从上一代的染色体中寻找两条染色体，一条作为“父染色体”，一条作为“母染色体”，将这两条染色体在某一个位置切断后拼接在一起，从而生成一条新的染色体。这条新染色体上既包含了一定数量的父染色体的基因，也包含了一定数量的母染色体的基因。如图 2-3 所示为染色体交叉过程。

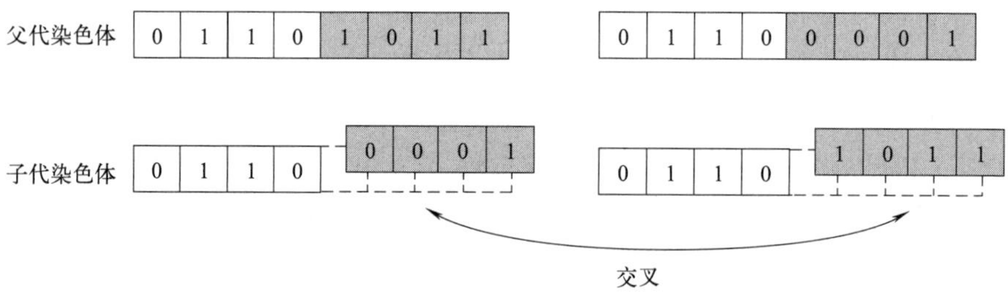

图 2-3 染色体交叉过程

交叉运算是遗传算法区别于其他进化算法的重要特征，它在遗传算法中起关键作用，是产生新个体的主要方法。

⑪ 变异（mutation）。也被称为突变。通过交叉操作生成新的染色体后，在新染色体上随机选择基因并修改基因值的操作就是变异操作。变异操作给现有的染色体引入了新的基因，从而突破了当前搜索的限制，更有利于遗传算法寻找到全局最优解。如图 2-4 所示为染色体的变异。

**（2）进化策略**

1964 年，德国柏林工业大学的 Rechenberg 等人在求解流体动力学柔性弯曲管的形状优化问题时，用传统的方法很难在优化设计中描述物体形状的参数，转而利用生物变异的思想来随机地改变参数值并获得了较好的结果，随后，他们便对这种方法进行了深入的研究和发展，形成了进化计算的一个分支——进化策略[3]。

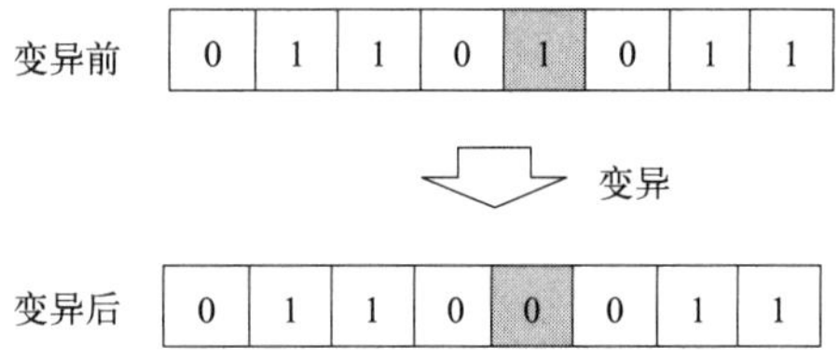


图 2-4　染色体变异

进化策略作为进化计算的一个分支，其个体采用十进制实数形式表示，即：

$$X^{i+1}=X^{i}+N(0,\sigma) \tag{2-1}$$

式中，$X^i$ 表示第 $i$ 代个体；$N(0,\ \sigma)$ 表示服从正态分布的随机数，其均值为 0，标准差为 $\sigma$。

因此，进化策略中的个体含有两个变量（$X$，$\sigma$），新个体 $X^{i+1}$ 是在旧个体 $X^i$ 的基础上添加一个独立随机变量 $N(0,\ \sigma)$。如果新个体的适应度优于旧个体，则用新个体代替旧个体，否则，舍弃性能欠佳的新个体，重新产生下一代新个体。

进化策略的关键在于：交叉、变异、变异强度和选择。

① 交叉（crossover）。和遗传算法一样，交叉就是将两个个体的基因进行交换。进化策略的交叉方式主要有以下三种。

离散重组：先随机选择两个父代个体，然后将其分量进行随机交换，构成子代新个体的各个分量，从而得出新个体。如式（2-2）、式（2-3）所示为个体的离散重组。

两个父代个体：

$$\begin{cases}(X^1,\sigma^1)=[(x_1^1,x_2^1,\cdots,x_n^1),(\sigma_1^1,\sigma_2^1,\cdots,\sigma_n^1)]\\(X^2,\sigma^2)=[(x_1^2,x_2^2,\cdots,x_n^2),(\sigma_1^2,\sigma_2^2,\cdots,\sigma_n^2)]\end{cases} \tag{2-2}$$

生成的新个体为

$$(X,\sigma)=[(x_1^q,x_2^q,\cdots,x_n^q),(\sigma_1^q,\sigma_2^q,\cdots,\sigma_n^q)] \tag{2-3}$$

式中，$q$ 的值为 1 或 2。

中值重组：先随机选择两个父代个体，然后将父代个体各分量的平均值作为子代新个体的分量，构成的新个体。如式（2-4）所示为采用中值重组方式生成的新个体。

$$(X,\sigma)=\left[\left(\frac{x_1^1+x_1^2}{2},\frac{x_2^1+x_2^2}{2},\cdots,\frac{x_n^1+x_n^2}{2}\right),\left(\frac{\sigma_1^1+\sigma_1^2}{2},\frac{\sigma_2^1+\sigma_2^2}{2},\cdots,\frac{\sigma_n^1+\sigma_n^2}{2}\right)\right] \tag{2-4}$$

混杂重组：这种重组方式的特点在于父代个体的选择上。混杂重组时先随机选择一个固定的父代个体，然后针对子代个体每个分量再从父代群体中随机选择第二个父代个体。也就是说，第二个父代个体是经常变化的，至于父代两个个体的组合方式，既可以采用离散方式，也可以采用中值方式，甚至可以把中值重组中的 1/2 改为［0，1］之间的任一权值。

② 变异（mutation）。在旧个体的基础上添加一个独立随机变量产生新个体的过程被称为变异。

③ 变异强度（variation intensity）。个体（$X$，$\sigma$）中的 $\sigma$ 代表变异强度，$\sigma$ 的变化能够改变独立随机变量 $N$（0，$\sigma$）的值。

④ 选择（selection）。进化策略中的选择有以下两种。

$(\mu+\lambda)$ 选择：从 $\mu$ 个父代个体及 $\lambda$ 个子代新个体中确定性地择优选出 $\mu$ 个个体组成下一代新群体；

$(\mu, \lambda)$ 选择：从 $\lambda$ 个子代新个体中确定性地择优挑选 $\mu$ 个个体（要求 $\lambda>\mu$）组成下一代群体，每个个体只存活一代，随即便被新个体顶替。

进化策略最早、最简单的模型是 $1+1-ES$ 模型，其中只含有一个个体，并由此衍生出同样仅为一个的下一代新个体，但是由于其点到点搜索的脆弱特性限制了它的使用范围，现在占主要地位的已经是 $(\mu+\lambda)-ES$ 模型和 $(\mu, \lambda)-ES$ 模型。

进化策略强调的是个体级的行为变化，其算法思路与遗传算法相似，二者皆利用进化理论进行优化，利用遗传信息一代代传承变异，通过适者生存的理论，保存适应度高的个体，得到最优解。但进化策略与遗传算法也有以下不同之处。

a. 遗传算法的个体采用二进制编码，而进化策略的个体则为实数。

b. 遗传算法仅需要一条编码链，用于存储个体的基因。进化策略则需要两条编码链，一条实数编码链，一条变异强度编码链。如图 2-5 所示为遗传算法和进化策略的个体差异。

<table>
<tr><td rowspan="4">遗传算法</td><td rowspan="4">种群</td><td>个体 1</td><td colspan="2">11101111</td></tr>
<tr><td>个体 2</td><td colspan="2">11001110</td></tr>
<tr><td>个体 3</td><td colspan="2">01010111</td></tr>
<tr><td>个体 4</td><td colspan="2">01000111</td></tr>
<tr><td rowspan="8">进化策略</td><td rowspan="8">种群</td><td rowspan="2">个体 1</td><td>基因</td><td>1.2　2.3…</td></tr>
<tr><td>变异强度</td><td>0.7　1.9…</td></tr>
<tr><td rowspan="2">个体 2</td><td>基因</td><td>0.2　1.3…</td></tr>
<tr><td>变异强度</td><td>7.7　3.9…</td></tr>
<tr><td rowspan="2">个体 3</td><td>基因</td><td>5.2　4.3…</td></tr>
<tr><td>变异强度</td><td>4.1　0.9…</td></tr>
<tr><td rowspan="2">个体 4</td><td>基因</td><td>4.2　8.3…</td></tr>
<tr><td>变异强度</td><td>0.1　2.4…</td></tr>
</table>

图 2-5　遗传算法和进化策略的个体差异

c. 遗传算法的变异采用“0”变“1”、“1”变“0”的方式，并且可以随机选择基因段变异。进化策略使用变异强度实现变异，将实数链上的实数值看作正态分布的均值 $\mu$，将变异强度编码链上的变异强度值看作正态分布的标准差 $\sigma$，产生新的个体，然后保留好的个体。

进化策略在遗传信息的表达上更加丰富，还可以遗传变异强度，因此，进化策略可以看作遗传算法的一种扩展。

**（3）进化规划**

进化规划的方法最初是由美国 Fogel L J 等人在 20 世纪 60 年代提出的。他们在人工智能的研究中发现，智能行为要具有能预测其所处环境的状态，并按照给定的目标作出适当响应的能力。在研究中，他们将模拟环境描述成由有限字符集中符号组成的序列。

进化规划是一种基于种群行为进化的优化搜索算法，主要强调在进化过程中个体之间的相互联系，通过强调种群层次上的行为进化来建立父代和子代之间的行为链。进化规划和进化策略一样，都是采用十进制实数来表示，不需要编码和解码。进化规划分为标准进化规划、元进化规划和旋转进化规划三种，其中最常用的是元进化规划。进化规划没有重组算子或者交换算子，它的进化主要依赖于变异。

进化规划可以作为一种优化搜索工具应用于解决各种实际问题，在个体变异不成功的情况下，可以采用重新变异直至可行、从解空间中随机选取一个可行解代替或选择当代中的最优解代替等方法进行处理。

① 标准进化规划（standard EP）。在标准进化规划中，个体的表达形式为

$$x_i'=x_i+\sqrt{f(X)}N_i(0,1) \tag{2-5}$$

式中，$x_i$ 为旧个体目标变量 $X$ 的第 $i$ 个分量；$x_i'$为新个体目标变量 $X$ 的第 $i$ 个分量；$f(X)$ 为旧个体 $X$ 的适应度；$N_i(0,1)$ 为针对第 $i$ 分量产生的服从标准正态分布的随机数。

式（2-5）表明，新个体是在旧个体的基础上添加一个随机数，添加值的大小与个体适应度有关，适应度大的个体添加值也大，反之亦然。

根据这种表达方式，进化规划首先产生 $\mu$ 个初始个体，这也就是突变。接着从 $\mu$ 个旧个体及 $\mu$ 个新个体（$2\mu$ 个个体）中根据适应度挑选出 $\mu$ 个个体组成新群体。如此反复迭代，直至得到满意结果。进化规划的工作流程类似于其他进化算法，同样经历“产生初始群体-突变-计算个体适应度-选择-组成新群体”，然后反复迭代，一代一代地进化，直到达到最优解。

② 元进化规划（meta EP）。为了增加进化规划在进化过程中的自适应调整功能，人们在突变中增加方差的概念。类似于进化策略，在进化规划中个体的表达如式（2-6）所示。

$$\begin{cases}x_i'=x_i+\sqrt{\sigma_i}N_i(0,1)\\ \sigma_i'=\sigma_i+\sqrt{\sigma_i}N_i(0,1)\end{cases} \tag{2-6}$$

式中，$x_i$ 为旧个体目标变量 $X$ 的第 $i$ 个分量；$x_i'$为新个体目标变量 $X$ 的第 $i$ 个分量；$\sigma_i$ 为旧个体第 $i$ 分量的标准差；$\sigma_i'$为新个体第 $i$ 分量的标准差；$N_i(0,1)$为针对第 $i$ 分量产生的服从标准正态分布的随机数。

从式（2-6）可以看出，新个体也是在旧个体的基础上添加一个随机数，该添加量取决于个体的方差，而方差在每次进化中又有自适应调整。这种进化方式已经成为进化规划的主要手段，因此在进化规划前冠以“元”这个术语以表示它为基本方法。

③ 旋转进化规划（rmeta EP）。旋转进化规划进一步扩展进化规划。进化规划的个体的表示方式为（$X,\sigma$），$\sigma$ 为控制因子，有人在此基础上又加了一个控制因子——协方差 $\rho$，这样构成三元表达式($X,\sigma,\rho$)。旋转进化规划比较复杂，目前最常用的还是元进化规划。

除了以上几种分支之外，进化计算还存在其他一些分支和扩展，例如：粒子群优化算法(particle swarm optimization，PSO)，模拟鸟群觅食的行为，通过粒子的位置和速度来搜索最优解；差分进化算法（differential evolution，DE），通过差分操作来生成新的解，并通过选择操作来更新种群，以找到最优解；蚁群算法（ant colony optimization，ACO），模拟蚂蚁寻找食物的行为，通过信息素的更新和选择来搜索最优解；等等。这些方法各有特点和应用领域，可以根据具体问题的需求来进行选择和应用。

## 2.2 典型进化计算方法

进化计算是一种模拟自然界生物进化过程与机制进行问题求解的自组织、自适应的随机搜索技术。它以达尔文进化论的"物竞天择、适者生存"作为算法的进化规则，并结合孟德尔的遗传变异理论，将生物进化过程中的以下行为引入算法中。这类方法通过模拟生物进化中的遗传、变异和选择等过程，以寻找问题的最优解或者接近最优解的解决方案。

典型的进化计算方法包括遗传算法（genetic algorithm，GA）、免疫算法（immune algorithm，IA）、遗传规划（genetic programming，GP）等。

### 2.2.1 遗传算法

遗传算法是模拟生物在自然环境中的遗传和进化过程而形成的自适应全局优化搜索算法。最早由美国的 J. H. Holland 教授提出，其概念起源于 20 世纪 60 年代对自然和人工自适应系统的研究。20 世纪 70 年代，K. A. De Jong 基于遗传算法的思想，在计算机上进行了大量的纯数值函数优化计算试验。20 世纪 80 年代，遗传算法由 D. J. Goldberg 在一系列研究工作的基础上归纳总结而成。

遗传算法是通过模仿自然界生物进化机制而发展起来的随机全局搜索和优化方法，借鉴了达尔文的进化论和孟德尔的遗传学说，本质上是一种并行、高效、全局搜索的方法，能够在搜索过程中自动获取和积累有关搜索空间的知识，并自适应地控制搜索过程以求得最优解。遗传算法操作采用"适者生存"的原则，在潜在的解决方案种群中逐次产生一个近似最优的方案。在每一代中，根据个体在问题域中的适应度值和从自然遗传学中借鉴来的再造方法进行个体选择，产生一个新的近似解。这个过程导致种群中个体的进化，得到的新个体比原个体更能适应环境。

**（1）生物基础**

遗传算法是一种宏观下的仿生算法，它通过模拟达尔文"优胜劣汰、适者生存"的自然选择以产生适应环境的个体，通过结合孟德尔的遗传变异理论在一代代的迭代过程中保持已有的个体，同时寻找更优秀的个体。

所谓"种瓜得瓜，种豆得豆""龙生龙，凤生凤，老鼠生来会打洞"，这种生命现象就称为遗传。遗传是指父代（或亲代）利用遗传基因将自身的基因信息传递给下一代（或子代），使子代能够继承其父代的特征或性状。正是由于遗传的作用，自然界才能有稳定的物种。

在自然界，构成生物基本结构与功能的单位是细胞（cell）。细胞中含有一种包含着所有遗传信息的复杂而又微小的丝状化合物，人们称其为染色体（chromosome）。在染色体中，遗传信息由基因（gene）组成，基因决定着生物的性状，是遗传的基本单位。染色体的形状是一种双螺旋结构，构成染色体的主要物质叫作脱氧核糖核酸（DNA），每个基因都在 DNA 长链中占有一定的位置。一个细胞中的所有染色体所携带的遗传信息的全体称为一个基因组（genome）。细胞在分裂过程中，其遗传物质 DNA 通过复制转移到新生细胞中，从而实现了生物的遗传功能。

细胞在分裂的时候，遗传物质 DNA 通过复制而转移到新的细胞，新的细胞就会继承原细胞 DNA 上基因的所有特性。有性繁殖在繁殖下一代时，同源染色体之间会通过交叉而重组，分别形成两个新的染色体。同时，细胞在复制时，虽然概率很小，但是也可能产生复制差错，从而发生变异，产生新的染色体。

变异是指子代和父代之间，以及子代的各个不同个体之间产生差异的现象。变异是生物进化过程中发生的一种随机现象，是一种不可逆过程，在生物多样性方面具有不可替代的作用。“龙生九子，九子九样”就是这种生命现象。

遗传和变异是生物进化的两种基本现象，优胜劣汰、适者生存是生物进化的基本规律。在生物进化中，一种基因有可能发生变异而产生出另一种新的生物基因。这种新基因将依据其与生存环境的适应性而决定其增殖能力。一般情况下，适应性强的基因会不断增多，而适应性差的基因则会逐渐减少。通过这种自然选择，物种将逐渐向适应于生存环境的方向进化，甚至会演变成为另一个新的物种，而那些不适应环境的物种将会逐渐被淘汰。

以下为对生物遗传与遗传算法一些概念的介绍。

① 染色体。遗传物质的载体。

② 脱氧核糖核酸。大分子有机聚合物，双螺旋结构。

③ 遗传因子（基因）。DNA 或 RNA 长链结构中占有一定位置的基本遗传单位。

④ 基因型（genotype）。遗传因子组合的模型。

⑤ 表现型（phenotype）。由染色体决定性状的外部表现。

⑥ 个体（individual）。指染色体带有特征的实体。

⑦ 种群（population）。个体的集合，该集合内个体数称为种群的大小，一般用 $N$ 表示。种群、染色体与基因如图 2-6 所示。

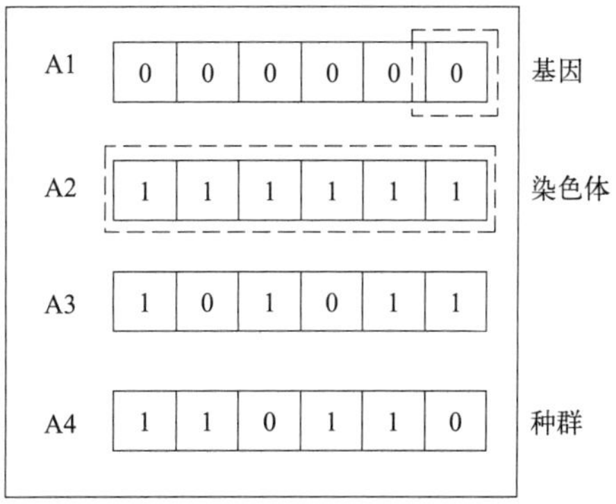


图 2-6　种群、染色体与基因

⑧ 编码（coding）。从表现型到基因型的映射。

⑨ 解码（decoding）。从基因型到表现型的映射。

⑩ 进化（evolution）。生物在其延续生存的过程中，逐渐适应其生存环境，使得其品质不断得到改良，这种生命现象称为进化。

⑪ 适应度（fitness）。度量某个物种对于生存环境的适应程度。对生存环境适应程度较高的物种将获得更多的繁殖机会，而对生存环境适应程度较低的物种，其繁殖机会就会相对较少，甚至逐渐灭绝。在 GA 中，适应度往往与目标函数紧密相关，适应度值一般规定为非负数。

⑫ 选择（selection）。指以一定的概率从种群中选择若干个体的操作，选择算子又称为再生算子（reproduction operator）。选择的目的是把优化的个体直接遗传到下一代，或者把通过配对交叉后产生的新个体遗传到下一代。

⑬ 轮盘赌选择法（roulette wheel selection）。是最简单也是最常用的选择方法。其中，个体的选择概率和其适应度值成比例，概率反映了个体的适应度在整个群体中适应度总和所占的比例。个体适应度值越大，其被选择的概率就越大，反之亦然。如图 2-7 所示为轮盘赌选择法。

⑭ 复制（reproduction）。细胞在分裂时，遗传物质 DNA 通过复制而转移到新产生的细胞中，新的细胞就继承了旧细胞的基因。

⑮ 交叉（crossover）。两个染色体的某一相同位置处 DNA 被切断，其前后两串分别交

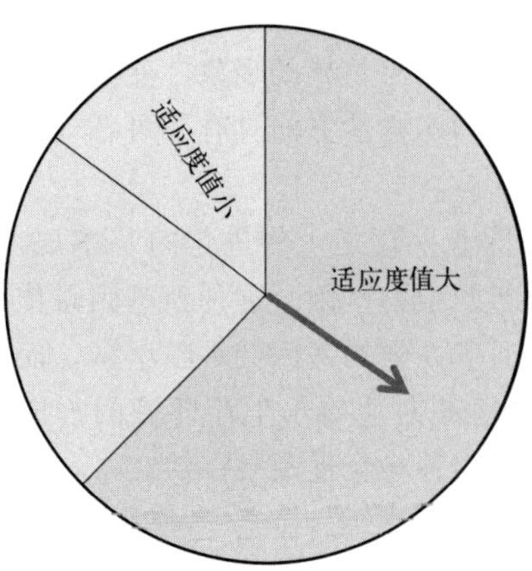

图 2-7　轮盘赌选择法

叉组合形成两个新的染色体，又称为基因重组、杂交。在自然界生物进化过程中起核心作用的是生物遗传基因的重组（加上变异）。同样，在遗传算法中起核心作用的是遗传操作的交叉算子。通过交叉，遗传算法的搜索能力能够得以飞跃提升。交叉算子可以根据交叉率将种群中的两个个体随机地交换某些基因，产生新的基因组合，从而将有益的基因组合在一起。

根据编码表示方法的不同，可以有以下交叉方式：实值重组（real valued recombination）和二进制交叉（binary valued crossover）。实值重组又分为离散重组、中间重组、线性重组和扩展线性重组。二进制交叉又可分为单点交叉、多点交叉、均匀交叉、洗牌交叉和缩小代理交叉，如图 2-8 所示。

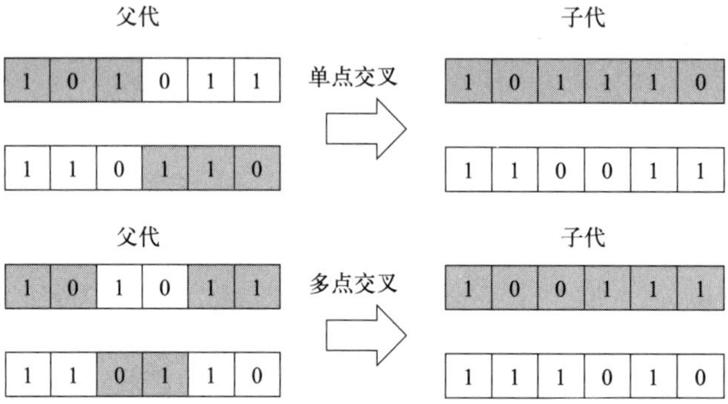

图 2-8　单点交叉与多点交叉

⑯ 变异（mutation）。细胞进行复制时可能以很小的概率产生某些复制差错，从而使 DNA 发生某种变异，产生新的染色体，这些新的染色体会表现出新的性状。遗传算法引入变异的目的有两个：一是使遗传算法具有局部随机搜索能力，当遗传算法通过交叉算子接近最优解邻域时，利用变异算子的这种局部随机搜索能力可以加速向其最优解收敛，显然，此情况下的变异概率应取较小值，否则接近最优解会因变异而遭到破坏；二是使遗传算法可维持群体多样性，防止出现未成熟便收敛的现象，此时收敛概率应取较大值。在遗传算法中，交叉算子因其全局搜索能力而作为主要算子，变异算子因其局部搜索能力而作为辅助算子。如图 2-9 所示为二进制编码染色体单点变异过程，通过随机将染色体内某位置基因进行“0-1”变异，从而产生原染色体的邻域染色体，以寻找问题的最优解。

遗传算法通过交叉和变异这对相互配合又相互竞争的操作而使其具备兼顾全局和局部的均衡搜索能力。所谓相互配合，是指当群体在进化中陷于搜索空间中某个超平面而仅靠交叉不能摆脱时，通过变异操作可有助于这种摆脱。所谓相互竞争，是指当通过交叉已形成所期望的染色体时，变异操作有可能破坏这些染色体。如何有效地配合使用交叉和变异操作，是目前遗传算法的一个重要研究内容。

变异率的选取一般受种群大小、染色体长度等因素的影响，通常选取很小的值，一般取 0.001～0.1。当最优个体的适应度达到给定的阈值时，或者最优个体的适应度和群体适应度不再上升时，或者迭代次数达到预设的代数时，算法终止。预设的代数一般设置为 100～500 代。

图 2-9　二进制编码染色体单点变异

如表 2-1 所示，遗传算法来源于对生物进化机制的抽象计算机模拟。

表 2-1　生物遗传概念在遗传算法中的对应关系

| 生物遗传概念 | 遗传算法中的作用 |
| --- | --- |
| 适者生存 | 在算法停止时，最优目标值的解有最大的可能被保留 |
| 个体(individual) | 解 |
| 染色体(chromosome) | 解的编码(字符串，向量等) |
| 基因(gene) | 解中每一分量的特征(如各分量的值) |
| 适应性(fitness) | 适应函数值 |
| 种群(population) | 选定的一组解(其中解的个数为群体的规模) |
| 交叉(crossover) | 通过交叉原则产生一组新解的过程 |
| 变异(mutation) | 编码的某一个分量发生变化的过程 |

**（2）基本机理**

遗传算法模拟自然选择和自然遗传过程中发生的繁殖、交叉和基因突变现象。

① 在每次迭代中都保留一组候选解；

② 根据适应度从种群中选取较优的个体；

③ 利用遗传算子（选择、交叉和变异）对这些个体进行组合，产生新一代的候选解群，重复此过程，直到满足某种收敛指标为止。

**（3）求解流程**

遗传算法流程图如图 2-10 所示。

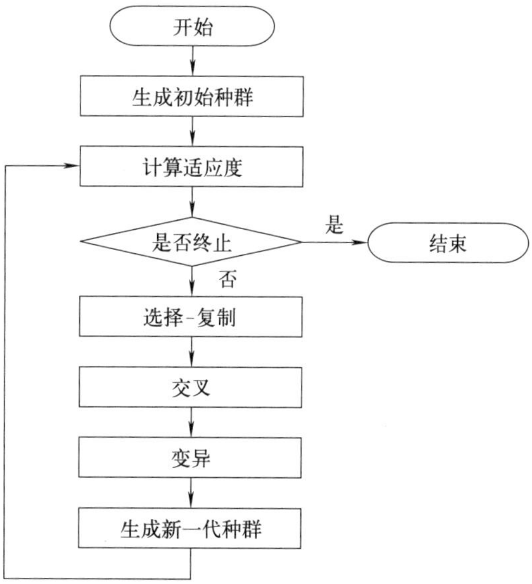


图 2-10　遗传算法流程图

**（4）步骤实现**

函数优化是遗传算法的一种常见应用，用于寻找函数的最大值或最小值，借助 MATLAB 遗传算法工具箱，可以更高效地完成算法实现与验证。[4] 下面是一个简单的遗传算法求解函数最大值案例，以及详细的解题步骤。

**问题描述：**使用遗传算法寻找函数 $f(x_1,x_2)=x_1^2+x_2^2$ 的最大值，函数中的变量 $x_1$、$x_2\in\{1,2,3,4,5,6,7\}$，建立如式 (2-7) 所示的数学模型。

$$
\begin{aligned}
&\max f(x_1,x_2)=x_1^2+x_2^2 \\
&\text{s.t. } x_1\in\{1,2,3,4,5,6,7\} \\
&\qquad x_2\in\{1,2,3,4,5,6,7\}
\end{aligned}
\tag{2-7}
$$

以下是使用遗传算法求解问题的具体步骤。

**步骤 1：个体编码**（individual coding）

遗传算法中的运算对象一般为表示个体的符号串，所以进行计算前首先需要对 $x_1$ 和 $x_2$ 进行编码处理。这里分别采用 3 位无符号二进制数表示 $x_1$ 和 $x_2$，将它们接在一起组成的 6 位无符号二进制数就是种群中的一个完整个体，表示一个可行解。

例如，当 $x_1=5$ 时对应的无符号二进制数为 101，当 $x_2=6$ 时对应的无符号二进制数为 110，两者拼接在一起组成的基因型为 $X=101110$，所对应的表现型为 $x=[5，6]$。个体的表现型 $x$ 和基因型 $X$ 之间可通过编码和解码程序相互转换。

**步骤 2：初始化种群**（initialize population）

初始种群由随机生成的一定数量的初始个体组成。每个个体都代表问题的一个可能解决方案。种群大小、解的编码方式和算法中的其他参数需要根据具体问题进行设置。

本问题中，种群规模大小取 $N=4$，每个个体随机生成。如表 2-2 所示为随机生成的初代种群。

表 2-2　初代种群

| 个体 1 | 个体 2 | 个体 3 | 个体 4 |
|---|---|---|---|
| 011101 | 101011 | 011100 | 111001 |

**步骤 3：适应度评估**（evaluate fitness）

适应度函数用于量化种群中每个解的质量，通常与问题的特性相关。通过适应度函数计算每个解的适应度值，能够帮助选择出更优秀的个体进行保留。

本问题中，目标函数值一定是非负值，并且问题以函数最大值作为优化目标，所以可直接将目标函数作为本问题的适应度函数，用于计算个体适应度值。如表 2-3 所示为初代种群个体的适应度值。

表 2-3　初代种群个体适应度值

| 个体编号 | 初始种群 $P_0$ | $x_1$ | $x_2$ | 适应度值 |
|---|---|---|---|---|
| 1 | 011101 | 3 | 5 | 34 |
| 2 | 101011 | 5 | 3 | 34 |
| 3 | 011100 | 3 | 4 | 25 |
| 4 | 111001 | 7 | 1 | 50 |

**步骤 4：选择**（selection）

遗传算法会选择较优秀的个体用于繁殖下一代。本问题中个体适应度值越高，说明个体越优秀，被选中的概率也就越大。常见的选择算法包括轮盘赌选择、锦标赛选择等。本问题采用轮盘赌选择方式保留个体至下一代。

① 计算群体中所有个体的适应度的总和$\sum f_i(i=1,2,3,\cdots,N)$；

② 计算每个个体相对适应度的大小$\frac{f_i}{\sum f_i}$，作为每个个体被遗传到下一代群体中的概率，每个概率值组成一个区域，全部概率值之和为 1；

③ 产生一个 0 到 1 之间的随机数，根据该随机数出现在上述哪一个概率区域内来确定每个个体被选中的次数。

如表 2-4 所示为采用轮盘赌方式进行个体选择的结果。

表 2-4　轮盘赌方式进行个体选择的结果

| 个体编号 | 初始种群 $P_0$ | $x_1$ | $x_2$ | 适应度值 | 占总数百分比 | 选择次数 | 选择结果 |
|---|---|---|---|---|---|---|---|
| 1 | 011101 | 3 | 5 | 34 | 0.24 | 1 | 011101 |
| 2 | 101011 | 5 | 3 | 34 | 0.24 | 1 | 111001 |
| 3 | 011100 | 3 | 4 | 25 | 0.17 | 0 | 101011 |
| 4 | 111001 | 7 | 1 | 50 | 0.35 | 2 | 111001 |

**步骤 5：交叉**（crossover）

交叉操作模拟了生物学中的基因重组，通过在选中的个体之间进行交叉操作来获得新的个体（子代）。本问题采用单点交叉的方法来获得子代个体，如表 2-5 所示，具体操作过程为：

① 对群体随机进行两两配对；

② 随机设置父代个体中的交叉点位置；

③ 相互交换配对染色体之间的部分基因。

表 2-5　交叉选择

<table>
<tr><th>个体编号</th><th>选择结果</th><th>配对情况</th><th>交叉点位置</th><th>交叉结果</th></tr>
<tr><td>1</td><td>01|1101</td><td rowspan="4">1—2<br>3—4</td><td rowspan="4">1—2：2<br>3—4：4</td><td>011001</td></tr>
<tr><td>2</td><td>11|1001</td><td>111101</td></tr>
<tr><td>3</td><td>1010|11</td><td>101001</td></tr>
<tr><td>4</td><td>1110|01</td><td>111011</td></tr>
</table>

根据交叉结果可以看出，新产生的个体“111101”和“111011”的适应度值都有所提高。

**步骤 6：变异**（mutation）

变异操作模拟了基因突变。部分子代个体的基因随机发生变异，能够改变个体特征，有助于维护种群的多样性。

本问题中采用基本位变异方法对个体进行变异操作，确定被选中个体的基因变异位置。如表 2-6 所示为随机产生的变异点位置，依照变异概率对该变异点的原有基因值进行取反操作。

表 2-6　变异操作

| 个体编号 | 交叉结果 | 变异点 | 变异结果 | 子代群体 $P_1$ |
|---|---|---|---|---|
| 1 | 011001 | 4 | 011101 | 011101 |
| 2 | 111101 | 5 | 111111 | 111111 |
| 3 | 101001 | 2 | 111001 | 111001 |
| 4 | 111011 | 6 | 111010 | 111010 |

对种群进行一轮选择、交叉、变异操作之后可得到新一代群体 $P_1$，通过对 $P_1$ 进行适应度值计算，计算得到如表 2-7 所示的新个体适应度值，方便种群进行新一轮迭代。

表 2-7 新一代种群 $P_1$ 适应度值

| 个体编号 | 交叉结果 | $x_1$ | $x_2$ | 适应度值 | 占总数的百分比 |
|---|---|---|---|---|---|
| 1 | 011101 | 3 | 5 | 34 | 0.14 |
| 2 | 111111 | 7 | 7 | 98 | 0.42 |
| 3 | 111001 | 7 | 1 | 50 | 0.21 |
| 4 | 111010 | 7 | 2 | 53 | 0.23 |

从表 2-7 中可以看出，新一代种群中个体“111111”的适应度值最大，并且种群中的最大适应度值和平均适应度值都得到了明显的提升。

**步骤 7：终止条件**（termination condition）

算法设定迭代进化次数为 $G$，当算法运行 $G$ 次后便结束运行。在运行过程中，如果种群内多个个体的适应度值变化不大且达到预定值，说明种群趋于稳定且已经出现了最优个体，算法停止运行。

**步骤 8：迭代**（iteration）

若没有达到终止条件，则重复执行步骤 2 至步骤 7，直到满足终止条件。

**步骤 9：输出结果**（output solution）

本问题仅计算迭代一次后的结果，可以得到种群中的最优个体为“111111”，所以问题结果为 $x_1=7$，$x_2=7$。

该问题解题过程演示了如何使用遗传算法寻找函数 $f(x_1,x_2)=x_1^2+x_2^2$ 的最大值。遗传算法的性能取决于种群大小、迭代次数、交叉和变异操作等参数的选择。在实际应用中，可能需要进行更多的算法调试和结果分析以获得问题最优解。

**（5）优劣评价**

遗传算法作为一种鲁棒搜索算法，适用于复杂系统的优化计算。相较于其他优化算法，其显著特点包括以下几点。

① 决策变量的编码化运算。遗传算法的独特之处在于将决策变量进行编码，并以此编码形式作为运算对象。这种方式便于遗传操作算子的引入和应用，与传统优化算法直接采用决策变量实际值进行优化计算的方法形成鲜明对比。

② 将目标函数值作为搜索信息。遗传算法可直接将目标函数值作为搜索信息，无须额外依赖目标函数的导数等复杂信息。这一特点使得遗传算法在处理无法求导或求导困难的目标函数时，展现出明显优势。

③ 多点并行搜索。与传统优化算法从单一初始点开始搜索不同，遗传算法采用群体搜索策略，并在搜索过程中引入遗传运算，促使群体进行不断进化。这种多点并行的搜索方式有效避免了局部极值点的陷阱，体现了遗传算法特有的隐含并行性。

④ 自适应概率搜索技术。遗传算法属于一种自适应概率搜索技术，其选择、交叉、变异等运算均基于概率进行。这种灵活性增加了搜索过程的多样性。理论和实践均证明，在一定条件下，遗传算法能以极高的概率收敛于问题的最优解。

### 2.2.2 免疫算法

当谈及优化和搜索算法时，免疫算法以其模拟生物免疫系统的独特方法脱颖而出。生物免疫系统是自然界中复杂、高效的防御机制之一，为生物体提供保护免受病原体和异常细胞的侵害。免疫算法以这一生物系统为灵感，通过模拟免疫系统的基本原理和行为，为解决各种优化、搜索和模式识别问题提供了一种创新的方法。最早的免疫系统模型由 Jerne 于 1973 年提出，他基于 Burnet 的克隆选择学说，开创了独特型网络理论，给出了免疫系统的数学框架，并采用微分方程建模来仿真淋巴细胞的动态变化。Farmal 等人于 1986 年基于免疫网络学说理论构造出免疫系统的动态模型，展示了免疫系统与其他人工智能方法相结合的可能性，开创了免疫系统研究的先河。

**（1）生物基础**

免疫算法（immune algorithm，IA）是模仿生物免疫机制，结合基因的进化机理，人工构造出的一种新型智能搜索算法。免疫算法具有一般免疫系统的特征，采用群体搜索策略，通过迭代计算，最终以较大的概率得到问题的最优解。相比较于其他算法，免疫算法利用自身产生多样性和维持机制，保证了种群的多样性，克服了一般寻优过程中（特别是多峰值的寻优过程中）不可避免的“早熟”问题，可求得全局最优解。免疫算法具有自适应性、随机性、并行性、全局收敛性、种群多样性等优点。

免疫算法的核心概念之一是“克隆”。类似于生物免疫系统中克隆抗体的过程，免疫算法通过克隆高适应度个体来增加其在种群中的代表性。适应度高的个体克隆多份，使其在下一代中占据更多的比例，从而加速搜索过程。克隆的个体会在接下来的阶段经历“变异”，引入一定程度的随机性和多样性，以避免陷入局部最优解。在免疫算法的演进过程中，选择机制也起到重要作用。个体根据其亲和度进行选择，亲和度较高的个体有更大的概率被选择，以确保优秀个体能够传承到下一代，进一步优化解的质量。免疫算法的独特之处还体现在其自适应性和自我学习能力上。个体根据自身亲和度以及克隆、变异过程中的经验，不断调整和改进自身的特征，逐步适应问题的特定要求。这种自适应性使得免疫算法具有适应不同问题领域的能力，不受特定问题限制。

免疫算法通过模拟生物免疫系统的基本行为，为解决各种复杂问题提供了一种全新、高效的优化和搜索方法。其独特的克隆、变异、选择和自适应机制赋予该算法强大的全局搜索能力和适应性，使其在实际应用中展现出广泛的潜力。以下是免疫算法中常用的一些名词和概念的解释。

① 抗体（antibody）。在免疫算法中，抗体对应于解空间中的一个候选解或解的表示。抗体可以通过对解进行编码而生成，并用于搜索解空间。

② 克隆（cloning）。克隆操作是免疫算法中的一种操作，根据抗体的亲和度值克隆产生多个副本。亲和度高的抗体将生成更多的克隆副本。

③ 突变（mutation）。突变是对克隆出的抗体进行随机变异的操作，以增加种群的多样性。突变可以引入随机性，有助于跳出局部最优解。

④ 选择（selection）。选择操作根据一定的选择策略，从克隆的抗体中选择一部分作为下一代的种群。选择策略通常与抗体的亲和度相关。

⑤ 亲和度（affinity）。与遗传算法中的适应度相类似，亲和度同样用于评估抗体的质量。亲和度评价算子通常是一个函数 $aff(x)$，针对不同的优化问题，亲和度函数也不一样。

⑥ 免疫记忆（immune memory）。免疫算法中的一种机制，模拟了生物免疫系统中的记忆特性。通过免疫记忆，免疫算法能够保留和利用搜索过程中的经验信息。

⑦ 多样性维持。免疫算法通过克隆、突变等操作来维持种群的多样性，避免陷入局部最优解，以便更好地探索搜索空间。

⑧ 免疫克隆选择算法（immune clone selection algorithm）。是免疫算法的一种具体实现，包括克隆、突变、选择等基本操作，用于搜索优化问题的解。

免疫算法的独特之处在于其模拟了生物免疫系统的自适应、自我学习和自我组织能力，使其在解决搜索和优化问题时具有一定的优越性。免疫算法与生物免疫系统存在如表 2-8 所示的对应关系。

表 2-8　免疫算法与生物免疫系统概念的对应关系

| 生物免疫系统 | 免疫算法 |
|---|---|
| 抗原 | 优化问题 |
| 抗体(B 细胞) | 优化问题的可行解 |
| 亲和度 | 可行解的质量 |
| 细胞活化 | 免疫选择 |
| 细胞分化 | 个体克隆 |
| 亲和度成熟 | 变异 |
| 克隆抑制 | 克隆抑制 |
| 动态维持平衡 | 种群刷新 |

免疫算法的核心思想源自生物免疫系统。在生物免疫系统中，抗体（抗体的识别分子）通过与抗体（外来接触物质）配合来识别并消除抗体。类比到算法中，抗体代表有了潜在的解决方案，抗原则代表了问题的实际情况。通过模拟突变的进化、克隆、变异等过程，免疫算法尝试找到问题的最优解或者近似最优解。

**（2）基本机理**

免疫算法模拟了生物免疫系统中抗原识别、抗体生成以及克隆选择的过程。

① 在每次迭代中保留一组候选解（抗体），这些抗体代表问题的潜在解；

② 根据每个抗体的亲和度值（与抗原的匹配程度）选择较优的抗体；

③ 通过克隆、变异和抑制机制对这些抗体进行优化，产生新的抗体群体，重复此过程，直到满足某种收敛条件为止。

**（3）求解流程**

如图 2-11 所示是免疫算法的基本流程。

**（4）求解步骤**

为了更好地学习免疫算法，以下述问题为例，介绍免疫算法的详细计算步骤。

问题描述：假设有一个包含 5 个数字的数组 $\mathbf{A}=[10,7,1,2,8]$，找到一个子集 $S$，使得该子集的数字之和最大。根据问题描述，建立如式（2-8）所示的数学模型。

$$\max f(x)=\sum_{i=1}^{5} x_i a_i$$

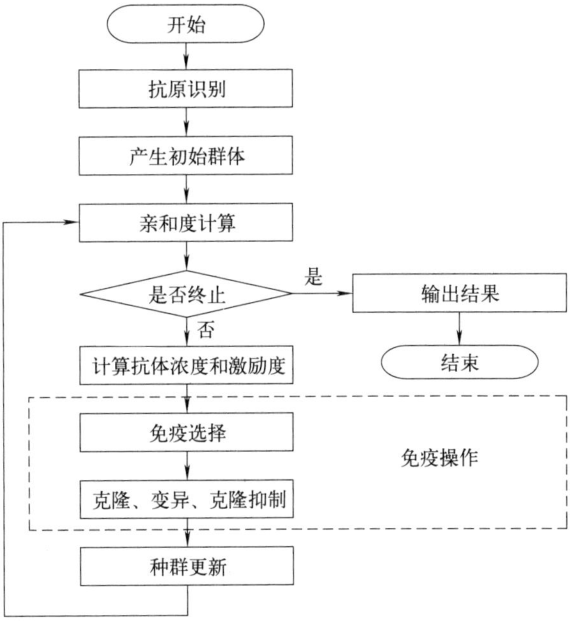


图 2-11　免疫算法流程图

$$\text{s.t.} \quad x \in \{10,7,1,2,8\} \tag{2-8}$$

以下为使用免疫算法求解问题的具体步骤。

**步骤 1：初始化种群**（initialization population）

随机生成大小为 $N=4$ 的初始抗体种群，种群中的每个抗体都表示一种子集。定义二进制选择数组 $\boldsymbol{X}=[x_1,x_2,x_3,x_4,x_5]$，其中，$x_i$ 表示是否选择数组 $\boldsymbol{A}$ 中对应的 $a_i$ 值。如果种群中的个体将 $a_i$ 选为子集内的数值，则 $x_i$ 为 1，否则 $x_i$ 为 0。

例如，抗体 $\boldsymbol{X}_1=[1,0,0,1,1]$，表示抗体 1 选择了数组 $\boldsymbol{A}$ 中的第 1、4、5 个元素，其对应的子集为 $S_1=\{10,2,8\}$。由此可以生成如表 2-9 所示的初始抗体种群。

表 2-9　初代抗体种群

| 抗体编号 | 1 | 2 | 3 | 4 |
|---|---|---|---|---|
| 抗体 $\boldsymbol{X}$ | [1,0,0,1,1] | [0,1,0,1,0] | [1,1,0,0,1] | [0,0,1,1,0] |
| 子集 $S$ | {10,2,8} | {7,2} | {10,7,8} | {1,2} |

**步骤 2：亲和度计算**（affinity calculation）

通过对问题进行分析可以得到，抗体的亲和度就是子集元素之和，由此可以计算得到如表 2-10 所示每个抗体的亲和度。

表 2-10　抗体亲和度

| 抗体编号 | 初始抗体种群 | 初始子集种群 | 亲和度值 |
|---|---|---|---|
| 1 | [1,0,0,1,1] | {10,2,8} | 20 |
| 2 | [0,1,0,1,0] | {7,2} | 9 |
| 3 | [1,1,0,0,1] | {10,7,8} | 25 |
| 4 | [0,0,1,1,0] | {1,2} | 3 |

**步骤 3：浓度计算**（concentration calculation）

抗体浓度用于衡量种群中解的多样性，抗体浓度过高意味着种群中大量存在非常类似的个体，算法寻优搜索时便会集中在可行解区间的一个区域内，不利于进行全局优化。因此应对浓度过高的个体进行抑制，保证个体的多样性。抗体浓度计算公式为：

$$den(\boldsymbol{X}_i)=\frac{1}{N}\sum_{j=1}^{N}S(\boldsymbol{X}_i,\boldsymbol{X}_j) \tag{2-9}$$

式中，$N$ 表示种群大小；$S(\boldsymbol{X}_i,\boldsymbol{X}_j)$ 表示抗体之间的相似度，如式（2-10）所示，通过设置阈值 $\delta_S$ 判断抗体之间的距离。当抗体间距离低于阈值时，表示两个抗体距离过近，相似度设置为 1，否则抗体间相似度为 0。本问题中将阈值设置为 3。

$$S(\boldsymbol{X}_i,\boldsymbol{X}_j)=\begin{cases}1,dist(\boldsymbol{X}_i,\boldsymbol{X}_j)<\delta_S\\0,dist(\boldsymbol{X}_i,\boldsymbol{X}_j)\geqslant\delta_S\end{cases} \tag{2-10}$$

对于采用实数编码的解来说，一般采用欧氏距离（Euclidean distance）计算抗体之间的距离。对于采用离散编码的解来说，通常选择海明距离（Hamming distance）（也称为汉明距离）计算抗体之间的距离。由于本问题中采用的是二进制离散式编码，所以选择海明距离来计算抗体间距离。

两个等长字符串之间的海明距离是两个字符串对应位置上不同字符的个数。例如，$\boldsymbol{X}_1=[1,0,0,1,1]$ 和 $\boldsymbol{X}_2=[0,1,0,1,0]$ 中的第 1、2、5 位不同，则抗体之间的距离 $dist(\boldsymbol{X}_1,\boldsymbol{X}_2)=3$，相似度 $S(\boldsymbol{X}_1,\boldsymbol{X}_2)=0$。最后计算得到如表 2-11 所示的抗体间亲和度。

表 2-11　抗体间亲和度

| $dist(\boldsymbol{X}_i,\boldsymbol{X}_j)$ | $\boldsymbol{X}_1=[1,0,0,1,1]$ | $\boldsymbol{X}_2=[0,1,0,1,0]$ | $\boldsymbol{X}_3=[1,1,0,0,1]$ | $\boldsymbol{X}_4=[0,0,1,1,0]$ |
|---|---|---|---|---|
| $\boldsymbol{X}_1=[1,0,0,1,1]$ | 0 | 3 | 2 | 3 |
| $\boldsymbol{X}_2=[0,1,0,1,0]$ | 3 | 0 | 3 | 2 |
| $\boldsymbol{X}_3=[1,1,0,0,1]$ | 2 | 3 | 0 | 5 |
| $\boldsymbol{X}_4=[0,0,1,1,0]$ | 3 | 2 | 5 | 0 |

则最后计算得到每个抗体浓度如表 2-12 所示。

表 2-12　抗体浓度

| 项目 | $\boldsymbol{X}_1=[1,0,0,1,1]$ | $\boldsymbol{X}_2=[0,1,0,1,0]$ | $\boldsymbol{X}_3=[1,1,0,0,1]$ | $\boldsymbol{X}_4=[0,0,1,1,0]$ |
|---|---|---|---|---|
| $den(\boldsymbol{X}_i)$ | 0.5 | 0.5 | 0.5 | 0.5 |

**步骤 4：激励度计算**（affinity calculation）

抗体激励度是对抗体质量的最终评价结果，综合考虑了抗体亲和度以及抗体浓度。一般来说，亲和度大、浓度低的抗体会获得较大的激励度。抗体激励度计算公式如下所示。

$$sim(\boldsymbol{X}_i)=\alpha aff(\boldsymbol{X}_i)-\beta den(\boldsymbol{X}_i) \tag{2-11}$$

式中，$\alpha$ 和 $\beta$ 为设定参数，本问题中将 $\alpha$ 设置为 1，$\beta$ 设置为 2；$aff(\boldsymbol{X}_i)$ 为个体 $\boldsymbol{X}_i$ 的亲和度。根据式（2-11）可以计算得到每个抗体的激励度如表 2-13 所示。

表 2-13　抗体激励度

| 项目 | $\boldsymbol{X}_1=[1,0,0,1,1]$ | $\boldsymbol{X}_2=[0,1,0,1,0]$ | $\boldsymbol{X}_3=[1,1,0,0,1]$ | $\boldsymbol{X}_4=[0,0,1,1,0]$ |
|---|---|---|---|---|
| $sim(\boldsymbol{X}_i)$ | 19 | 8 | 24 | 2 |

**步骤 5：选择与克隆**（selection and clone）

根据抗体的激励度可以确定哪些抗体进入一定数量的抗体克隆操作，克隆数量可以事先确定或采用动态自适应计算。种群中激励度越高的抗体被克隆的概率就越大。本问题对抗体激励度进行降序排序，选择前 $N/2$ 个抗体进行一次克隆操作。

**步骤 6：变异**（mutation）

对克隆得到的抗体进行随机取反元素值的变异操作，并计算变异后抗体的亲和度，如表 2-14 所示。

表 2-14　克隆抗体变异后亲和度

| 克隆抗体 | 变异点 | 变异结果 | 亲和度 |
|---|---|---|---|
| $\boldsymbol{X}_1'=[1,0,0,1,1]$ | 4 | $\boldsymbol{X}_1'=[1,0,0,0,1]$ | 18 |
| $\boldsymbol{X}_3'=[1,1,0,0,1]$ | 3 | $\boldsymbol{X}_3'=[1,1,1,0,1]$ | 26 |

**步骤 7：克隆抑制**（clonal suppression）

克隆抑制用于对经过变异后的克隆抗体进行再选择，抑制亲和度低的抗体，保留亲和度高的抗体进入新的抗体种群。在克隆抑制操作中，将源抗体与经过变异操作的克隆体组合成一个临时种群，对抗体亲和度进行降序排序，保留一半亲和度最高的抗体作为免疫种群。由于种群大小 $N$ 设定为 4，所以合并后的种群删去了源抗体中激励度较低的 $\boldsymbol{X}_2$ 和 $\boldsymbol{X}_4$，获得了如表 2-15 所示的临时种群，并保留其中一半亲和度最高抗体 $\boldsymbol{X}_3$ 和 $\boldsymbol{X}_3'$组成免疫种群。

表 2-15　临时种群

| 克隆抗体 | 亲和度 | 是否保留 |
|---|---|---|
| $\boldsymbol{X}_1=[1,0,0,1,1]$ | 20 | 否 |
| $\boldsymbol{X}_3=[1,1,0,0,1]$ | 25 | 是 |
| $\boldsymbol{X}_1'=[1,0,0,0,1]$ | 18 | 否 |
| $\boldsymbol{X}_3'=[1,1,1,0,1]$ | 26 | 是 |

**步骤 8：种群更新**（population update）

随机生成 $N/2$ 个新抗体与免疫种群合并，进行免疫算法迭代。

**步骤 9：终止条件**（termination condition）

算法设定迭代进化次数为 $G$，当算法运行 $G$ 次后便结束运行。在运行过程中，如果种群内抗体的亲和度变化不大且达到预定值，说明种群趋于稳定且已经出现了最优个体，算法停止运行。

**步骤 10：迭代**（iteration）

若没有达到终止条件，则重复执行步骤 2 至步骤 9，直到满足终止条件。

**步骤 11：输出结果**（output solution）

本问题只展示一轮迭代结果，为 $\boldsymbol{X}=[1,1,1,0,1]$，对应子集为 $S=\{10,7,1,8\}$，子集内数值之和为 26。

注意，实际情况可能会有不同的结果，取决于算法参数、初始种群、随机数生成等因素。免疫算法通常需要多轮迭代才能得到较好的优化结果。

总之，免疫算法是一类有趣且有效的优化算法，它们以生物免疫系统为启发，通过模拟抗体的进化过程来寻找优化问题的解决方案。这些算法的性能和应用范围取决于问题的性质和算法参数的选择。

### 2.2.3 遗传规划

遗传规划于 1992 年由美国斯坦福大学的 John R. Koza 教授在他出版的第一本著作中提出。作为遗传算法的一个分支，GP 是一种启发式的公式演化技术，以广义层次化计算机程序描述问题[5]，从随机生成的公式群体开始，通过模拟自然界中遗传进化的过程，逐渐生成契合特定目标的公式群体。

**（1）基本机理**

遗传规划可用于各行各业，该算法以树形公式作为个体（即进化对象），以程序或函数的形式表示问题的解决方案。个体树通常由内部节点和子叶组成[6]。内部节点被称为函数节点，包含程序中的函数与操作，这系列节点组成函数集（function set）。函数集内的函数可以为：加、减、乘、除等算术运算符；sin、cos、log 等标准数学函数；if、then、else 等条件表达式；AND、OR、NOT 等布尔运算符；或者其他任何可定义的函数。子叶被称为终端，包含程序中的变量、常量及无参函数等，这系列节点组成 GP 的终端集（terminal set）。终端可视为特定问题的输入，如函数 $y=xz$ 中，特定输入为 $x$、$z$，产生的特定输出为 $y$。因此，GP 常常会限定树的最大深度：当某一节点到达最大深度时，算法会限制该节点的操作。

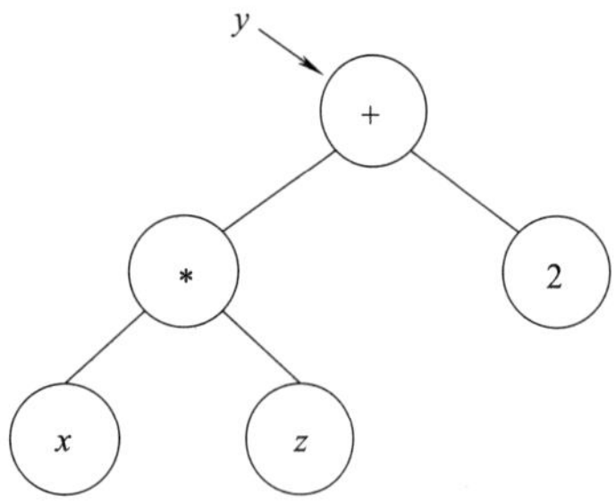

图 2-12　个体树结构图

如图 2-12 所示为函数 $y=xz+2$ 的个体树结构图。其中函数集包括乘（$*$）和加（$+$），终端集包括变量 $x$、$z$，以及常量 2。

遗传规划作为一种自适应、自学习的优化方法，能够自动生成解决问题的程序或模型，避免了手工设计的烦琐和限制。在复杂问题求解、自动设计和优化领域具有独特优势，为解决实际问题提供了新的思路和方法。

遗传规划处理问题时：

① 随机生成一组未经选择和进化的原始公式（第一代公式），通过设定的规则计算每个公式的适应度，以适应度值作为评判个体好坏的标准，从中选出适应度最好的个体作为下一代进化的父代；

② 这些被选择出来的父代经过包括交叉变异、子树变异、点变异、Hoist 变异（提升变异）等进化方式，形成不同的子代公式，子代公式循环进行下一轮进化；

③ 随着迭代次数的增长，公式进行不断地繁殖、变异、进化，当模型达到预期条件时即刻跳出循环。

**（2）求解流程**

如图 2-13 所示为遗传规划算法流程图。

**（3）步骤实现**

符号回归是一个寻找数学表达式以拟合输入输出数据的过程。在遗传规划中，符号回归的目标是通过演化计算找到一个最佳符号表达式，以尽可能准确地描述数据之间的关系。为

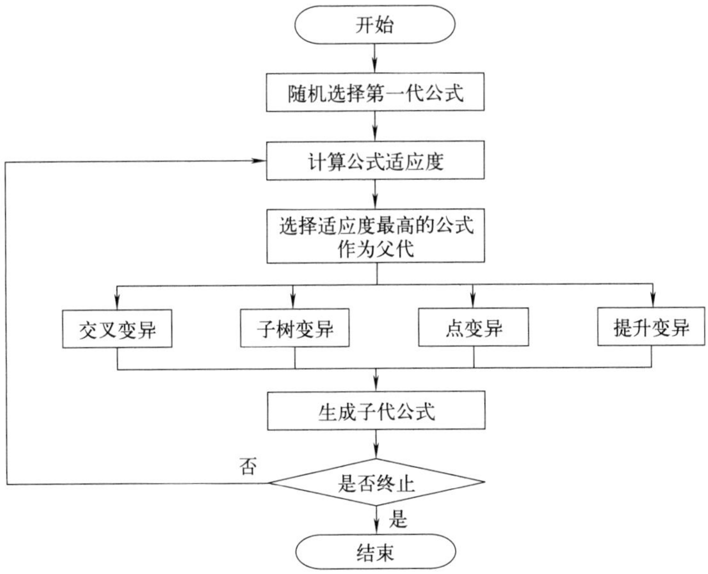


图 2-13 遗传规划算法流程图

了更好地展示遗传规划的工作机制，以下述问题为案例对运算步骤进行详细解释。

**问题描述：**有如表 2-16 所示的 11 组数据，输入数据为 $x$，输出数据为 $y$，每个 $x$ 值分别对应一个 $y$ 值，其关系满足函数 $y=f(x)$。采用遗传规划方法生成一个表达式，使得表达式的输出值能尽可能接近真实的 $y$ 值。

表 2-16 $x$ 、$y$ 数据表

| $x$ | −5 | −4 | −3 | −2 | −1 | 0 | 1 | 2 | 3 | 4 | 5 |
|---|---|---|---|---|---|---|---|---|---|---|---|
| $y$ | −7 | −5 | −3 | −1 | 1 | 3 | 5 | 7 | 9 | 11 | 13 |

以下是使用遗传规划解决符号回归问题的具体步骤。

**步骤 1：初始化种群**（population initialization）

遗传规划从一个初始种群开始，种群中的每个个体都是一个符号表达式（例如一棵表达式树）。这些表达式可以包括以下组成部分：

① 函数节点（操作符）：如＋、－、＊、/等。

② 终端节点（常量和变量）：如变量 $x$、常数 1 和 2 等。

假设种群大小为 $N=4$，通过对函数节点和终端节点的随机组合，可以生成如表 2-17 所示的初始表达式。

表 2-17 初代种群表达式

| 个体 1 | 个体 2 | 个体 3 | 个体 4 |
|---|---|---|---|
| $x+1$ | $2x-3$ | $x^2+1$ | $x^2-2x$ |

**步骤 2：适应度评估**（fitness evaluation）

种群中个体的适应程度取决于个体解逼近真实解的好坏程度，采用适应度对其进行衡量。通过将表 2-16 中的真实值代入种群个体计算得到每个 $x$ 对应的 $y$ 值，并采用如式（2-12）所示的均方误差（mean squared error，MSE）公式计算个体预测值与真实 $y$ 值的误差，作为每个个体的适应度值。适应度值越小，表示函数拟合程度越高。

$$MSE=\frac{1}{n}\sum_{i=1}^{n}(y_i-\hat{y}_i)^2 \tag{2-12}$$

式中，$n$ 表示样本总数量，本问题中 $n=11$；$y_i$ 表示第 $i$ 个样本的真实值；$\hat{y}_i$ 表示第 $i$ 个样本的预测值。如表 2-18 所示为真实值与种群个体预测值之间的均方误差。

表 2-18 初代种群个体预测值与真实值的均方误差

| 样本数量 $i$ | 输入值 $x$ | 真实输出值 $y$ | 初始种群预测输出值 | | | |
|---|---|---|---|---|---|---|
| | | | 个体 1 | 个体 2 | 个体 3 | 个体 4 |
| 1 | −5 | −7 | −4 | −13 | 26 | 35 |
| 2 | −4 | −5 | −3 | −11 | 17 | 24 |
| 3 | −3 | −3 | −2 | −9 | 10 | 15 |
| 4 | −2 | −1 | −1 | −7 | 5 | 8 |
| 5 | −1 | 1 | 0 | −5 | 2 | 3 |
| 6 | 0 | 3 | 1 | −3 | 1 | 0 |
| 7 | 1 | 5 | 2 | −1 | 2 | −1 |
| 8 | 2 | 7 | 3 | 1 | 5 | 0 |
| 9 | 3 | 9 | 4 | 3 | 10 | 3 |
| 10 | 4 | 11 | 5 | 5 | 17 | 8 |
| 11 | 5 | 13 | 6 | 7 | 26 | 15 |
| 均方误差值 | | | 14 | 36 | 182 | 287 |

以个体 1 为例，首先计算每个样本的真实值与预测值之间的误差：

$$Err_1=-7-(-4)=-3, Err_2=-5-(-3)=-2, Err_3=-3-(-2)=-1,\cdots$$

其次，计算误差的平方：

$$Err_1^2=(-3)^2=9, Err_2^2=(-2)^2=4, Err_3^2=(-1)^2=1,\cdots$$

最后，计算均方误差 $MSE$：

$$MSE=\frac{9+4+1+0+1+4+9+16+25+36+49}{11}=14$$

$MSE$ 越小，表示个体适应度越好，表达式越接近 $x$、$y$ 的真实数学关系。

**步骤 3：选择**（selection）

根据个体适应度可以进行选择操作。常见的方法是锦标赛选择或轮盘赌选择。这里采用锦标赛选择，通过随机选择两个个体，对比并保留适应度较好的个体进入下一代，重复“选择—保留”步骤直到选择出足够数量的优胜者作为下一代种群。如表 2-19 所示为经过选择操作后的第一代种群表达式。

表 2-19 选择后的第一代种群表达式

| 个体 1 | 个体 2 | 个体 3 | 个体 4 |
|---|---|---|---|
| $x+1$ | $2x-3$ | $x^2+1$ | $x+1$ |

**步骤 4：交叉**（crossover）

交叉是遗传规划中产生新个体的关键操作，通过交换两个父代中的部分表达式可以生成新的子代表达式。假设选择个体 1 和个体 2 进行交叉操作，如图 2-14 所示，分别选择两个交换点进行交换，生成子代表达式为 $x+3$ 和 $2x-1$。

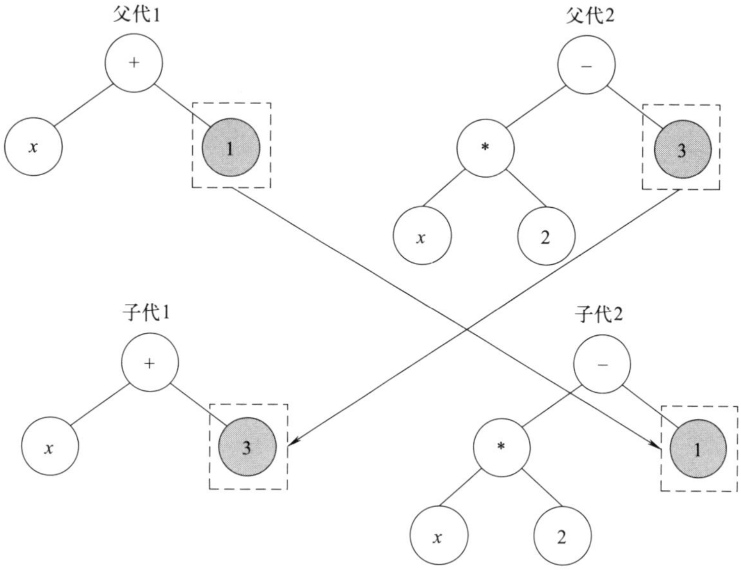


图 2-14　子树交叉

执行交叉操作后的第一代种群个体如表 2-20 所示。

表 2-20　交叉后的第一代种群表达式

| 个体 1 | 个体 2 | 个体 3 | 个体 4 |
|---|---|---|---|
| $x+3$ | $2x-1$ | $x^2+1$ | $x+1$ |

**步骤 5：变异**（mutation）

通过执行变异操作，随机改变个体的树结构或节点，可以增加种群多样性，有利于找到最优解。以个体 3 为例，对个体 3 进行如图 2-15 所示的点变异，选择一个节点改变其数值后得到的新个体为 $2x+1$。

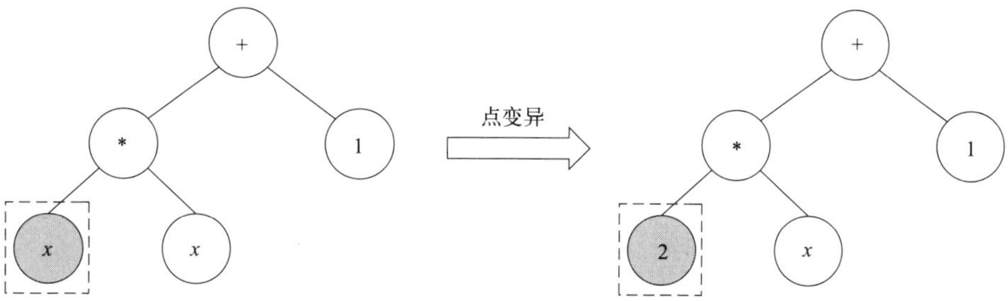


图 2-15　子树点变异

执行变异操作后的第一代种群个体如表 2-21 所示。

表 2-21　变异后的第一代种群表达式

| 个体 1 | 个体 2 | 个体 3 | 个体 4 |
| --- | --- | --- | --- |
| $x+3$ | $2x-1$ | $2x+1$ | $x+1$ |

经过选择、交叉、变异后得到的新种群就取代了旧种群，利用表 2-22 所示的数据对产生的第一代新种群中个体进行适应度计算，结果如表 2-22 所示。

表 2-22　第一代种群个体预测值与真实值的均方误差

| 样本数量 $i$ | 输入值 $x$ | 真实输出值 $y$ | 初始种群预测输出值 | | | |
| --- | --- | --- | --- | --- | --- | --- |
| | | | 个体 1 | 个体 2 | 个体 3 | 个体 4 |
| 1 | −5 | −7 | −5 | 4 | 2 | −3 |
| 2 | −4 | −5 | −4 | 4 | 2 | −2 |
| 3 | −3 | −3 | −3 | 4 | 2 | −1 |
| 4 | −2 | −1 | −2 | 4 | 2 | 0 |
| 5 | −1 | 1 | −1 | 4 | 2 | 1 |
| 6 | 0 | 3 | 0 | 4 | 2 | 2 |
| 7 | 1 | 5 | 1 | 4 | 2 | 3 |
| 8 | 2 | 7 | 2 | 4 | 2 | 4 |
| 9 | 3 | 9 | 3 | 4 | 2 | 5 |
| 10 | 4 | 11 | 4 | 4 | 2 | 6 |
| 11 | 5 | 13 | 5 | 4 | 2 | 7 |
| 均方误差值 | | | 10 | 16 | 4 | 14 |

**步骤 6：终止条件**（termination condition）

算法通常会设置最大迭代次数或误差阈值，当运行达到最大迭代次数或适应度值达到设定阈值时，算法便会停止运行。

**步骤 7：迭代**（iteration）

若没有达到终止条件，则重复执行步骤 2 至步骤 6，直到满足终止条件。

**步骤 8：输出结果**（output solution）

本问题仅计算迭代一次后的结果，可以得到种群中的最优个体为 $2x+1$，其适应度值最小，表示该表达式最接近 $x$、$y$ 的真实数学关系。

遗传规划在符号回归问题中具有广泛的应用潜力，特别是在需要自动发现复杂数学关系和模式的情况下。但它也需要谨慎的参数设置和问题建模，以获得良好的结果。在实际应用中，遗传规划通常需要与其他建模和优化方法结合使用，以克服其局限性。

# 2.3 进化计算在智能生产中的应用

## 2.3.1 飞机移动装配线作业调度问题——基于遗传算法

在本小节的介绍当中，将主要介绍进化计算在飞机生产调度中的应用，在飞机的生产制造流程中，除零部件的生产外，各部件的装配是至关重要的环节。由于装配作业量大、工序复杂且飞机结构庞大，目前大部分装配工作仍依赖人工完成，难以完全通过自动化实现。飞机制造企业在接到航空公司的订单后，需进行年度生产计划的制定，这一过程中需综合考虑装配时间、人员配置与作业顺序等多种因素，使得排产工作异常复杂。学者们将飞机装配调度问题看作一类特殊的资源受限项目调度问题（resource-constrained project scheduling problem，RCPSP），该类型问题也被证明是 NP 难问题[7]。

与汽车行业高度自动化的生产线不同，飞机的装配周期较长，通常占总生产周期的 50%～70%。在总装阶段，不仅需完成全机对接，还必须满足极高的精度和安全性要求，同时进行系统集成与全面调试，如燃油系统、液压系统、飞控系统和电气系统等。由于这些复杂工序常需交错进行，调度的统筹变得尤为关键。此外，飞机内部空间有限，需要合理的空间规划与资源调度，这进一步加剧了调度的复杂性，导致整个总装阶段的调度极其复杂、困难。如何安排合适的装配计划？是否安排了合理的人员？能否保证计划的安排与实际装配作业顺序不会冲突？这些都是令工作人员头疼的问题。而进化计算被广泛应用于生产调度与排产领域，协助工作人员完成装配计划的生成。我们可以将其运用到飞机装配调度问题当中来，协助工人生成生产计划。

下面将详细介绍遗传算法在飞机装配线作业调度问题中的应用。

**（1）飞机装配调度问题的问题描述**

飞机零部件进入装配车间装配成飞机整体的过程叫作飞机的装配过程，飞机需要在装配车间中完成零部件拼接、机上功能测试等工作。由于装配作业工作量大，并且具有严格的前后置约束关系，再加上机上空间有限、装配工艺不同等原因，飞机装配作业调度问题具有以下特点：

① 某些装配作业存在前后置关系约束；

② 在同一部段内进行的装配作业都受到空间约束；

③ 各作业都受到人员资源约束；

④ 多个部段可以同时进行装配作业；

⑤ 工人分属于不同的资源类型；

⑥ 各装配作业所需要的资源类型都不一致。

为更加清楚地说明飞机装配调度问题，在表 2-23 中给出飞机装配调度问题的小案例，帮助读者来理解这个问题，表中数据代表了 5 个飞机装配作业各自的属性。其中，中机身和机翼所属部段均能容纳 8 人，两类工种分别有 5 名工人。

表 2-23　作业规模为 5 的问题案例

| 序号 | 时间/h | 所需人员资源 | | 所属部段 | 紧后作业数量 | 紧后作业序号 |
|---|---|---|---|---|---|---|
| | | 工种 1 | 工种 2 | | | |
| 1 | 3 | 2 | 0 | 中机身 | 2 | 2,3 |
| 2 | 5 | 0 | 5 | 机翼 | 1 | 4 |
| 3 | 6 | 5 | 0 | 机翼 | 2 | 4,5 |
| 4 | 7 | 3 | 0 | 中机身 | 0 | — |
| 5 | 4 | 2 | 2 | 中机身 | 0 | — |

针对以上案例把问题的目标设为最小化装配总时间，该问题需要满足如下约束条件：

① 装配作业必须在其紧前作业完成后才能开始；

② 某时刻正在执行的所有活动对某工种的需求量不大于该工种的人数；

③ 在同一部段进行的装配作业需要满足该部段空间约束；

④ 装配作业一旦开始，不能中断。

对于该问题的求解需要分为两个阶段：

① 确定各个装配作业的优先顺序；

② 确定某作业的顺序后，再确定该作业的开工时间。

接下来介绍进化计算中的遗传算法在该问题上的应用。

**（2）基于遗传算法求解飞机装配作业调度问题的操作步骤**

具体求解流程如下。

**步骤1：初始化遗传算法的参数**。设置算法的最大迭代次数 $Gen_{max}$、种群大小 *PopSize*、交叉概率 $P_c$、变异概率 $P_m$。

**步骤2：生成初始种群**。随机初始化作业序列，判断染色体是否合法，若不合法，采用右移策略更新染色体，并生成 *PopSize* 个个体作为初始种群（即初始解），每个个体代表一个可行的作业调度方案。

**步骤3：适应度函数**。定义适应度函数，目标是最小化项目总工期，使用 *Makespan* 作为适应度值，对步骤2中的每一个个体的染色体采用时间解码获取其完工时间，即作为该个体的 *Makespan*。由于其解码比较复杂，具体步骤在后文描述。

**步骤4：选择操作**。使用二元锦标赛选择法，对整个群体按照适应度函数进行排序，随机从种群中选取两个个体，选择适应度值大的那个个体进行复制，直到新的种群规模达到原来的种群规模，复制结束，构建父代群体。

**步骤5：交叉操作**。对选中的父代个体按交叉概率 $P_c$ 进行交叉操作，生成子代。随机生成一个交叉概率，当交叉概率小于 $P_c$ 时，采取交叉操作，由于染色体的特殊性，需要保证作业序列的优先关系，需要采取特殊的交叉操作，具体实现步骤如下文所述，确保子代个体仍为可行的作业序列。

**步骤6：变异操作**。对交叉生成的子代按变异概率 $P_m$ 进行变异操作。随机生成一个交叉概率，当交叉概率小于 $P_m$ 时，采取交叉操作，同时也需要满足装配作业的优先关系，采用特殊的变异操作，具体步骤如下文所述，以保持解多样性。

**步骤7：种群更新**。对经过交叉和变异产生的新种群进行迭代，判断其是否满足作业优先序列关系，若满足保留个体，若不满足采用右移策略更新种群。对当前种群进行时间解码，获取其 *Makespan*。

**步骤8：迭代种群**。重复步骤3至步骤7，并计数 *Gen* 一次，判断是否满足算法终止条件。如果当前迭代次数 *Gen* 达到最大迭代次数 $Gen_{max}$，或种群适应度不再明显变化，则终止算法。输出种群中适应度最高的个体作为最优解，即为所求的最优调度方案，包括作业序列、每个作业的开始和结束时间、最小化的项目工期（*Makespan*）。

**（3）案例求解**

选取表2-23中作业规模为5的小案例，对其每一步进行具体分析与求解，下面进行详细的操作步骤与结果分析。

① 编码与种群初始化。对装配作业依据前后置关系约束采用优先级编码，随机生成一

个长度为 5 的染色体，由从 1 至 5 的不重复随机数组成，例如 [1,5,2,3,4]，如图 2-16 所示，供读者参考。数字代表了作业序号，前后顺序则代表了作业的执行顺序，但是经过检查，该染色体不符合装配作业的优先关系约束，这里采用右移策略[8]。右移策略的基本思想是：从装配作业序列的左侧第一个位置开始，检查该位置上的作业任务，若在其后续序列中不存在其紧前作业，说明所有紧前作业已经完成，该作业可以开始并保持当前的位置不变。若其后续序列中存在其紧前作业，表明紧前作业尚未完成，因此该作业无法开始，需要将其编码位置向右移动至染色体末尾。通过使用右移策略检查，作业 5 需要在作业 3 完成之后再进行，而该染色体中作业 5 在作业 3 之前，需要对作业 5 进行右移，将作业 5 移动至染色体末尾位置，获取染色体 [1,2,3,4,5]，经检查，此染色体为合法染色体。

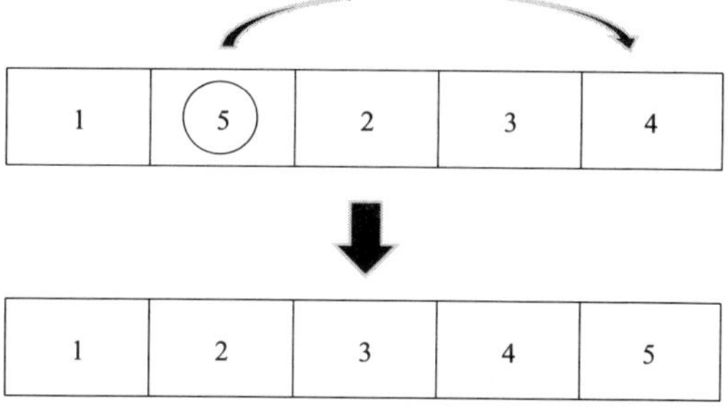

图 2-16　染色体合法初始化示意图

通过使用右移策略，对随机循环生成的 100 条染色体进行合法初始化，获取一个个体数量为 100 的初始种群。

② 种群适应度。本案例求解目标为最小化装配作业完工时间，所以将完工时间作为种群的适应度。

③ 选择、交叉及变异操作。在当前种群中使用二元锦标赛选择法，选出父代染色体，由于本案例染色体编码的特殊性，个体的基因位置是由其前后置关系决定的，不能够随意变换，父代基因进行交叉操作，先在 $[1,n]$ 之间生成两个随机数 $r_1$、$r_2$，将父代 1 和父代 2 中的 $[0,r_1]$ 位置的基因遗传给子代 1 和子代 2，接下来去除父代 1 中子代 2 已有基因，剩余的前 $r_2-r_1$ 个基因遗传给子代 2，父代 2 同理。最后，去除掉父代 1 中子代 1 已有基因，将剩余的基因按顺序遗传给子代 1，完成交叉操作。

变异操作同样受到编码的影响，不能对基因进行随意的位置变化或者数值变化，染色体中的基因位置是根据前后置关系提前排列好的，所以在进行变异操作时，要满足前后置约束关系。对染色体中的基因进行随机选取后，根据基因的紧前紧后关系表找到其在染色体中左边最近的紧前活动 $a_1$、右边最近的紧后活动 $a_2$，选取两个活动之间的某一个基因，进行位置互换，从而完成基因变异操作。循环以上操作后，得到了新一代种群。

④ 时间解码。当达到种群迭代的次数，选取种群中的最优个体，遗传算法结束，得到最终结果。针对以上案例，通过遗传算法求解后得到相应的计划方案的最小完工时间为 21h。所得到的方案为作业 1→作业 2→作业 3→作业 4→作业 5（作业 4、5 在作业 3 完成后同时进行）。

从 5 个作业的前后顺序来看，作业 2 和 3 虽然并没有顺序上的约束，但是由于作业 2 和 3 同属于机翼部段的装配作业，同时两个装配作业所需要的工种人数相加为 10，超出了机翼的空间容纳量，所以两个作业不能够同时进行，当作业 2 和 3 都完成后，作业 4 和 5 同时进行满足了资源约束、空间约束、前后置关系约束。如图 2-17 所示，作业 1、作业 2、作业 3 串行作业，而作业 4 与作业 5 并行作业，同时工种 1 的最大人员为 5，目前调度甘特图中对工种 1 人员的需要刚好满足其最大人员数目，为最优解。

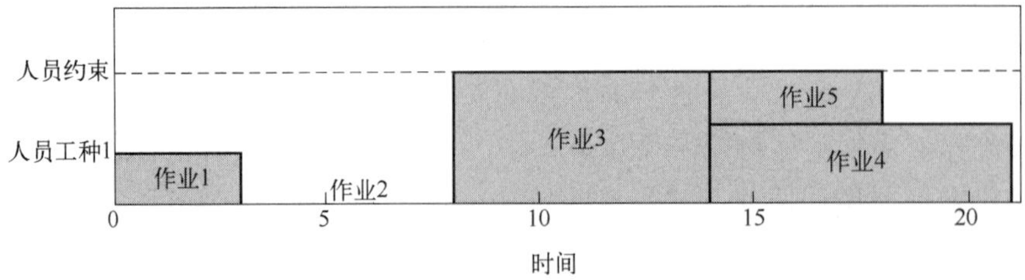


图 2-17 作业序列调度甘特图

相比较另一种方案：作业 1→作业 3→作业 5→作业 2→作业 4，这个方案中 5 个装配作业必须按照顺序进行，没有能够同时进行的作业，导致作业 4 和 5 无法同时开工，所以总装配时间会延长到 25h。

以上介绍了遗传算法在飞机装配调度中的应用，在确定了编码解码方式之后，只需要生成一定数量的种群，并按照提前设置好的迭代次数完成相应次数的遗传操作，选取最优解作为最后的结果即可。读者在实际操作时，可以根据自己的需要调整算法中的参数，如种群迭代次数、交叉变异概率参数等，也可以参考文献［9］，使用遗传算法求解飞机移动生产线作业调度问题，更进一步理解与应用。

### 2.3.2 柔性工艺规划问题——基于免疫算法

工艺规划是制造业中至关重要的环节，将设计工程图纸转化为具体的加工步骤和工艺流程，涵盖了机床、夹具的选择以及加工顺序的确定。其核心目标是提升生产效率、降低制造成本，并确保产品质量达到设计标准。然而，在传统的工艺规划中，加工顺序和设备选择通常是预先设定的固定方案[10]。这种刚性规划虽然适用于批量化生产，但在应对实际生产环境中的不确定性或动态变化时，往往显得力不从心。例如，设备故障、订单变更或原材料供应延迟等突发情况，都会使传统规划面临执行困难和资源浪费。

为解决这些问题，柔性工艺规划（flexible process planning，FPP）应运而生。FPP 打破了传统工艺规划的僵化限制，为每个加工特征提供了多条可选路径，并允许设备和加工顺序的灵活调整。不同特征可以在多种设备上完成，机床的选择、工艺链路和工序的排列不再一成不变。这种柔性不仅提高了生产系统应对复杂需求的能力，还优化了资源利用率。无论是面对小批量多品种生产，还是生产任务中的临时调整，FPP 都能迅速适应。通过这种动态调度与优化策略，制造企业能够在降低成本的同时，最大限度地提升生产效率和市场响应速度[11]。总而言之，柔性工艺规划不仅是制造业应对多变市场环境的有力工具，更是实现智能制造和高效资源管理的重要路径。它为生产系统注入了适应性和鲁棒性，使企业能够在竞争激烈的环境中获得持续优势。

免疫算法是一类受生物免疫系统启发的元启发式优化算法，其独特的抗体生成、克隆、变异和抑制机制，使其在复杂优化问题中展现出卓越的适应性与求解能力。免疫算法通过抗体群体的多样性探索广阔的解空间，有效避免陷入局部最优解，使用克隆与变异操作引入了解的多样性和随机性，使得算法在面对多工艺、多设备组合的复杂环境下具有更强的求解能力。与此同时，浓度控制机制通过抑制过度相似的解，维持了种群的多样性，减少了过拟合的风险。此外，记忆库的引入保留了历史上的优质解，为后续迭代提供参考，加速了收敛速度。综合来看，免疫算法在处理柔性工艺规划中的多目标优化、并行工艺和资源配置问题时，展现出了鲁棒性和高效性，是应对此类复杂问题的理想选择。

**（1）柔性工艺规划问题描述**

工艺路线规定了将毛坯变成可用零件的整个加工过程，可以分为三个阶段：特征排序阶段、工艺选择阶段和机器选择阶段，三个阶段带来了工艺路线设计时的多种柔性。为了方便FPP问题的描述，表2-24给出了某零件的加工信息表[10]。该零件共有3个加工特征、5台加工机床，加工特征也具有优先约束，每个特征拥有多种可选加工工艺，每种工艺下的每道工序有多台可选机床，每道工艺在不同机床所加工的时间也不相同。

表2-24　某零件的加工信息表

| 特征 | 可选工艺 | 可选机器 | 加工时间/s | 约束 | 切削液/L |
| --- | --- | --- | --- | --- | --- |
| $F_1$ | $O_1$ | $M_1,M_2$ | 2,3 | $F_3$之前 | 1.25,2.25 |
| $F_2$ | $O_2—O_3$ | $M_1,M_2/M_3,M_4$ | 2,3/1,2 | | 1.25,2.25/1.56,2.55 |
| | $O_4—O_5$ | $M_3,M_4/M_5$ | 1,2/5 | | 1.56,2.55/1.33 |
| $F_3$ | $O_6$ | $M_4/M_5$ | 3,5 | | 1.25/1.45 |

现将该零件所有工序表示为集合$\{O_1,O_2,\cdots,O_r,\cdots,O_6\}$，集合中元素$O_r$表示该工序为所有工序中的第$r$道工序，工艺路线就是工序集中不同元素的某种组合，工艺规划就是确定组合中各工序的先后加工次序以及加工机床。FPP问题是在满足不同加工特征约束的条件下，对工序集中的某些元素进行有序地排列组合，确定组合中每道工序的加工机器，从而确定具体的工艺路线，获取其最少的加工时间。即该问题的目标函数为最小化总加工时间。接下来介绍免疫进化算法在该问题中的应用。

**（2）基于免疫算法的FPP问题求解步骤**

**步骤1：初始化种群参数**。设置免疫算法的循环次数*Circle*、突变概率$P_m$、克隆数目*CloneNum*、种群大小*PopSize*、阈值*Delta*，并随机生成若干个可行解作为抗体，每个抗体由特征串、工艺串与机器串共同表示，具体编码方案如下文所述。将问题的目标函数最小化加工时间视为抗原，抗体的适应度反映其对抗原的免疫反应程度。

**步骤2：计算适应度函数**。计算种群的亲和度（*affinity*）、抗体浓度（*density*）与激励度（*simulation*）。对每个抗体进行解码，获取其工艺路径，计算机器并行所加工的时间，记录每个抗体的总加工时间，取其倒数作为适应度值，也就是亲和度。根据步骤1中的阈值，计算每个抗体与当前种群中较优解的距离，小于设定阈值则计数，并除以种群大小*PopSize*，获取其抗体浓度，并使用激励度公式计算当前种群的激励度。具体操作步骤与详细计算过程如下文所述。

**步骤3：选择操作**。根据激励度对种群进行从大到小排列，选取前*PopSize*/2个作为优质抗体，将在下一步进行克隆和变异，增强种群的多样性，其他抗体舍弃。

**步骤4：克隆与变异**。针对步骤3中选择的优质抗体进行克隆，克隆*CloneNum*份，并对所有抗体进行变异操作，随机生成三个随机数，每一个随机数与突变概率$P_m$比较，若小于$P_m$，则分别进行特征突变、工艺突变和机器突变。变异的目的是引入解的多样性，避免陷入局部最优。

**步骤5：抑制抗原与记忆更新**。对变异后的全部个体重复步骤2，计算其亲和度、抗体浓度与激励度，根据激励度重新进行排列，取出前*PopSize*/2个个体存入记忆库。记忆库中的个体作为种群的一部分，参与后续迭代。

**步骤 6：种群更新**。重新生成 $PopSize/2$ 个个体，与记忆库中的优质抗体进行混合，得到新一代种群。

**步骤 7：种群迭代**。重复上述操作步骤 2 至步骤 6，每循环一次，进行一次计数，并判断是否满足迭代条件。若达到最大循环次数 $Circle$，或适应度变化不大时终止迭代，输出记忆库中的最优解。

**（3）案例求解**

以表 2-24 零件的加工信息为例，将免疫算法应用到该问题进行求解，读者也可参考参考文献［12］进一步理解，下面进行详细的操作步骤与每一步的分析。

① 编解码。针对上述 FPP 问题，采用参考文献［13］中的编码方法，编码机制如下：种群中每个个体都拥有三组加工信息串且相互独立，分别是加工特征串、加工工艺串、加工机器串。以表 2-24 中零件的加工信息为例，给出该零件的具体编码方案，如图 2-18 多维编码方案所示。

| 特征串 | 2 | 1 | 3 |
|---|---|---|---|

| 工艺串 | 1 | 2 | 1 |
|---|---|---|---|

| 机器串 | 1 | 1 | 2 | 2 | 1 | 2 |
|---|---|---|---|---|---|---|

图 2-18　多维编码方案

特征串的长度等于零件加工特征的总数，即该零件确定的特征加工顺序依次为 $F_2$—$F_1$—$F_3$。由于每个加工特征只能从可选加工工艺集合中选择一种工艺，故工艺串长度与特征串的长度相同，工艺串上第 $n$ 位数值 $m$ 表示零件第 $n$ 个加工特征选用第 $m$ 种可选工艺。根据表 2-24 可知，第二个加工特征 $F_2$ 的可选工艺集合为 $\{O_2—O_3，O_4—O_5\}$，则工艺串第二位数值 2 表示零件的第二个加工特征 $F_2$ 选用第 2 种工艺 $O_4—O_5$ 来加工。机器串的长度等于零件总工序数目，机器串上第 $n$ 位数值 $m$ 代表着该条工艺路线中的第 $n$ 道工序选用可选机器集中的第 $m$ 台机床加工。根据图 2-18 及表 2-24 可知，机器串上的第三位数值 2 代表第三道工序 $O_3$ 在可选加工机床 $\{M_3，M_4\}$ 中选用了第二台机床 $M_4$，每道工艺所选择机床的加工时间可在表 2-24 中读取。

在上述编码方法基础上，很容易进行解码操作，解码的方法是通过对种群中个体的特征串、工艺串进行分析，按照特征串的先后排列顺序将工艺串中选定工艺所包含的工序进行依次排列，获得零件具体的加工工序顺序，最后再对每道工序在各自加工机床集合中选定加工机床，从而确定零件的工艺路线。以图 2-18 为例通过解码后得到工艺路线为

$$O_4(M_4) \rightarrow O_5(M_5) \rightarrow O_1(M_1) \rightarrow O_6(M_5)$$

根据解码后的工艺路线可计算出总加工时间，由于不同的机器可并行加工，因此机器 $M_1$ 的加工时间为 2s，$M_4$ 的加工时间为 2s，$M_5$ 的加工时间为 10s，即该零件的总加工时间 $makespan$ 为 14s。

② 激励度计算。对抗体进行解码，获取其工艺路线，并进行解码计算得到每个抗体的总加工时间，使用式（2-13）计算作为抗体 $x_i$ 的亲和度 $affinity(x_i)$。

$$affinity(x_i)=\frac{1}{makespan} \tag{2-13}$$

为了方便读者理解抗体浓度的概念与计算方法，这里选取了两个染色体进行详细的计算，分别为 $\{[2,1,3],[1,2,1],[1,1,2,2,1,2]\}$ 与 $\{[1,2,3],[1,1,1],[1,2,1,2,1,$

1]}，进行解码所对应的工艺路线分别为

$$O_4(M_4)\to O_5(M_5)\to O_1(M_1)\to O_6(M_5)$$

$$O_1(M_1)\to O_2(M_2)\to O_3(M_3)\to O_6(M_4)$$

抗体浓度则是用来衡量种群解的多样性，在这里分别比较特征串、工艺串与机器串，计算两个抗体之间的距离，$dist(\boldsymbol{X}_1,\boldsymbol{X}_2)=2+1+3=6$，同样地计算种群中每两个染色体的距离，并设置阈值 $Detla$ 为 3，当两个抗体之间的距离大于阈值时，表示两个抗体的解为近似解，对其进行计数，并使用式（2-14）计算每个染色体的抗体浓度。

$$density(\boldsymbol{X}_i)=\frac{1}{N}\sum_{j=1}^{N}S(\boldsymbol{X}_i,\boldsymbol{X}_j) \tag{2-14}$$

获取到每个染色体的亲和度与抗体浓度后，使用式（2-15）计算获取当前抗体的激励度（$simulation$），这里的 $\alpha$ 通常取 1，$\beta$ 取 2。通过上述操作，对每个抗体进行激励度计算，最终获取当前种群激励度，对种群按照激励度进行排序，进行下面操作。

$$simulation(x_i)=\alpha affinity(x_i)-\beta density(x_i) \tag{2-15}$$

③ 选择、克隆与变异。在种群进化过程中，首先根据激励度对所有个体从大到小进行排序，并选取排名靠前的 $PopSize/2$ 个个体作为优质抗体。这些优质抗体将进入下一阶段的克隆操作，其他个体则被舍弃。在克隆阶段，每个优质抗体将被克隆 $CloneNum$ 份，形成新的候选个体集。为避免陷入局部最优解，所有克隆个体将接受三个层次的变异，分别为特征变异、工艺变异与机器变异。

特征变异是在子代个体的特征串序列上随机挑选两个位置，将两个位置上的数值进行交换。如图 2-19 所示，这里对特征 2 进行变异操作，先读取其紧前特征与紧后特征，由于特征 2 没有紧前特征，因此这里只考虑紧后特征 3，特征 2 在进行变异时只能选择特征 3 之前的特征进行交换，这里特征 1 与特征 2 进行交换，完成变异。同时对工艺串进行变异操作，工艺变异是在工艺串的序列上随机确定一个位置，搜索该工艺所在集合中的其他加工工艺代替当前工艺，如图 2-19 所示，加工特征 $F_2$ 的加工工艺数 1 在变异后被第 2 种加工工艺代替。机器串的变异与工艺串类似，在机器串序列上随机挑选一个位置，这个位置上的数值代表着相应工序使用的加工机器，再从该工序可选机器集中挑选其他的机器替换，由于机器串变异操作与工艺串类似，且机器串比较长，这里不作赘述。

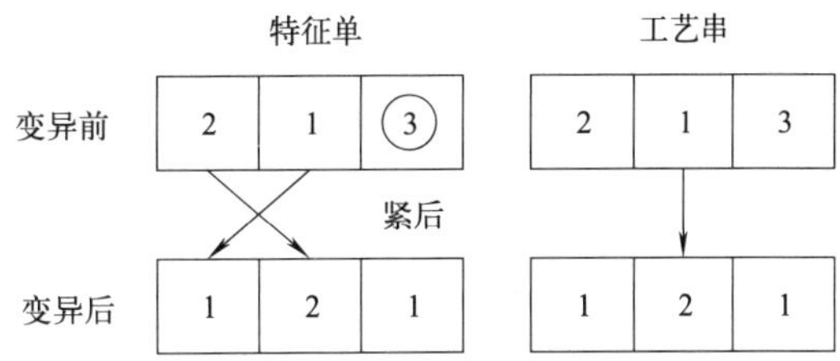

图 2-19　某个件变异操作示意图

具体而言，针对每个抗体，依次进行特征变异、工艺变异和机器变异。特征突变改变加工顺序，工艺突变更换工艺链，机器突变则重新分配加工设备。通过这一过程，解的多样性得以增强，为后续寻优奠定了基础。对变异后的全部抗体计算其激励度，取出前 $PopSize/2$ 个抗体，存入记忆库，并随机生成其他抗体，混合形成新的种群，进行种群更新与迭代。

当达到种群的最大迭代次数后，得到最优工艺路径与其对应的最优完工时间。

$$O_1(M_1)\to O_2(M_1)\to O_3(M_3)\to O_6(M_4)$$

以上详细介绍了免疫算法在柔性工艺规划中的求解步骤，采用多层编码方式，按照规定的流程进行遗传操作，设置一个循环次数，最后输出最优解。读者可以根据上述操作编写代码，也可以查阅参考文献［14］，进一步学习改进的免疫算法。

### 2.3.3 作业车间调度问题——基于遗传规划

作业车间调度问题（job shop scheduling problem，JSP）是制造业中典型的复杂组合优化问题，广泛应用于汽车、电子和航空等行业。随着绿色制造和可持续发展理念的推广，传统以完成时间（*Makespan*）最小化为目标的调度策略已无法满足现代制造的多样化需求。现如今，企业不仅需要在优化生产效率和缩短交付周期之间取得平衡，还需同时考虑能耗控制、碳排放减少等环保因素。这些多目标优化的挑战与设备资源的有限性、动态环境中的不确定性相互交织，导致了求解过程极为复杂[15]。此外，解决该问题不仅影响生产效率与企业竞争力，更关系到整个制造系统的绿色转型和可持续发展目标的实现。

遗传规划（GP）作为一种进化计算方法，应用在作业车间调度问题中还是比较少的。与传统遗传算法（GA）相比，GP 采用树状结构灵活表达调度规则和优先级策略，使得搜索空间更加丰富且解的结构更具适应性。这种方法具备较强的全局搜索能力，能够避免陷入局部最优解，并通过交叉和变异等操作探索新的解空间。同时，GP 的编码形式天然具备可解释性，便于将环保约束、能耗优化等具体规则直接融入调度模型中[16]。其多目标优化能力使其能够综合考虑生产效率、资源利用与环境影响，为绿色制造提供一种高效且可扩展的智能调度解决方案。

**（1）问题描述**

JSP 问题描述如下：$m$ 台机器上加工 $n$ 个工件，每个工件具有多道工序，每道工序可以在特定机器上加工，并且必须按照可行的工艺顺序进行机器调度，每台机器上加工的工序所需时间已知。该调度问题的目标是确定每个作业在各台机器上的加工顺序和开始时间，以最小化所有作业的最大完成时间，并尽可能提高设备利用率。每台机器在同一时间只能加工一个作业，且一旦开始，工序不能中断（即没有暂停或拆分）。

为了更加方便清楚描述此问题，以表 2-25 给出的 3 个工件在 3 台机器上加工的 JSP 为例，JSP 的最终目标是确定各机器（$M_1$、$M_2$、$M_3$）上所有工序间的先后顺序和每道工序的开始加工时间。

表 2-25　3 个工件的 JSP 实例

| 工件 | 加工机器 | | |
|---|---|---|---|
| | $O_1$ | $O_2$ | $O_3$ |
| $J_1$ | $M_2(3)$ | $M_1(2)$ | $M_3(2)$ |
| $J_2$ | $M_3(2)$ | $M_2(4)$ | $M_1(4)$ |
| $J_3$ | $M_1(1)$ | $M_2(2)$ | $M_3(3)$ |

针对上述案例，采用最小化最大完工时间为目标函数，而且该问题需要满足如下约束条件：

① 每台机器同一时间只能加工一个作业的一个工序，无法并行处理。

② 每个作业的工序必须按既定顺序完成，且工序之间不能重排。

③ 工序完成后，作业可立即进入下一工序，若所需的机器空闲，否则需等待。

④ 无工序拆分：一旦工序开始加工，中途不得暂停。

**(2) 基于遗传规划算法求解作业车间调度问题操作步骤**

具体求解流程如下。

**步骤 1：确定编码策略（*F* 和 *T*）**。首先，确定 GP 中的编码结构，即函数集（$F$）和终止符集（$T$）。函数集 $F$ 为字符串“*str*”，终止符集为不大于机器数的整数组成，表示机器编号，确保树的终端节点能与机器对应。

**步骤 2：初始化种群**。设定遗传规划算法的参数，如最大循环次数 $Gen_{\mathrm{Max}}$、种群大小 $PopSize$、交叉概率 $P_{\mathrm{c}}$、变异概率 $P_{\mathrm{m}}$，将 Read 线性编码与工序编码相结合，随机生成 $PopSize$ 个树结构，每个树结构都表示一个可能的调度策略，用二叉树结构存储。

**步骤 3：计算适应度并评价**。对种群中的每个树结构进行解码，根据目标函数计算其适应度值，适应度函数采用最大完成时间。

**步骤 4：选择操作**。采用轮盘赌选择法，以每个树结构的总完工时间作为适应度值，使用式（2-16）计算每个个体的累积概率，生成 $PopSize$ 个 $[0,1]$ 之间的随机数，将随机数与每个个体的累计概率进行比较，若随机数落在某个个体的累计概率区间，则复制该个体。

$$P(x_i)=\frac{Etime_i}{\sum_{1}^{N} Etime_i} \tag{2-16}$$

**步骤 5：交叉操作**。对父代中的个体按交叉概率 $P_{\mathrm{c}}$ 进行交叉操作，生成子代，随机生成一个 $[0,1]$ 的随机数，与交叉概率作比较，若随机数小于交叉概率 $P_{\mathrm{c}}$，则进行交叉操作，由于 GP 算法的编码采用树结构，交叉后的子代可能会产生非法解，需要对每个个体进行检查，并将非法解合法化，具体操作步骤如下文所示。

**步骤 6：变异操作**。对父代中的某个个体按变异概率 $P_{\mathrm{m}}$ 进行变异操作，生成子代，先随机生成一个 $[0,1]$ 的随机数，若随机数小于变异概率 $P_{\mathrm{m}}$，则进行变异操作，随机改变个体树结构中的某些节点，生成个体。

**步骤 7：种群更新**。对经过遗传操作后的个体，进行种群更新，获取新一代个体。

**步骤 8：迭代循环与结果输出**。在每一代进化完成后，检查是否满足停止条件。如果满足（如达到最大迭代次数或适应度不再提升），则输出当前最优解，停止算法。如果不满足，则重复步骤 3 至步骤 7，直到满足终止条件，最终输出作业车间调度的最优解。

**(3) 编解码（使用树结构）**

① Read 线性编码与基于工序的编码相结合。目前来说，GP 算法很少应用于调度问题，GP 算法种群中的个体一般采用层次的结构化语言来表达染色体，并且染色体具有动态结构，为了使 GP 算法可以适用于调度问题求解，这里利用 Read 线性编码结构，使树结构操作变为字符串操作，将变长染色体交叉后变为定长染色体。具体操作如下。

首先设计函数集 $F$ 与终止符集 $T$，$F=\{str\}$，$T=\{M_1,M_2,M_3\}$，随机初始化一个树结构，并进行 Read 线性编码获取其染色体。生成树时，从函数集 $F$ 中随机选择一个运算符作为根节点，并从 $C=F\cup T$ 的集合中随机选取下一个节点作为树的子节点。如果选中的是“*str*”，继续生长子树，如果选中的是终止符集中的机器码，则停止该分支的生长，此过程从上到下、从左到右重复，直至生成一个完整的树结构，且保证树的深度不超过设定的最大深度。如图 2-20 所示，生成一个可行的树结构，同时对其进行 Read 线性编码，获取其染色体，此染色体为基于工序的编码方式，表示一个可行的调度解。包含 3×3 个基因（工件数为 3，机器数为 3），每个数字对应一个工件编号，同一工件多次出现表示其多道工序。例如

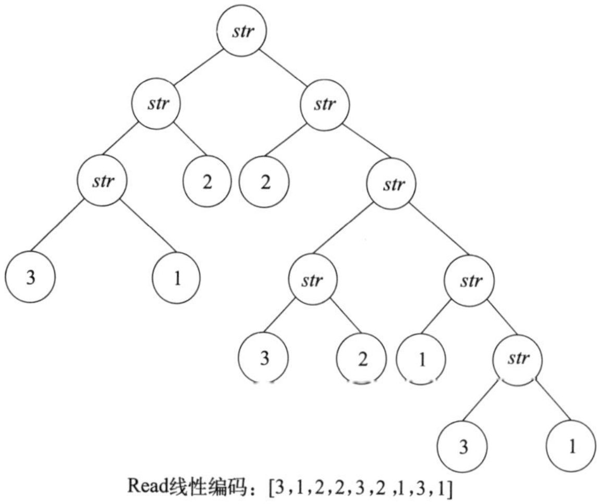


图 2-20 树结构染色体编码

工件 1 的 3 道工序分别位于第 2、7、9 位，工件 2 的工序在第 3、4、6 位，工件 3 的工序在第 1、5、8 位，表示 3 个工件在 3 台机器上的加工顺序。可用来解决多工件、多机器的柔性作业车间调度问题。

② 交叉及变异操作。利用 Read 线性编码后，获取一个染色体，但是对其树结构进行交叉操作后，可能会改变染色体的长度，产生的子代为非法解，为了防止非法解的产生，对后代染色体进行合法化处理，具体操作过程如图 2-21 所示，分别选取两个父代个体，对两个父代个体产生两个随机交叉点，将两个树结构片段进行交换，获取子代树，利用 Read 线性编码将子代树转换为染色体，经检查，两个子代染色体均为非法解，若超过染色体长度，则舍弃掉超过的部分，对剩下的染色体进行检查，对染色体上各工件工序进行次数统计，将超过机器数的工序变为不满足机器数的，直到染色体中各工序出现的次数等于机器数，对于子代 1 号染色体，第 7 个位置的基因为非法基因，对其进行合法化，经检查，符合基于工序的编码方式，并且是合法的，子代 2 号染色体进行同样操作，这里不再赘述。

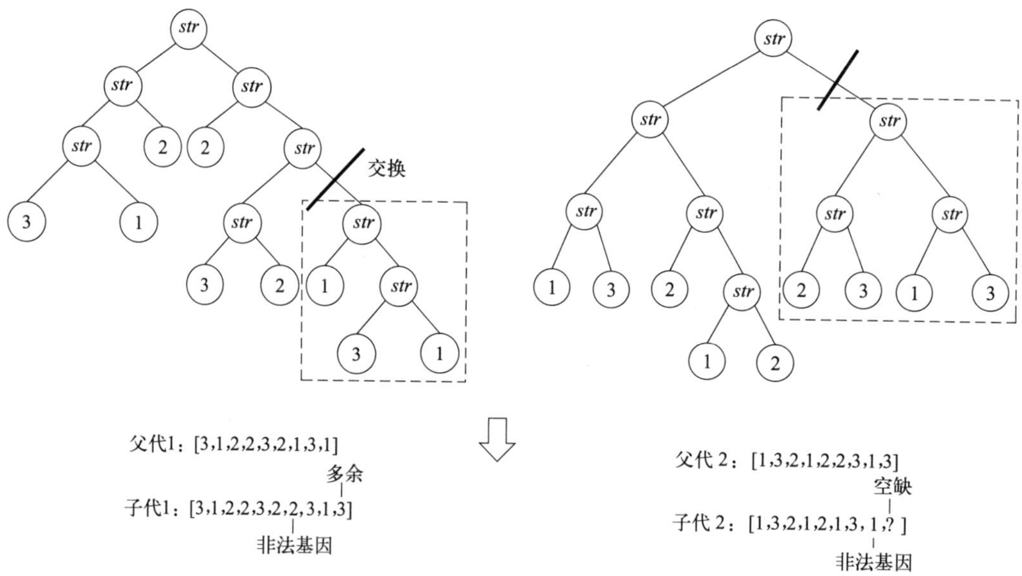


图 2-21 染色体交叉操作过程

与交叉操作相比，变异操作比较简单，随机选取两个树节点，将两个片段进行互换，如图 2-22 所示，并对其子代树进行 Read 线性编码，获取其对应的染色体，完成变异操作。

以上介绍了遗传规划算法在作业车间调度中的应用，这里使用了 Read 线性编码和基于

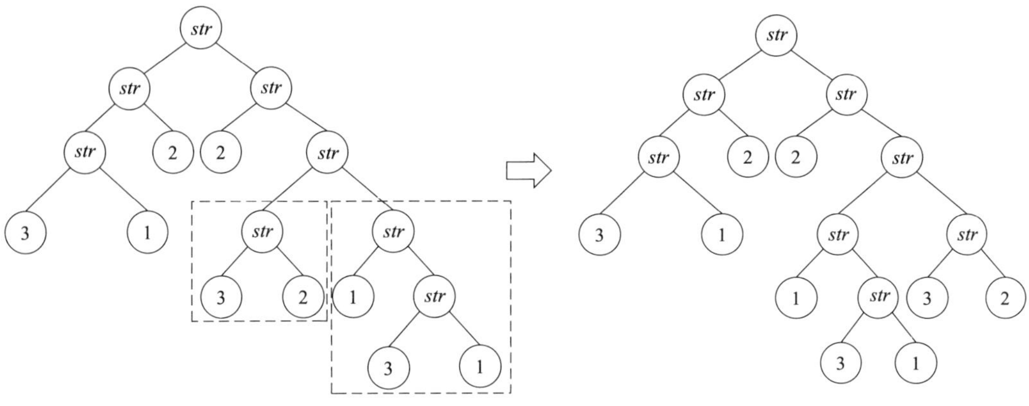


图 2-22　染色体变异操作过程

工序编码相结合编码操作[17]，并针对树结构详细介绍了 Read 线性编码和交叉变异操作，读者可根据上述内容，进一步研究遗传规划在作业车间调度问题的应用。

## 本章小结

本章的主要内容围绕进化计算展开，详细介绍了其含义、特点以及主要的算法分类。典型的进化计算方法包括遗传算法、免疫算法和遗传规划。本章讲述了三大算法的基本概念，并通过实际问题案例对每种算法的流程进行详细描述。最后，本章进一步探讨了三种进化计算方法在智能制造中的应用场景，展示了它们在解决复杂优化问题中的优势和广泛应用前景。

## 习　题

1. 进化计算具有什么优势？在智能生产中具有怎样的重要性？

2. 进化计算三大分支算法分别具有什么特征？

3. 简述遗传算法的基本思想，并列出其三个关键操作。

4. 针对飞机移动装配线作业调度问题，设计一个适合遗传算法的编码方案，并解释其优缺点。

5. 什么是柔性工艺规划？它在智能生产中解决了哪些问题？

6. 在柔性工艺规划问题中，试分析免疫算法的克隆选择机制是如何提高解的多样性和质量的。

7. 说明遗传规划与遗传算法的主要区别及其适用场景。

8. 作业车间调度问题中，遗传规划如何通过树形结构解决复杂的工序间约束关系？请列出一个简单的树形表示示例。

## 参考文献

[1]　邱玉霞. 进化计算与粗糙集研究及应用［M］. 北京：冶金工业出版社，2009.

［2］ 云庆夏．进化算法［M］．北京：冶金工业出版社，2000.
［3］ 王正志，薄涛．进化计算［M］．长沙：国防科技大学出版社，2000.
［4］ 刘浩，韩晶．MATLAB R2020a 完全自学一本通［M］．北京：电子工业出版社，2020.
［5］ 王凌．智能优化算法及其应用［M］．北京：清华大学出版社，2001.
［6］ 云庆夏，黄光球，王战权．遗传算法和遗传规划 一种搜索寻优技术［M］．北京：冶金工业出版社，1997.
［7］ Blazewicz J，Lenstra J K，Rinnooy K A H G．Scheduling subject to resource constraints：classification and complexity［J］．Discrete Applied Mathematics，1983，5：11-24
［8］ 蔡玮．双线并行飞机总装脉动式装配线平衡与调度问题研究［D］．成都：西南交通大学，2021.
［9］ 郑倩．多人平行作业飞机总装移动生产线装配作业调度问题研究［D］．上海：上海交通大学，2015.
［10］ 王帅．机械加工工艺规划问题的自适应智能优化算法研究［D］．南京：东南大学，2023.
［11］ 孙海强．基于 NSGA-Ⅱ的多目标绿色工艺规划与作业车间调度集成优化问题研究［D］．郑州：郑州轻工业大学，2020.
［12］ 平环．免疫算法改进和应用的研究［D］．通辽：内蒙古民族大学，2018.
［13］ 文笑雨．多目标集成式工艺规划与车间调度问题的求解方法研究［D］．武汉：华中科技大学，2014.
［14］ 刘柏麟，吴湘华．一种改进的免疫算法研究［J］．电脑知识与技术，2022，18（32）：17-19，30.
［15］ 李新宇．工艺规划与车间调度集成问题的求解方法研究［D］．武汉：华中科技大学，2009.
［16］ 周强，崔逊学．一种求解车间调度问题的混沌遗传规划方法［J］．计算机工程与应用，2011，47（12）：229-233.
［17］ 张国辉，高亮，李培根．基于遗传规划的作业车间调度算法研究［J］．控制与决策，2008，23（8）：924-928.

# 第3章 群体智能方法

## 3.1 群体智能简介

### 3.1.1 群体智能的含义与特点

群体智能（swarm intelligence，SI），作为人工智能学科中一个迅速崛起的分支，其概念最初由 Gerardo Beni 和 Jing Wang 两位学者于 1989 年作为计算机专业术语提出[1]，旨在研究细胞机器人系统的运作机制。而群体智能作为一个正式的理论框架，则自 1992 年意大利学者 Dorigo 提出蚁群优化（ant colony optimization，ACO）理论后得以确立。群体智能也被称为集群智能（collective intelligence，CI）[2]，其灵感源于人们对自然界中社会性生物群体行为的深入观察，诸如蚂蚁觅食的精密协作、鸟类飞行的有序编队、蜂群筑巢的高效分工，以及狼群围捕的默契配合等。这些群体生物没有统一的组织领导机构，单个成员的行为模式相对简单且在一定程度上具有随机性。然而，这些看似无序的个体在群体之间却具有自组织性。它们利用一系列简单而有效的直接或间接通信手段，实现信息的交互与共享。个体在调整自身行为的同时，也对周围同伴的行为产生着影响，进而改变局部环境的信息格局。当这样的个体数量累积到一定规模时，一种非凡的集体智能现象便应运而生——即能够协同完成单个个体无法企及的复杂任务，展现出惊人的协作能力与智慧。

群体智能并不是简单的多个体的集合，而是超越个体行为的一种更高级表现。这种从个体行为到群体行为的演变过程往往极其复杂，是群体中各个个体随时间推移而相互作用的模式和结果，以至于很难由个体的简单行为来准确预测和推演。这一现象被称为“涌现”（emergence），它描述的是在复杂系统中，某些新颖且相关的结构、模式和性质（或行为）逐渐生成并展现出来的过程。

图 3-1 可以用来阐释为何群体中的个体相较于单个体或小规模群体中的个体能够作出更好的决策[3]。图 3-1 中，个体用黑色圆圈表示，而信息的流动方向则由箭头从源头指向接收者清晰标出。

图 3-1（a）：当个体认知能力水平提高时，个体之间就没有信息流动。相反，在一个群体中可以减少对捕食风险的感知，允许个体将更多的认知资源分配到其他任务中，或者在风险不受（或更少）被捕食群体规模影响的情况下对捕食者保持警惕。

图 3-1（b）：信息可以在群体内部的所有或部分成员间汇集，进行集中处理，并作出总体决策，或将信息提供给群体内的其他成员使用。

图 3-1（c）：在领导力方面，信息从一个或多个具有相关知识的个体流向其他群体成员，引导群体作出决策。

图 3-1（d）：在群体智能中，成员间只有信息交流，没有明显的集中领导者或关键个体的指导。

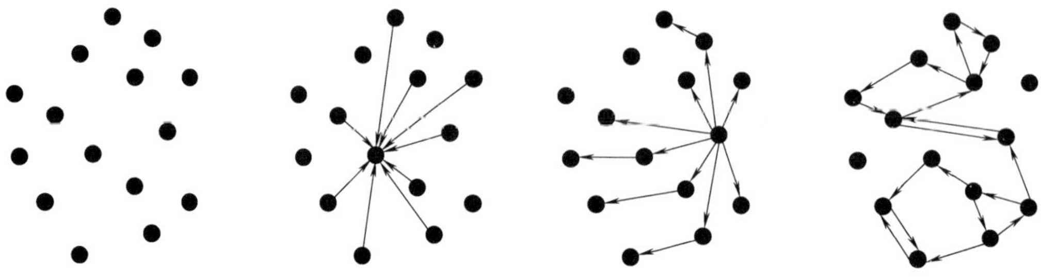


图 3-1 群体智能信息交流

在群体智能的语境中，“群体”指的是一组相互之间能够直接或通过改变局部环境信息间接通信的个体，这些个体协作工作进行分布式问题的求解。其中，“个体”具备的能力相对简单，并可用某一简单的功能函数来表示。个体间的相互作用、间接通信也称为外激励（stigmergy）。“群体智能”这一概念，强调的是众多个体通过合作展现出的智能行为特性。简而言之，群体智能就是一群低智能的个体通过相互通信和协作完成高智能任务的行为，即众多简单的个体组成群体，相互合作完成较为复杂的任务。

自然界中社会性生物群体智能的例子有：

① 白蚁筑巢。白蚁群体所构建的庞大巢穴，其结构的复杂程度远超单个白蚁的独立能力范畴，是群体智慧与协作的结晶。

② 蚂蚁觅食。在没有任何关键管理者和任务协调员的情况下，蚂蚁群体凭借相互间的信息传递，最终自发沿着最短的路径奔向食物。

③ 候鸟迁徙。迁徙途中，候鸟通过声音和视觉感知的通信、基于少量邻近个体的信息便能确定它们的行为，自我调整飞行方向和速度，最终整个候鸟群自组织成最佳的稳定队列。

④ 蜜蜂觅食。寻找食物源（花朵）过程中，引领蜂通过摇摆舞的持续时间来传达食物源的丰富程度（收益率），其他跟随蜂可以观察这种舞蹈并依据收益率来选择哪个食物源。

⑤ 聚群行为。鱼在游动的过程中会为了保证自身的生存和躲避危害而自然地聚集成群，这种聚群行为增强了群体的防御力。

⑥ 鲸鱼狩猎。捕猎过程中，每只鲸鱼有两种行为：一种是包围猎物，所有鲸鱼都向着猎物前进；另一种是气泡网，鲸鱼环形游动喷出气泡来驱赶猎物。捕猎时鲸鱼个体间相互合作对猎物进行驱赶和围捕。

群体智能的特点可以概括为以下几点[4]。

① 控制是分布式的，不存在中心控制，因而它更能够适应当前网络环境下的工作状态，且不会由于某一个或几个个体出现故障而影响群体对整个问题的求解。

② 群体中的每个个体都能够改变环境，可以通过非直接通信的方式进行信息的传输与合作，这是个体之间间接通信的一种方式，被称为“共识主动性”。

③ 群体中每个个体的能力或遵循的行为规则非常简单，并且个体感知范围仅限于有限的邻域而非具有全局感知能力。因此，增加个体数量的成本很低，同时由于个体间的交互仅限于有限的邻域，通信开销很低。

④ 群体具有自组织性，即群体表现出来的复杂行为都是通过简单个体的交互过程突显出来的智能，这不同于个体的智能。

基于群体智能的特点可知群体智能具有以下主要优点[4]：

① 分布性（distribution）。群体中相互合作的个体是并行分布的，这样更能够适应当前网络环境下的工作状态。

② 简单性（simplicity）。系统中每个个体的能力十分简单，个体的执行时间比较短，并且实现也比较简单。

③ 可扩充性（extensibility）。可以仅仅通过个体之间的间接通信进行合作，系统具有很好的可扩充性，因为系统个体的增加而引起的通信开销的增加很小。

Millonas 提出了群体智能遵循的五条基本原则[5]：

① 邻近原则（proximity principle），群体能够进行简单的空间和时间计算。

② 品质原则（quality principle），群体能够响应环境中的品质因子。

③ 多样性反应原则（principle of diverse response），群体的行动范围不应该太窄。

④ 稳定性原则（stability principle），群体不应在每次环境变化时都改变自身的行为。

⑤ 适应性原则（adaptability principle），在所需代价不太高的情况下，群体能够在适当的时候改变自身的行为。

### 3.1.2 群体智能算法的分类

群体智能算法是学者基于群体智能，针对群体行为特征规律的研究，通过模拟生物种群（自然或人工的群体）的行为，提出的一系列具备群体智能特征、用来解决复杂问题的算法。根据算法的研究对象可以将群体智能算法分为生物群体智能算法和人工群体智能算法（见图 3-2）。生物群体智能算法的研究对象主要是具有生命现象的种群，比如鸟群、蝙蝠、鱼群、细菌等。人工群体智能算法的研究对象主要是非生物系统、人工系统和结构，是从自然现象中抽象出来的，比如烟花算法、头脑风暴算法等。

图 3-2 群体智能算法的研究对象

由于群体智能算法的灵感主要源于模仿不同的生物群体，因此可以按照群体类别分为五大类：昆虫类、细菌类、鸟群类、水生类以及陆生类，如图 3-3 所示。由于新的模拟生物群体的算法仍在不断被学者提出，图 3-3 中无法包括所有提出的算法。

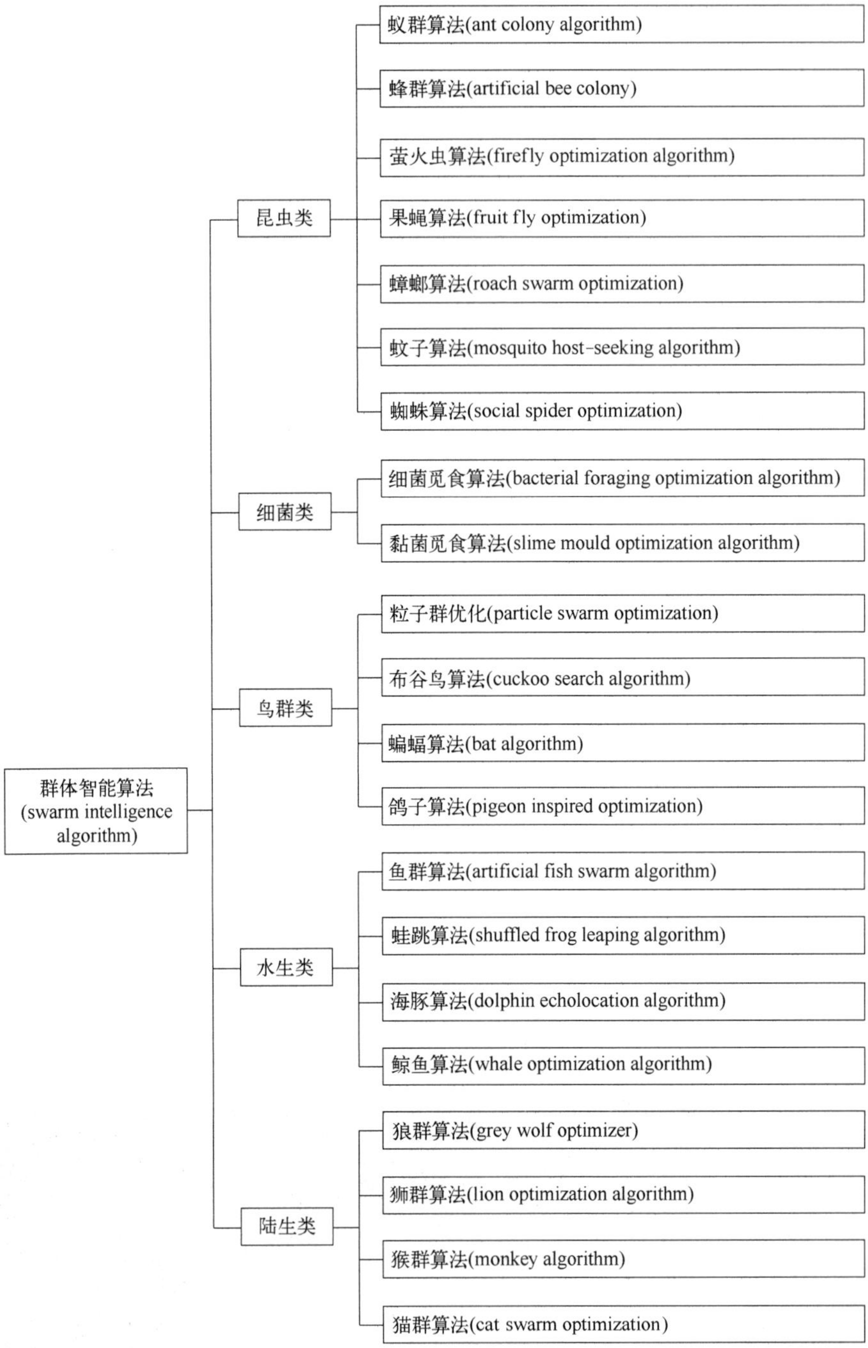


图 3-3　群体智能算法分类

目前，由于每种算法经过改进后可以衍生出较多算法，为了帮助读者对常用算法的提出思想有所了解，表 3-1 归纳了常用算法的名称、提出作者、基本思想以及提出的年份。[6,7]

表 3-1 部分群体智能算法基本信息

| 中文名称 | 英文名称 | 作者 | 基本思想 | 年份 |
| --- | --- | --- | --- | --- |
| 蚁群算法 | ant colony algorithm | Dorigo[8] | 模拟蚂蚁觅食行为，通过分泌信息素进行个体协作 | 1992 |
| 粒子群优化 | particle swarm optimization | Kennedy, et al. [9] | 鸟群飞行觅食行为 | 1995 |
| 细菌觅食算法 | bacterial foraging optimization algorithm | Passino[10] | 大肠杆菌的觅食行为 | 2002 |
| 鱼群算法 | artificial fish-swarm algorithm | Li, et al. [11] | 模拟鱼群觅食和集群游弋行为 | 2002 |
| 菌落趋化性 | bacterial colony chemotaxis | Li, et al. [12] | 细菌对化学引诱剂的反应 | 2005 |
| 蜂群算法 | artificial bee colony | Teodorovic, et al. [13] | 自然界的蜂群 | 2005 |
| 猫群算法 | cat swarm optimization | Chu, et al. [14] | 猫的行为及其追踪、寻找等技能 | 2006 |
| 人工蜂群 | artificial bee colony | Karaboga, et al. [15] | 蜜蜂的自然觅食行为 | 2007 |
| 布谷鸟算法 | cuckoo search algorithm | Yang, et al. [16] | 几种布谷鸟的育雏寄生行为 | 2009 |
| 萤火虫算法 | firefly optimization algorithm | Yang[17] | 萤火虫的行为及其闪光（生物发光过程） | 2009 |
| 萤火虫群优化 | glow-worm swarm optimization algorithm | Krishnanand, et al. [18] | 荧光素诱导的萤火虫发光，用于吸引配偶/猎物 | 2009 |
| 蝙蝠算法 | bat algorithm | Yang[19] | 微生物的回声定位特征 | 2010 |
| 蟑螂算法 | roach swarm optimization | Chen, et al. [20] | 蟑螂的社会行为 | 2010 |
| 狮群算法 | lion optimization algorithm | Rajakumar[21] | 狮子的社会行为有助于保持哺乳动物在世界上的强壮 | 2012 |
| 狼群算法 | grey wolf optimization | Tang, et al. [22] | 狼通过躲避敌人来寻找食物和生存 | 2012 |
| 果蝇算法 | fruit fly optimization | Xing, et al. [23] | 果蝇的行为 | 2013 |
| 蜘蛛算法 | social spider optimization | Cuevas, et al. [24] | 相互作用的社会蜘蛛的合作行为 | 2013 |
| 海豚算法 | dolphin echolocation algorithm | Wu, et al. [25] | 海豚回声定位、信息交流、合作 | 2016 |
| 鲸鱼算法 | whale optimization algorithm | Mirjalili, et al. [26] | 座头鲸的社会行为——泡泡网捕猎策略 | 2016 |

由于群体智能算法是基于自然界群居物种的生存行为而构建的一类算法，其具有与群居物种相似的特点[27-30]，具体表现在以下几点。

① 智能性。群体智能算法通过向大自然界中的某些生命现象或自然现象学习，实现对问题的求解，这类算法中包含了自然界生命现象所具有的自组织、自学习和自适应性等特性。在运算过程中，通过获得的计算信息自行组织种群对解空间进行搜索。由于群体智能算法具有的这种优点，应用群体智能算法求解问题时，不需要已知待优化问题的梯度信息，也不需要事先对待求解问题进行详细数学建模。对于某些复杂性高的问题，高效求解成为可能。

② 隐含本质并行性。群体智能算法通过设定相应的种群进化机制完成计算，而种群内的个体则具有一定的独立性，个体之间完全是一种本质上的并行机制。如果使用分布式多处理机来完成群体智能算法，可以将算法设置为多个种群并分别放置于不同的处理机实现进化，迭代期间完成一定的信息交流即可（注：信息交流并不是必要的），迭代完成之后，根据适应度值优胜劣汰。所以，群体智能算法这种隐含的本质并行性，能够更充分利用多处理器机制，实现并行编程，提高算法的求解能力。其更加适合目前云计算等分布式计算技术迅速发展的背景。

③ 解的近似性。群体智能算法通常来自于对大自然中某种生命或其他事物的智能协作进化现象的模拟，利用某种进化机制指导种群对解空间进行搜索。由于该类算法缺乏严格的数学理论支持，对于问题的解空间采用反复迭代的概率性搜索，所以群体智能算法会存在早熟或求解精度较低等问题，而这也是所有群体智能算法几乎都存在的弱点。所以，很多时候对求解的问题来说，群体智能算法仅仅得到的是一种近似最优解。但是，这种近似最优解可以一次提供多个，为决策者提供更多选择。

## 3.2 典型群体智能方法

### 3.2.1 蚁群算法

蚁群算法是 20 世纪 90 年代发展起来的一种概率型模拟进化算法，通过一群人工蚂蚁合作寻找离散优化问题的最优解。其灵感来源于自然界中的蚂蚁在寻找食物过程中体现出来的群体智能行为：发现最短的寻优路径。

**（1）蚁群算法的生物基础**

人们在研究蚂蚁觅食的过程中，发现单个蚂蚁的行为比较简单，但是蚁群内的蚂蚁可以通过某种信息机制实现信息的传递，从而表现出令人惊讶的群体智能行为。后又经进一步研究发现，蚂蚁会在其经过的路径上释放一种可以称之为信息素的物质，蚁群内的蚂蚁对信息素具有感知能力，它们会以较大概率沿着信息素浓度较高路径行走，且每只路过的蚂蚁都会在路上留下信息素，这就形成一种类似正反馈的机制。具体表现为：当它们碰到一个还没有走过的路口时，就随机挑选一条路径前行，与此同时在该路径上释放出信息素；当后来的蚂蚁再次碰到这个路口时，它们会以较大概率沿着信息素浓度较高的路径行走。由于每只路过的蚂蚁都会在路上留下信息素，且在蚁群的觅食过程中，较短的路径上单位时间内经过的蚂蚁数量会多于其他路径，这样留下的信息素浓度也会增加，由此形成一种正反馈机制：较短路径上的信息素浓度越来越大，其他路径上信息素浓度则相对较少，最终整个蚁群在这种自组织作用下搜索出蚁穴与食物源间的最短路径。

这里用图 3-4 说明蚁群发现最短路径的原理和机制。

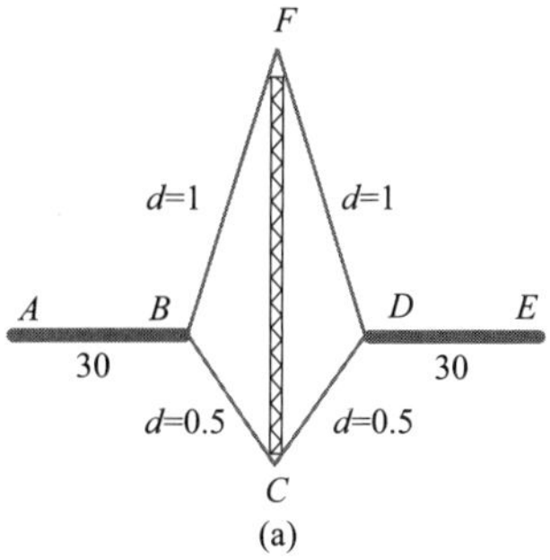


图 3-4 自然界中蚁群路径搜索示意图

如图 3-4 所示。设 $A$ 点为蚁穴，$E$ 点为食物源，$CF$ 为蚁穴 $A$ 与食物源 $E$ 之间某一无法跨越的障碍物，蚂蚁只能经由 $C$ 或 $F$ 才能往返蚁穴 $A$ 和食物源 $E$，其中距离 $BF=DF=2BC=2CD$。设某一时刻，各有 $m$ 只蚂蚁分别从 $A$（$E$）出发到达 $E$（$A$）。则在起始阶段，由于各路径的初始信息素均匀分布（均为 0），位于 $B$ 点和 $D$ 点的蚂蚁将以相同概率随机选取 $BC$、$CD$、$BF$、$FD$ 等路径，并在所经路径上释放信息素。由于路径 $BCD$ 的长度是路径 $BFD$ 的一半，单位时间内经过路线 $BCD$ 的蚂蚁数量会多于路线 $BFD$ 的蚂蚁数量，路线上保留的信息素浓度相对也较多。根据蚂蚁偏向选择高浓度信息素路径的特性，某段时间后路径 $BCD$ 上的信息素浓度将是路径 $BFD$ 上的 2 倍［图 3-4（c）］。随着信息素的积累，蚂蚁在这种正反馈机制作用下将完全选择路径 $BCD$，由此完成了蚁穴 $A$ 到食物源 $E$ 间最短路径的搜索。

**（2）蚁群算法的基本机理**

将蚁群算法应用于解决优化问题的基本思路为：首先将实际的待优化问题抽象为蚂蚁的觅食问题，用蚂蚁的行走路径表示待优化问题的可行解，整个蚂蚁群体的所有路径构成待优化问题的解空间。蚁群最终找到的最短觅食路径，即为问题的最优解。蚁群的整个觅食过程就是算法寻优的过程。换言之，蚁群算法将蚂蚁、信息素、蚁群的觅食过程和路径分别抽象为人工蚂蚁、人工信息素（通常简称为蚂蚁和信息素）、最小成本问题和问题的解。

需要注意的是，蚁群算法中的人工蚂蚁是一种随机构造过程，它通过在正在构造的部分解中添加适当定义的解组件来增量地构建一个解。这与真实的蚂蚁不同，具体体现如下。

① 人工蚂蚁具有记忆能力，而真实蚂蚁没有。人工蚂蚁可以记住曾经走过的路径或访问过的节点，可有效提高算法的搜索性能，具体表现在可构建可行的解决方案（即实现约束），评估找到的解决方案，反向回溯路径。

② 人工蚂蚁选择路径的时候并不是完全盲目的，受到问题空间特征的启发，按一定算法规律有意识地寻找最短路径（如在旅行商问题中，可以预先知道下一个目标的距离）。

③ 人工蚂蚁生活在离散时间的环境中，即问题的求解规划空间是离散的，而真实蚂蚁生活在连续时间的环境中。

**（3）蚁群算法的基本数学模型**

蚁群算法可以抽象为寻找蚂蚁从蚁穴出发，通过各个给定的食物源，最终回到蚁穴的最短路径的方法。具体的建模和实现过程如下：假设有 $n$ 个食物源，食物源 $i$ 与食物源 $j$ 之间的距离为 $d_{ij}$（$i$，$j=1$，2，…，$n$），求解蚂蚁从某一食物源出发走过所有食物源的最短路线（走过的食物源只能去一次）。可以很容易建立最短食物源路径的目标函数如式（3-1）

所示：

$$\min(distance)=\sum_{i}^{n}\sum_{j}^{n}d_{ij} \tag{3-1}$$

为了方便建立蚁群算法模型，通常作出以下规定：

a. 蚂蚁从某一食物源出发，每一个食物源只能到达一次。

b. 蚂蚁在经过的路径上一定会留下一定浓度的信息素。

c. 蚂蚁选择下一个食物源的概率符合状态转移规则。

根据蚁群算法的求解思路，对算法的关键步骤进行建模，包括信息素初始化、状态转移规则和信息素的更新。

① 信息素初始化。在初始时刻，各条路径上信息量相等，设 $\boldsymbol{\tau}_{ij}(0)$ 为常量，如式（3-2）所示：

$$\boldsymbol{\tau}_{ij}(0)=\text{const} \tag{3-2}$$

式（3-2）表示初始时刻各路径具有相等的信息素浓度，const 为常数。

② 状态转移规则。蚂蚁 $k(k=1,2,\cdots,m)$ 在运动过程中，根据各条路径上的信息量决定其转移方向。这里用禁忌表 $tabu_k(k=1,2,\cdots,m)$ 来记录蚂蚁 $k$ 当前所走过的食物源，禁忌表 $tabu_k$ 随着进化过程作动态调整，计算一次循环的路径长度后，禁忌表将被清空，这只蚂蚁再重新选择起点，进行新一轮循环。在搜索过程中，蚂蚁根据各条路径上的信息量及路径的启发信息来计算状态转移概率。在给定停止条件内的每次迭代循环中，蚂蚁 $k$ 根据式（3-3）计算的转移概率 $P_{ij}^{k}(t)$ 独立选择下一个尚未访问的食物源，并将当前选取的食物源记录在禁忌表 $tabu_k(k=1,2,\cdots,m)$ 中。

$$P_{ij}^{k}(t)\begin{cases}\dfrac{[\tau_{ij}(t)]^{\alpha}[\eta_{ik}(t)]^{\beta}}{\sum\limits_{s\in allowed_k}[\tau_{is}(t)]^{\alpha}[\eta_{is}(t)]^{\beta}} & ,j\in allowed_k\\ 0 & ,\text{其他}\end{cases} \tag{3-3}$$

式中，$P_{ij}^{k}(t)$ 表示在 $t$ 时刻蚂蚁 $k$ 由元素（食物源）$i$ 转移到元素（食物源）$j$ 的状态转移概率；$allowed_k$ 为第 $k$ 只蚂蚁下一步允许访问的所有食物源，$allowed_k=C-tabu_k$，$C$ 为食物源的集合；$\alpha$ 为信息启发因子，反映信息素对蚂蚁选择路径时的影响程度，其值越大，则该蚂蚁更倾向于选择其他蚂蚁经过的路径；$\beta$ 为期望启发式因子，反映启发函数 $\eta_{ij}$ 的重要程度，其值越大，则该状态转移概率越接近于贪心规则。$\eta_{ij}(t)$ 为启发式函数，其表达式如下：

$$\eta_{ij}(t)=\frac{1}{d_{ij}} \tag{3-4}$$

式中，$d_{ij}$ 表示相邻两个食物源之间的距离。对蚂蚁 $k$ 而言，$d_{ij}$ 越小，则 $\eta_{ij}(t)$ 越大，$P_{ij}^{k}(t)$ 也就越大。显然，该启发函数表示蚂蚁从元素（食物源）$i$ 转移到元素（食物源）$j$ 的期望程度。

③ 信息素更新。当蚂蚁把每一个食物源都走过了以后，就构建出了一个完整的可行解。但是如果不断累计信息素则会造成信息素过多，影响启发信息的作用，所以此时就要对路径上的信息素进行更新，以此来避免信息素所造成的影响。按式（3-5）对构成当前可行解的各路径节点信息作更新处理。

$$
\begin{cases}\boldsymbol{\tau}_{ij}(t+n)=(1-\rho)\boldsymbol{\tau}_{ij}(t)+\Delta\boldsymbol{\tau}_{ij}(t)\\ \Delta\boldsymbol{\tau}_{ij}(t)=\sum_{k=1}^{m}\Delta\boldsymbol{\tau}_{ij}^{k}(t)\end{cases} \tag{3-5}
$$

式中，$\Delta\boldsymbol{\tau}_{ij}(t)$ 为本次搜索中所有蚂蚁在路径 $(i,j)$ 上的信息素增量；$\Delta\boldsymbol{\tau}_{ij}^{k}(t)$ 为蚂蚁 $k$ 在路径 $(i,j)$ 上释放的信息素量。蚂蚁所经过的节点之间的距离越小，在该路径上留下的信息素浓度也随之增大，即 $\Delta\boldsymbol{\tau}_{ij}^{k}(t)$ 值越大，否则越小。为了避免产生局部最优，最优路径上信息素浓度并不是一直增大，$(1-\rho)$ 表示轨迹信息素的衰减系数，控制路径上的信息素浓度，其中 $\rho\in(0,1)$。

根据信息素更新策略的不同，蚁群算法模型分为以下三种类型：蚁周模型（Ant-Cycle)、蚁量模型（Ant-Quantity)、蚁密模型（Ant-Density)。三者的主要区别：在蚁量和蚁密模型中，信息素的更新主要在蚂蚁选择一个节点之后完成，采用局部信息素更新；而在蚁周模型中，路径中的信息素主要是在一次迭代完成后更新的，即全局信息素更新。经过一系列的实验验证，蚁周模型更加优于其他两种算法模型。它们的区别如表 3-2 所示。

表 3-2　蚁群算法模型

| 分类 | 信息素增量 | 信息素更新时间 | 信息素形式 |
|---|---|---|---|
| Ant-Cycle | $Q/L_k$ | 第 $k$ 只蚂蚁完成一次路径搜索后，对所有路径信息素进行更新 | 信息素增量与本次搜索的整体路径有关，属于全局信息更新 |
| Ant-Quantity | $Q/d_{ij}$ | 蚂蚁每完成一步后，更新该路径上的信息素 | 利用蚂蚁所走路径上的信息进行更新，属于局部更新 |
| Ant-Density | $Q$ | | |

基于上述描述，可知蚁群算法具有以下几个特点：

a. 采用正反馈机制，使得搜索过程不断收敛，最终逼近最优解。

b. 每个个体可以通过释放信息素来改变周围的环境，且每个个体能够感知周围环境的实时变化，个体间通过环境进行间接的通信。

c. 搜索过程采用分布式计算方式，多个个体同时进行并行计算，大大提高了算法的计算能力和运行效率。

d. 启发式的概率搜索方式不容易陷入局部最优，易于找到全局最优解。

**（4）蚁群算法的求解流程**

根据上述对蚁群算法的介绍，可以得到蚁群算法的求解流程，如图 3-5 所示。

蚁群算法的具体实现步骤如下。

**步骤 1**：参数初始化。令循环次数 $N_c=0$，设置最大循环次数 $N_{max}$，将 $m$ 只蚂蚁置于 $n$ 个元素（食物源）上，令有向图上每条边（食物源 $i$ 和 $j$ 之间的路径）的初始化信息量 $\boldsymbol{\tau}_{ij}(0)=\text{const}$，其中 const 表示常数，且初始时刻 $\Delta\boldsymbol{\tau}_{ij}(0)=0$。

**步骤 2**：循环次数 $N_c=N_c+1$。

**步骤 3**：令 $k=1$（第一只蚂蚁的索引）。

**步骤 4**：则更新蚂蚁 $k$ 的禁忌表 $tabu_k$。

**步骤 5**：蚂蚁 $k$ 根据状态转移概率公式（3-3）计算转移概率，并选择下一个到达的元素（食物源）$j$，$j\in\{C-tabu_k\}$。

**步骤 6**：修改禁忌表指针，即选择好之后将蚂蚁 $k$ 移动到新的元素（食物源），并把该元素（食物源）移动到该蚂蚁 $k$ 的禁忌表中。

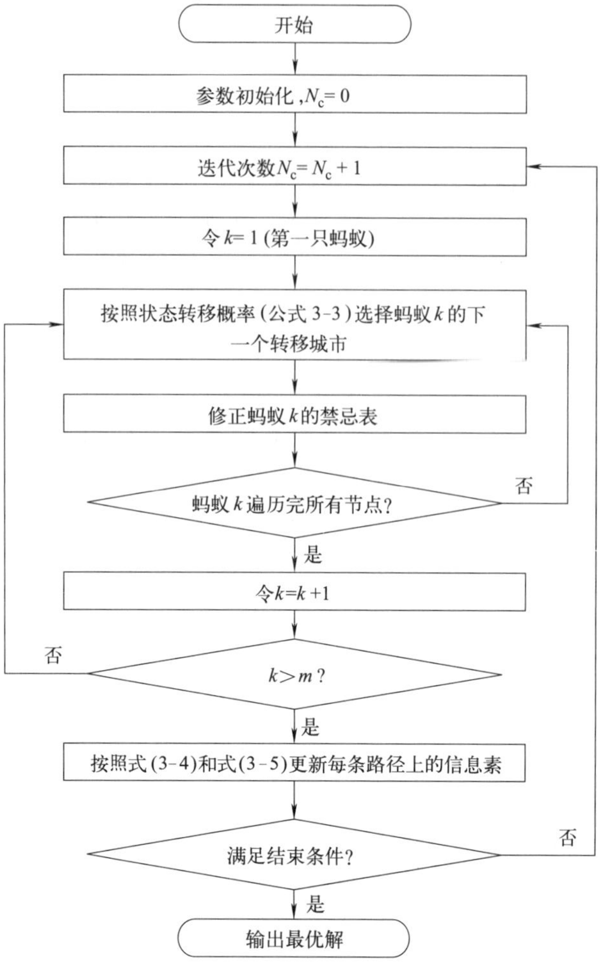


图 3-5　蚁群算法求解流程

**步骤 7**：若集合 $C$ 中，元素（食物源）未遍历完，则跳转到步骤 5，否则令 $k=k+1$，执行步骤 8。

**步骤 8**：若 $k\leqslant m$，跳转到步骤 4，否则执行步骤 9。

**步骤 9**：根据式（3-5）更新每条路径上的信息素。

**步骤 10**：若满足结束条件，即如果循环次数 $N_c\geqslant N_{max}$，则循环结束并输出程序计算结果，否则清空禁忌表并跳转到步骤 2。

### 3.2.2　人工蜂群算法

人工蜂群算法是 Karaboga 等人于 2005 年提出的一种新的群体智能优化算法。其灵感来源于自然界中的蜜蜂在采花蜜过程中涌现的群体智能行为：蜜蜂依照自己的分工进行活动，并完成蜜蜂之间信息的交流和共享，从而找到最好的蜜源。

**（1）人工蜂群算法的生物基础**

蜜蜂是一种典型的群居昆虫。为了生存，每只蜜蜂都有不同的分工，依据角色分为蜂王、雄蜂和工蜂。蜂王负责繁殖后代，雄蜂除了和蜂王交配外，还负责警备工作，工蜂负责抚养后代和觅食等工作。一个蜂群中，工蜂占大多数，工蜂根据工作需要又分为不同的工种。在整个蜂群中，单个蜜蜂的动作非常简单，但通过不同角色的蜜蜂分工合作、各负其责，整个蜂群家庭的互动觅食行为是一个有条不紊且极其复杂的过程，能够在任何环境下，以高效的方法从食物源（花朵）中采集花蜜。

在采蜜过程中，蜂群能够快速地发现蜜源，准确地采集到花蜜。在觅食过程中，蜂群中负责寻找蜜源的蜜蜂四处探索，寻找合适的食物源。当蜜蜂发现蜜源之后，会飞回蜂巢跳一种圆圈舞蹈或“8”字形舞蹈，舞蹈动作及幅度与蜜源到蜂巢的距离、花蜜的多少及花蜜的品种和质量等有关。这是蜜蜂独有的交流方式。通常情况下，蜂巢中有一个公共的舞蹈区域，当蜜蜂发现新的蜜源时，它首先回到舞蹈区以不同舞姿的方式把蜜源信息传递给其他蜜蜂。而其他负责觅食的蜜蜂根据舞姿的不同判断到哪个蜜源采蜜，逐渐地所有的采蜜蜂都会选择到蜂蜜质量较好的蜜源采蜜。当一个蜜源被开采殆尽时，蜜蜂会放弃这个蜜源，同时寻找新的食物源。在这种采蜜机制下，蜜蜂通过互相之间的交流和合作，完成整个蜂群觅食的任务。

基于上述分析可知，在蜂群觅食过程中，主要有三个要素：蜜源、雇佣蜂、非雇佣蜂。食物搜索过程主要包含两种行为模式：寻找蜜源和选择蜜源。

① 蜜源：蜜蜂选择什么样的蜜源采蜜由很多因素决定，如蜜源到蜂巢的距离、蜂蜜的多少及开采的难易等。为了简单起见，用收益（或适应值）的高低来表示蜜源的好坏。

② 雇佣蜂：也称引领蜂，指正在某个蜜源采蜜或已经被这个蜜源雇佣的蜜蜂。雇佣蜂与食物源一一对应，有多少个食物源就有多少个雇佣蜂。它们会把这个蜜源的信息，比如离蜂巢的距离和方向、蜜源的收益等通过舞蹈的方式告知其他蜜蜂。

③ 非雇佣蜂：包括侦察蜂和跟随蜂。侦察蜂的任务是寻找新的蜜源。一般情况下，侦察蜂的数目是蜂群总数的5%～20%。跟随蜂在舞蹈区等待由雇佣蜂带回的蜜源信息，根据舞蹈信息决定到哪个蜜源采蜜。较大收益的蜜源，可以招募到更多的蜜蜂去采蜜。

**（2）标准的人工蜂群算法**

ABC算法是一种以蜜蜂采蜜机理为基本原理的仿生群体智能优化算法。ABC算法中主要包括三种类型的蜜蜂：雇佣蜂、观察蜂和侦察蜂。首先雇佣蜂通过它们的记忆搜寻一个新食物源，如果新食物源的蜜量比原先食物源的蜜量大，就用新食物源替代原先食物源，同时把食物的信息传递给观察蜂。观察蜂从雇佣蜂发现的蜜源中依照一定概率选择一个食物源，并在这个食物源附近改变一定方向搜索新的食物源，如果发现新的食物源的蜜量比选择的食物源大，就用新发现的食物源替代选择的食物源，以便采到更多蜂蜜。因此，雇佣蜂和侦察蜂都运用贪婪选择机制来选择食物源。当经过一定数量的搜索后，没有更好的食物源被发现时，侦察蜂将进一步根据食物源的位置随机选取一个新蜜源继续搜索下去。

根据前文对ABC算法的描述，在算法实现过程中，每一个食物源表示所要优化问题中的一个可行解，种群中的每个个体表示一个食物源，种群的大小代表食物源的个数，设优化问题的可行解为$D$维向量$\boldsymbol{X}=\{x_1,x_2,\cdots,x_D\}$，$D$表示优化参数的个数，可行解的个数为$N$的种群为$S=\{\boldsymbol{X}_1,\boldsymbol{X}_2,\cdots,\boldsymbol{X}_N\}$。关键步骤如下[30]所述。

① 种群初始化。对种群初始化是在可行范围内随机生成了一定数量的食物源（$SN$个），食物源的初始位置根据如下公式生成。

$$x_i^j=x_{\min}^j+rand[0,1](x_{\max}^j-x_{\min}^j) \quad i=\{1,2,\cdots,SN\},j=\{1,2,\cdots,D\} \tag{3-6}$$

式中，$x_i^j$为第$i$个食物源$x_i$的第$j$维；$rand[0,1]$表示0～1之间的随机小数，$x_{\max}^j$和$x_{\min}^j$表示食物源$x_i$第$j$个优化参数的最大值与最小值。

② 雇佣蜂与跟随蜂的邻域搜索。算法在雇佣蜂阶段采用式（3-7）搜索初始食物源附近的食物源位置，展开局部搜索，且判断出每一个食物源的花蜜量（计算适应度），从而评价食物源的优劣，该值越大则表示可行解的质量越好。采用贪婪机制选择食物源，如果新产生的食物源优于原始食物源，则保留新产生的食物源，否则仍保留原始食物源。

$$v_i^j = x_i^j + r_i^j (x_i^j - x_k^j) \tag{3-7}$$

式中，$x_k$ 为相邻的食物源；$x_i$ 为当前的食物源；$k=\{1,2,\cdots,SN\}$，$k \neq i$；$r_i$ 为 $[-1,1]$ 之间的随机数。

在跟随蜂阶段，跟随蜂在选择雇佣蜂之前，要先依据选择概率公式（3-8）选择雇佣蜂所对应的食物源，确定雇佣蜂后再次根据公式（3-7）进行局部搜索，使用贪婪算法保留较优解。

$$P_i = \frac{fit_i}{\sum_{n=1}^{N} fit_n}, i=1,2,\cdots,SN \tag{3-8}$$

$$fit_i = \begin{cases} \dfrac{1}{1+f_i}, f_i \geqslant 0 \\ 1+|f_i|, f_i < 0 \end{cases} \tag{3-9}$$

式中，$fit_i$ 为 $i$ 个体的适应度值；$f_i$ 为目标函数值。

③ 侦察蜂阶段。若某个食物源在经过多次迭代循环后，解的质量没有得到改善，应考虑遗弃该食物源，相应的跟随蜂或者雇佣蜂转变为侦察蜂，根据式（3-6），生成新的食物源，更新食物源位置。

ABC 算法的求解流程如图 3-6 所示。

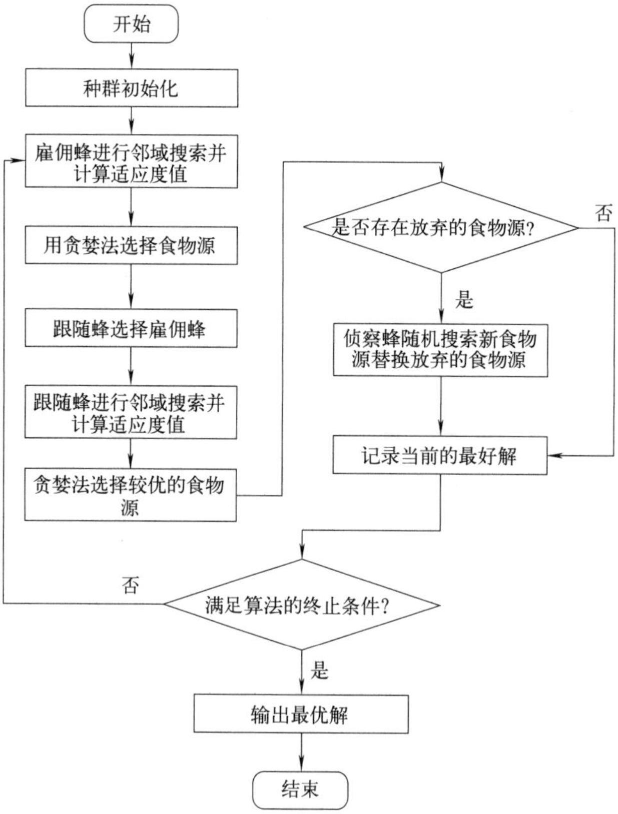


图 3-6　ABC 算法的求解流程

标准人工蜂群算法的求解步骤如下所述。

在 ABC 算法中有 3 个控制参数：食物源的个数＝引领蜂的个数＝跟随蜂的个数＝群体大小＝$N$、局部最大循环次数 $L$、全局最大循环次数 $M$。

具体的 ABC 算法步骤如下。

**步骤 1**：按照式（3-6）产生初始解集 $x_i^j$，$i=1、2、\cdots、N$，$j\in\{1，2，\cdots，D\}$；

**步骤 2**：计算各个解 $x_i^j$ 的适应度值 $f_i^x$；

**步骤 3**：设置外循环初始值 $m=1$；

**步骤 4**：设置内循环初始值 $l=1$；

**步骤 5**：引领蜂根据式（3-7）做邻域搜索产生新解 $v_i^j$，并且计算新解的适应度值 $f_i^v$；

**步骤 6**：如果 $v_i^j$ 的适应度值 $f_i^v$ 大于 $x_i^j$ 的适应度值 $f_i^x$，则用 $v_i^j$ 更新 $x_i^j$，否则保持 $x_i^j$ 不变；

**步骤 7**：根据式（3-8）计算每一个解其对应的概率值 $P_i$；

**步骤 8**：跟随蜂根据概率值 $p_i$ 选择食物源（解），按式（3-7）进行领域搜索产生新解，再计算其适应度；

**步骤 9**：是否更新同步骤 6 方法，然后进入步骤 7；

**步骤 10**：所有蜂搜索完毕后，记录下到目前为止的最好解；

**步骤 11**：$l=l+1$；

**步骤 12**：$m=ml+1$；

**步骤 13**：如果 $l<L$（内循环最大次数），则转到步骤 5；

**步骤 14**：经过 $L$ 次循环后，判断是否有要被丢掉的解，如果有，则侦察蜂可根据式（3-14）产生一个新解来代替；

**步骤 15**：如果 $m<M$（外循环最大次数），则转到步骤 4，否则算法结束，输出最优解。

### 3.2.3 粒子群优化算法

粒子群优化算法也称为微粒群算法，是一种被广泛使用的随机搜索优化算法，最早由 Kennedy 和 Eberhart 于 1995 年提出，是通过模拟鸟群觅食行为提出的。

**（1）粒子群算法的起源**

PSO 算法的起源来自于人工生命的研究结果，Reynolds 在 1987 年提出了一种具有生命行为特征的人工生命系统，并将其命名为 Boids。人工生命系统通过对鸟群捕食等行为的研究，模拟自然界中鸟类等群居群体生物的飞行行为，群体中的每个个体依据简单的规则调整其行为，使群体表现出非常复杂的行为。这些简单的规则包括：

① 避碰。尽量避免与其邻近个体距离太近而发生碰撞；

② 定速。尽量保持与其邻近个体大致相同的速率；

③ 群聚。尽量朝着与其邻近个体的平均位置移动。

在鸟群随机搜寻食物的过程中，假定区域内仅有一个食物，所有的鸟都知道食物与当前位置的距离有多远，但不知道食物的具体位置在哪里。在众多可选择的搜寻食物策略中，我们认为存在一种最简单并且最有效的途径，就是去搜索当前位于食物最近的鸟的领域范围。Boids 系统将生命科学中的概念首次引入到计算机科学，通过三条极其简单的规则进行仿真，出现了非常逼真的聚群行为，空中飞行的鸟群遇到障碍物时分开绕行而过，通过障碍物后又重新形成群体。Boids 系统作为计算机辅助仿真的实例进行研究而未应用于优化计算，本身并不具备实用价值，后来 Kennedy 和 Eberhart 将其应用于优化计算中。他们在研究中采用改进的 Boids 模型来模拟鸟群寻找食物的群体现象，改进模型中的食物用一个点来表示，鸟群中的鸟通过获取群内其他鸟的觅食信息来调整自己的觅食行为。实验仿真结果表明模型的优化能力很强，对多维空间的寻优问题表现尤为突出。群体中的每个个体用“粒子(particle)”来表示，并通过粒子来模拟个体的觅食行为，提出了我们称之为基本粒子群优化算法的进化算法。

**（2）粒子群算法的思想**

粒子群算法模拟鸟类的觅食行为，将问题的搜索空间比作鸟类的飞行空间，将每只鸟抽象成一个没有体积和质量的微粒，用来表征问题的一个候选解，而食物的位置则被认为是全局最优解。将寻找问题最优解的过程比作寻找食物的过程，进而求解复杂的优化问题。算法中的粒子模拟鸟类在飞行过程中具有相互学习的能力，使粒子能够从自身和群体中获得相关信息，实现了寻优过程中群体经验对个体的指导作用。

在实际的粒子群算法中，每个粒子都有一个适应函数值和速度来调整它自身的飞行方向以保证向食物的位置飞行，在飞行过程中，群体中所有的粒子都具有记忆的能力，能对自身位置和自身经历过的最佳位置进行调整。为了实现接近食物位置这个目的，每个粒子通过不断地向自身经历过的最佳位置（personal best，Pbest）和种群中最好的粒子位置（global best，Gbest）学习，最终接近食物的位置。

**（3）粒子群算法的基本概念**

为了方便表述，通常对粒子群优化算法的基本概念定义如下。

定义 1　粒子

粒子是粒子群算法的基本组成单位，代表解空间的一个候选解。设解向量为 $d$ 维变量，则当算法迭代次数为 $t$ 时，第 $i$ 个粒子 $\boldsymbol{x}_i(t)$ 可表示为 $\boldsymbol{x}_i(t)=[x_{i1}(t),x_{i2}(t),\cdots,x_{id}(t)]$。其中，$x_{id}(t)$ 表示第 $i$ 个粒子在第 $d$ 维解空间中的位置。$x_{id}(t)\in[x_{d\min},x_{d\max}]$，$x_{d\min}$ 和 $x_{d\max}$ 为 $d$ 维空间坐标的最小值和最大值，根据实际问题取值。

定义 2　种群

粒子算法中的种群（population）由 $n$ 个粒子组成，代表 $n$ 个候选解。经过 $t$ 次迭代产生的种群表示为 $\boldsymbol{pop}(t)=[\boldsymbol{x}_1(t),\boldsymbol{x}_2(t),\cdots,\boldsymbol{x}_i(t),\cdots,\boldsymbol{x}_n(t)]$，其中 $\boldsymbol{x}_i(t)$ 为种群中的第 $i$ 个粒子。

定义 3　粒子速度

粒子速度表示为 $\boldsymbol{v}_i(t)=[v_{i1}(t),v_{i2}(t),\cdots,v_{ik}(t)]$，代表粒子在单次迭代中位置的变化。其中，$v_{ik}(t)$ 为第 $i$ 个粒子在第 $k$ 维的速度值。$v_{ik}(t)\in[v_{k\min},v_{k\max}]$，$v_{k\min}$ 和 $v_{k\max}$ 表示第 $k$ 维速度的最小值和最大值，根据实际问题取值。

定义 4　适应值

适应度值由优化目标决定，用于评价粒子的搜索性能，指导整个种群的搜索。算法迭代停止时适应度值最优的解变量即为优化搜索的最优解。

定义 5　个体极值

个体极值 $P_i=(P_{i1},P_{i2},\cdots,P_{id})$ 表示第 $i$ 个粒子从搜索开始到当前迭代时找到的适应值最优的解。

定义 6　全局极值

全局极值 $g=(g_1,\ g_2,\ \cdots,\ g_d)$ 是整个种群从搜索开始到当前迭代时找到的适应值最优的解。

以上六个定义包括了粒子群算法的基本要素，在实际的应用中，种群的大小，适应度值的计算方法，粒子的位置维度、速度维度、个体极值维度和全局极值的维度，一般根据实际的问题确定。在算法求解时，首先确定上述参数，并按照一定规则或是随机初始化种群中的个体。

粒子群算法是采用迭代的方式在解空间寻优的，即首选给定一组解，然后算法在一定的规则指导下，不断更新解，并最终找到最优解。根据粒子群算法的核心思想，在每一次迭代中，粒子通过个体极值与全局极值更新自身的速度和位置，迭代公式如下：

$$v_{i+1}=v_i+c_1r_1(p_i-x_i)+c_2r_2(g-x_i) \tag{3-10}$$

$$x_{i+1}=x_i+v_i \tag{3-11}$$

式中，$r_1$、$r_2$ 是均匀分布在［0,1］之间的随机数；$c_1$ 和 $c_2$ 是学习因子，通常取 $c_1=c_2=2$。式（3-10）和式（3-11）为粒子群优化算法的原始优化始模型。式（3-10）右边由三部分组成。第一部分 $v_i$ 是粒子对自身速度的继承，第二部分 $c_1r_1(P_i-x_i)$ 是对自身经验的学习，第三部分 $c_2r_2(g_i-x_i)$ 是种群信息共享的过程，粒子向种群经验进行学习。$v_{i+1}$ 表示粒子更新之后的新的速度，$x_i$ 表示当前位置或当前解，$x_{i+1}$ 表示更新之后的新位置或新解。

**（4）粒子群优化模型**

粒子群优化模型也可称为迭代公式，用于控制粒子的进化过程。优化模型决定了粒子群算法的性能和适用范围。粒子群算法自诞生以来，不同领域的研究人员提出了各种各样的粒子群模型，下面介绍其中一种带惯性权重的粒子群优化模型。

Shi 与 Eberhart 研究发现，在粒子群的进化过程中，当式（3-10）第一部分 $v_i$ 起主导作用时，整个种群的多样性较好，种群有扩大搜索空间、搜索新区域的趋势，当第二部分、第三部分起主导作用时，种群具有较强的局部搜索能力。在实际的优化问题中，通常希望算法能够尽可能在较大的空间搜索，从而避免获得局部最优解，同时又希望算法能快速收敛于某一区域，然后采用局部搜索以获得高精度的解。因此，Shi 与 Eberhart 在式（3-10）的 $v_i$ 前乘以惯性权重（inertia weight）$w$ 用来协调算法的全局和局部搜索能力。带惯性权重系数的粒子群优化模型为：

$$v_{i+1}=wv_i+c_1r_1(p_i-x_i)+c_2r_2(g_i-x_i) \tag{3-12}$$

$$x_{i+1}=x_i+v_i \tag{3-13}$$

较大的惯性权重有利于种群进行全局搜索，而较小的惯性权重则使种群倾向于局部搜索。一般的作法是将 $w$ 初始为 0.9 并使其随迭代次数的增加线性递减至 0.4，以达到上述期望的优化目的。采用何种递减方式才能使算法性能最优，也成为一个重要的研究分支。最早 Shi 与 Eberhart 采用了线性递减策略：

$$w(t)=w_{\max}-\frac{w_{\max}-w_{\min}}{T}t \tag{3-14}$$

式中，$w_{\max}$、$w_{\min}$ 分别为最大权重系数和最小权重系数；$T$ 为迭代次数；$t$ 为当前迭代次数。

在粒子群算法的发展过程中，线性权重策略也被不断改进，使得算法性能有了较好改善。但 PSO 的实际搜索过程是非线性且高度复杂的，惯性权重 $w$ 线性递减的策略往往不能反映实际的优化搜索过程。例如对于目标跟踪问题，就需要优化算法拥有非线性搜索的能力

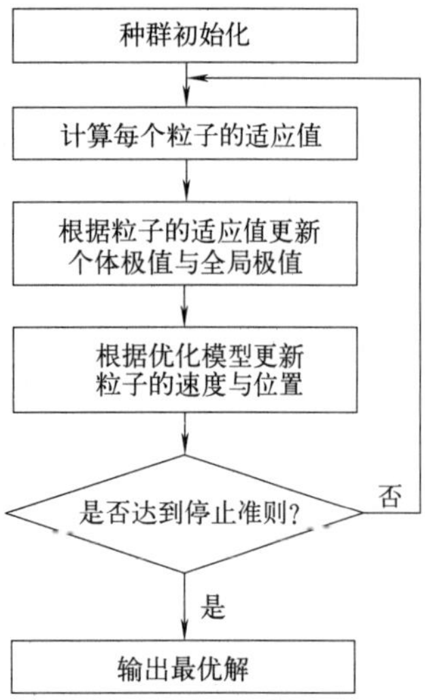


图 3-7　粒子群优化算法的求解流程

以适应动态环境的变化。先后又出现了先减后增非线性策略、带阈值的非线性递减策略和采用模糊系统动态地改变惯性权重策略等。丰富了粒子群算法的优化模型，改善了算法的性能。

### 3.2.4　粒子群优化算法的求解流程

粒子群优化算法采用基于迭代的计算方式，完成粒子群的进化，基本的算法求解流程如图 3-7 所示。

粒子群优化算法的具体执行步骤如下。

**步骤 1：初始化粒子群**。主要是设定粒子群的各种参数，包括种群的大小、迭代次数、学习因子 $c_1$ 和 $c_2$，空间位置的上下限 $x_{d\min}$、$x_{d\max}$，速度上下限 $v_{k\min}$、$v_{k\max}$，并为每一个粒子设定 $v_i$ 和 $x_i$。

**步骤 2：计算粒子适应值**。通过评价函数为每个粒子计算适应值，更新粒子极值 $P_i$ 和种全局极值 $g$。

**步骤 3：更新粒子状态**。通过优化模型更新粒子的速度 $v_i$ 和位置 $x_i$。同时要保证在给定的取值范围，如果超过取值范围，参数需要重新设定，一般取边界值。

**步骤 4：判定结束条件**。通常的结束条件有两种，一种是到达给定的迭代次数，一种是适应度值取到需要的结果。

# 3.3　群体智能在智能生产中的应用

### 3.3.1　作业车间调度

本部分以经典作业车间调度为对象，介绍群体智能算法中的蚁群算法在智能生产中的应用。

**（1）经典作业车间调度问题描述**

与柔性作业车间调度问题不同，经典作业车间调度问题（job-shop scheduling problem，JSP）中每个工件的每道工序必须在特定的机器上处理，其目的是优化机器上的作业顺序，以使某项指标最优。

为便于介绍，我们以最小化最大完工时间为指标（即优化目标），以一个 3×4 的作业车间调度案例为例进行阐述。即存在 3 个待加工工件 $j_1$、$j_2$ 和 $j_3$，4 台机器 $m_1$、$m_2$、$m_3$ 和 $m_4$，每个工件对应有四道工序，且每个机器对应可加工完成一道，工件的工艺顺序可以互不相同，则对问题的描述如下式所示：

$$\text{工序加工机器矩阵}\quad \boldsymbol{M}=\begin{bmatrix}2 & 1 & 3 & 4\\4 & 3 & 1 & 2\\1 & 2 & 4 & 3\end{bmatrix}$$

上述矩阵中的行和列都有不同的含义，其中，行代表一个工件的加工流程，列代表每个工件的第几道工序，数字对应所使用加工机器的下标。如第一行第四列元素 4 代表第一个工件的第四道工序在 4 号机器（即 $m_4$）上加工。

每道工序在对应机器上的加工时间如下式所示。其中行和列的含义同上所述。

$$
\text{工序加工时间}:\boldsymbol{T}=\begin{bmatrix}8 & 7 & 6 & 8\\9 & 5 & 8 & 6\\6 & 11 & 7 & 12\end{bmatrix}
$$

**（2）蚁群算法求解 JSP**

基于蚁群算法求解 JSP 时，确定其解构造过程（包括解的编码方式、生成等）以及信息素的更新过程是研究中比较重要的工作。下面分别论述这些过程。

① 编码。这里，我们基于整数编码对问题进行描述。首先对每一道工序进行编号。以上文给出的 3×4 调度案例为例，12 道工序的编号可按表 3-3 进行表示。

表 3-3　整数编码工序序号表

| $j_1$ | | | | $j_2$ | | | | $j_3$ | | | |
|---|---|---|---|---|---|---|---|---|---|---|---|
| $O_{11}$ | $O_{12}$ | $O_{13}$ | $O_{14}$ | $O_{21}$ | $O_{22}$ | $O_{23}$ | $O_{24}$ | $O_{31}$ | $O_{32}$ | $O_{33}$ | $O_{34}$ |
| 1 | 2 | 3 | 4 | 5 | 6 | 7 | 8 | 9 | 10 | 11 | 12 |

根据表 3-3 可生成一个随机编码列如图 3-8 所示。

| 3 | 2 | 6 | 8 | 5 | 11 | 12 | 1 | 7 | 9 | 10 | 4 |
|---|---|---|---|---|---|---|---|---|---|---|---|

图 3-8　生成的随机编码列

可以基于该编码序列得到工序的加工顺序，即 $O_{13}\to O_{12}\to O_{22}\to O_{24}\to O_{21}\to O_{33}\to O_{34}\to O_{11}\to O_{23}\to O_{31}\to O_{32}\to O_{14}$。也就是说 $j_1$、$j_2$ 和 $j_3$ 的工序加工顺序分别为 $O_{13}\to O_{12}\to O_{11}\to O_{14}$、$O_{22}\to O_{24}\to O_{21}\to O_{23}$ 和 $O_{33}\to O_{34}\to O_{31}\to O_{32}$。这明显违反了工件的加工工艺约束。因此在整个过程中要根据实际的工序顺序对编码序列进行调整。这里给出如图 3-9 所示的调整方式，即对每一个工件的所有工序进行汇总，然后按照加工顺序要求，对汇总的单个工件工序进行彼此位置调整，然后再把顺序调整后的汇总工序放回编码原来的位置。

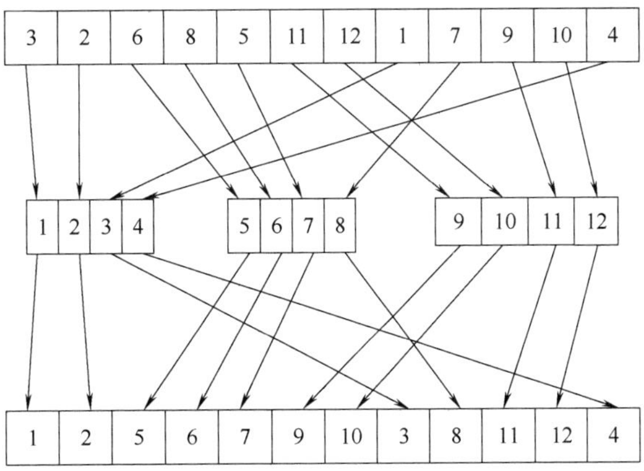


图 3-9　整数编码的调整方式示意图

经过调整后，工件的工序满足工艺约束。如图 3-10 所示，通过将工序的编码转换成每台机器上加工工件的顺序即可得到每台机器上的作业顺序，实现解码。

② 基于蚁群算法的解生成。对于上述编码方式，一个解的生成可以理解为：每只蚂蚁

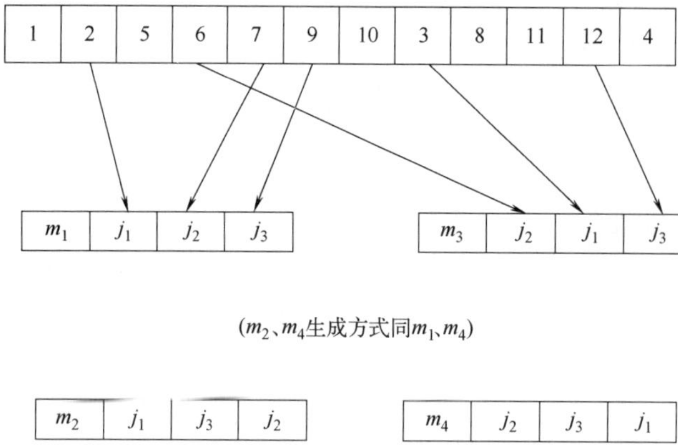


图 3-10 整数编码的解码方式示意图

从起始节点（一个虚拟作业，记作工件 0）出发，一步一步地访问每一道工序，进而构造出一条完全路径，蚂蚁本身维护一个已访问列表用于存放每步访问的工序。为保证算法中蚂蚁选择工序的顺序不违背工件的工艺顺序约束，需要每只蚂蚁维护三个列表：a. 包含所有该蚂蚁未访问的工序集合，记作列表 $G$；b. 蚂蚁在当前迭代中下一步可访问的工序的集合（满足工艺约束），记作列表 $S$；c. 当前蚂蚁的所有已访问工序的集合，记作列表 $Tabu$。初始时刻，所有的蚂蚁都被置于起始结点。针对我们上面讨论的 3×4 调度例子，第 $k$ 只蚂蚁所维护的三个列表如下。

当第 $k$ 只蚂蚁位于起始结点时：

$G_k=\{O_{11},O_{12},O_{13},O_{14},O_{21},O_{22},O_{23},O_{24},O_{31},O_{32},O_{33},O_{34}\}$

$S_k=\{O_{11},O_{21},O_{31}\}$

$Tabu_k=\{\}$

如果蚂蚁 $k$ 第一步选择 $O_{21}$（即染色体的第一个位置填写 2），则选择完后三个列表变更如下：

$G_k=\{O_{11},O_{12},O_{13},O_{14},O_{22},O_{23},O_{24},O_{31},O_{32},O_{33},O_{34}\}$

$S_k=\{O_{11},O_{22},O_{31}\}$

$Tabu_k=\{O_{21}\}$

依次类推，直到 $G_k$ 为空，从而保证生成的解的可行性。

③ 状态转移规则和信息素的更新。基于蚁群算法求解 JSP 问题的过程中，蚂蚁 $k$ 的状态转移规则（即从 $S_k$ 中选择下一个访问工序）与信息素的更新同 3.2.1 小节中相关的概念描述。

④ 蚁群算法求解 JSP 的流程。初始化各参数。参数包括：循环次数 $N_c=0$、最大循环次数 $N_{max}$、工序与工序之间的信息素 $\boldsymbol{\tau}(N_c=0)=\text{const}$、启发式信息素 $\boldsymbol{\eta}$。每个蚂蚁都置于起始节点 0。

**while** $N_c<N_{max}$ **do**

  **for** $k=1:m$ **do**

    初始化蚂蚁 $k$ 的三个列表 $G_k$、$S_k$、$Tabu_k$

    **if** $G_k\neq\varnothing$ **do**

      根据状态转移规则选择蚂蚁 $k$ 下一个访问工序，更新蚂蚁 $k$ 的三个列表 $G_k$、

$S_k$、$Tabu_k$

**end if**

**end for**

计算每只蚂蚁对应的目标，并更新信息系

令 $N_c = N_c + 1$

**end while**

结束算法，输出最优结果。

### 3.3.2 装配线平衡

建设一条装配线的首要任务是对其进行规划和布局。在装配线规划涉及的众多问题中，平衡问题的地位尤为突出。平衡装配线可使生产保持一种均衡、连续的流动状态，对制造系统的生产率有很大影响。

**（1）装配线平衡问题描述**

装配线平衡问题（assembly line balancing problem，ALBP）是指将存在优先关系约束的产品装配操作分配至预先设定的工位，使得某些目标达到最优的一系列优化问题。装配线平衡问题的优化目标主要有两大类：技术目标和经济目标。技术目标主要指装配线运行的各个要素，比如工位个数、节拍等。基于不同的技术目标所求解的装配线平衡问题主要有：

① 给定装配线的节拍，最小化工位的数量。工位的个数越少，代表着设备和人力资源越少，成本越低，这是装配生产管理追求的目标之一。相应装配线平衡问题称为第 1 类装配线平衡问题（ALBP-1），此问题主要用于装配线的设计与安装。

② 给定装配线工位的数量，最小化节拍。节拍越小，就代表制造两个产品的间隔时间越短，也即单个产品的制造时间越少，生产率就越高。相应装配线平衡问题称为第 2 类装配线平衡问题（ALBP-2），此问题主要用于已运行装配线生产效率的进一步优化。

③ 给定装配线的节拍，最小化装配线的均衡指数（工位的平均等待或闲置时间、平衡延迟率或平滑指数），它是衡量一个装配线生产效率高低的重要指标之一。相应装配线平衡问题称为第 3 类装配线平衡问题（ALBP-3），主要用于装配线平衡效果的评价。

④ 其他的目标，如最小化装配线长度、最大化装配线柔性。

经济目标主要指与装配线运行相关的各类费用，如原料成本、人力成本、收益等。基于不同的经济目标所求解的装配线平衡问题主要有：完成生产任务的前提下，最小化人力成本；给定装配线的人力配置，最大化产品的产量；最小化装配线的在制品成本；最小化装配线的物流成本；最大化装配产品的净利润。

装配线平衡问题也有多种：按照所装配产品的类型可分为单产品装配线平衡问题和混合装配线平衡问题；按照装配线的布局形式可分为直线型装配线平衡问题和 U 型线装配线平衡问题；按照装配线各要素发生的状态可分为确定性装配线平衡问题和不确定性装配线平衡问题；按照工位与装配产品的位置可分为单边装配线平衡问题和双边装配线平衡问题。

**（2）改进蚁群算法求解 SALBP-2 问题**

SALBP 中的 S 表示 single，即单产品装配线平衡问题。SALBP-2 是一个组合分配问题，不仅需要确定工位和操作之间的对应关系，还需要确定操作间的组合关系。因此求解 SALBP-2 只需将某些操作进行组合，然后将操作组合分配至某个对应的工位即可。所以欲得到的较优解，一方面需将操作进行较好的组合，另一方面将所得的操作组合分配至合适的工位。因此，在蚁群算法中，引入两种相应的信息素：工位和操作间的信息素，用以表征操作与工位的吸引力；操作和操作间的信息素，用以表征操作之间的吸引力。

① 工位和操作间的信息素。将操作 $i$ 分配至工位 $j$，既应使得当前工位的作业时间尽可能接近优化目标，也应使得装配线的节拍尽可能小，故定义蚂蚁 $k$ 对工位 $j$ 和操作 $i$ 间的信息素 $\tau 1_{ij}$ 的贡献值为

$$\Delta\boldsymbol{\tau}\mathbf{1}_{ij}^{(k)}=\begin{cases}\dfrac{1}{(CM-ST_{k,j})^2}\times\dfrac{Q}{\left|CM-\max\limits_{jj=1}^{m}\{ST_{k,jj}\}\right|},i\in A_j\\0,\text{其他}\end{cases}\tag{3-15}$$

式中，$Q$ 为参数。

式（3-15）中，如果蚂蚁 $k$ 将操作 $i$ 分配至工位 $j$，则该蚂蚁会在操作 $i$ 和工位 $j$ 之间释放信息素 $\Delta\boldsymbol{\tau}\mathbf{1}_{ij}^{(k)}$，所释放信息素的大小既取决于当前工位的工位作业时间 $ST_{k,j}$ 与平均工位作业时间 $CM$ 的距离，也取决于此蚂蚁的最大工位作业时间 $\max\limits_{jj=1}^{m}\{ST_{k,jj}\}$（即该蚂蚁所求得的节拍）与 $CM$ 的距离，前者反映了该蚂蚁在当前工位的局部优化情况，后者则反映了该蚂蚁所得的解的情况，即全局信息。在操作分配的过程中，如果各个工位的作业时间都接近于 $CM$，则其解必为一个好解，考虑到这一点，算法在信息素贡献值的定义中取前一项的指数为平方，进一步强化了局部信息的作用。

信息素 $\tau 1_{ij}$ 只用于工位的首项操作的选择。

② 操作和操作间的信息素。对于工位 $j$，可能有多项操作适合分配至此工位，但其中有些操作的组合可使得此工位的作业时间接近优化目标，而有些操作组合可能使得工位的作业时间距离优化目标很大，因此优化操作分配不仅取决于操作和工位的关系，还取决于操作间的组合，为此，定义蚂蚁 $k$ 对操作间的信息素 $\boldsymbol{\tau}\mathbf{2}_{i_1,i_2}$ 的贡献值为

$$\Delta\boldsymbol{\tau}\mathbf{2}_{i_1,i_2}^{(k)}=\begin{cases}\dfrac{1}{(CM-ST_{k,j})^2}\times\dfrac{Q}{|CM-\max\limits_{jj}\{ST_{k,jj}\}|},\quad i_1、i_2\in A_j\\0,\text{其他}\end{cases}\tag{3-16}$$

式（3-16）中，如果蚂蚁 $k$ 将操作 $i_1$、$i_2$ 同时分配至工位 $j$，则该蚂蚁会在这两项操作之间释放信息素 $\Delta\boldsymbol{\tau}\mathbf{2}_{i_1,i_2}^{(k)}$，信息素的取值原则与 $\Delta\boldsymbol{\tau}\mathbf{1}_{ij}^{(k)}$ 相同。

当蚂蚁已经将一项操作 $i_1$ 分配至工位 $j$ 后，根据信息素 $\boldsymbol{\tau}\mathbf{2}_{i_1,i_2}$，可选择与操作 $i_1$ 组合较优的操作 $i_2$，如果已经有两项操作分配至工位 $j$，可根据 $\boldsymbol{\tau}\mathbf{2}_{i_1,i_3}+\boldsymbol{\tau}\mathbf{2}_{i_2,j_2}$ 选择工位 $j$ 的第三项操作 $i_3$，依次类推。

搜索时，首先初始化信息素矩阵 $\boldsymbol{\tau}\mathbf{1}$ 和 $\boldsymbol{\tau}\mathbf{2}$ 的每个元素为 $\tau_0$。遍历搜索一遍结束，各蚂蚁得到新的可行解后，算法根据下面策略对两种信息素进行更新：

$$\boldsymbol{\tau}\mathbf{1}_{ij}\leftarrow(1-\rho)\boldsymbol{\tau}\mathbf{1}_{ij}+\rho\sum_{k=1}^{s}\Delta\boldsymbol{\tau}\mathbf{1}_{ij}^{(k)}\tag{3-17}$$

$$\boldsymbol{\tau}\mathbf{2}_{i_1,i_2}\leftarrow(1-\rho)\boldsymbol{\tau}\mathbf{2}_{i_1,i_2}+\rho\sum_{k=1}^{s}\Delta\boldsymbol{\tau}\mathbf{2}_{i_1,i_2}^{(k)}\tag{3-18}$$

式中，$\rho$ 为信息素 $\boldsymbol{\tau}\mathbf{1}$、$\boldsymbol{\tau}\mathbf{2}$ 的挥发系数，满足 $0\leqslant\rho\leqslant 1$。

对于信息素 $\boldsymbol{\tau}\mathbf{1}_{ij}$，只有将操作 $i$ 分配至工位 $j$ 的蚂蚁才能增加其值，且相应的当前工位时间和节拍越优，信息素的增加量越大。对于信息素 $\boldsymbol{\tau}\mathbf{2}_{i_1,i_2}$，只有将操作 $i_1$、$i_2$ 同时分配

至同一个工位时，蚂蚁才能增加其值，同样当其对应的工位作业时间和节拍越接近时，信息素的增加量越大。根据蚁群算法的正反馈机制，蚂蚁在后面搜索时根据信息素 $\boldsymbol{\tau 1}_{ij}$ ($i \in I$，$j \in J$)，为工位 $j$ 选择工位作业时间最优的首项操作（记为 $i_1$），再根据信息素 $\boldsymbol{\tau 2}_{i_1, i_2}$，为操作 $i_1$ 选择工位作业时间最优的组合操作，由此找到问题的最优解。

蚁群算法求解 SALBP-2 的主要求解流程如下。

a. 首选采用基于启发式因素选择操作，根据操作分配机制分配操作，依次完成对工位 1、2、…、$m-1$ 的操作分配，然后将剩余操作分配至工位 $m$，得到 ALBP-2 的初始可行解，保留最好解。

b. 根据所得的 $s$ 个初始可行解，利用信息素更新策略，更新两种信息素：操作和工位间的信息素 $\boldsymbol{\tau 1}$ 和操作间的信息素 $\boldsymbol{\tau 2}$；基于信息素 $\boldsymbol{\tau 1}$ 和所提三种启发式因素（见表 3-2）随机选择一项操作，将其作为首选操作分配至工位 $j$($j=1$、2、…、$m-1$)；再利用信息素 $\boldsymbol{\tau 2}$ 和启发式因素选择工位的其他操作，并根据操作分配机制分配合适的操作至工位 $j$，得到新可行解，更新最好解和信息素。

c. 重复上述过程，直至满足设定的搜索次数，算法结束，输出最好解。

**（3）案例求解与分析**

① 案例信息。本小节采用郑巧仙[31]的案例，已知某装配线有 36 项操作，设定工位个数为 6 个，操作的作业时间和优先关系如图 3-11 所示。

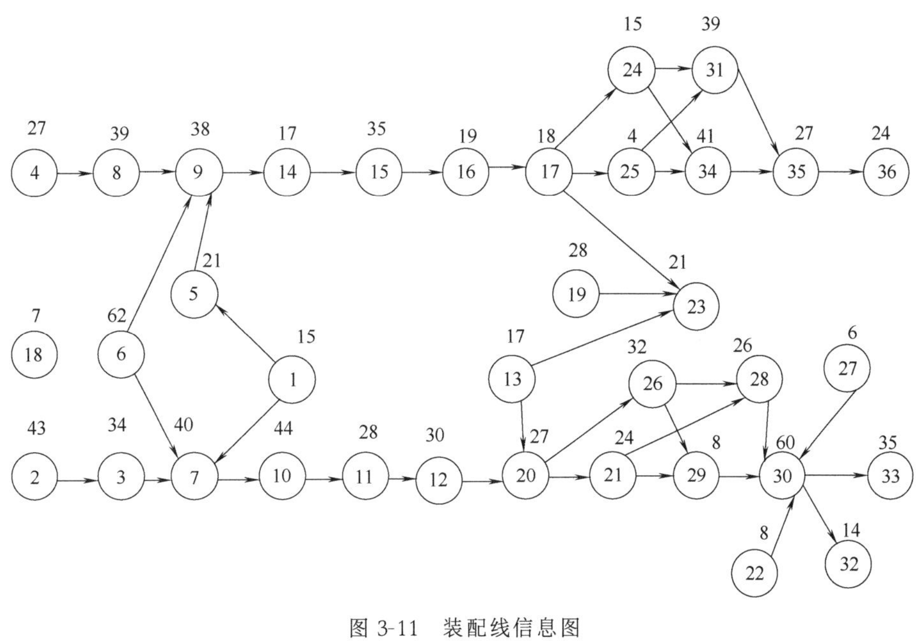

图 3-11　装配线信息图

由图 3-11 可知操作的总作业时间为 973s，工位的平均作业时间为 162.2s，故其理论最优节拍为 163s。

② 参数设置。设定蚁群算法各项参数的取值分别为：蚂蚁数 50、最大迭代次数 50、$\mu_1=0.4$、$\mu_2=0.1$、$\mu_3=0.5$、$\Delta t=2$、$\rho=0.5$、$Q=1000$。将程序运行 50 次，所求得的最优节拍为 163，且共有 47 次求得此值，所求得的最差节拍为 164。平均节拍为 163.06。本算法求出了问题的最优解，且求得的概率较高，说明了算法的高效性，可进行工业应用。求解的其中一个最优解的操作分配方案、各个工位的实际作业时间以及工位闲置时间见表 3-4。

表 3-4 操作分配及工位作业时间

| 工位号 | 操作分配 | 作业时间/s | 闲置时间/s |
|---|---|---|---|
| 1 | 13,19,6,2,27,18 | 163 | 0 |
| 2 | 3,7,4,8,22,1 | 163 | 0 |
| 3 | 5,10,9,11,12 | 161 | 2 |
| 4 | 14,20,15,26,21,16,29 | 162 | 1 |
| 5 | 28,30,17,24,25,31 | 162 | 1 |
| 6 | 23,32,33,34,35,36 | 162 | 1 |

### 3.3.3 AGV 路径规划

自动导引车作为智慧工厂的重要运输工具，目前在智慧工厂中已经取得广泛应用。AGV 系统主要应用在物料运输环节，具有工作效率高、安全可靠、可完成复杂且烦琐的工作任务以及应用范围广等优点，对推动工厂的自动化管理、节省人力成本、提升车间的生产效率具有重要作用。这使得 AGV 成为现代物流自动化的重要研究方向，而 AGV 路径规划问题是在具有障碍物的环境模型下，寻求一条从源地址到目标地址的无碰撞最优路径。

在研究 AGV 路径规划的问题时，必须首先对 AGV 工作空间环境建立合适 的模型（称为环境建模），在此基础上，才能确定 AGV 自身地址、目标地址、障碍物分布以及可行路径，以便进一步研究 AGV 路径规划。目前对 AGV 空间环境模型的建立方法有很多，主要有栅格图法、可视图法、拓扑图法和自由空间法。

在上述环境模型中，机器人的路径规划问题就是要从起始点开始，选择相邻的无障碍点前进，直到到达终点位置，其 AGV 运动的路径使得某些性能指标最优，如路径长度最短。根据环境的信息的已知和未知情况，路径规划可以分为全局路径规划和局部路径规划，本小节以已知环境变量下的 AGV 全局路径规划为例，并采用栅格图法进行分析。

① 环境建模。栅格图法是近年来 AGV 环境模拟较多的建模方法。其核心思想是将空间环境分成大小相同的栅格，栅格中有障碍栅格和无障碍栅格。障碍栅格模拟的是实际生产环境中的障碍物，无障碍栅格是 AGV 可以行驶的路径。栅格大小的选取要适当：栅格过小，虽然尽可能地还原了实际环境，提高了建模的精度，但是会增加内存的占用；栅格过大，精度会降低，同时降低了 AGV 的路径搜索能力。通常情况下网格尺寸值的大小以 AGV 自身的尺寸来定。

设机器人运动环境的二维空间为 $W$，用大小相同的栅格将运动空间离散化为 $N \times N$ 的网格。如图 3-12 所示，网格单位值通常用 0 和 1 表示，其中 0（白色）表示自由栅格，代表畅通路径，1（黑色）表示障碍栅格，表示阻塞路径。对于障碍物不满一个栅格的情况，按照一个栅格处理。然后对所有栅格从左到右、从上到下进行编码。

② AGV 运动距离函数。在 AGV 寻找路径的过程中，只能从一个栅格向其邻近的栅格运动。因此，这里需要把每个栅格都看作一个独立的对象，并用一个二维矩阵 $\boldsymbol{D}$ 记录栅格的邻接关系。同时，取相邻栅格的距离作为对应栅格邻接矩阵的值。如图 3-13 所示，设单个栅格的边长为单位 1，栅格 $i$ 和 $j$ 为相邻栅格。则可按照式（3-19）计算从栅格 $i$ 转移至栅格 $j$ 的运动距离。

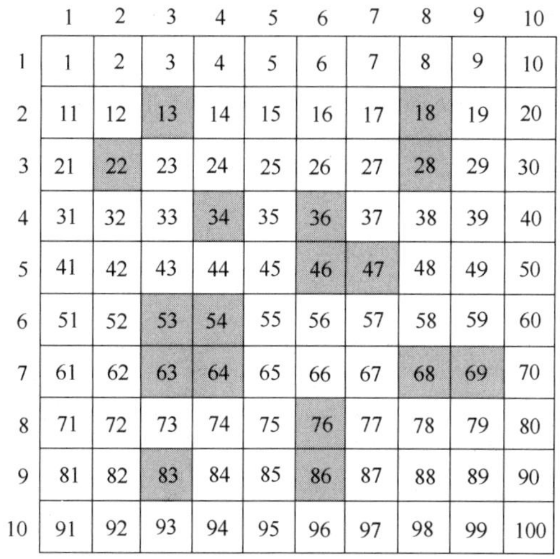


图 3-12 栅格地图

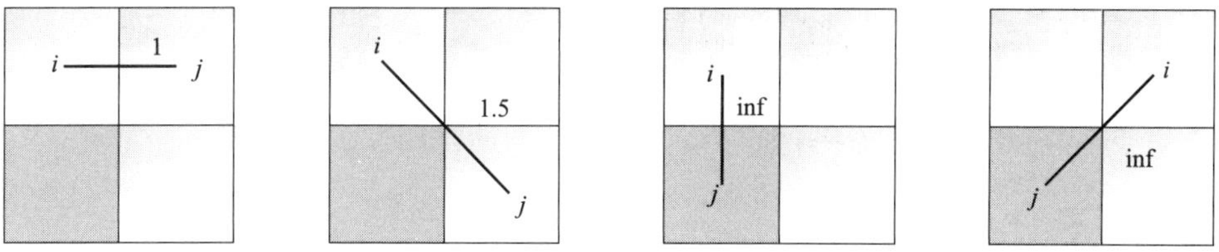


图 3-13 栅格相邻情况的部分表示

$$\boldsymbol{D}(i,j)=\begin{cases}1, i、j \text{ 状态均为 } 0 \text{ 且 } i、j \text{ 在同一水平或同一垂直方向} \\ 1.5, i、j \text{ 状态均为 } 0 \text{ 且 } i、j \text{ 在对角方向} \\ \text{inf}, \text{其他}\end{cases} \tag{3-19}$$

在上述环境模型中，AGV 的路径规划问题就是要从起始栅格开始，选择相邻的无障碍栅格前进，直到到达目标栅格，且机器人运动的路径长度要最短。因此，一条完整的路径应该为包含起始栅格与目标栅格的编号及一系列相邻无障碍栅格编号的集合。若起始栅格为 1，目标位置为 100，那么 1、11、21、32、33、43、44、45、55、65、66、67、77、88、99、100 就表示一条机器人的可行路径。

③ 求解步骤。

**步骤 1**：读取环境信息，对运动环境栅格化，并存储栅格邻接关系矩阵。设置蚂蚁循环次数计数器 *iter* 和最大循环次数 *Maxiter*，将 $m$ 个蚂蚁放至机器人运动的起始栅格 $s$，初始化各路径上的信息量，令 $\boldsymbol{\tau}_{ij}(t)=\text{const}$，且 $\boldsymbol{\tau}_{ij}(0)=0$。

**步骤 2**：在蚂蚁停留的栅格周围选择相邻的自由栅格，记录在 *allowed* 中，并根据状态转移公式计算选择概率并向下一个位置转移。[详见 3.2.1 小节（3）蚁群算法的基本数学模型中的“状态转移规则”]

**步骤 3**：蚂蚁在移动到新的栅格后，要将该栅格编码放入此蚂蚁个体的禁忌表中。

**步骤 4**：若蚂蚁还未到达目标栅格，则转至步骤 2 执行。

**步骤 5**：对各路径上的信息量进行更新。

**步骤 6**：记录当前所有蚂蚁找到的最优路径 Best。

**步骤 7**：更新循环次数 $iter = iter + 1$。若满足当前循环次数 $iter > Maxiter$，则搜索停止，输出全局最优路径，否则清空禁忌表并转至步骤 2 执行。

④ 案例求解。以栅格规模分别为 15×15、20×20 的两种地图为例进行实验，其中障碍栅格占总栅格数的 30%（案例来自雷秀娟[32]）。蚁群优化算法的参数设置如下：蚂蚁个数 $m=10$，最大迭代次数 $Maxiter=200$，信息启发式因子 $\alpha=1$，期望启发式因子 $\beta=5$，信息素挥发系数 $p=0.05$，信息素增加强度 $Q=100$，自适应蚁群算法中 $\rho_{mim}=0.001$。图 3-14 展示了两种规模下算法执行 30 次得到的最优路径。

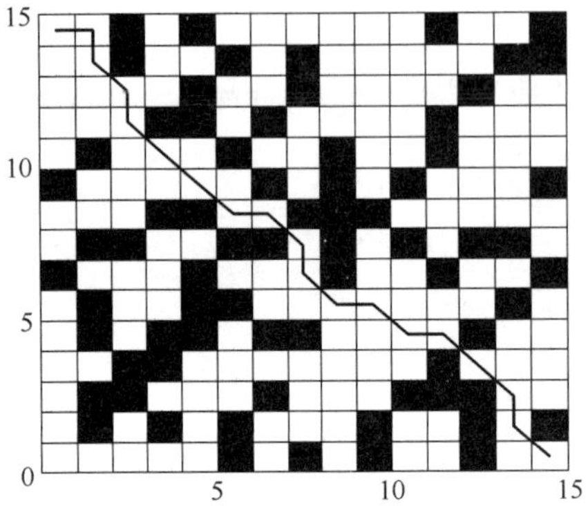


(a) 基本蚁群算法最优路径($f$=23)

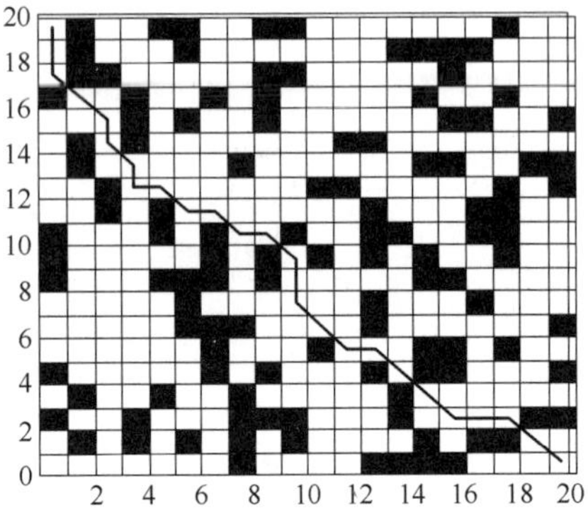


(b) 基本蚁群算法最优路径($f$=31.5)

图 3-14 最优路径

## 本章小结

本章的主要内容围绕群体智能方法展开。首先，详细介绍了群体智能的含义、特点，以及群体智能算法的分类方法。然后以蚁群算法、人工蜂群算法、粒子群优化算法三种典型的群体智能方法为例，详细介绍它们的特征、求解流程。最后，以蚁群算法为例，详细介绍了其在作业车间调度、装配线平衡和 AGV 路径规划三种生产场景中的应用。

## 习 题

1. 什么是群体智能方法？群体智能方法有何优点？
2. 简述群体智能方法的分类，并对每个分类举例说明。
3. 基于生物行为模拟的群体智能算法有哪些？它们分别模拟了哪些生物行为？
4. 群体智能方法在智能生产中的应用场景有哪些？
5. 作业车间调度问题的难点是什么？群体智能方法如何解决这些问题？
6. 群体智能方法在智能生产中的主要应用场景有哪些？请结合具体案例说明。
7. 未来群体智能方法在智能生产中的发展趋势是什么？可能的研究方向有哪些？

## 参考文献


[1] Beni G, Wang J. Swarm Intelligence in Cellular Robotic Systems [J]. NATO Advanced Workshop on

Robots and Biological Systems，1993：26-30.
[2] Kennedy J，Eberhart R C. Swarm Intelligence [M]. San Francisco：Morgan Kaufmann，2001.
[3] Ioannou，Christos C. Swarm intelligence in fish The difficulty in demonstrating distributed and self-organised collective intelligence in (some) animal groups [J]. Behavioural Processes，2016，141：141-151.
[4] 余建平，周新民，陈明. 群体智能典型算法研究综述 [J]. 计算机工程与应用，2010，46 (25)：1-4，74.
[5] Parsopoulos K E，Vrahatis M N. Recent approaches to global optimization problems through particle swarm opti- mization [J]. Natural Computing，2002，1 (2)：235-306.
[6] Ouarda Z，Antonio G，Nicolas J，et al. Swarm intelligence-based algorithms within IoT-based systems：A review [J]. Journal of Parallel & Distributed Computing，2018，177：173-187.
[7] Slowik A，Kwasnicka H. Nature inspired methods and their industry applications—swarm intelligence algorithms [J]. IEEE Transactions on Industrial Informatics，2018，14 (3)：1004-1015.
[8] Dorigo M. Optimization，learning and natural algorithms [D]. Ph d Thesis Politecnico di Milano，Italy，1992.
[9] Kennedy J，Eberhart R. Particle swarm optimization [C]. Proceedings of IEEE International Conference on Neural Networks，Perth，27 November-01 December 1995. 1942-1948.
[10] Passino K M. Biomimicry of bacterial foraging for distributed optimization and control [J]. Control Systems Magazine，2002，22 (3)：52-67.
[11] Li X L，Shao Z J，Qian J X . An optimizing method based on autonomous animate：Fish swarm algorithm [J]. Systems Engineering-theory & Practice，2002，22 (11)：32-38.
[12] Li W W，Wang H，Zou Z J，et al. Function optimization method based on bacterial colony chemotaxis [J]. Journal of Circuits and Systems，2005，10 (1)：58-63.
[13] Teodorovic D，DellOrco M. Bee colony optimizationa cooperative learning approach to complex transportation problems [C]. In Proc. 16th MiniEURO Conference and 10th meeting of EWGT，Podgorica，Serbia and Montenegro，2005：51-60.
[14] Chu S C，Tsai P W，Pan J S. Cat Swarm Optimization [C]. International Conference on Artificial Intelligence. Guilin，LNCS，2006，4099：854-858.
[15] Karaboga D，Basturk B. A powerful and efficient algorithm for numerical function optimization：artificial bee colony (ABC) algorithm [J]. Springer Nature Link，2007，39 (3)：459-471.
[16] Yang X S，Deb S. Cuckoo Search via Lévy flights [C]. 2009 World Congress on Nature & Biologically Inspired Computing (NaBIC)，2009：210-214.
[17] Yang X S. Firefly algorithms for multimodal optimization [C]. In Proc International Symposium on Stochastic Algorithms. Sapporo，LNCS，2009：169-178.
[18] Krishnanand K N，Ghose D. Glowworm swarm optimisation：a new method for optimising multi-modal functions [J]. International Journal of Computational I，2009，1 (1)：93-119.
[19] Yang X S. A new metaheuristic bat-inspired algorithm [C]. In Proc. Nature Inspired Cooperative Strategies for Optimization (NICSO). Granada，2010：65-74.
[20] Chen Z H，Tang H Y. Cockroach swarm optimization [C]. In Proc. 2nd International Conference on Computer Engineering and Technology. Chengdu，2010：652-655.
[21] Rajakumar B R. The Lion's Algorithm：A new nature-inspired search algorithm [J]. Procedia Technology，2012，6：126-135.
[22] Tang R，Fong S，Yang X S，et al. Wolf search algorithm with ephemeral memory [C]. In Proc. Seventh International Conference on Digital Information Management (ICDIM). Macau，2012：

165-172.

[23] Xing B, Gao W J. Fruit fly optimization algorithm [C]. In Innovative Computational Intelligence: A Rough Guide to 134 Clever Algorithms, 2013: 167-170.

[24] Cuevas E, Cienfuegos M, Zaldivar D, et al. A swarm optimization algorithm inspired in the behaviour of the social-spider [J]. Expert Systems with Applications, 2013, 40 (16): 6374-6384.

[25] Wu T Q, Yao M, Yang J H. Dolphin swarm algorithm [J]. Frontiers of Information Technology and Electronic Engineering, 2016, 17 (8): 717-729.

[26] Mirjalili S, Lewis A. The whale optimization algorithm [J] Advances in Engineering Software, 2016, 95: 51-67.

[27] 孙嘉泽，王曙燕. 群体智能优化算法及其应用 [M]. 谭营，译. 北京：科学出版社，2017.

[28] Andries P E. 计算智能导论（第2版）[M]. 谭营，译. 北京：清华大学出版社，2009.

[29] 王培崇. 群体智能算法及其应用 [M]. 北京：电子工业出版社，2015.

[30] 程适，王锐，伍国华，等. 群体智能优化算法 [J]. 郑州大学学报（工学版），2018，39（06）：1-2.

[31] 郑巧仙. 求解装配线平衡问题的蚁群算法研究 [D]. 武汉：武汉大学，2013.

[32] 雷秀娟. 群智能优化算法及其应用 [M]. 北京：科学出版社，2012.

# 第4章 邻域搜索方法

在实际应用中，大多数优化问题具有非凸特性，这意味着目标函数可能存在多个局部最优解以及一个全局最优解。这种问题的复杂性要求我们在算法设计中同时兼顾全局搜索能力和局部搜索能力。全局搜索能力是指算法寻找全局最优解的能力，这是找到问题最佳解决方案的关键。同时，局部搜索能力也不可忽视，它使得算法能够快速接近局部最优解，这在应对复杂问题时至关重要。

值得特别关注的是，当处理存在多个局部最优解的优化问题时，搜索算法一旦陷入某个局部极值点，通常就很难跳出，可能导致算法过早收敛。为了克服这一问题，常用的策略包括引入随机性或进行多初始点搜索，以增加算法逃脱局部最优解的机会。因此，在解决非凸优化问题时，必须综合考虑全局与局部搜索能力，确保算法能够找到接近全局最优解的解决方案，同时避免陷入局部最优解。这通常需要不断调整和改进算法，并根据问题的具体特性选择合适的优化方法。

局部搜索算法的结果主要受到初始解选择和搜索规则设计的影响。在相同的初始点下，不同的搜索规则可能会导致完全不同的结果。同样，不同的初始解也会引导算法沿着不同的计算路径，产生不同的最终结果。因此，为了获得高质量的解决方案，局部搜索算法通常采用多个不同的初始点。

适当选择初始点，可以帮助算法更容易找到全局最优解或更接近全局最优解。这可以通过随机选择初始点、借鉴先前的经验知识，或利用问题的特定性质来实现。同时，设计有效的搜索规则也至关重要，因为它们决定了算法在解空间中的移动方式，包括何时接受或拒绝新的解，以及如何调整搜索步长等。

综合考虑初始解和搜索规则，可以帮助局部搜索算法更有效地探索解空间，并提高找到高质量解的机会。因此，在解决实际问题时，通常需要反复尝试和调整，以找到最适合特定问题的初始点和搜索规则组合，从而获得最佳的优化结果。对于组合优化问题，其解空间通常是离散的或部分离散的。由于这种特性，启发式算法在逼近局部最优解时难以像在连续优化问题中那样逐步收敛，准确定位到局部或全局最优解的难度较大。因此，找到一种能够帮助算法快速收敛到局部或全局最优解的邻域搜索方法至关重要，并且通常需要反复调整和优化算法参数，以找到最佳的策略和方法组合[1]。

# 4.1 邻域搜索简介

邻域搜索（neighborhood search，NS）算法的核心目标是从初始解 $x$ 出发，通过遵循一定规则来引导搜索过程，反复探索当前解的邻域，并通过替换来逐步接近最优解。在这个过程中，每个可能的解都被赋予一个适应度值，用来度量解的质量。解的邻域是指在问题特定的情境下，与当前解相关或类似的一组解。

当且仅当对于邻域 $N(x)$ 中的每一个解 $x'$，都满足条件 $f(x) \leqslant f(x')$，解 $x$ 被视为局部最优解，其中，$f$ 表示适应度函数。这表明解 $x$ 在其邻域内具有最佳的适应度值，即它是该局部区域内的最优解。

邻域搜索的基本策略包括从初始解 $x$ 出发，通过在邻域 $N(x)$ 中应用特定的搜索规则来寻找更优的解。如果找到了更优的解，就将其替代当前解 $x$，然后继续在新的解的邻域中搜索。这个迭代过程反复执行，直到无法找到更优的解为止，此时算法收敛到局部最优解[2]。

关键要素包括定义良好的邻域结构和选择合适的搜索规则。邻域结构决定了搜索过程中解的变化范围，而搜索规则则指导了如何在邻域中探索解空间。通过精心设计邻域结构和搜索规则，邻域搜索算法可以有效地在解空间中寻找局部最优解。这一方法在解决复杂组合优化问题时非常有用，因为它可以帮助在离散解空间中找到高质量的解决方案。

## 4.1.1 邻域的概念

在优化领域中，邻域的主要作用是定义如何通过特定操作生成与当前解或解集相关的新解或解集。对于连续优化问题，通常可以将邻域视为以某一点为中心、某个距离为半径的球状区域。一种常用的构建邻域的方法是在当前解的基础上引入一定程度的扰动，例如通过 $x'=x+\eta\xi$，其中，$x'$ 表示新解，$x$ 表示当前解，$\eta$ 是尺度函数，$\xi$ 是满足特定概率分布（如均匀分布、柯西分布、高斯分布等）的随机数。这种方式可以帮助算法在连续解空间中进行局部搜索。

然而，在组合优化问题中，由于解和解空间的特殊性，传统的距离概念不再适用。在这种情况下，邻域的定义与具体问题密切相关，并且可以被视为在给定问题域上，通过一定的转化规则对每个解进行转化所得到的解的集合。组合优化问题的邻域定义需要根据问题的特性和具体需求来制定，以确保邻域搜索算法能够在离散解空间中有效地探索解的候选集[10]。

因此，在组合优化问题中，邻域的一般性定义通常需要根据具体问题进行定制，以确保能够准确地反映问题的特点，并为搜索算法提供合适的方向。这种个性化的邻域定义是解决组合优化问题的关键因素之一。

对于组合优化问题（$S$，$F$，$f$），其中，$S$ 为所有解组成的状态空间，$F$ 为 $S$ 上的可行域，$f$ 为目标函数，邻域可描述为一种映射，即：

$$N: x \in S \rightarrow N(x) \in 2^S \quad \text{且 } x \in N(x) \tag{4-1}$$

式中，$2^S$ 表示 $S$ 所有子集组成的集合；$N(x)$ 称为解 $x$ 的邻域，$x \in N(x)$ 称为 $S$ 的一个邻域或邻域解。显然，邻域的大小与找到局部或全局最优解的可能性密切相关。较大的邻域通常提供了更广阔的搜索空间，因此更有可能找到更高质量的解。然而，与此同时，较大的邻域也意味着需要更多的计算代价和搜索时间。

在实际应用中，邻域结构的定义取决于问题的特点以及解的表示方式。常见的邻域结构包括交换和移动等操作，它们用于描述如何从当前解生成新的邻域解[11]。同一个解可能存在多个不同的邻域结构定义，这些定义可以通过不同方式生成多个邻域解。在搜索过程中，从这些邻域解中选择更优的解，以引导算法向更优解移动。

邻域结构的选择对于解决特定问题非常关键。不同问题可能需要不同类型的邻域结构，以便更好地反映问题的性质和解的表示方式。例如，对于旅行商问题（TSP），常见的邻域结构可以包括交换两个城市的位置或者移动一座城市到不同的位置。对于调度问题，邻域结构可以包括调整任务的顺序或资源的分配方式。

通过定义适当的邻域结构，可以为搜索算法提供一系列可能的解决方案，从而增加了搜索空间。在搜索过程中，算法可以根据问题的目标函数选择最优的邻域解，以引导搜索朝着更优的方向前进。这种灵活性使得邻域搜索算法适用于各种不同类型的组合优化问题，并且可以根据问题的特点进行定制，以提高算法的性能和效率。因此，邻域结构的定义是解决组合优化问题的关键因素之一。

以旅行商问题为例，若解为节点序列形式，即 $S=\{x=(x_1,x_2,\cdots,x_n)\}$，其中，$x_1$，$x_2$，…，$x_n$ 是自然序号 1，2，…，$n$ 的一个全排列，此时邻域结构通常以 $k$ 交换（$k\geqslant 2$）的方式定义，即 $N(x)$ 是由 $x$ 中 $k$ 个元素按一定规则交换得到的。假设 $k=2$，即对解 $S$ 中的两个元素进行交换，则邻域 $N(x)$ 中将包含 $x$ 的 $C_n^2$ 个邻域解。

**【例 4.1】** 考虑有七座城市的旅行商问题，一位旅行商需要经过这七座城市并返回出发地。假设其中一条路线为 $A\to B\to C\to D\to E\to F\to G$，那么两点互换产生的邻域解有 21 个，分别为：

$$B\to A\to C\to D\to E\to F\to G \qquad C\to B\to A\to D\to E\to F\to G$$
$$D\to B\to C\to A\to E\to F\to G \qquad E\to B\to C\to D\to A\to F\to G$$
$$F\to B\to C\to D\to E\to A\to G \qquad G\to B\to C\to D\to E\to F\to A$$
$$A\to C\to B\to D\to E\to F\to G \qquad A\to D\to C\to B\to E\to F\to G$$
$$A\to E\to C\to D\to B\to F\to G \qquad A\to F\to C\to D\to E\to B\to G$$
$$A\to G\to C\to D\to E\to F\to B \qquad A\to B\to D\to C\to E\to F\to G$$
$$A\to B\to E\to D\to C\to F\to G \qquad A\to B\to F\to D\to E\to C\to G$$
$$A\to B\to G\to D\to E\to F\to C \qquad A\to B\to C\to E\to D\to F\to G$$
$$A\to B\to C\to F\to E\to D\to G \qquad A\to B\to C\to G\to E\to F\to D$$
$$A\to B\to C\to D\to F\to E\to G \qquad A\to B\to C\to D\to E\to G\to F$$
$$A\to B\to C\to D\to E\to G\to F$$

### 4.1.2 搜索规则

搜索规则是通过对解 $x$ 应用特定操作，产生新解的过程。这些规则定义了从当前解到邻域解的转换方式，从而构建了邻域的子集。不同的搜索规则会导致不同的邻域子集，从而直接影响整个邻域搜索算法的性能。

以一个 0-1 优化问题的示例来说明，假设初始解为 $x=1110$。如果搜索规则被定义为翻转一个比特位，那么可以获得的邻域子集为 $\{0110，1010，1100，1111\}$。而如果搜索规则定义为翻转连续的两个比特位，那么可获得的邻域子集为 $\{0010，1000，1101\}$。

搜索规则的选择在很大程度上决定了算法的行为。过于简单的搜索规则可能导致算法陷入局部最优解，无法充分地探索解空间。另一方面，过于复杂的搜索规则可能会增加计算代价，降低算法的效率。因此，在设计搜索规则时，需要根据具体问题的特点和解的表示方式进行权衡，选择适合的操作以平衡搜索质量和计算效率。

综合考虑问题的性质和算法的需求，精心设计搜索规则可以帮助提高邻域搜索算法的性能，使其更好地应对复杂的组合优化问题。搜索规则的选择是组合优化问题中的一个关键决策，需要在问题背景下进行谨慎的权衡和优化。

### 4.1.3 邻域搜索算法的基本步骤

在邻域搜索算法中，初始可行解可随机选择，也可依据经验获得。邻域子集 $S$ 可以和 $N(x^{\text{best}})$ 一样大，也可以只有一个元素那么小。例如在 $N(x^{\text{best}})$ 中随机选取一个解。可以看出，$S$ 越小，每一次迭代的计算量较少，相应的搜索范围也小，而 $S$ 越大，计算量增大，相应的搜索范围也越大。因此，具体 $S$ 的确定需要依赖于实际问题。邻域搜索算法的基本步骤如下所示。

**步骤 1**：选定一个初始可行解 $x$；

**步骤 2**：记录当前最优解 $x^{\text{best}}=x$，邻域 $T=N(x^{\text{best}})$；

**步骤 3**：当 $T\{x^{\text{best}}\}\neq\varnothing$ 或停止运算准则未满足时，重复以下步骤；

**步骤 4**：根据搜索规则获得领域子集 $S\subset T$，从 $S$ 中选取最好解 $x'$；

**步骤 5**：如果 $f(x')\leqslant f(x^{\text{best}})$，则 $x^{\text{best}}\leftarrow x'$；

**步骤 6**：重复步骤 2；

**步骤 7**：输出 $x^{\text{best}}$。

## 4.2 典型邻域搜索方法

在邻域搜索领域，存在许多经典的方法用于在解空间中寻找最优解。这些方法通过定义合适的邻域结构和搜索规则，以不同的策略来引导搜索过程，从而达到改善解的质量的目的。本节将介绍几种典型的邻域搜索方法，包括爬山算法、模拟退火算法、禁忌搜索算法和变邻域搜索算法。每种方法都有其独特的思想和特点，适用于不同类型的问题和应用场景。

### 4.2.1 爬山算法

爬山（hill climbing）算法[5,6] 是最简单的邻域搜索算法之一。它以贪婪搜索的方式，在当前解的邻近区域中进行探索，只有在找到比当前解更优的解时才会对当前解进行更新。爬山算法的特点在于它不涉及回溯过程，仅依赖当前状态来推进搜索。这种方法对存储空间的需求相对较低。

可以将爬山算法比喻为一个遭受健忘症的探险家，试图在浓雾笼罩的环境中攀登珠峰。在这个比喻中，该个体无法回忆起曾经到过的地方，只能感知自身当前所处的位置以及周围的环境。在这种状态下，他只能观察到周围的地形，而对远方的情况知之甚少，因此对于更远处可能存在的更高山峰毫无所知。另外，由于遗忘了以往的状态，他在任何时刻只保留着当前的状态信息，旧状态被彻底清除，不再能够回忆起。因此，这种爬山搜索算法极度依赖初始状态，容易受困于局部最优解。

在图 4-1 所示的情景中，假设 $C$ 点为当前解，爬山算法搜索到局部最优解 $A$ 点后便会停止搜索，因为在 A 点，无论朝哪个方向稍作移动，都无法获得更优解。尽管爬山算法操作简单，但容易陷入局部最优解，从而可能无法找到全局最优解。

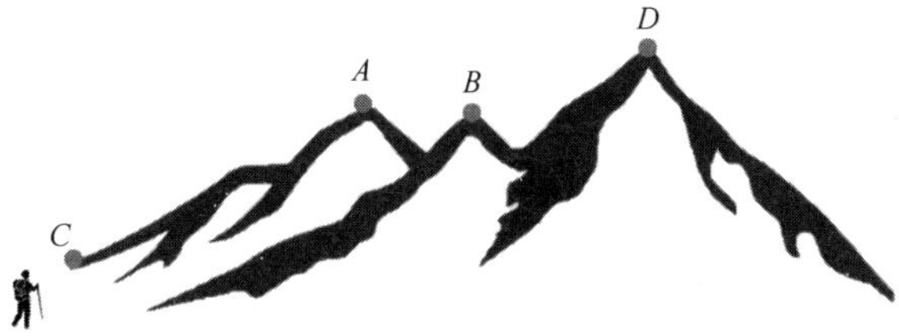


图 4-1 探险家爬山示意图

爬山算法是一种简单而有效的邻域搜索算法，其基本思想是从一个初始解出发，通过不断选择邻域中适应度更高的解，逐步逼近局部最优解。算法的过程可以概括为以下步骤。

**步骤 1：初始化**

选择一个初始解作为当前解，并将其同时视为当前的最优解。

**步骤 2：迭代搜索**

在每次迭代中，进行以下操作。

① 生成当前解的邻域解集：根据问题的特性，产生与当前解相邻的可能解，构成一个解集。

② 选择适应度最优的邻域解：从邻域解集中选取具有最优适应度值的解作为下一个候选解。

③ 判断与更新：如果候选解的适应度值优于当前解，则将当前解更新为候选解。同时，如果候选解的适应度值也优于当前最优解，则将当前最优解更新为候选解。

**步骤 3：终止条件**

如果在邻域中找不到更优的解，即候选解的适应度值不大于当前解的适应度值，则停止搜索，算法结束。

**步骤 4：返回结果**

返回经过迭代过程中保持的最优解，即找到的局部最优解。

爬山算法的伪代码如下所示。

```
function HillClimbing(initial_solution):
    current_solution=initial_solution
    best_solution=current_solution
    repeat:
        neighbors=GenerateNeighbors(current_solution)  // 生成当前解的邻域解集
        next_solution=SelectBestNeighbor(neighbors)  // 选择邻域中适应度最优的解
        if Evaluate(next_solution) > Evaluate(current_solution):
            current_solution=next_solution
            if Evaluate(next_solution) > Evaluate(best_solution):
                best_solution=next_solution
        else
            break  // 如果找不到更优的解,则停止搜索
return best_solution
```

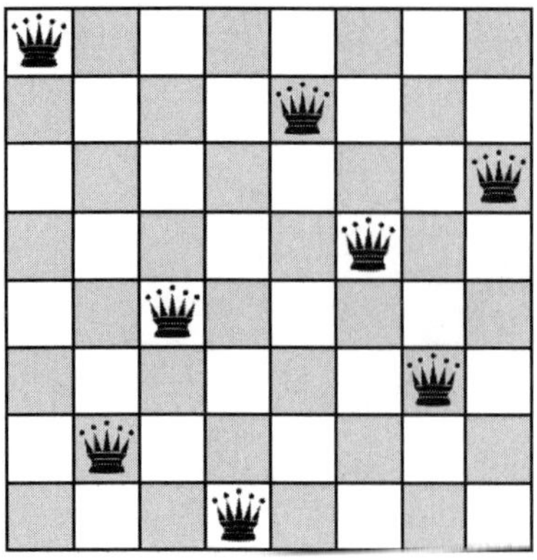

图 4-2　八皇后问题

【例 4.2】　采用爬山算法解决八皇后问题[4]，在 8×8 国际象棋棋盘上摆放 8 个皇后，使得每个皇后都无法在同一行、同一列或同一对角线上互相攻击。这意味着任意两个皇后都不会位于同一行、同一列或同一对角线上。八皇后问题如果用穷举法，需要尝试 $8^8=16777216$ 种情况。八皇后问题示意图如图 4-2 所示。

首先，描述问题的形式，然后引入两个重要的局部变量：当前状态和邻近状态。初始阶段，使用问题的初始状态生成一个初始节点，称为当前状态。从这个起点开始爬山搜索，寻找具有最大评估值的邻近状态。这个评估值是根据问题的规则定义的，用来评估每个状态的优劣。假设采用的评估函数被定义为互相攻击的皇后对的数量。显然，互相攻击的皇后对的数量越多，状态越不理想。因此，这里的准则是互相攻击的皇后对的数量越少越好。例如，对于某个状态，其评估函数值为 17，表示有 17 对互相攻击的皇后，因此该状态的评估函数值即为 17。

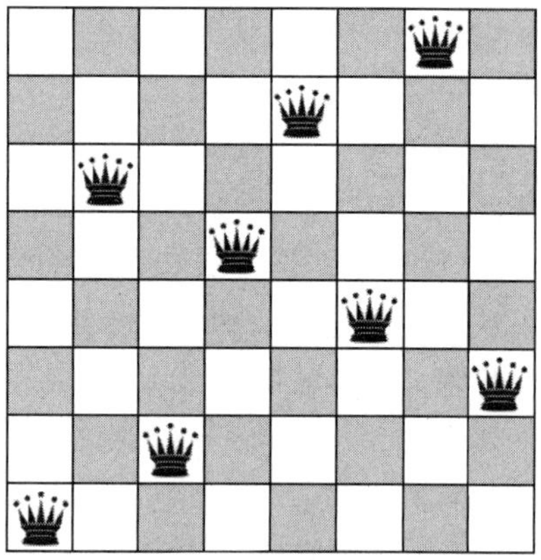

一个局部最值点($h$=1)

图 4-3　爬山搜索-八皇后问题

让我们考虑图 4-3 中提到的一个状态，其评估值为 1，这表示只有一对互相攻击的皇后存在。在这种状态下，我们可以观察到这是一个局部最优解。无论我们如何移动其中一个皇后（请注意，每次只能移动一个皇后），都只能通过对当前状态的单个皇后移动来获取其邻近状态，即后续状态。然而，无论我们对其中哪个皇后进行移动，新状态的评估值都会比当前状态更差，这意味着互相攻击的皇后对数会增加。

因此，如果爬山算法达到这种状态，它会将此状态视为问题的解。但实际上，这个状态只是一个局部最优解，未完全满足问题的要求。换句话说，它与目标要求还有一些差距。这正是爬山算法的一个挑战，容易陷入局部最优解的困境。所以，在实际应用中，爬山算法常常作为其他更复杂优化算法的基础组件，或者与其他搜索策略结合使用，以克服其局限性，实现更全面的搜索。这种组合和增强的方法有助于提高解决复杂问题的能力，并更接近全局最优解。

随机重启爬山算法不同于爬山算法，它的思想是通过随机生成初始状态来导引爬山法搜索，旨在寻找更多可能的解空间，以期望找到更好的解。随机重启爬山算法的步骤如下。

**步骤 1：初始化参数**

设置重启次数（也称为迭代次数）和每次重启中的最大爬山步数。

**步骤 2：重启循环**

开始循环重启过程。在每次重启中，都会重新生成一个随机的初始状态，适用于给定问题。

**步骤 3：爬山搜索**

从当前的初始状态出发，运用爬山算法进行搜索。在每次迭代中，根据定义的评估函数，找到具有更小评估值的邻近状态，并移动到该状态。重复这一步骤一定次数，或者直到达到局部最优解。

**步骤 4：判断结果**

判断当前重启的爬山算法是否找到了一个局部最优解。如果找到了，说明该初始状态可能是一个局部最优解。进入下一步。

**步骤 5：比较解**

在一次重启中，记录达到的局部最优解的评估值。在多次重启后，比较各个局部最优解的评估值，选择其中评估值最小的解作为最终的解。如果在重启过程中找到了评估值为 0 的解，即全局最优解，那么可以立即终止算法。

**步骤 6：重启结束**

完成所有预定的重启次数后，算法结束。如果没有找到全局最优解，返回评估值最低的局部最优解作为近似解。

随机重启爬山算法通过多次重启，每次从不同的初始状态开始搜索，试图从不同的角度探索解空间，从而提高找到全局最优解的机会。然而，也需要注意，随机重启并不保证一定能够找到全局最优解，特别是在解空间非常复杂的问题中。对于八皇后问题，在步骤 2 重启循环时初始状态可以是随机排列的皇后位置，满足不同行和列的要求。爬山算法与随机重启爬山算法求解八皇后问题如表 4-1 所示。可以看到爬山法的成功率并不高，而随机重启爬山算法在一定程度上随着重启次数的增加，成功率最后达到 100%。

表 4-1 爬山算法与随机重启爬山算法求解八皇后问题结果

| 算法 | 参数 | | 成功个数 | 失败个数 | 成功率/% | 成功平均步数 | 总消耗时间/s |
|---|---|---|---|---|---|---|---|
| 爬山算法 | | | 142 | 858 | 14.2 | 4.01 | 6.32 |
| 随机重启爬山算法 | 随机重启次数上限 | 5 | 601 | 399 | 60.1 | 10.53 | 107.45 |
| | | 10 | 802 | 198 | 80.2 | 17.48 | 211.52 |
| | | 20 | 965 | 35 | 96.5 | 23.55 | 382.21 |
| | | 50 | 1000 | 0 | 100 | 28.82 | 584.57 |

### 4.2.2 模拟退火算法

模拟退火算法（simulated annealing，SA）是一种基于 Monte-Carlo 迭代求解策略的随机寻优算法，其灵感源自固体物质退火过程。这一过程受到固体在不同温度下微观结构变化的启发。模拟退火算法最早由 N. Metropolis 等人于 1953 年提出[3]，而在 1983 年，S. Kirkpatrick 等人成功将其引入到组合优化问题领域，引发了广泛的关注与应用。

固体的退火过程可以分为三个阶段：加温过程、等温过程和冷却过程，固体退火示意图如图 4-4 所示。在加温过程中，固体处于较高温度下，粒子的热运动增加，使粒子偏离平衡位置。在等温过程中，固体与环境交换热量，微观结构开始自发地变化，朝着能量降低、自由能减少的方向发展。最后，在冷却过程中，温度逐渐降低，粒子热运动减缓，内部能量降低，微观结构逐渐重新有序排列。

模拟退火算法应用了这一固体退火过程的思想，通过逐渐减小“温度”，在全局和局部之间搜索更优解。算法的核心在于接受较差解的概率随温度降低而减小，这使得在早期有机

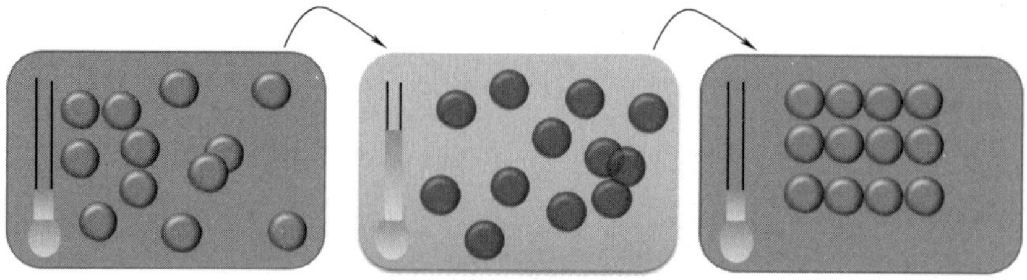

图 4-4　固体退火过程示意图

会接受差解以避免陷入局部最优。随着温度降低，算法逐渐趋向于接受仅比当前解更优的解，最终收敛于全局最优解。

对比爬山算法，模拟退火算法也有一个有趣的比喻：有一个探险家在攀登，但他的策略与遗忘症的爬山者有所不同。在攀登过程中，他不小心摔倒并晕倒了一段时间。在这段“晕眩期”内，他会随机地踉跄移动，可能向上爬升，也可能跌入平地。然而，随着时间的推移，他逐渐清醒过来，开始回想起他曾经的最高点在哪里。一旦清醒过来，他就会朝着记得的最高点的方向移动，以寻找更高的位置。这个探险家的策略就像模拟退火算法，它允许在搜索过程中以一定的概率接受劣解，从而有可能跳出局部最优解，向全局最优解移动。

固体退火过程与模拟退火算法在优化问题中的对应关系如表 4-2 所示。在模拟退火算法中，粒子的状态在某一温度 $T$ 下具有一定的随机性，而状态之间的转换是根据 Metropolis 准则进行的。

表 4-2　固体退火过程与模拟退火算法在优化问题中的对应关系

| 固体退火过程 | 模拟退火算法 |
| --- | --- |
| 物体内部的状态 | 问题的解空间 |
| 状态的能量 | 适应度函数值 |
| 温度 | 控制参数 |
| 熔解过程 | 设定初始温度 |
| 退火冷却过程 | 控制参数的修改 |
| 状态的转移 | 解在邻域中的变化 |
| 能量最低状态 | 最优解 |

Metropolis 准则是一种基于概率的思想，用于判断是否接受新生成的解，即是否移动到相邻的状态。具体而言，如果新解的评估函数值（也称为目标函数值）比当前解的评估函数值更优，那么新解会被直接接受。然而，如果新解的评估函数值较差，就会根据一定的概率决定是否接受它。这个概率取决于两个因素：温度和新旧解之间的差异。

$$P=\begin{cases}1, & E_{t+1}<E_t\\ e^{\frac{-(E_{t+1}-E_t)}{KT}}, & E_{t+1}\geqslant E_t\end{cases} \tag{4-2}$$

如式（4-2）所示，假设当前时刻搜索的解为 $x_t$，对应的系统能量（目标函数）为 $E_t$，对搜索点施加随机扰动，产生新解 $x_{t+1}$。相应地，系统能量为 $E_{t+1}$，那么系统对搜索点从 $x_t$ 到 $x_{t+1}$ 转变的接受概率就为式（4-2），具体以图 4-5 所示。

当温度 $T$ 较高时，概率 $P$ 会相对较高，这在搜索的早期阶段可以接受较差的解，增加了算法的随机性，有助于跳出局部最优解，从而更有可能找到全局最优解。随着温度 $T$ 逐渐降低，概率 $P$ 也会减小，这使得算法逐渐倾向于接受更优的解，从而使搜索逐渐朝着全局最优解收敛。

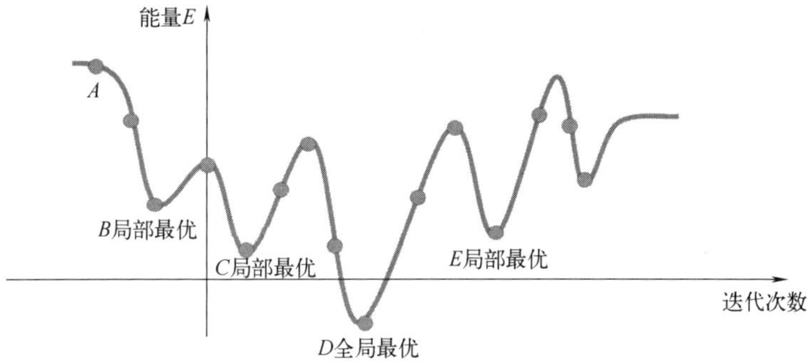


图 4-5 Metropolis 准则示意图

Metropolis 准则的核心思想是通过随机性来平衡搜索过程中的探索与利用，以克服陷入局部最优解的问题，并逐步接近全局最优解。这种温度逐渐下降的策略允许算法在搜索空间中进行探索，并随着时间的推移，逐渐聚焦于更有利于获得全局最优解的区域。这种动态的权衡探索与利用是模拟退火算法成功的关键之一，使其能够在解决各种优化问题时表现出色。

假设初始状态为 $A$。随着迭代次数的增加，逐步更新状态，达到局部最优解 $B$。在这个过程中，如果注意到状态更新到 $B$ 时，其对应的能量较之前状态 $A$ 更低，那么这表明正接近一个可能的最优解。因此，立即接受这个状态转移，将状态更新为 $B$。然后，当状态转移到 $B$ 后，可能会在后续步骤中注意到能量出现上升的情况。在传统的梯度下降中，一旦能量上升，将停止前进。然而，在模拟退火算法中，允许一定的随机性。这里，即使能量上升，仍有一定的概率跳出当前状态。这个概率与当前状态的能量、温度等因素有关。如果能量差较大，且温度较高，跳出概率会相对较高。在这个过程中，如果状态 $B$ 最终跳出并到达状态 $C$，同样会考虑是否以一定的概率继续跳出。这个过程将持续，直到算法最终达到状态 $D$，此时算法将趋于稳定。总结而言，模拟退火算法通过在状态转移过程中引入随机性，克服了传统梯度下降法容易陷入局部最优解的问题。这种方法使得算法能够更全面地搜索解空间，从而在接近全局最优解的同时维持一定的探索性。

模拟退火算法的基本框架如图 4-6 所示，伪代码如下所示。

```
function SimulatedAnnealing(initial_solution,initial_temperature,cooling_rate,stopping_condition):
    current_solution=initial_solution
    best_solution=current_solution
    temperature=initial_temperature
    repeat until stopping_condition is met:
        neighbor_solution=GenerateNeighbor(current_solution)  // 生成当前解的邻域解
        delta=Evaluate(neighbor_solution) - Evaluate(current_solution)  // 计算适应度差异
        if delta > 0 or Random(0,1) < exp(delta / temperature):
            current_solution=neighbor_solution
            if Evaluate(neighbor_solution) > Evaluate(best_solution):
                best_solution=neighbor_solution
        temperature=temperature * cooling_rate  // 降温
    return best_solution
```

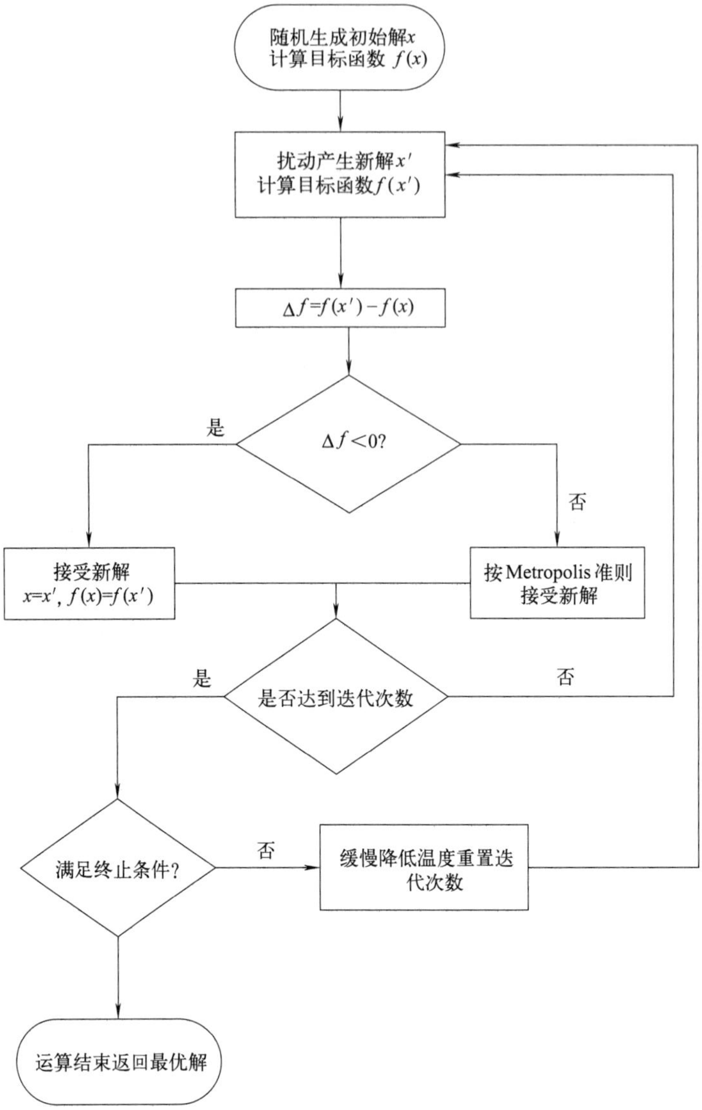

图 4-6　模拟退火算法的基本框架

图 4-6 展示了模拟退火算法的基本框架，然而在解决具体问题时，必须进行具体的定制化设计。从流程图中可以看到，模拟退火算法包含两层循环结构。内层循环模拟了在给定温度下系统达到热平衡的过程。在这个内循环中，每一步从当前解的邻域中随机选择一个新解，并根据 Metropolis 准则的概率来接受或拒绝新解。算法中的 Random(0,1) 表示在区间 [0,1] 上按照均匀分布产生一个随机数。需要注意的是，所谓的内层达到热平衡并不是严格的物理过程，而可以被定义为一定的迭代次数，或者基于接受率的平衡等。同时，外层循环是一个温度下降的过程。在达到当前温度下的平衡后，开始外层的降温，然后在新的温度下重新开始内循环。降温策略可以根据具体问题进行设计，而流程图中的初始温度 $t_0$ 也需要由算法使用者根据具体问题进行确定。

从图 4-6 的流程图和伪代码可以明显观察到，模拟退火算法在解决最优化问题时需要考虑以下关键要素。

① 初始温度：初始温度 $t_0$ 的选择对模拟退火算法的性能至关重要。高初始温度可以增加探索性，但也可能延长计算时间。合理选择初始温度需要在质量和效率之间取得平衡。常见的方法包括使用随机抽样的状态集合来计算初始温度，或者根据状态间目标值的差异来确定初始温度，除此之外还可以根据经验公式设定初始温度。

② 邻域函数：邻域函数用于生成候选解，其构成包括候选解产生方法和候选解的概率分布。候选解的产生可以使用概率密度函数对解空间进行随机采样，而概率分布可以是均匀分布、正态分布、指数分布等。

③ 接受概率：接受概率是状态从 $X$ 转移到 $X'$ 的转移概率，与当前温度参数 $t$ 有关。随着温度降低，接受概率逐渐减小。Metropolis 准则通常用于确定接受概率。

④ 冷却控制：冷却控制涉及从高温度向低温度过渡的策略。传统的方法是线性降温，其中，$tk+1=\alpha tk$，$0<\alpha<1$。快速模拟退火算法采用 $tk+1=\alpha tk^{\beta}$，其中，$\beta>1$。这些方式都有助于模拟退火算法收敛到全局最优解。

⑤ 内层平衡：内层平衡，也称为 Metropolis 抽样稳定准则，用于确定每个温度下生成候选解的数量。这一步骤平衡了探索和利用之间的关系，可以通过检验目标函数均值是否稳定、连续几步的目标值变化是否小等来实现。

⑥ 终止条件：确定何时终止模拟退火算法是关键。常见的终止条件包括温度降到阈值以下、达到外层循环的迭代次数、最优值连续多次保持不变、系统状态稳定等。

这些要素相互作用，共同影响着模拟退火算法的性能和收敛性。在实际应用中，根据问题的特点和要求，调整这些要素的设置以获得最佳的求解效果。

**【例 4.3】** 考虑一个经典的 0-1 背包问题，有 5 件不同重量和价格的物品，如表 4-3 所示。我们的目标是在背包限重为 8kg 的情况下，选择适当的物品，使得背包中物品的总价格最高。

表 4-3 背包描述

| 物品编号 | 1 | 2 | 3 | 4 | 5 |
|---|---|---|---|---|---|
| 重量/kg | 2 | 3 | 5 | 1 | 4 |
| 价格/元 | 2 | 5 | 8 | 3 | 6 |

**步骤 1：初始化**

开始时假设初始解为 $i=(11001)$，表示选择了物品 1、2 和 5，总重量为 $2+3+4=9$，总价格为 $2+5+6=13$ 元。初始化温度为 $T=10$。

**步骤 2：局部搜索直至“平衡”**

在当前温度 $T$ 下，进行局部搜索，直到达到平衡条件，即内层循环的执行次数达到预定的值（这里假设为 3 次）。在每次内层循环中：

产生当前解 $i$ 的一个邻域解 $j$，我们可以随机改变某一位的 0/1 值，或者交换某两位的 0/1 值，从而得到 $j$。确保 $j$ 表示的选择方案在背包限重内。计算 $f(j)$，即选择了 $j$ 表示的物品后的总价格。例如，当 $j=(10101)$ 时，总重量为 $2+5+4=11$kg，总价格为 $2+8+6=16$ 元。

如果 $f(j)>f(i)$，则接受新解 $j$，更新当前解 $i$ 为 $j$，即令 $i=j$。因为需要寻求最大值，所以适应值越大越优。重复上述步骤，直到执行了 3 次内层循环，达到当前温度下的

“平衡”状态。

**步骤 3：降温**

在内层循环结束后，我们降低温度为 $T=9$。如果终止条件未满足，则回到步骤 2，继续局部搜索。在后续搜索中，假设从当前解 $i=(10110)$ 得到一个新解 $j=(00111)$，函数值为 $f(j)=8+3+6=17$，发现这是一个全局最优解。这凸显了在之前的过程中接受劣解是有益的，因为它可以帮助算法跳出局部最优解，最终找到更好的解决方案。

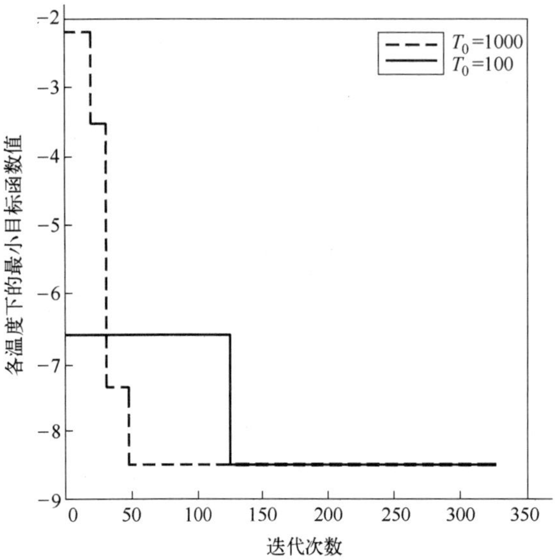

图 4-7 初始温度 $T_0$ 的影响

再来看一下初始温度 $T_0$ 对结果的影响，如图 4-7 所示。

由图 4-7 可以看到，初始温度 100 和初始温度 1000 的两个模拟退火算法都能搜索到全局最优值，初始温度 1000 的搜索到全局最小的速度稍快一点。

**【例 4.4】** 模拟退火算法求解 TSP 问题。旅行商问题是一个著名的组合优化问题，目标是找到一条最短路径，使得一个旅行商从一个城市出发，途经每个城市恰好一次，最后回到出发城市，同时要求路径的总长度最小。在本例中，我们以 31 个城市的 TSP 问题为例，给定每两个城市之间的距离，要求找到遍历这些城市的最短路径，每个城市的信息如表 4-4 所示。

表 4-4 城市信息

| 城市编号 | 1 | 2 | 3 | 4 | 5 | 6 | 7 | 8 |
|---|---|---|---|---|---|---|---|---|
| X 坐标 | 1.304 | 3.639 | 4.177 | 3.712 | 3.488 | 3.326 | 3.238 | 4.196 |
| Y 坐标 | 2.312 | 1.315 | 2.244 | 1.399 | 1.535 | 1.556 | 1.229 | 1.044 |
| 城市编号 | 9 | 10 | 11 | 12 | 13 | 14 | 15 | 16 |
| X 坐标 | 4.312 | 4.386 | 3.007 | 2.562 | 2.788 | 2.381 | 1.332 | 3.715 |
| Y 坐标 | 0.790 | 0.570 | 1.970 | 1.756 | 1.491 | 1.676 | 0.695 | 1.678 |
| 城市编号 | 17 | 18 | 19 | 20 | 21 | 22 | 23 | 24 |
| X 坐标 | 3.918 | 4.061 | 3.780 | 3.676 | 4.029 | 4.263 | 3.429 | 3.507 |
| Y 坐标 | 2.179 | 2.370 | 2.212 | 2.578 | 2.838 | 2.931 | 1.908 | 2.376 |
| 城市编号 | 25 | 26 | 27 | 28 | 29 | 30 | 31 | |
| X 坐标 | 3.394 | 3.439 | 2.935 | 3.140 | 2.545 | 2.778 | 2.370 | |
| Y 坐标 | 2.643 | 3.201 | 3.240 | 3.550 | 2.357 | 2.826 | 2.975 | |

**步骤 1：问题描述和初始化**

TSP 的解空间 $S$ 是遍历每个城市恰好一次的所有回路（回到起点），那么一个可行解即

为所有城市的一个排列，则解空间可以表示为

$$S=\{(x_1,x_2,\cdots,x_N)\},x_i(i=1,2,\cdots,N) \tag{4-3}$$

即为每个城市的编号，其中的每一个排列 $S_i$ 即为一个路线，所以初始解就被表示为一个（1，2，…，$N$）的随机序列。

**步骤 2：定义能量函数（目标函数）**

目标函数：遍历所有城市的代价最小，可将代价刻画为总路径最小的目标函数，即经过每两个相邻城市的距离之和，再加上回到起始城市的距离。

$$C(x_1,\cdots,x_N)=\min\left[\sum_{i=1}^{n-1}d(x_i,x_{i+1})+d(x_1,x_n)\right] \tag{4-4}$$

这个值越小，路径越短，解越优。

**步骤 3：参数设置**

设置初始温度 $T$、结束温度 $T\_end$，以及降温率 $alpha$。初始温度通常设置得较高，而结束温度较低，降温率用于控制温度下降的速率。

**步骤 4：模拟退火过程**

在当前温度 $T$ 下进行迭代，直到温度降至结束温度 $T\_end$。

生成当前解的邻域解：可采用的邻域结构有以下几种。

① 交换结构。假如有 6 个城市，当前解为 123456，我们随机选择两个位置，然后将这两个位置上的元素进行交换。比如，交换 2 和 5 两个位置上的元素，则交换后的解为 153426。

② 逆转结构。假如有 6 个城市，当前解为 123456，我们随机选择两个位置，然后将这两个位置之间的元素进行逆序排列。比如，逆转 2 和 5 之间的所有元素，则逆转后的解为 154326。

③ 插入结构。假如有 6 个城市，当前解为 123456，我们随机选择两个位置，然后将第一个位置上的元素插入到第二个元素后面。比如，第一个选择 2 这个位置，第二个选择 5 这个位置，则插入后的解为 134526。在搜索过程中，我们将以上三种邻域结构赋予不同的权重，然后采用轮盘赌的方式选择究竟使用哪个邻域结构。

计算邻域解的能量变化：计算新路径的总距离与当前路径的总距离之差。

根据 Metropolis 准则决定是否接受邻域解：如果新路径更优（距离更短），则接受邻域解。如果新路径不如当前路径优，以一定概率接受邻域解，概率随温度下降而减小。

结束当前温度的迭代后，降低温度：$T=T\times alpha$，其中，$alpha$ 为降温率。

**步骤 5：终止条件**

重复步骤 4 直到温度降至结束温度 $T\_end$ 或满足终止条件（例如达到一定的迭代次数）。

**步骤 6：返回结果**

图 4-8 为模拟退火算法求解 TSP 流程图，详细描述了求解过程。

图 4-9 为经过模拟退火过程后所得的最优路径作为 TSP 问题的解。最优解为 1→29→31→30→27→28→26→25→24→20→21→22→18→3→17→19→16>4→2→8→9→10→7→6>5→23→11→13→12→14→15→1，总距离为 15.3702。

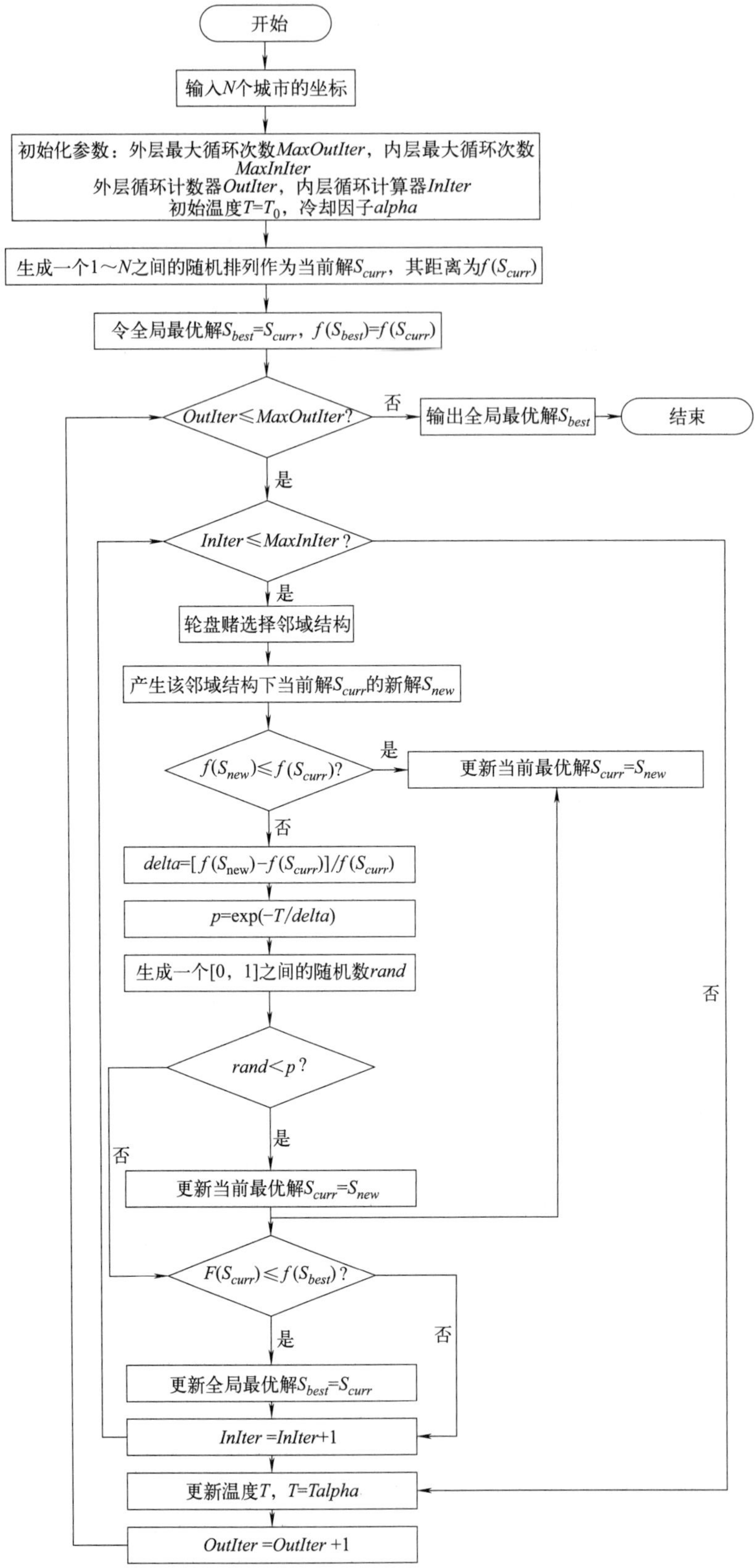


图 4-8 模拟退火算法求解 TSP 流程

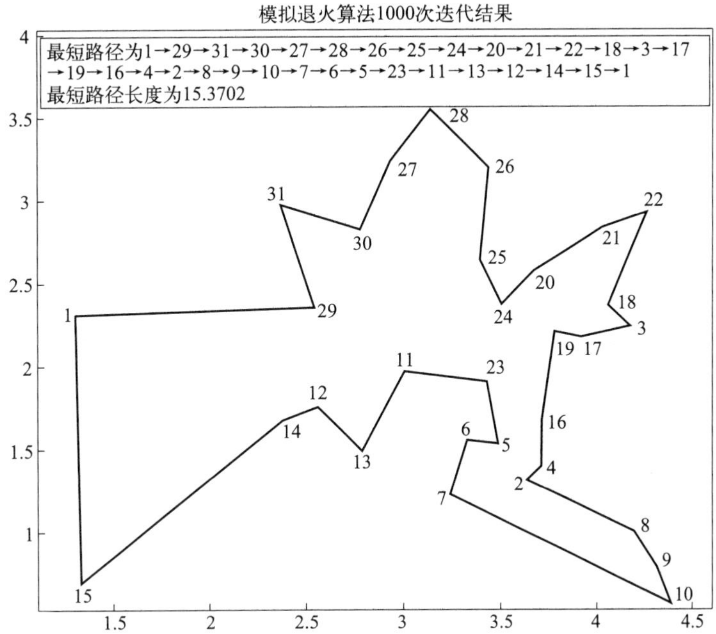


图 4-9 模拟退火算法求解 31 个城市的 TSP 问题的解

尽管模拟退火算法已经很优秀，但也存在一些缺点，将从以下两点进行说明。

① 马尔可夫链长度的设置问题。马尔可夫链长度就是在每个温度下允许的搜索步数或状态转移次数，它决定了系统在当前温度下探索的充分程度。从理论上来说，初始温度越高，且马尔可夫链越长，算法搜索越充分，得到全局最优解的可能性越大，但这也意味着需要耗费更多的计算时间。接下来通过实验来验证这个结论。

从图 4-10 可以看出，随着迭代次数的增加，马尔可夫链长度 1000 的模拟退火算法在迭代 100 多次之后搜索到了全局最小值，而马尔可夫链长度 100 的模拟退火算法则无法搜索到全局最小，困在局部最小无法跳出。这说明，马尔可夫链长度越长，模拟退火算法搜索越充分，更容易搜索到全局最优解，但相应的搜索时间也会更长。因此，在实际应用中需要权衡搜索质量和计算时间，选择适当的链长度以满足问题的需求。

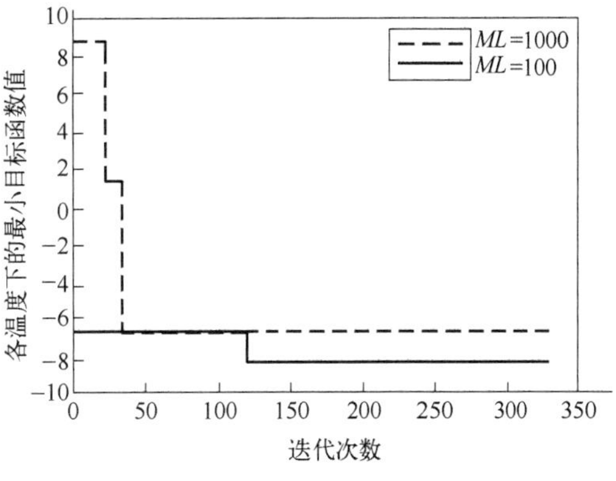


图 4-10 马尔可夫链长度问题

② 退火速度问题。如图 4-11 所示，温度衰减系数 $a$ 越小，温度下降越快，对应的迭代次数也就越少，算法搜索的次数也就越少，因此导致了图 4-11 中温度衰减系数 0.9 的模拟退火算法没有搜索到最优解。另外，越到后期，温度衰减得越慢，但是我们可以将温度衰减系数设置为动态的，即随着温度下降，温度衰减系数也随之变小，以加快后期温度下降，加速算法收敛。

总结而言，关键参数是马尔可夫链长度和温度衰减系数，马尔可夫链越长，且温度衰减系数越接近于 1，模拟退火算法搜索越充分，越有可能找到全局最优解，但相应地也会增加算法搜索时间。当解空间的维度较高时，模拟退火算法要想搜索到全局最优解需要耗费大量

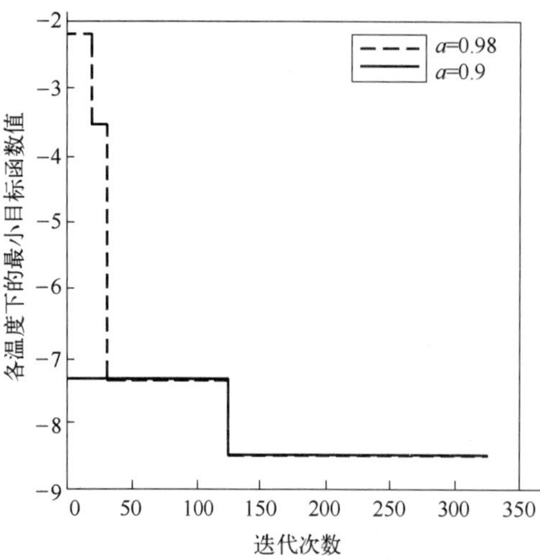


图 4-11　温度衰减系数问题

时间，这是模拟退火算法的一个主要缺点。

### 4.2.3　禁忌搜索算法

禁忌搜索 TS（tabu search）算法是由美国科罗拉多州立大学的 Fred Glover 教授在 1986 年左右提出来的，是一个用来跳出局部最优的搜寻方法。禁忌搜索[4] 是一种亚启发式随机搜索算法，它从一个初始可行解出发，选择一系列的特定搜索方向（移动）作为试探，选择实现让特定的目标函数值变化最多的移动[7]。为了避免陷入局部最优解，TS 中采用了一种灵活的“记忆”技术，对已经进行的优化过程进行记录和选择，指导下一步的搜索方向。

对比前两个算法，禁忌搜索算法也有一个有趣的比喻：某位探险家有一本禁忌清单，上面列有一些他不应该走的路线。每当他走过一个路线，就会在禁忌清单上留下痕迹，以避免再次选择同样的路线。这位探险家虽然可能会错过一些看似不错的路径，但他能够更好地避免陷入局部最优解。他会更有耐心地尝试多条路线，寻找那些在禁忌清单上没有标记的路径，以便在整个山脉中寻找全局最优解。

这个比喻非常生动地说明了禁忌搜索算法如何通过记忆和禁忌策略来避免陷入局部最优解，并以更有耐心的方式探索解空间，以找到全局最优解。

同时，TS 是人工智能的一种体现，是局部领域搜索的一种扩展。禁忌搜索是在领域搜索的基础上，通过设置禁忌表来禁忌一些已经历的操作，并利用藐视准则来奖励一些优良状态，其中涉及禁忌表、禁忌对象、禁忌期限、藐视准则等影响禁忌搜索算法性能的关键因素。下面先对这些概念进行说明。

**（1）评价函数（evaluation function）**

评价函数是用来评价邻域中的邻居，判断其优劣的衡量指标。大多数情况下，评价函数为目标函数。但自定义的形式也可存在，算法也可使用多个评价函数，以提高解的分散性（区分度）。

**（2）邻域移动（move operator）**

邻域移动是进行解转移的关键，又称“算子”，影响整个算法的搜索速度。邻域移动需要根据不同的问题特点来自定义，而整个邻近解空间是由当前解通过定义的移动操作构筑的所有邻域解构成的集合。

**（3）禁忌表（tabu list）**

禁忌表是禁忌搜索算法中的重要数据结构，通常由列表或队列组成，用于存储已经访问过的解，以避免算法重复探索相同的解。禁忌表有容量限制，过小可能忽略有用的解，过大会占用过多内存。每次移动或生成新解时，会将其加入禁忌表，成为“禁忌解”，在一定时限内不再考虑移动到这些解。

**（4）禁忌对象（tabu object，TO）**

是禁忌搜索算法中用于标记禁忌表中特定元素或操作的抽象概念。禁忌对象在算法执行过程中扮演重要角色，用于指示一定时间内禁止执行与之相关的操作，以避免陷入局部最优解，促进更全面的解空间探索。禁忌对象的选择取决于问题的性质和算法的设计，通常与解的构成、变换操作、状态转移等有关。

禁忌对象的选取方法多样，主要有以下三种方式。

① 直接将状态本身或状态变化的过程作为禁忌对象。例如，当状态从 $x$ 变化为 $y$ 时，可以将状态 $y$ 或状态变化 $x \rightarrow y$ 视为禁忌对象。这种方法简单直接，易于理解，将状态分量的变化视为禁忌对象。

② 通过将状态的分量变化作为禁忌对象，可以扩大禁忌的范围，减少计算量，更好地平衡搜索和利用。

③ 将适应值的不同形式作为禁忌对象，特别适用于函数优化问题。通过将具有相同适应值的状态看作同一状态（类似于等高线的原理），减少搜索空间。

在实际问题中，选择适当的禁忌对象对算法的性能至关重要。简单的禁忌对象选择会导致较小的禁忌范围，降低算法的全局搜索能力，而过于复杂的选择则可能导致禁忌范围过大，限制算法的效率。因此，根据问题特性选择合适的禁忌对象策略，是禁忌搜索算法的关键之一。在旅行商问题中，可以选择交换的城市对或总路径长度作为禁忌对象，以便更好地平衡搜索与利用。

**（5）禁忌长度（tabu length，TL）**

禁忌长度也叫禁忌期限，用于确定禁忌对象在禁忌表中保持的时间长度。禁忌期限决定了禁忌对象在禁忌表中停留的代数或迭代次数。禁忌期限过短，容易出现循环，跳不出局部最优，长度过长会造成计算时间过长。应用较广的禁忌长度设计方法包括以下几种策略。

① 固定常数设定：直接将禁忌长度设定为一个确定的常数或与问题规模相关的常数量，如 $t=4$ 或 $t=\sqrt{n}$，其中 $n$ 代表问题的规模或维数。这种方法简单易行，容易理解，且实施起来较为方便。

② 动态变化设定：禁忌长度也可以根据算法的搜索性能和问题的特性设置成一个动态变化的量。例如，可以将禁忌长度设置为一个动态的范围，如 $t \in [t_{\min}, t_{\max}]$，其中 $t_{\min}$ 和 $t_{\max}$ 是确定的边界值。该范围的大小可以根据算法搜索性能和问题特性进行调整，以在不同阶段获得更好的平衡。

当前并不存在一种适用于所有问题的通用禁忌长度选取方法。大量研究表明，采用动态方式设置禁忌长度能够提升算法的搜索性能和鲁棒性。因此，在选择禁忌长度时，应该根据所要解决的问题的特性、对算法性能的要求以及具体的问题实例来灵活设定禁忌长度。

**（6）藐视准则（aspiration criteria，AC）**

藐视准则，也被称为渴望准则或特赦规则，用于在一定条件下允许选择一个被禁忌的解作为当前的移动。当禁忌表中的所有对象都已被禁忌时，可以考虑允许禁忌表中性能最好的对象解禁，或者当解禁某个对象会显著改进目标值时，也可以应用特赦规则。藐视准则的引入旨在解决禁忌搜索算法可能因为禁忌表的限制而错过有利解的情况。这种策略可以在一定程度上提高算法的灵活性，确保不会因为严格的禁忌规则而错失潜在的最佳解。藐视准则的设计通常用有以下几种方法：

① 基于适应值准则：在搜索过程中，如果存在一个禁忌候选解 $X_{\text{now}}$，其适应值优于当前最优解 $X_{\text{best}}$，即 $f(X_{\text{now}})<f(X_{\text{best}})$，则忽略其禁忌属性，直接将其作为新的当前解和当前最优解。这种准则需要将搜索空间划分为不同区域，在每个区域内进行搜索。如果某个

区域内的候选解优于当前区域内的最优解，算法会更新当前区域内的最优解。这类似于算法找到了一个更优的解。

② 基于搜索方向准则：如果存在一个禁忌候选解能够使搜索朝着更优的方向前进，即下次搜索的适应值有所改善，那么应该解除对该候选解的禁忌。这种准则表示搜索方向正在改善。

③ 基于最小错误准则：如果没有满足前两个藐视准则的候选解，直接将候选解集中适应值最优的候选解作为当前最优解，继续搜索。这种准则能够使算法更有可能朝着更优的方向前进。

④ 基于影响力准则：适应值的变化可能受到其他参数变化的影响，但不同参数的影响程度各不相同。基于影响力的藐视准则利用不同参数的影响程度，解除对具有较大影响的候选解的禁忌。

这些藐视准则的设计方法能够增强禁忌搜索算法的性能，使其能够更好地在解空间中探索和优化。选择合适的藐视准则取决于问题的特性和算法的需求。不同的准则在不同情况下可以用于平衡探索与利用的权衡，以帮助算法有效地搜索最优解。

**（7）停止规则（stop criterion）**

停止规则在禁忌搜索算法中起着决定算法何时终止运行的重要作用。停止规则的设计需要平衡算法的优化性能和运行时间，以确保算法能够在合适的时间内达到满意的结果。常见的停止规则设计方法包括以下内容。

① 设定最大迭代次数：这是一种常见的停止规则，它指定了算法执行的最大迭代次数。一旦算法达到或超过这个迭代次数，就会终止。这种方法非常简单，但不能保证找到最优解，因为算法可能在达到最大迭代次数之前终止。通常在问题时间和计算资源有限的情况下使用。

② 设定禁忌频率阈值：这个规则关注的是状态或适应值的频率。如果某个状态或适应值出现的频率超过设定的阈值，算法可能会认为无法继续提高，从而终止。这种方法可以用于早期发现算法不再有效的情况，但需要选择合适的频率阈值。

③ 适应值偏离程度原则：这个规则涉及比较当前最优解的适应值与问题的最差可能解的适应值之间的差异。如果这个差异小于某个设定的幅度，算法可能认为无法进一步改进，从而终止。这种方法适用于那些能够估算最差解的问题。

选择适当的停止规则取决于问题的性质、算法的性能需求以及时间和计算资源的限制。通常，需要在实际应用中根据问题的特点和算法的表现来调整停止规则，以达到在合理的时间内获得满意的解的目标。同时，还可以结合其他启发式方法来更好地控制算法的运行。禁忌搜索的基本步骤如下所述。

**步骤 1：设定参数和初始解**

首先需要设定算法所需的参数，例如禁忌表大小、迭代次数限制等。然后生成一个随机的初始解 $x_0$，并将其同时设置为当前解 $X_{\text{now}}$ 和当前最优解 $X_{\text{best}}$。禁忌表初始化为空。

**步骤 2：判断终止条件**

在每次迭代之前，检查是否满足设定的终止准则。如果满足终止条件，算法结束并输出结果，否则继续执行下一步。

**步骤 3：生成邻域解集**

根据问题的邻域结构设计，生成当前解 $X_{\text{now}}$ 的邻域解集 $N(X_{\text{now}})$。从这个邻域解集中根据一定的规则选取若干个解构成候选解集 $C\_N(x^{now})$。

**步骤 4：判断藐视准则**

对于候选解集 $C\_N(x^{now})$ 中的每个候选解，检查是否满足藐视准则。如果存在一个候选解 $x^*$ 满足藐视准则，那么将 $x^*$ 替代当前解 $X_{now}$ 和当前最优解 $X_{best}$，即 $X_{now}=X^*$，$X_{best}=X^*$。然后更新禁忌表中各禁忌对象的任期，并将与 $x^*$ 相关的禁忌对象的任期设为最大。接着返回步骤 2 继续执行算法。

**步骤 5：判断禁忌属性**

如果候选解集中没有满足藐视准则的解，那么对于候选解集中的每个元素，检查其在禁忌表中的禁忌属性。选择其中没有被禁忌的最优候选解 $x\nu$，将当前解 $X_{now}$ 替换为 $x\nu$，并将禁忌表中与 $x\nu$ 相关的禁忌对象的任期设为最大。然后返回步骤 2 继续执行算法。

这个流程在每次迭代中不断重复，直到满足终止准则为止。禁忌搜索算法通过不断地选择、替代和更新禁忌表来探索解空间，以寻找问题的最优解。这个算法的关键之处在于如何设计藐视准则和禁忌属性，以及如何选择邻域解集中的候选解。这些决策会直接影响算法的性能和搜索质量。

禁忌搜索算法伪代码如下所示。

```
function TabuSearch(initial_solution, tabu_list_size, max_iterations):
    current_solution=initial_solution
    best_solution=current_solution
    tabu_list=empty_tabu_list
    for iteration in 1 to max_iterations:
        candidate_solutions=GenerateCandidateSolutions(current_solution)
        non_tabu_candidates=[]
        for candidate in candidate_solutions:
            if candidate not in tabu_list:
                non_tabu_candidates.append(candidate)
        if non_tabu_candidates is empty:
            candidate_solution=FindBestSolutionInTabuList(tabu_list)
        else
            candidate_solution=FindBestSolutionIn(non_tabu_candidates)
        tabu_list.append(candidate_solution)
        if size of tabu_list > tabu_list_size:
            remove oldest solution from tabu_list
        if Evaluate(candidate_solution) > Evaluate(best_solution):
            best_solution=candidate_solution
        current_solution=candidate_solution
    return best_solution
```

**【例 4.5】** 已知一个旅行商问题为四城市（$a$、$b$、$c$、$d$）问题，城市间的距离如矩阵 $\boldsymbol{D}$ 所示，为方便起见，假设邻域映射定义为两个城市位置对换，而始点和终点城市都是 $a$。请分析使用禁忌搜索算法求解该问题的前面三代的过程与主要步骤。

$$\boldsymbol{D}=\begin{bmatrix}0 & 1 & 1 & 1\\1 & 0 & 1 & 5\\1 & 1 & 0 & 1.5\\1 & 5 & 1.5 & 0\end{bmatrix}$$

**步骤 1：初始化**

初始解 $i=(a,b,c,d,a)$，禁忌表 $H=\emptyset$。

计算初始解的路径长度：$f(a,b,c,d,a)=1+1+1.5+1=4.5$

设当前最优解 $s=i$，最优值 $f(s)=4.5$。

**步骤 2：第一代迭代**

构造邻域解：在禁忌表 $H$ 限制下，构造当前解 $i$ 的邻域：$A=N(i,H)=\{(a,d,c,b,a),(a,b,d,c,a)\}$

计算邻域解的适应值：

$f(a,d,c,b,a)=0.5+5+1+1=7.5$

$f(a,b,d,c,a)=1+1+5+1=8$

选择最优邻域解：选择 $j=(a,d,c,b,a)$。

更新禁忌表：将交换操作（$c,d$）加入禁忌表 $H=\{(c,d):2\}$，表示未来两代内禁止交换 $c$ 和 $d$。

更新最优解：由于 $f(j)=7.5$，$f(s)=4$，$f(j)\geqslant f(s)$，最优解保持不变。

**步骤 3：第二代迭代**

构造邻域解：在禁忌表 $H$ 限制下，构造当前解的邻域：$A=N(i,H)=\{(a,c,d,b,a),(a,d,b,c,a)\}$

计算邻域解的适应值：

$f(a,c,d,b,a)=1+1.5+5+1=8.5$

$f(a,d,b,c,a)=0.5+5+1+1=7.5$

选择最优邻域解：选择 $j=(a,c,d,b,a)$

更新禁忌表：将交换操作（$b,c$）加入禁忌表 $H=\{(c,d):1,(b,c):2\}$

更新最优解：由于 $f(j)=8.5$，$f(s)=4.5$，$f(j)>f(s)$，最优解保持不变。

**步骤 4：第三代迭代**

构造邻域解：在禁忌表 $H$ 限制下，构造当前解的邻域：$A=N(i,H)=\{(a,c,b,d,a)\}$

计算邻域解的适应值：

$f(a,c,b,d,a)=1+1+5+1=8$

选择最优邻域解：选择 $j=(a,c,b,d,a)$。

更新禁忌表：将交换操作（$b,d$）加入禁忌表 $H=\{(b,c):1,(b,d):2\}$，并移除已过期的（$c,d$）。

更新最优解：由于 $f(j)=8$，$f(s)=4.5$，$f(j)>f(s)$，最优解保持不变。

### 4.2.4 变邻域搜索算法

变邻域搜索（variable neighborhood search，VNS）算法是由 N. Mladenovic、P. Hansen 在 1997 年首次提出的。变邻域搜索算法是一种结构构造超启发式算法，主要用于求解组合优化问题。变邻域搜索算法自由度大，可针对特殊问题设计多种变型。变换邻域搜索的基本思想是在一种邻域结构下的局部最优解不一定是另一种邻域下的局部最优解，在所有可能的邻域结构下的局部最优解即是全局最优解[8]。

变邻域搜索算法很大程度上依赖以下观察事实。

事实 1：一个邻域结构的局部最优解不一定是另一个邻域结构的局部最优解。

事实 2：全局最优解是所有可能邻域结构的局部最优解。

事实 3：对于很多问题，若干个邻域结构的局部最优解是相互靠近的。

其中事实 3 是依靠经验观察得出的，它意味着局部最优解可以提供一些全局最优解的信息。通过对局部最优解的邻域研究，可以找到更好的可行解，进而不断接近全局最优解。

变邻域搜索算法主要由以下三个部分组成：VND、Shaking 和邻域变换。

VND 是一种非常灵活的局部搜索框架，其核心思想是在多个邻域结构中进行搜索，以逐步改善当前解，同时保持在当前邻域结构中搜索，直到没有更好的解为止。然后，再切换到下一个邻域结构，重复这个过程，直到所有的邻域都被搜索完毕。这种“变则通”的思想非常有用，因为它充分利用了不同邻域结构之间的差异性。在每个邻域结构下都执行局部搜索，有助于在解空间中更全面地探索，并且有可能跳出局部最优解。同时，当在一个邻域结构中找不到更好的解时，切换到下一个邻域是合理的，因为在这个邻域中可能存在更有希望的解。VND 是变邻域搜索（VNS）算法的核心组成部分，它使 VNS 能够在多个邻域结构中搜索，同时灵活地切换和更新解，以找到全局最优解。这种策略使 VNS 成为一个强大的组合优化算法，适用于各种不同类型的问题。

之前我们把局部搜索比作爬山的过程，那么每变换一次邻域，也可以理解为切换了搜索的地形（landscape）。效果如图 4-12 所示。

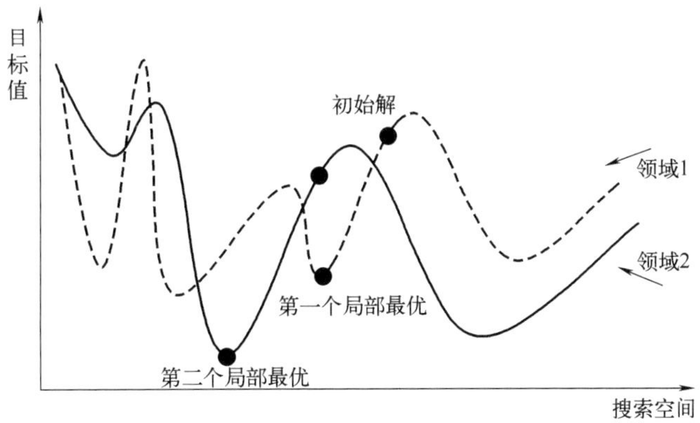


图 4-12　变换邻域爬山图

Shaking 即为扰动过程，是通过一定的规则，将一个解变换到另一个解。通过扰动，算法可以跳出当前的局部最优解，引入随机性，从而更好地探索解空间。扰动的过程通常会应用一些规则或策略，将当前解变换为一个在邻域内的新解，这个新解可能会有较大的差异，但也有机会更接近全局最优解。

扰动的具体策略通常根据问题的性质和算法的需求来选择和设计。有时候，扰动可以是相对轻微的，只是稍微改变当前解的某些部分。在其他情况下，扰动可能是更剧烈的，引入更大的变化，以确保算法能够尝试全新的解。扰动的强度和方式可能会影响算法的性能，因此需要在实际应用中进行仔细调整和测试。

总之，扰动是变邻域搜索算法中的一个重要步骤，它有助于算法跳出局部最优解，增加搜索的多样性，从而提高找到全局最优解的机会。

邻域变换是指在多个不同的邻域结构之间切换，以增加搜索的多样性。每个邻域结构都可能揭示不同的解空间区域，因此在不同的邻域中搜索可以有助于找到更好的解。邻域变化还可以用于定义搜索的迭代方式和终止准则，从而确定算法何时结束搜索。

通过局部搜索找到局部最优解，局部搜索的方法决定了算法的搜索精度和速度。扰动可以使算法跳出局部最优，保证最终搜索到的解为全局最优解。通过邻域变换为算法提供搜索迭代方式和终止准则。

基本变邻域搜索算法伪代码如下所示。

```
function VariableNeighborhoodSearch(initial_solution,neighborhoods,max_iterations):
    current_solution=initial_solution
    best_solution=current_solution
    current_neighborhood_index=1
    for iteration in 1 to max_iterations:
        neighborhood=neighborhoods[current_neighborhood_index]
        candidate_solution=FindBestSolutionIn(neighborhood)
        if Evaluate(candidate_solution) > Evaluate(best_solution):
            best_solution=candidate_solution
        if MoveToNextNeighborhood(current_neighborhood_index,neighborhoods):
            current_neighborhood_index=1
        else
            current_neighborhood_index=current_neighborhood_index+1
        current_solution=candidate_solution
    return best_solution
```

在这个伪代码中，neighborhoods 是一个包含不同邻域结构的列表，MoveToNextNeighborhood 是一个用来切换到下一个邻域的函数。变邻域搜索算法的核心思想是在不同的邻域中进行搜索，通过切换邻域结构来增加算法的搜索范围。需要根据具体问题进行调整和扩展。

基本变邻域搜索算法的一般步骤如下。

**步骤 1**：选定一个初始可行解 $x$，设定初始参数 $k_{max}$，以及邻域结构 $N_k(k=1, \cdots, k_{max})$；

**步骤 2**：最优解 $x^{best}=x$，$k=1$；

**步骤 3**：当 $k<k_{max}$ 时，进行如下操作：

**步骤 4**：在邻域 $x^{best}$ 的 $k$ 邻域 $N_k(x^{best})$ 中随机扰动获得可行解 $x'$，在 $x'$的邻域 $N'_k(x')$ 内进行局部搜索，得到 $N'_k(x')$ 中的最好解 $x^*$；

**步骤 5**：若 $f(x^*)<f(x^{best})$，则 $x^{best}=x^*$，$k=1$，否则 $k=k+1$。

**步骤 6**：若 $k\geqslant k_{max}$ 则回到步骤 4，否则，停止搜索并输出结果。

变邻域搜索算法在求解组合优化问题时有以下几个特点。

① 同样的搜索区域，如果邻域结构不同，局部最优解也可能不同。

② 最终的全局最优解一定是某个邻域结构的局部最优解。

③ 即使邻域结构不同，局部最优解之间的距离也可能很近，即变邻域搜索算法搜索到的局部最优解具备聚类特性。

变邻域搜索算法有很多种分类，包括可变邻域下降算法、简化的变邻域搜索算法、最快速下降的启发式算法、首次下降的启发式算法、基本的 VND 算法、基本 VNS 算法和减少的 VNS 算法等。下面介绍使用变邻域搜索算法求解 TSP 问题。

**【例 4.6】** 考虑一组 $n$ 个城市的 TSP，其中每个城市具有坐标 $(x_i, y_i)$，$i=1$、2、…、$n$ 在这种情况下，状态空间的每个点 $X$ 必须代表我们访问 $n$ 个城市的顺序中的一个可能的排列。为简单起见，考虑使用字典顺序的构造初始解决方案 $X_0=1$、2、3、4、…、$n$。

目标函数评估在于计算对应于任意向量 $\boldsymbol{X}$ 的旅程的长度 $f$：

$$f(\boldsymbol{X})=\sum_{i=1}^{n-1} d(X_i, X_{i+1})+d(X_n, X_l) \tag{4-5}$$

式中，$X_i$ 是 $\boldsymbol{X}$ 的第 $i$ 个元素。如果 $X_i=k$，$X_{i+1}=l$，则城市 $k$ 和城市 l 的欧氏距离为

$$d(X_i, X_{i+1})=\sqrt{(x_l-x_k)^2+(y_l-y_k)^2} \tag{4-6}$$

众所周知，与 TSP 相关联的复杂性远高于背包问题。对于一个有 $n$ 个城市的问题，要考虑的潜在旅行次数是 $n!$，它随 $n$ 的增长速度比 $2^n$ 快得多，如表 4-5 所示。

表 4-5 复杂性描述

| $n$ | $2^n$ | $n!$ |
|---|---|---|
| 10 | $1.024\times10^{3}$ | $3.268\times10^{6}$ |
| 20 | $1.048\times10^{6}$ | $2.432\times10^{18}$ |
| 30 | $1.073\times10^{9}$ | $2.652\times10^{32}$ |
| 40 | $1.099\times10^{12}$ | $8.159\times10^{47}$ |
| 50 | $1.125\times10^{15}$ | $3.041\times10^{64}$ |
| 60 | $1.152\times10^{18}$ | $8.320\times10^{81}$ |
| 70 | $1.180\times10^{21}$ | $1.197\times10^{100}$ |
| 80 | $1.208\times10^{24}$ | $7.156\times10^{118}$ |
| 90 | $1.237\times10^{27}$ | $1.485\times10^{138}$ |
| 100 | $1.267\times10^{30}$ | $9.332\times10^{157}$ |

为了说明问题的复杂性，如果目标函数的一次评估需要 109s，那么评估每个解决方案的简单枚举算法将需要的 CPU 时间，如表 4-6 所示。

表 4-6 需要的 CPU 时间

| $n$ | $2^n$ | $n!$ | $\frac{n!}{2^n}$ |
|---|---|---|---|
| 10 | 1μs | 3.6ms | $3.6\times10^{3}$ |
| 20 | 1ms | 77a | $2.3\times10^{12}$ |
| 30 | 1s | $8.4\times10^{15}$a | $2.47\times10^{23}$ |
| 40 | 18min | $2.5\times10^{31}$a | $7.4\times10^{35}$ |
| 50 | 13d | $9.6\times10^{47}$a | $2.7\times10^{49}$ |
| 60 | 36a | $2.6\times10^{47}$a | $7.2\times10^{63}$ |
| 70 | $37\times10^{3}$a | $3.8\times10^{83}$a | $1\times10^{79}$ |
| 80 | $38\times10^{6}$a | $2.2\times10^{102}$a | $5.9\times10^{94}$ |
| 90 | $39\times10^{9}$a | $4.7\times10^{121}$a | $1.2\times10^{111}$ |
| 100 | $40\times10^{12}$a | $2.9\times10^{141}$a | $7.3\times10^{127}$ |

变邻域搜索中两个常用的构造邻域的算子如下所述。

① two_opt_swap：选定两个位置，将这两个位置之间的区间反转，如图 4-13 所示。

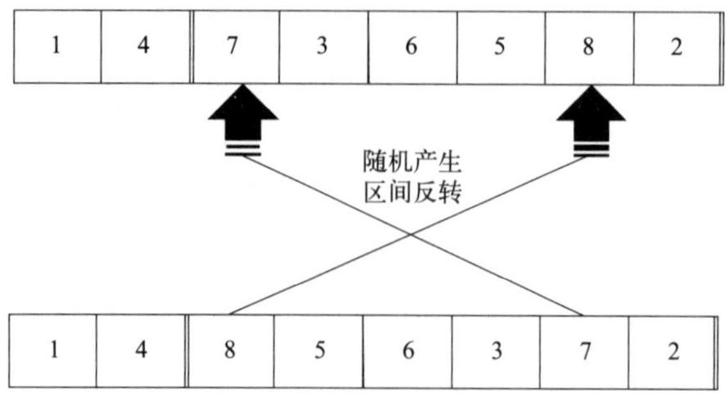


图 4-13 区间反转

选定两个位置直接交换，如图 4-14 所示。

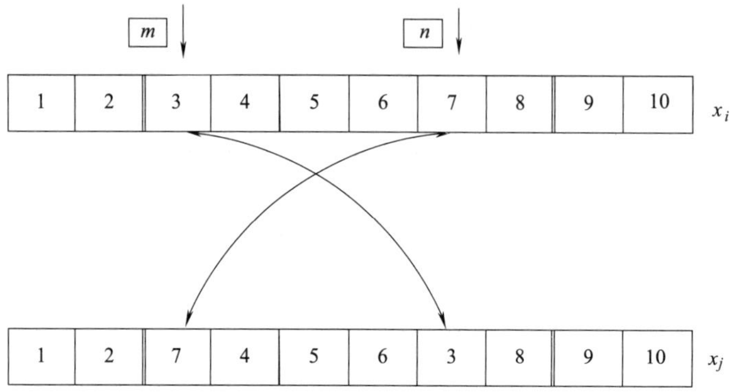


图 4-14 随机交换两个位置

② two_h_opt_swap：选定两个位置，交换两个位置内所有位置，如图 4-15 所示。

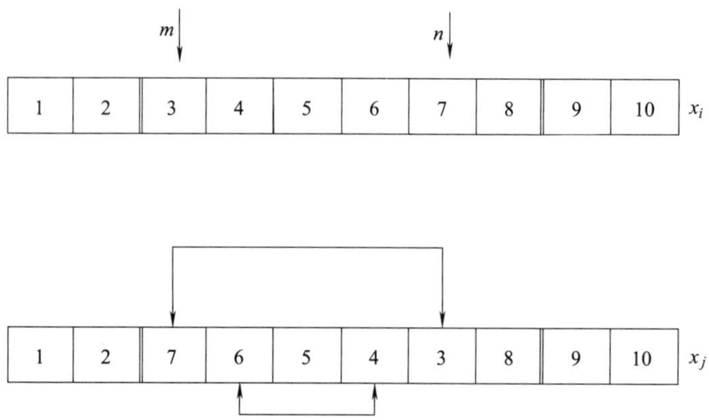


图 4-15 交换两个位置之间所有位置

# 4.3 邻域搜索在智能生产中的应用

## 4.3.1 背景介绍

随着全球经济的快速发展，生产制造行业的竞争态势经历了显著的变化。过去，企业主要通过规模和质量上的优势进行竞争。如今，生产速度的快慢成为了新的竞争焦点。这种竞争环境促使企业不仅在产品质量和创新上追求卓越，还必须不断提升生产效率，以快速响应市场需求。车间布局作为影响生产效率和生产周期的重要因素，对企业的生产速度具有直接而深远的影响。据统计，在许多生产过程中，物料的大部分时间往往处于停滞或搬运状态，而搬运费用占据了总成本的 20%～50%[1]。因此，通过优化车间布局，企业可以显著降低这些费用，并提高整体生产效率，从而实现 10%到 30%的成本降低。对发达国家和先进制造业而言，生产设施的布局被视为提升生产率和降低成本的关键措施之一。

在汽车配件制造行业中，产品种类繁多，生产计划高度复杂，且生产过程需要与众多外协供应商紧密合作，因此对生产效率的要求极高。车间布局在这样的环境下，成为了企业提升生产效率的核心因素。以 YY 精工有限公司的电子油门踏板生产车间为例[10]，本节探讨了车间布局优化的案例分析，并为企业提供了有效的布局方案。通过对布局的深入分析与优化，企业不仅能够提高生产效率，降低成本，还能够在激烈的市场竞争中立足，并提供更高质量的产品与服务。

### 4.3.2 问题描述

车间布局设计是制造工业中的重要领域，其历史可以追溯到早期的手工作坊时代。即便在最初的小规模生产中，工人们也需要根据工序顺序和材料流动，合理地布置工作站，以最大限度地提高生产效率。随着生产规模的扩大和工序的复杂化，各种布局设计方法应运而生[9]。其中，1961 年 Richard 提出的系统布局设计（SLP）方案，成为了最著名且应用最广泛的方法之一。随着技术的进步，设施规划逐渐依赖计算机技术，并发展出基于计算机辅助分析的规划方法，这些方法大致分为改进型和构建型两大类。改进型方法旨在对现有布局进行优化，以寻求更优的布局方案，而构建型方法则从物流和非物流信息出发，生成全新的布局图。计算机技术的引入大大提升了设施布局设计的效率，例如，1963 年 Buffe 等人提出的改进型 CRAFT（computerized relative allocation of facilities technique，利用计算机进行相关设施分配的技术），以及 1967 年 Lee R. C 和 Moore J. M 引入的构建型 CORELAP（computerized relationship layout planning，计算机关系布局规划），都标志着计算机辅助设计对工厂布局设计产生了革命性影响。

近年来，人工智能算法在车间设施布局规划中的应用得到了广泛关注。遗传算法、蚁群算法、模拟退火算法等因其在解决复杂优化问题中的出色表现，已成为改进车间布局的重要工具。更为先进的趋势是结合多种人工智能算法，形成混合智能算法，以更有效地解决车间布局问题。

YY 公司是一家以生产销售汽车及电器金属结构件为主的企业，同时为客户设计开发各种汽车零部件。公司主打产品为安全气囊钣金部件。为适应汽车市场的发展并扩大生产范围，YY 公司决定引入新的生产项目——电子油门踏板。电子油门踏板是发动机控制的关键汽车零部件，代表着从传统机械式到现代电子式的重要转变。它通过增加相应的传感器和电控单元，实现了对发动机、底盘系统和变速箱的精确控制，从而提高了汽车行驶的平稳性和动力性，并降低了污染排放。为了避免新生产车间投产后可能出现的资源浪费问题，如路线过长、交叉或迂回等现象，YY 公司希望通过科学的布局规划，确保车间物流的顺畅流动，缩短生产运输路线，从而提高生产效率，降低生产成本。

### 4.3.3 基于遗传模拟退火算法的车间布局方案

遗传算法和模拟退火算法在解决车间布局问题时各有其局限性。为克服这些局限性，采用了一种混合方法，将遗传算法与模拟退火算法相结合，以更有效地优化车间布局问题。在开始求解之前，首先根据汽车配件生产车间的实际特点构建相应的数学模型，其中包括明确的目标函数和必要的约束条件。然后，通过 MATLAB 软件进行编程求解。这种混合算法结合了遗传算法与模拟退火算法的优势，能够提高求解效率并获得更优的车间布局方案。

#### 4.3.3.1 遗传模拟退火算法

遗传模拟退火算法的核心思想是借鉴模拟退火算法中的接受准则，来减轻遗传算法在选择过程中可能面临的过度竞争压力。这种策略使得算法能够保留种群中的最优解，同时有效避免遗传算法常见的陷入局部最优解的风险。此外，遗传算法的进化机制可以提高模拟退火算法的全局搜索效率，从而加快求解过程。两种算法的有机结合使它们的优点相辅相成，从而显著提高了整体算法的搜索性能和求解质量。遗传模拟退火算法在结构上以遗传算法为基础，因此其总体操作过程与标准的遗传算法相似。具体来说，它包括选择、交叉和变异操作，以生成新的解个体。然而，与传统遗传算法不同的是，遗传模拟退火算法将生成的新个体作为模拟退火过程的初始种群，并在此基础上执行模拟退火操作。整个算法在循环迭代中不断进行，直至满足预定的终止条件。图 4-16 展示了遗传模拟退火算法的流程。

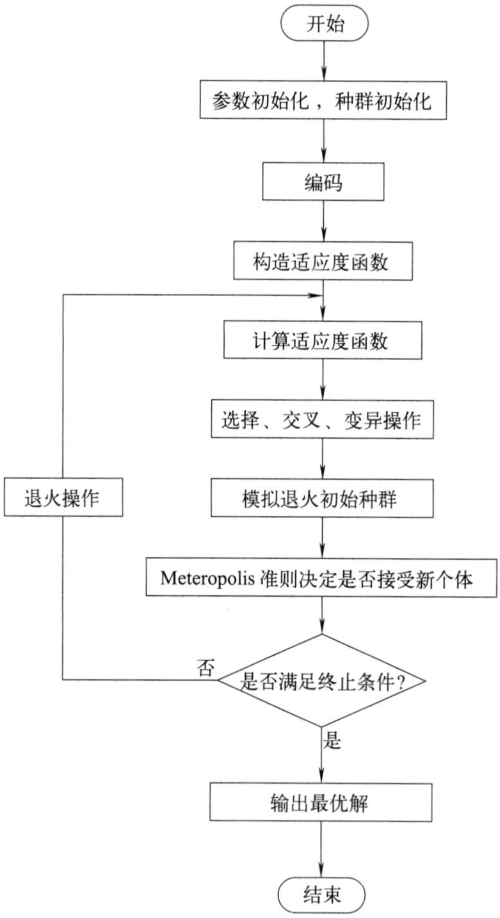


图 4-16 遗传模拟退火算法流程

#### 4.3.3.2 建立模型

为使模型具有更广泛的适用性和实用性，我们在建立数学模型时作出了一些合理的假设，这些假设如下。

① 作业单位形状：车间内需要布局的作业单位均为矩形，并且其长、宽均为已知值。为了便于优化，作业单位的长宽可互换。

② 布局模式：所有作业单位的布局方式为多行排列，至少分为两行。由于实际生产中大多数情况属于多行布局，因此不考虑单行布局的建模。

③ 排列方向：所有作业单位的排列方式需与 $X$ 轴平行，保证物流路径的计算简化。

④ 物料搬运路线：物料搬运的路线按直线距离计算，即物料在水平方向或竖直方向上的搬运距离。

基于以上假设，汽车配件生产车间的布局问题可以描述为：已知 $n$ 个作业单位，其相互之间的距离、物流量以及单位距离的物料搬运费用均已知，目标是将各作业单位合理地布置在车间内，以实现总物流费用的最小化。具体模型示意图如图 4-17 所示。

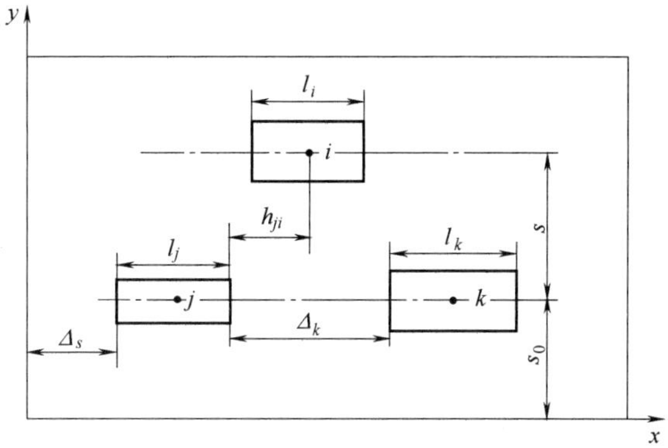

图 4-17　模型示意图

以下是对关键符号的统一定义。

① 作业单位相关符号。

$i$、$j$、$k$：表示作业单位的编号，例如 $i$ 表示第 $i$ 个作业单位。

$x_i$、$y_i$：表示作业单位 $i$ 的中心坐标。

$l_i$、$w_i$：分别表示作业单位 $i$ 的长度和宽度。

$\Delta_i$：作业单位之间或前一个作业单位或者与车间边界之间的净间距。

$h_{ij}$：作业单位 $i$ 和作业单位 $j$ 之间的横向最小要求间距。

② 布局相关符号。

$m$：表示车间布局的总行数，用于描述多行排列的结构。

$s$：相邻两行作业单位之间的行间距。

$s_0$：第一行作业单位与车间下边界之间的距离。

③ 成本与距离相关符号。

$C$：物料搬运的总费用。

$P_{ij}$：单位距离的物料搬运费用。

$Q_{ij}$：作业单位 $i$ 和 $j$ 之间的物流量。

$D_{ij}$：作业单位 $i$ 和 $j$ 之间的曼哈顿距离。

$$D_{ij}=|x_i-x_j|+|y_i-y_j| \tag{4-7}$$

#### 4.3.3.3　目标函数

本案例研究的车间布局是在车间内进行连续的多行布局，要实现的目标为总的物流成本最小，即各作业单位间总物料搬运成本最小，物料搬运的路线尽量短，以便运输的时间最短。因此，综合考虑距离、费用、物流量三个影响因素，建立以总的物料搬运费用最小为目标的目标函数。

$$C_{\min}=\sum_{i=1}^{n}\sum_{j=1}^{n}P_{ij}D_{ij}Q_{ij} \tag{4-8}$$

$$x_i=\Delta_i+\frac{l_i}{2}+\sum_{r=1}^{i-1}(l_r+\Delta_r) \tag{4-9}$$

式（4-9）作业单位的中心横坐标 $x_i$ 的计算逻辑如下：从车间边界开始，首先加上第一个净间距 $\Delta_i$。在此基础上，逐项累加所有之前作业单位的长度和净间距，确定当前作业单位左边缘的位置。最后加上当前作业单位长度 $l_i$ 的一半，得到其中心横坐标。

#### 4.3.3.4 约束条件

车间的布局设计是局限在车间范围之内，约束条件主要包括以下几个方面。

① 横坐标与纵坐标在同一行时各作业单位不发生重叠：

$$|x_i - x_j| \geqslant \left[\frac{l_i + l_k}{2} + h_{ij}\right] z_{ik} z_{jk} \quad i,j=1,2,\cdots,n \tag{4-10}$$

$$z_{ik} = \begin{cases} 1,\text{功能区 } i \text{ 在第 } k \text{ 行上} \\ 0,\text{其他} \end{cases},i=1,2,\cdots,n \quad k=1,2,\cdots,m \tag{4-11}$$

② 每个作业单位只能出现一次：

$$\sum_{r=1}^{m} z_{ir} = 1,\ r=1,2,\cdots,m \tag{4-12}$$

③ 需要布局的作业单位不能超过车间的长度和宽度。

④ 相邻的作业单位之间要留有一定的距离，以便工作人员和搬运设备可以正常工作。

⑤ 其他约束。由于工艺流程需要，相互影响的作业单位需隔开的必须远离，车间的布局要有一定的生产柔性，这样才能够适应随市场变化的生产计划能够及时调整；其他一些客观条件，如布局的美观性、环保性。

#### 4.3.3.5 求解步骤

**（1）编码**

传统遗传算法的编码方式不易直接描述车间布局中的解空间，且目标函数的值与解的表示顺序相关，而与具体数值无关，因此，数字编码更适合车间布局问题。采用了数字编码的方法，将每个作业单位的位置信息转化为染色体中的信息。具体而言，利用作业单位符号及净间距的列表，通过扩展换位进行数字编码：$[\{m_1,m_2,\cdots,m_n,\},\{\Delta_1,\Delta_2,\cdots,\Delta_n,\}]$，其中，$m_i$ 代表作业单位 $i$，$\Delta_i$ 代表两个相邻作业单位 $i-1$ 和 $i$ 之间的净间距。

为确保满足长度限制的约束条件，采用自动换行策略。在排列过程中，如果同一行上作业单位长度与各间距之和超过横向空间的最大长度，最后一个作业单位将自动移至下一行。这样确保了作业单位在水平方向上的布局不会超过车间的长度。

**（2）惩罚项**

由于采用了自动换行策略，水平方向上的布局不会超过车间的长度限制，因此只检查最后一行的作业单位是否在方向上超出车间宽度范围。惩罚函数如下：

$$Vio = \begin{cases} 0,s_0 + (m-1)s \leqslant H \\ T,\text{其他} \end{cases} \tag{4-13}$$

式中，$H$ 表示车间宽度；$m$ 表示布局行数；$Vio$ 为不合理的惩罚项；$T$ 表示较大的正数惩罚项。此处将问题做了简化处理，实际操作中，还需考虑每行的横向布局是否超出车间宽度、作业单位之间的间距是否满足要求、作业单位是否发生重叠等，需要根据实际情况进行相应处理。

**（3）初始种群**

在遗传模拟退火算法中，编码完成后需要生成初始种群。为了加速算法的收敛过程并确保种群的多样性和合理性，可以使用其他方法生成较优的作业单位序列来替代初始种群中的染色体符号序列。初始种群个体数量 $PopSize$ 的选择影响求解效率：如果个体数量过少，可能导致过早收敛；如果个体数量过大，则会延长运行时间，影响搜索效率。一般情况下，初始种群数量取值为 20～100。

**（4）适应度函数**

在遗传模拟退火算法中，适应度函数通过目标函数转换得来。为了更好地模拟实际生产情况，适应度函数中引入了惩罚项。如果解不符合约束条件，通过引入一个大的惩罚数减少其适应度，从而降低其被选入下一代的概率。染色体 $v$ 的适应度函数可表示为：

$$fit(v)=1/(C+Vio) \tag{4-14}$$

**（5）选择**

选择操作使用轮盘赌法，即根据个体适应度函数的大小决定其成为优良个体的概率。假设个体 $i$ 的适应度值是 $F_i$，则个体 $i$ 被选中的概率 $p_i$ 为：

$$P_i=F_i/\sum_{i=1}^{m}F_i \ ,(i=1,2,\cdots,PopSize) \tag{4-15}$$

整个选择过程先计算所有个体适应度的总和，再计算每个个体的相对适应度，最后依据概率进行选择操作，以产生新种群。适应度越高的个体被选中的概率越大，从而确保算法的收敛速度，同时避免局部最优解的快速扩散。

**（6）交叉**

由于车间布局采用作业单位符号和净间距编码，交叉操作采用算术交叉与部分映射交叉两种方法。作业单位排列序列部分的交叉操作使用部分映射交叉，净间距序列部分的交叉操作使用算术交叉。交叉操作是主要的进化过程，通常情况下，交叉概率取值为 0.5～0.9。

**（7）变异**

变异操作用于辅助产生新的个体，决定遗传模拟退火算法的局部搜索能力。对于作业单位净间距部分，变异操作选取某个变异点，若染色体净间距序列为 $\{\Delta_1, \Delta_2, \cdots, \Delta_n\}$，按照变异概率指定一变异点为 $\Delta_i$，$r$ 为已知整数，$[U_{\min}, U_{\max}]$ 为作业单位净间距取值大小范围。在该区间内随机生成新的间距值：$\Delta_i^1$，$\Delta_i^2$，…，$\Delta_i^r$，并依次替换原有的变异点值 $\Delta_i$，从而重新产生 $r$ 个染色体，选出一个最好的来代替以前的染色体。变异概率一般取值在 0.005～0.01 之间，避免过快的进化速度导致重要基因的丢失。

**（8）模拟退火操作**

模拟退火过程主要的操作为采用 Meteropolis 接受准则决定是否接收新个体。首先按照目标函数计算初始群体产生的解，然后计算新状态下的新解的目标函数值及增量，采用 Meteropolis 接受准则决定是否接收新个体。模拟退火中初始温度的值不宜过高，以便于在初始阶段有较理想的搜索效率，且整个搜索时间也不会太长。

#### 4.3.3.6 实验结果

车间长度为 53.5m，宽度为 27.5m，车间内需要安置作业单位 8 个，行间距要求为 2.5m，第一行作业单位到下边界距离为 1m。各作业单位尺寸如表 4-7 所示，各作业单位之间的单位距离物料搬运费用如表 4-8 所示，各作业单位之间的物流量如表 4-9 所示。

表 4-7 作业单位尺寸

| 作业单位序号 | 1 | 2 | 3 | 4 | 5 | 6 | 7 | 8 |
|---|---|---|---|---|---|---|---|---|
| 长/m | 5 | 5 | 10 | 10 | 10 | 30 | 17.5 | 20 |
| 宽/m | 10 | 4 | 4 | 5 | 5 | 10 | 5 | 5 |

表 4-8 各作业单位之间的搬运费用

| 序号 | 1 | 2 | 3 | 4 | 5 | 6 | 7 | 8 |
|---|---|---|---|---|---|---|---|---|
| 1 | 0 | 1 | 2 | 2 | 2 | 0 | 0 | 5 |
| 2 | 1 | 0 | 0 | 0 | 0 | 0 | 0 | 0 |
| 3 | 2 | 0 | 0 | 3 | 0 | 0 | 0 | 0 |
| 4 | 2 | 0 | 3 | 0 | 0 | 3 | 0 | 0 |
| 5 | 2 | 0 | 0 | 0 | 0 | 2 | 0 | 0 |
| 6 | 0 | 0 | 0 | 3 | 2 | 0 | 5 | 0 |
| 7 | 0 | 0 | 0 | 2 | 0 | 5 | 0 | 0 |
| 8 | 5 | 0 | 0 | 0 | 0 | 0 | 0 | 0 |

表 4-9 各作业单位之间的物流量

| 序号 | 1 | 2 | 3 | 4 | 5 | 6 | 7 | 8 |
|---|---|---|---|---|---|---|---|---|
| 1 | 0 | 756 | 21840 | 63000 | 1680 | 0 | 0 | 86520 |
| 2 | 756 | 0 | 0 | 0 | 0 | 0 | 0 | 0 |
| 3 | 21840 | 0 | 0 | 29400 | 0 | 0 | 0 | 0 |
| 4 | 63000 | 0 | 29400 | 0 | 0 | 92400 | 0 | 0 |
| 5 | 1680 | 0 | 0 | 0 | 0 | 1680 | 0 | 0 |
| 6 | 0 | 0 | 0 | 92400 | 1680 | 0 | 75600 | 0 |
| 7 | 0 | 0 | 0 | 2 | 0 | 75600 | 0 | 0 |
| 8 | 86500 | 0 | 0 | 0 | 0 | 0 | 0 | 0 |

遗传模拟退火算法中的具体参数设置如下：初始种群的选择基于系统布置设计 SLP 方法得到的车间布局方案 1，优化的排列序号作为初始解，按从下到上，从左到右依次为（2 3 1 4 6 5 7 8）。为便于计算，将各作业单位的尺寸长和宽各缩小为 1/10，种群数量的大小取值为 50，最大的运行代数 500，交叉概率 $P_c=0.6$，变异概率 $P_m=0.01$。较大的正数惩罚项 $T$ 取值 500，车间宽度 $H$ 为 27.5，功能区的行间距 $S$ 为 2.5，第一行功能区到车间的下边界间距 $S_0$ 为 0，作业单位净间距取值大小范围为 $[U_{\min},U_{\max}]=[0,2.5]$。模拟退火操作中的初始温度为 100，降温因子 $\alpha$ 为 0.8。

用 MATLAB 实现遗传模拟退火算法的编程，得到优化后的结果为：

$[\{m_1,m_2,\cdots,m_n,\},\{\Delta_1,\Delta_2,\cdots,\Delta_n,\}]=[8,7,2,1,6,3,4,5,0.0432,0.9650,0.0264,0.0041,1.0250,0.0335,2.4091,0.0686]$

按照自动换行的策略，如果在同一行上的若干作业单位的长度和作业单位间或作业单位与车间边界间的净间距之和超过车间的总长度，则最后一个作业单位布置到下一行。由 $\{m_1,m_2,\cdots,m_n\}$ 可知，在车间内第一行布置作业单位 8（原材料存放区）、作业单位 7（成品区）、作业单位 2（不合格区），第二行布置作业单位 1（待检区）、作业单位 6（总成装配区），第三行布置作业单位 3（机加工区）、作业单位 4（零部件周转库）、作业单位 5（半成品暂存区）。

由 $\{\Delta_1,\Delta_2,\cdots,\Delta_n\}$ 可知，在第一行中，原材料存放区与车间边界的距离为 0.0432，原材料存放区与成品区的距离为 0.9350，成品区与不合格区的距离为 0.0264；在第二行中待检区与车间边界的距离为 0.0041，待检区与总成装配区的距离为 1.0250；在第三行中，机加工区与车间的边界距离为 0.0335，机加工区与零部件周转库的距离为 2.4091，零部件周转库与半成品暂存区的距离为 0.0686。

在上述分析中的距离数字中，采取结合实际的方法进行进退取舍，在 AutoCAD 进行绘图，得到的车间布局方案，如图 4-18 所示。

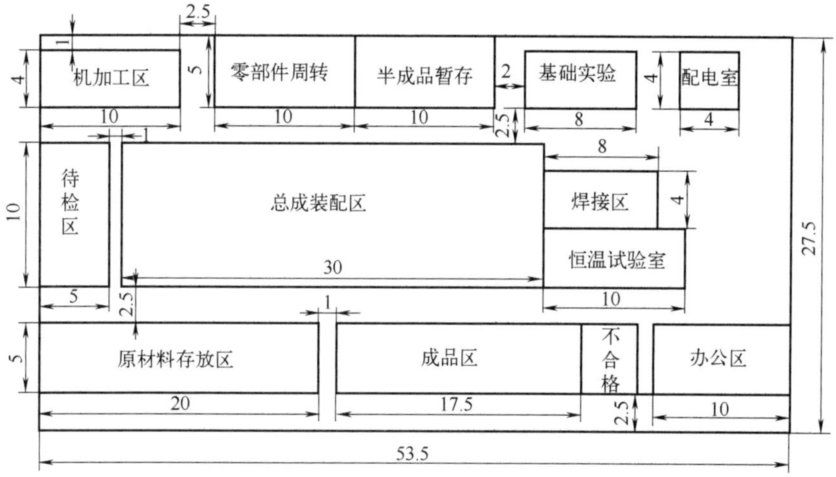


图 4-18 车间布局方案 [10]

# 4.4 带时间窗的车辆路径问题求解

随着经济的迅速发展，运输问题的重要性日益凸显，关于车辆路径问题（vehicle routing problem，VRP）的研究也越来越多[7,12]。VRP 的目标是为一组车辆（数量可以确定或不确定）规划访问若干客户的路径，每位客户只被访问一次，并且每条路径上客户的需求总量不能超过车辆的装载能力。优化的目标是使总成本（如距离、时间等）最小化。带时间窗的车辆路径问题（vehicle routing problem with time windows，VRPTW）是在 VRP 的基础上增加了客户访问的时间窗口约束。现实生活中，许多问题都可以归结为 VRPTW 来处理，如邮政投递、飞机、火车和公共汽车的调度等，因此 VRPTW 的研究日益受到关注。

自从 Savelsbergh 证明 VRPTW 是一个 NP 难问题以来，研究者们主要集中在各种启发式算法上，如遗传算法、禁忌搜索算法和模拟退火算法，这些算法在解决该问题上都取得了较好的效果。然而，通过对模拟退火算法和禁忌搜索算法的分析，我们发现它们存在早熟收敛、全局搜索性能差、收敛速度慢等问题。为了解决这些缺陷，我们构建了 VRPTW 的数学模型，并采用一种改进的禁忌搜索算法来求解该问题。结果表明，这种改进算法是一种性能优越的变邻域搜索方法，能够有效解决 VRPTW 问题。

### 4.4.1 车辆路径问题简介

随着经济全球化进程的加快，以及网络技术发展带来的网络购物热潮，物流运输业迅速崛起，成为新兴的增值服务产业。由于物流运输行业的广阔前景及其与人们生产生活的紧密联系，全球物流业蓬勃发展，受到各国的高度重视。巨大的运输任务和压力促使物流运输者更加关注运输效率，以提高用户满意度和自身竞争力。同时，他们希望能够合理利用资源，减少浪费，在完成运输任务的同时尽可能降低成本。物流成本主要包括物品管理成本和运输成本，其中运输成本由车辆维护、司机报酬、车辆行驶等费用构成。因此，通过优化车辆路径来降低运输成本成为控制配送费用的关键，这也正是 VRP 的核心。

VRP 最早由 Dantzig 和 Ramser 在 1959 年提出。该问题通常涉及在由节点和路径组成的网络中，从某一节点出发，安排若干车辆遍历各个节点，并满足特定的约束条件，如运输车辆的载重量、运行路程或时间等[11]。目标是在不违反约束的前提下，规划出使目标函数（如车辆使用数量、总行驶里程或时间、总成本等）最优的行驶路径方案。VRP 图示见图 4-19。

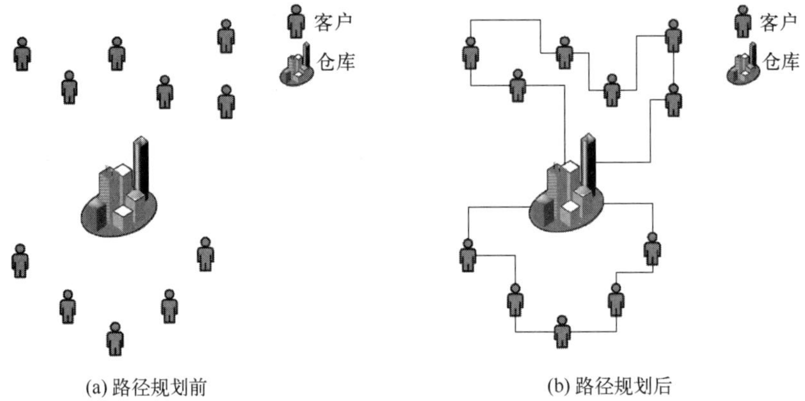


图 4-19　车辆路径问题图示

在实际应用中，VRP 根据不同的应用场景和目标需求，进一步细分为许多子问题。其中，基础的 VRP 通常包含单一约束条件，如对装载情况有要求的 VRP、必须遵守服务时间窗的 VRP、具有浮动时间窗的 VRP、服务车辆均相同的 VRP、服务车辆在载重等方面不同的 VRP、所有车辆从同一出发点出发的 VRP、出发点不唯一的 VRP，以及同时涉及取送任务的 VRP 等。不同的子问题对应着不同的目标函数，并且具有各自的特定属性。图 4-20 简要列举了几种常用的 VRP 子问题模型。

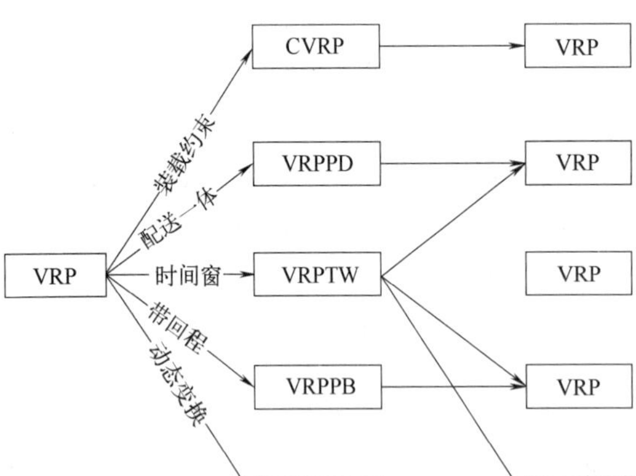


图 4-20　常见车辆路径问题子问题模型

图 4-20 列举了一些被广泛关注和研究的 VRP 分类子问题。随着对 VRP 的深入研究，结合更多实际需求，将不同属性进行组合可以构建出新的 VRP 子问题。同时，随

着外界环境因素和更多约束条件被纳入 VRP 模型，许多更贴合实际需求的新问题模型将不断出现，形成更加复杂多样的问题族。然而，随着外界属性的增加和目标函数的扩展，问题模型的复杂性也会随之增加，使得问题的求解变得更加困难。

#### 4.4.1.1 车辆路径问题的基础数学模型

标准车辆路径问题是最基础的车辆路径问题，它只是对每一个服务的配送车辆有一个最大装载能力的限制。其他基于多约束条件的车辆路径问题都是在标准 VRP 的基础上展开的。

从图论的角度，VRP 问题可以用一个完全加权有向图 $\boldsymbol{G}=(V,A,c)$ 表示，$V=\{0,1,2,\cdots,n\}$ 为节点的集合，0 代表配送中心，$V'=\{1,2,\cdots,n\}$ 代表客户点。$A=\{(i,j)\mid i、j\in V, i\neq j\}$ 为弧的集合，$c_{ij}$ 与每一条弧（$i$，$j$）相对应，表示从客户 $i$ 到客户 $j$ 的运输成本，它的含义可以是距离、费用、时间等。

对于车辆路径问题，定义相关的符号和变量如下。

$q$：车辆的最大装载能力。

$g_i$：顾客点 $i$ 的需求。

$m$：服务车辆数，在一般车辆路径问题中假设所有的车辆都是相同车型的，即具有相同的最大装载能力和最大的车辆行驶距离约束。

$R$：车辆集，$R=\{1,2,\cdots,m\}$。

$R_i$：车辆路线，$R_i=\{(0,i,\cdots,i_n)\mid i_1、\cdots、i_n\in V',i\in R\}$。

则得到的 VRP 基础模型为：

$$\min Z=\sum_{i=0}^{n}\sum_{j=0}^{n}\sum_{k=1}^{m}c_{ij}x_{ijk} \tag{4-16}$$

$$\text{s. t.} \sum_{i=1}^{n}g_i y_{ik}, \forall k \in R \tag{4-17}$$

$$\sum_{k=1}^{m}y_{ik}=1, \forall i \in V' \tag{4-18}$$

$$\sum_{i=0}^{n}x_{ijk}=y_{ik}, \forall j \in V', \forall k \in R \tag{4-19}$$

$$\sum_{j=0}^{n}x_{ijk}=y_{ik}, \forall i \in V', \forall k \in R \tag{4-20}$$

$$x_{ijk}=0 \text{ 或 } 1, \forall i、\forall j\in V', \forall k\in R \tag{4-21}$$

该模型中：式（4-16）为目标函数，即最小运输成本；式（4-17）定义了车辆容量约束；式（4-18）保证了对每个客户的货物运输仅由 1 辆车来完成；式（4-19）和式（4-20）限制了到达和离开某一客户的车辆有且仅有 1 辆。

#### 4.4.1.2 带时间窗的车辆路径问题数学模型

VRPTW 与 VRP 之间的区别在于是否引入时间窗约束。时间窗约束指的是最早到达时刻与最晚到达时刻之间的间隔。假设若车辆到达时刻早于规定的最早到达时刻，这项服务仍视为在最早到达时刻开始。VRPTW 问题的基本数学模型如下：

$$\min Z=\sum_{i=0}^{N}\sum_{j=0}^{N}\sum_{k=1}^{K}c_{ij}x_{ijk} \tag{4-22}$$

$$\text{s.t.} \sum_{k=1}^{K}\sum_{j=1}^{N} x_{ijk} \leqslant K, i=0 \tag{4-23}$$

$$\sum_{j=1}^{N} x_{ijk} = \sum_{j=1}^{N} x_{ijk} \leqslant 1, i=0, k \in \{1,2,\cdots,K\} \tag{4-24}$$

$$\sum_{k=1}^{K}\sum_{i=0,i\neq j}^{N} x_{ijk} = 1, j \in \{1,2,\cdots,N\} \tag{4-25}$$

$$\sum_{k=1}^{K}\sum_{j=0,j\neq i}^{N} x_{ijk} = 1, i \in \{1,2,\cdots,N\} \tag{4-26}$$

$$\sum_{i=1}^{N} q_i \sum_{j=0,j\neq i}^{N} x_{ijk} \leqslant Q, k \in \{1,2,\cdots,K\} \tag{4-27}$$

$$\sum_{i=0}^{N}\sum_{j=0,j\neq i}^{N} x_{ijk}(t_{ij} + s_i + w_i) \leqslant T_k, k \in \{1,2,\cdots,K\} \tag{4-28}$$

$$\sum_{k=1}^{N}\sum_{i=0,j\neq i}^{N} x_{ijk} = x_{ijk}(t_i + t_{ij} + s_i + w_i) \leqslant t_j, j \in \{1,2,\cdots,N\} \tag{4-29}$$

$$e_i \leqslant (t_i + w_i) \leqslant l_i, i \in \{1,2,\cdots,N\} \tag{4-30}$$

$$t_0 = w_0 = s_0 = 0 \tag{4-31}$$

式中，$t_i$ 表示客户 $i$ 的服务时刻；$w_i$ 表示客户 $i$ 的等待时间；$K$ 表示车辆总数；$N$ 是配送点与客户位置的集合；$c_{ij}$ 表示客户 $i$ 与客户 $j$ 之间的距离；$t_{ij}$ 表示车辆在客户 $i$ 与客户 $j$ 之间的运行时间；$q_i$ 表示客户 $i$ 的需求；$Q$ 表示车辆的最大容量；$e_i$ 表示客户 $i$ 的最早允许服务时刻，$l_i$ 表示客户 $i$ 的最晚允许服务时刻；$s_i$ 表示客户 $i$ 的服务时间；$T_k$ 表示车辆 $k$ 所允许的最大运行时长；$t_0$、$w_0$、$s_0$ 为初始值，设置为 0。当车辆 $k$ 经由客户点 $i$ 到客户 $j$ 时，$x_{ijk}=1$，否则，$x_{ijk}=0$。

模型的目标函数式（4-22）表示在约束条件式（4-23）～式（4-30）的限制下，车辆总的运行距离最短，其中，约束条件式（4-23）用于限制最大的路径数量；约束条件式（4-24）是流量守恒限制；约束条件式（4-25）～式（4-26）是对运输服务的约束；约束条件式（4-27）是对车辆容量的限制；约束条件式（4-28）是对最大运输时间的限制；约束条件式（4-29）～式（4-31）是时间窗限制。

### 4.4.2 禁忌搜索算法求解 VRPTW

禁忌搜索算法与 VRPTW 已在本章前面详细介绍，这里只介绍如何使用禁忌搜索算法去求解带时间窗的车辆路径问题。

首先，生成初始解。由于产生的邻域解并不总是满足所有约束条件，因此在生成初始解时仅需满足部分约束条件，具体步骤如下。

**步骤 1**：随机选择客户 $i$ 进行处理，处理后将其从列表中移除，重复此过程直到所有客户都处理完毕。

**步骤 2**：判断当前路线 $k$ 是否满足容量约束条件，若不满足，则新建路线 $k=k+1$。

**步骤 3**：对于路线 $k$ 中的两个相邻节点 $j$ 和 $j+1$，如果客户 $i$ 的时间窗起始时间 $e_i$ 满足条件 $e_j<e_i\leqslant e_{j+1}$，则将客户 $i$ 插入到节点 $j$ 和 $j+1$ 之间，然后返回步骤 1 继续操作。

在生成初始解的基础上，进行禁忌搜索，具体步骤如下：

**步骤 1**：判断初始解 $s$ 是否满足所有约束条件，如果满足则更新最优解 $s^*$ 及其目标函

数值 $c(s^*)$。接着进入迭代过程，直至达到最大迭代次数。

**步骤 2：** 在邻域解集 $N(s)$ 中搜索未被禁忌或符合藐视准则的解，选择目标函数值 $f(s')$ 最小解 $s'$。

**步骤 3：** 判断 $s'$ 是否满足所有约束条件，如果不满足，则跳到步骤 5。

**步骤 4：** 比较当前最优解 $c(s^*)$ 与 $c(s')$ 的大小。若 $s'$ 更优，则更新最优解 $s^*=s'$。

**步骤 5：** 更新当前解 $s=s'$。

以标准 Solomon 测试数据 R101. txt 进行测试。测试结果如图 4-21 所示。实验得出最小总距离为 1664. 75。

```
//输出样例（R101.txt）
//*********************************************
//TheMinimum Total Distance = 1664.75
//ConcreteSchedule of Each Route as Following:
//No.1: 1 -> 46 -> 84 -> 100 -> 95 -> 97 -> 1
//No.2: 1 -> 28 -> 32 -> 89 -> 8 -> 1
//No.3: 1 -> 41 -> 54 -> 27 -> 1
//No.4: 1 -> 63 -> 12 -> 91 -> 11 -> 1
//No.5: 1 -> 3 -> 22 -> 74 -> 42 -> 57 -> 5 -> 1
//No.6: 1 -> 15 -> 45 -> 39 -> 44 -> 59 -> 1
//No.7: 1 -> 37 -> 48 -> 20 -> 9 -> 47 -> 18 -> 1
//No.8: 1 -> 13 -> 77 -> 79 -> 35 -> 36 -> 78 -> 1
//No.9: 1 -> 66 -> 72 -> 10 -> 67 -> 2 -> 1
//No.10: 1 -> 64 -> 65 -> 50 -> 49 -> 1
//No.11: 1 -> 29 -> 30 -> 80 -> 51 -> 69 -> 1
//No.12: 1 -> 40 -> 24 -> 68 -> 56 -> 26 -> 1
//No.13: 1 -> 34 -> 82 -> 4 -> 55 -> 25 -> 81 -> 1
//No.14: 1 -> 70 -> 31 -> 52 -> 21 -> 33 -> 71 -> 1
//No.15: 1 -> 96 -> 99 -> 62 -> 87 -> 92 -> 101 -> 1
//No.16: 1 -> 83 -> 19 -> 85 -> 61 -> 90 -> 1
//No.17: 1 -> 73 -> 76 -> 23 -> 75 -> 1
//No.18: 1 -> 53 -> 7 -> 1
//No.19: 1 -> 93 -> 43 -> 16 -> 88 -> 58 -> 98 -> 14 -> 1
//No.20: 1 -> 60 -> 6 -> 17 -> 86 -> 38 -> 94 -> 1
//Check_Ans= 1664.75
```

图 4-21　禁忌搜索算法求解结果

## 本章小结

本章对邻域搜索方法进行了全面介绍。首先，阐明了“邻域”的基本概念及其在搜索过程中的重要性，详细描述了邻域搜索算法的基本流程和搜索规则。随后，深入探讨了四种典型的邻域搜索算法：爬山算法、模拟退火算法、禁忌搜索算法和变邻域搜索算法。每种算法都具有独特的优点和应用场景，使得其在不同类型的优化问题中表现出色。此外，本章还着重分析了邻域搜索方法在智能生产领域的实际应用，尤其是在车间布局优化和车辆路径规划问题中的应用。通过具体实例，展示了这些方法如何有效地提高生产效率和资源利用率，解决复杂的调度和规划问题。本章的讨论为理解邻域搜索方法的实际价值及其在工业实践中的应用提供了重要视角，并为后续章节的深入研究奠定了基础。

## 习　题

1. 什么是邻域搜索方法？其基本概念和重要性是什么？

2. 请简要描述邻域搜索算法的基本流程和搜索规则。

3. 爬山算法、模拟退火算法、禁忌搜索算法和变邻域搜索算法各有哪些特点？请分别举例说明。

4. 在智能生产领域，邻域搜索方法主要应用于哪些优化问题？请结合实例分析其实际效果。

5. 变邻域搜索算法与传统邻域搜索算法相比，有哪些改进？

6. 车辆路径规划问题中，如何利用禁忌搜索算法进行优化？请描述其求解步骤。

7. 结合具体案例，分析邻域搜索方法在车间布局优化中的应用。

8. 在解决生产调度问题时，如何选择合适的邻域搜索方法？请给出你的理由和案例支持。

## 参考文献


[1] Ahuja R K, Ergun O, Orlin J B, et al. A survey of very large-scale neighborhood search techniques [J]. Discrete Applied Mathematics, 2022, 123: 75-102.

[2] Olson, Alton T. The Eight Queens Problem [J]. Journal of computers in mathematics & science teaching, 1993, 12 (10): 93-102.

[3] Lin-Yan O . Searching Algorithms Comparison of the Eight Digital Problem [J]. Journal of luoyang normal university, 2011.

[4] 汪西原，汪西莉. 启发式搜索策略（爬山法）的改进与实现 [J]. 陕西师范大学学报（自然科学版），1999，(01)：63-65+70.

[5] 蔡自兴，徐光祐. 人工智能及其应用 [M]. 3版. 北京：清华大学出版社，2004.

[6] 闫向彤，张永鑫，李佩泽，等. 基于遗传算法的车间布局优化研究 [J]. 机械设计与制造工程，2021 (9)：88-92.

[7] 孙中悦. 车辆路径问题的仿真优化方法研究 [D]. 北京：北京交通大学，2012.

[8] 苗国强，于岚，胡娟娟，等. 基于自适应大规模邻域搜索算法的带时间窗的车辆路径问题 [J]. 物流技术，2015，34 (11)：156-158+173.

[9] Hoos H H, Stützle T. Stochastic Local Search: Foundations and Applications [J]. Elsevier/Morgan Kaufmann, 2004.

[10] 高丽媛. 汽车配件生产车间布局规划及仿真研究 [D]. 锦州：辽宁工业大学，2013.

[11] Voss S, Martello S, Osman I H, et al. Meta-heuristics: Advances and Trends in Local Search Paradigms for Optimization [J]. Springer, 1999.

[12] Mascagni M, Aarts E, Korst J. Simulated Annealing and Boltzmann Machines: A Stochastic Approach to Combinatorial Optimization and Neural Computing [J]. Mathematics of Computation, 1990, 55 (191): 393.

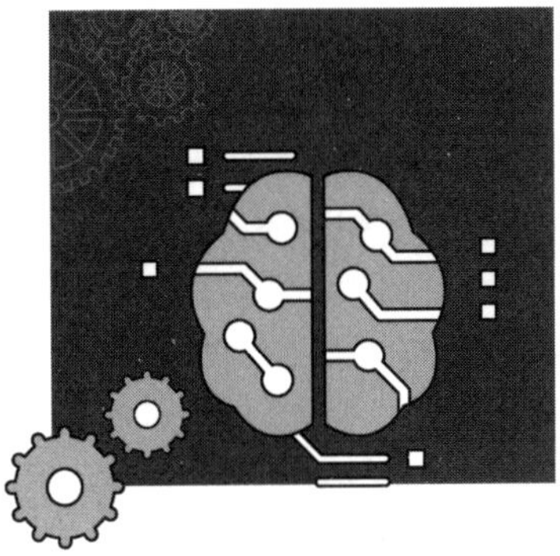

# 第5章 机器学习方法

## 5.1 机器学习简介

机器学习（machine learning）作为计算机科学的一个分支，是人工智能领域的重要组成部分[1]。约翰·麦卡锡（John McCarthy）在20世纪50年代提出了人工智能概念，为机器学习的发展奠定了基础。汤姆·米切尔（Tom Mitchell）在1997年出版的《机器学习》一书中指出，机器学习关注计算机程序如何通过不断积累经验来自我提升性能。

机器学习的理论基础涵盖了概率论、数理统计、线性代数、数学分析、数值逼近、最优化理论，以及计算复杂性理论等多个领域。其核心要素包括数据、算法和模型。

### 5.1.1 机器学习的含义与特点

1959年，Arthur Samuel[2] 以及他的研究团队在 *IBM Journal of Research and Development* 上发表了一篇名为 *Some Studies in Machine Learning Using the Game of Checkers* 的文章，他们提出了一种创新性的想法：通过使计算机自己在错误中学习，创造出一个能够不断改进下棋策略的程序。

这项研究以国际象棋为案例，使人们认识到了机器学习的巨大潜力。不同于传统的编程方法，这个计算机程序只需被告知游戏规则和一些常识，然后会在多次对弈的过程中逐步提升自己的棋艺。令人惊讶的是，在经过8～10h的自主学习后，这个程序竟然能够击败其创作者，展现出了机器学习的崭新前景。

这一突破性的实验成果标志着机器学习的诞生，而如今，机器学习已经成为一项引领科技和社会发展的重要力量，不断创造出前所未有的变革。

什么是机器学习？机器学习是计算机科学领域的一个分支，专注于设计和开发能够从数据中学习的算法和模型。它是人工智能的一个重要组成部分，通过让计算机系统从过去的经验中获取知识，使其能够在面对新数据时做出准确的预测、判断和决策。机器学习的目标是让计算机能够从数据中自动学习和改进，而不需要明确的编程[3]。

在机器学习中，数据被视为宝贵的信息源，算法通过分析数据中的模式、趋势和关系，从中提取出有用的知识。这些知识可以用于各种任务，如图像识别、自然语言处理、预测分析、推荐系统等。

举个例子来说明机器学习的工作方式。想象一下，你正在开发一个垃圾邮件过滤器，用于自动识别和过滤掉垃圾邮件，传统的编程方法需要编写一系列规则来判断邮件是否为垃圾邮件，但这样的方法可能无法覆盖所有情况，并需要不断更新。而通过机器学习，你可以提供大量已标记为垃圾邮件和非垃圾邮件的样本数据给计算机，让它从中学习如何区分两者。计算机将通过分析邮件的特征（如词汇、发件人、主题等）和它们与垃圾邮件的关联，逐渐学会识别垃圾邮件，随着时间的推移，这个过滤器会越来越准确地识别垃圾邮件，因为它从数据中学到了如何正确分类。

再比如，你想要教计算机识别猫的图片。传统的编程方法需要详细描述“猫”的特征，如尖耳朵、狭长眼睛等。然而，机器学习采用不同的方式：首先，你提供计算机一个包含各种动物图片的数据集，其中一部分是猫的图片；然后，计算机使用这些数据自动学习猫的特征，而不用被告知每个特征具体是什么；当计算机经过训练后，输入一张新的图片，它会尝试判断是否是猫，这就是机器学习的核心思想。

传统意义上的计算机算法是以人类逻辑为基础的，人们需要对所用到的数据结构作明确的定义，对所有可能遇到的流程和分支作细致的设定，这种“固化逻辑”有明显的局限性。一方面，很多需要完成的任务的内部细节并不完全可知（如大气运动、人类感知等），对这些任务的过程进行清楚的定义非常困难。另一方面，即使已经知道了系统和过程的细节，也很难穷尽各种复杂的可能性，特别是当外部环境发生改变时，基于旧有经验定义的过程很难被修正。机器学习的一个巨大优势在于，设计者不必定义具体的流程细节，只需告诉机器一些通用知识，定义一些足够灵活的通用结构（如图模型定义的概率关系、神经网络定义的拓扑结构），机器即可通过观察和体验积累实际经验，对所定义的结构及其参数进行调整、改进，从而获得面向特定任务的处理能力。

总的来说，机器学习是一种强大的技术，它使计算机能够从数据中提取知识并进行智能决策[4]。通过不断的学习和改进，机器学习模型在各个领域都取得了令人瞩目的成就，从自动驾驶汽车到医疗诊断，都有着广泛的应用前景。

那么机器学习还有哪些优势呢？这个问题要从以下几个方面来讲，它们分别是数据组成、算法性能、数据维度。

**（1）数据组成**

在机器学习中，数据扮演着至关重要的角色[5]。数据是机器学习的基石，它为算法提供了学习的材料和指导，从而使机器能够通过模式识别、趋势发现和关联分析等方式提取有价值的信息。机器学习利用数据来训练模型，使其能够在未来的数据中作出准确的预测、分类和决策。

在处理的数据方面，传统编程处理的数据往往都是简单的数据或存在数据库里的关系型数据，经常的操作是对数据的增删改查（CRUD），而机器学习处理的数据一般都是很大的数据，经常把它叫作数据集，为了高效处理这些数据，我们需要用到向量、矩阵或多维数组来存储和表达。这里列举可能会遇到的几类数据集。

① 向量数据：2D 张量，形状为（samples，features）。这是最常见的数据，以手写数字识别为例，假设我们有一组包含 1000 张 14×14 像素的手写数字图片，每张图片可以被看作是一个包含了 196 个像素的向量，将这 1000 张图片整理成一组数据，可以用一个二维张量来表示，在这个张量中，第一个维度代表样本（图片的数量），第二个维度代表特征（像素的数量）。所以，这个二维张量的形状是（1000，196），其中 1000 表示有 1000 张图片，

196 表示每张图片包含了 196 个像素。

② 时间序列数据或序列数据：3D 张量，形状为（samples，timesteps，features）。当时间或序列的顺序对数据分析至关重要时，我们可以将数据组织为带有时间轴的 3D 张量，其中第一个维度表示样本，第二个维度表示时间步，第三个维度表示特征。例如，考虑气象数据集，其中每小时记录温度、湿度和风速 3 个信息，如果我们收集了 365 天的数据，每天 24 小时，那么整个数据集可以被编码为一个 3D 张量，形状为（365，24，3）。在这个张量中，每个样本是一个包含温度、湿度和风速的向量序列，每个向量表示一小时的数据，整个数据集就形成了一个时间序列的 3D 表示。另一个例子是自然语言处理中的文本数据，考虑一个问题-回答数据集，每个数据样本包含一个问题和一个回答，我们可以将问题和回答分别编码为向量，然后将每个问题-回答对作为一个样本，如果我们有 1000 个这样的对话，那么我们可以将它们组织成一个形状为（1000，2，vector _ dim）的 3D 张量。这里，每个样本是一个包含问题和回答向量的序列，而整个数据集形成了一个问题-回答序列的 3D 表示。

③ 图像：4D 张量，形状为（samples，height，width，channels）或（samples，channels，height，width）。图像通常包含样本、高度、宽度和颜色通道。注意，灰度图像（如 MNIST 数字图像）只有一个颜色通道，因此可以被存储在 2D 张量中，但通常为了统一处理，图像数据仍然被表示为 3D 或 4D 张量。以一个例子来说明，假设我们有一组 128 张尺寸为 256×256 的灰度图像，这些图像可以被编码为一个 4D 张量，形状为（128，256，256，10），其中每个样本是一个高度为 256，宽度为 256，通道数为 1 的图像。同样地，如果我们有 128 张尺寸为 256×256 的彩色图像，那么这些图像可以被编码为一个形状为（128，256，256，3）的 4D 张量。在这个张量中，每个样本都是一个具有 256×256 像素的图像，颜色通道可以是 1（灰度）或 3（彩色）。

**（2）算法性能**

尽管机器学习在理论上难以完全证明其有效性，然而在实际问题中却展现了显著的成效，而这种成效并没有形成一个统一的系统理论。例如，各种机器学习模型的背后机制为何有效，以及它们的本质原理是什么、如何在不同情景下应用，这些问题仍然不易完全解释。此外，对于特定的数据和问题，如何选择合适的模型组合、参数调整，以及如何根据不同模型和数据进行训练，都需要实践。

因此，机器学习领域被认为是高度注重实际应用和工程性的领域。虽然这一领域的成功仰赖于大量的实验结果，而非一套完整的理论指导，但这并不否定理论在其中的重要性。实际上，理论仍然在为模型和算法提供基础，尽管在应用时需要结合实际问题进行灵活调整。

机器学习的特性决定了它更像一门工程科学，需要在实际问题中进行不断尝试、调整和改进。虽然它不同于数学或物理学，无法仅凭纸上的推导就实现突破性进展，但正是这种实践驱动的特点使得机器学习能够逐步优化模型和算法，不断靠近解决实际问题的最佳方法。这也是人工智能领域发展过程中的一个重要因素，为其曲折的发展路径提供了一种合理解释。

**（3）数据维度**

在机器学习中，维度是指数据集中的特征数量或属性数量。数据的每个维度都代表了一个独立的特征或属性，用于描述样本的某个方面。维度的数量可以影响数据的复杂性和模型的性能，因此在数据处理和模型选择时需要考虑。

举个例子，考虑一个房屋价格预测的数据集，其中每个房屋有几个属性，如面积、卧室数量和距市中心的距离。每个属性都可以看作一个维度，整个数据集的维度取决于包含的属性数量。如果我们有这三个属性，那么每个样本（即每个房屋）就可以在一个三维的空间中表示，其中每个维度分别对应一个属性。

维度在机器学习中具有重要意义，因为它关系到数据的复杂性和模型的可行性。维度的增加可能导致“维度灾难”，即数据稀疏性增加，模型难以处理。因此，在实际应用中，通常会考虑特征选择和降维等技术，以减少维度的数量，同时保留对问题有用的信息。

### 5.1.2 机器学习的分类

随着信息时代对数据处理的要求逐渐增加，机器学习理论不断发展，其研究方向也变得越来越多元化。下面，在介绍具体方向前，先进行梳理，以便大家能够对机器学习有一个系统化、全局化的认识。

从上文可知，数据是机器学习的重要组成部分，而数据的标签作为刻画样本的重点信息，往往是研究者们最为关注的内容之一。以标签有无为依据，可以将机器学习分为监督学习与无监督学习两大方向。

监督学习依据标签是连续还是离散，可以被分为回归模型与分类模型。

监督学习中的回归模型是一种用于预测连续数值输出的算法。它们在处理问题时，尝试从输入特征中学习出一个规律，以便在给定新的输入时，能够预测出相应的数值输出。

举个例子来说，想象你在考虑预测房屋价格，这就是一个典型的回归问题，你会收集一些关于房屋的特征，比如面积、卧室数量、地理位置等。然后，你会使用这些特征来训练一个回归模型，使其能够从已知的数据中学习出房屋特征与价格之间的关系，一旦模型训练好了，你可以输入新的房屋特征，模型会根据学到的规律，预测出相应的房屋价格。

回归模型的目标是找到一个合适的函数，能够最好地拟合训练数据，以在未知数据上取得准确的预测。

回归模型学习的是特征与连续标签之间的映射函数，函数的特性决定了回归模型的类型。若特征与标签之间呈线性关系，满足一个多元一次函数，则该模型为线性回归，反之则为非线性回归。

监督学习中的分类模型是一种用于对数据进行分类的算法。分类模型旨在从已知的数据中学习模式和规律，以便将输入数据分为不同预定义类别中的一种。

举个例子来说，你正在处理一个电子邮件分类的问题，你有一些已标记好的电子邮件，分为“垃圾邮件”和“非垃圾邮件”两类。你可以使用这些数据来训练一个分类模型，使其能够从电子邮件的特征（如单词出现频率、邮件长度等）中学习出如何区分垃圾邮件和非垃圾邮件。一旦模型训练好了，你可以将新的未标记邮件输入模型，模型将根据学到的规律，预测这封邮件是垃圾邮件还是非垃圾邮件。

分类模型的目标是在输入特征和已知类别之间建立一个映射，以便在未知数据上进行准确的分类。

与回归模型不同的是，我们既可以通过学习样本与离散标签间的映射关系来完成分类任务，也可以从数据生成的角度来考虑完成分类任务。因此，可以将分类模型分为判别模型与生成模型。在判别模型中，若映射关系可以利用映射函数直接学习得到，则称这种判别模型为非概率判别模型，若确定的映射关系未必存在，则可以间接通过计算样本被分为某类的概率来辅助分类，这种判别模型被称为概率判别模型。非概率判别模型涉及的方法多样，如深度学习、K最近邻、支持向量机、决策树与随机森林等。其中，深度学习由于能够挖掘海量数据下的深层特征，模型表现较优，故近年来被广泛运用。为了提高这些非概率判别模型的泛化性，可以考虑将多个模型进行整合，获得高集成度模型，这种方法被称为集成学习。生成模型利用联合概率，能够通过不同类别后验概率的大小完成分类，也能通过联合概率直接生成新数据，贝叶斯分类器正是依据贝叶斯公式获得后验概率的生成模型。

无监督学习并不依赖样本的标签，它能够学习到数据的内在结构或深层特征，本书将介绍最常见的无监督学习方法——聚类。“物以类聚，人以群分”是聚类算法的核心思想。

除了处理标签问题外，有时候数据本身可能呈现出复杂的结构，如果我们仍然使用之前介绍的简单方法来处理这种情况，模型可能无法很好地适应这种复杂性，导致预测误差较大。举个例子，如果我们要处理一个句子，希望对其中的每个词进行标注，简单的概率模型可能无法很好地处理这种情况。

为了解决这种复杂概率分布建模的问题，本书介绍概率图模型，特别适用于具备特殊结构的数据。其中，基于有向图的概率图模型被称为贝叶斯网络，而基于无向图的概率图模型则被称为马尔可夫网络。

本节介绍机器学习五个主要的大类研究方向：监督学习、无监督学习、深度学习、强化学习和结构学习。其中，对于监督学习、无监督学习、深度学习，本书后文将分别进行详细介绍。对于结构学习，本书将主要以概率图模型为例，对其进行简要介绍。对于强化学习，本书将不会对该领域进行过多介绍，感兴趣的读者可以自行查阅相关资料。

**（1）监督学习**

监督学习（supervised learning），也称为有监督学习，是指从标记数据（label the data）中学习或建立一个模型，并利用该模型预测新数据的输出。在监督学习中，给定的训练数据是已经被标签标记的数据，也就是标记数据。

通常，可以根据输出的值是离散的（discrete）还是连续的（continuous）来区别监督学习中的分类模型和回归模型。

① 回归模型。回归模型（regression model）：回归模型的目标是找到一个函数，该函数可以将特征映射到目标变量的预测值，即用于预测数据的输出。

**【例 5.1】** 在图 5-1 所示的预测房价模型中，每栋房屋表示一个样本，输入值为样本的特征值，在这个问题中也就是房屋的面积，输出值为房屋的价格，为实数。

图 5-1 中的点为样本点，而直线则代表拟合出的预测房价。

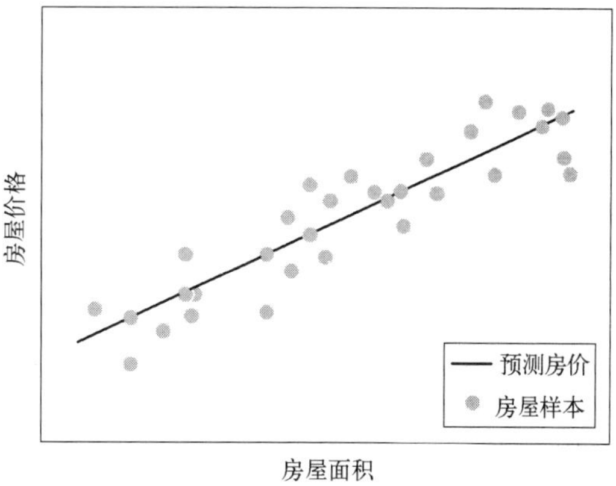


图 5-1 预测房价的模型

② 分类模型。分类模型（classification model）：分类模型的目标是通过优化分类模型，尽可能准确地将所有样本划分到正确的类别，并能够对新样本进行正确的分类标签预测。

**【例 5.2】** 使用合适的决策边界（直线）将坐标平面划分为两个区域，使得坐标平面上的点尽可能按照颜色分类到同一个区域。如图 5-2 所示，每个点代表一个样本，输入值为点的坐标（$x_1$，$x_2$），输出值为点的颜色 $y\in\{0,1\}$，$y=1$ 为浅色的点，$y=0$ 为深色的点。

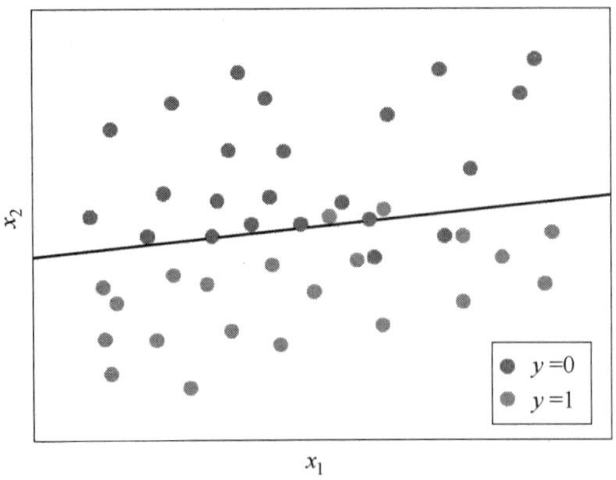

图 5-2　分类模型

**（2）无监督学习**

与监督学习的训练数据必须是标记数据不同，无监督学习的数据是不含标签的。

在监督学习中，训练数据是有标签的，这意味着每个样本都有已知的分类标签。举个简单的例子，在监督学习中，我们可以使用带有标签的图像数据，如可乐、雪碧和酸奶的图片，来训练模型。这个模型在训练过程中学会了如何根据图像的特征将其分类到不同的标签类别中。然后，当模型接收到新的未见过的图像时，它能够预测并输出该图像所属的标签。

而在无监督学习中，训练数据是没有标签（unlabeled data）的，通常，我们会使用相似度度量方法和聚类算法来构建模型。以图像为例，无监督学习模型可以根据图像之间的相似性将它们聚类成不同的组，虽然每个组别没有明确的标签，但同一组内的图像可能具有相似的特征，例如都是酸奶的图片。

有监督学习中训练数据带有标签，模型通过学习标签信息来分类新的数据。无监督学习是从无标记数据中学习或建立一个模型，并利用该模型预测新数据的输出。

在无监督学习中，样本的标签是未知的，进行学习的目的是推断出样本数据的潜在结构及规律。无监督学习的常见任务有聚类等。

**【例 5.3】** 将样本集按照位置分为数类。在这个例子中，样本被划分到不同的类中，凭借的是它们之间的相似度（similarity），相似度高的样本被划分为一类，在图 5-3 中，所有样本被划分为三类，类内的样本相似度比不同类之间的样本的相似度更高。

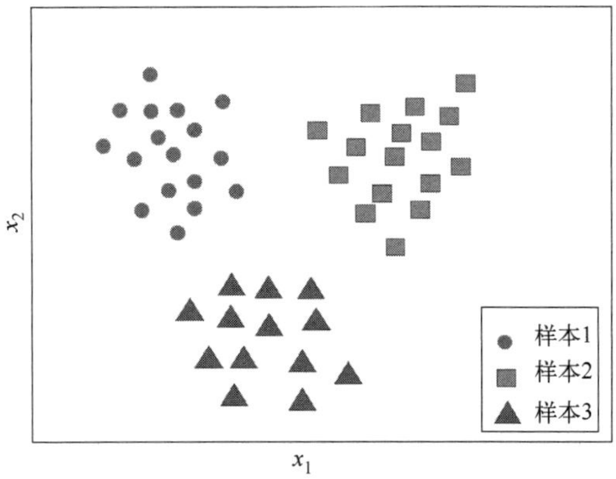

图 5-3　无监督学习的聚类

**（3）深度学习**

随着科技的进步，大数据的生成呈现爆炸性增长，这使得我们迫切需要一种方法来探索海量数据中隐藏的深层特征。受到生物神经系统结构的启发，研究者们提出了神经网络，以此来学习数据中的深层表示。深度学习作为机器学习领域的热点，其兴起正是基于对神经网络的进一步发展而来。

通常，神经网络被划分为输入层、隐藏层和输出层。图 5-4 展示了一个简单的神经网络，它包含输入层、隐藏层以及输出层，在网络的各层之间，存在着权重矩阵，这些权重矩阵是在训练过程中不断更新的参数。通过神经网络，输入数据经过一系列层间计算，最终得出一个或多个输出结果。隐藏层的层数可以根据需求灵活设定，一般而言，随着隐藏层数量的增加，样本特征的抽象程度也增加，网络的性能随之提升，但同时计算复杂度也大大上升。

深度学习本身既可作用于监督学习，也可作用于无监督学习。

深度学习（deep learning）是一种基于人工神经网络（artificial neural network）架构的

表征学习（representation learning）方法。它通过层层叠加的神经网络结构，逐步地从输入数据中提取和处理特征，这种逐层的处理方式能够让模型从不同的角度学习事物的特征，从而更好地理解数据。在深度学习中，每一层都对前一层的输出进行进一步的变换和抽象，最终实现了对复杂特征的高层次表示，这使得深度学习在处理大量复杂数据时表现出色。

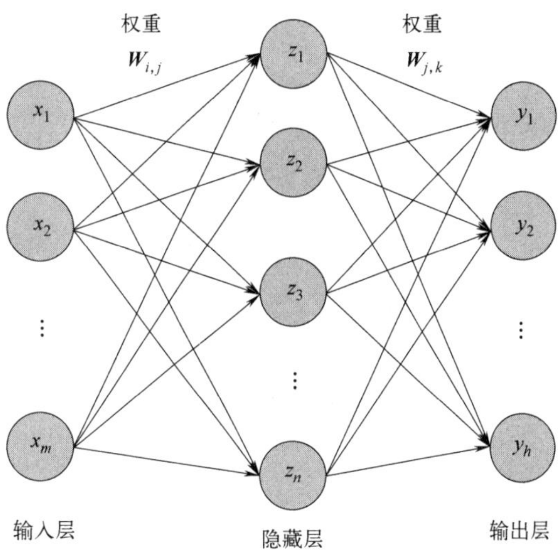

图 5-4　一个简单的神经网络

**（4）强化学习**

强化学习（reinforcement learning）是一种机器学习的分支，它关注如何使智能体（比如机器人、程序等）在与环境互动的过程中，通过试错来学习作出最佳决策。强化学习的目标是让智能体在不断尝试和观察的基础上，学会在不同情境下采取行动，以最大化预期的累积奖励。

简单来说，强化学习就像是一个智能体在探索一个未知世界，它会尝试不同的行动，然后根据环境的反馈来判断哪些行动是好的，哪些是不好的。通过不断试错和优化，智能体逐渐学会了如何作出最佳的决策，以获得最大的奖励。

强化学习的构成部分有智能体（agent）、环境（environment）、状态（state）、行动（action）、奖励（reward），其中：智能体是指进行决策和行动的实体，可以是机器人、程序等；环境是指智能体进行互动的场景，环境会根据智能体的行动提供反馈；状态是指描述环境某一时刻的情况，智能体根据状态来作决策；行动是指智能体在某个状态下采取的动作；奖励是指环境根据智能体的行动和状态提供的评价，反映行动的好坏。

在强化学习的模型中，输入数据不仅仅作为输入，它同时也是对当前模型的反馈，模型根据得到的反馈信息立刻对所用的策略作出相应的调整。如今很多技术都用到了强化学习，如动态系统以及机器人控制，而常见的强化学习算法有 Q-Learning 以及时间差学习（temporal difference learning）。

微软 AI 通过强化学习算法进行吃豆人游戏（如图 5-5 所示），学习以人类的思维来完成游戏任务。

**（5）结构学习——以概率图模型为例**

概率图模型（probabilistic graphical model，PGM）是一种用图论方法来描述多个随机变量之间相互关系的建模技术。在现实世界中，许多变量之间可能存在复杂的概率关系，而概率图模型通过图的形式将这些关系可视化出来。

在概率图模型中，样本是由多个节点和边构成的图，由 $G=(V, E)$ 表示，其中，$V$ 表示节点，也就是随机变量，$E$ 表示边，也就是这些随机变量之间的概率依赖关系。

概率图模型大致上可以分为两种，一种是贝叶斯网络（Bayesian network），又称为有向图模型（directed graphical model），另一种是马尔可夫网络（Markov networks），又称为无向图模型（undirected graphical model）。

贝叶斯网络是用于表示因果关系的，每个节点代表一个随机变量，而边表示这些变量之

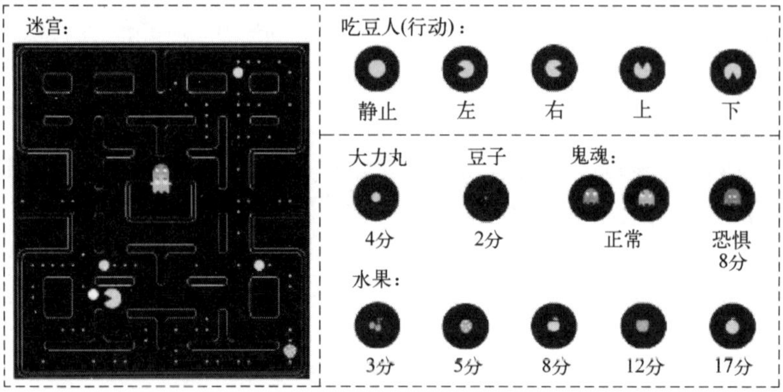


图 5-5 吃豆人游戏

间的因果依赖关系，如果一个节点连接到另一个节点，意味着前者的变化可能导致后者发生变化。这有助于我们理解变量之间的因果关系，比如雨天可能导致街道湿滑。通过构建贝叶斯网络，我们可以推断未知变量的概率分布，或者根据已知变量进行预测，贝叶斯网络特别适用于不确定性问题，因为它们能够量化不同变量之间的概率关系。

马尔可夫网络是一种用于表示变量之间相关性的工具，帮助我们理解和分析不同变量之间的统计关联。在马尔可夫网络中，每个节点表示一个变量，而边则表示这些变量之间的统计关联，如果两个节点之间存在一条边，意味着这两个变量之间存在一种统计相关性，即一个变量值的变化可能会影响另一个变量的值。通过构建马尔可夫网络，我们可以理解变量之间的相关性，以及它们如何一起变化，这对于数据分析和模式识别非常有用，因为它们帮助我们在数据中发现隐藏的模式和规律。

图 5-6 展示了有向图与无向图的大致结构。

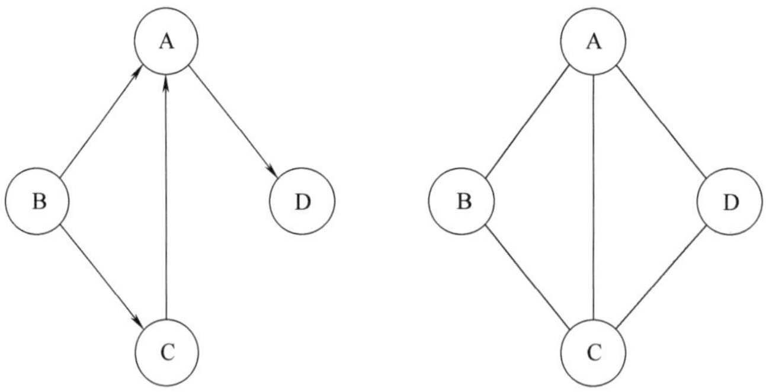


(a)有向图 (b) 无向图

图 5-6 有向图和无向图

# 5.2 典型机器学习方法

## 5.2.1 决策树方法

**（1）决策树的基本概念**

决策树[6-8] 是一种常用的监督学习算法，用于解决分类和回归问题。它的工作原理类似于我们在日常生活中作决策的过程，由于这种决策画成图形很像一棵倒置的树，故称决策树。决策树的生成算法有 ID3 算法、C4.5 算法和 CART 算法等。

决策树算法采用树形结构，使用层层推理来实现最终的分类，决策树由下面几种元素构成。

① 根节点：样本全集；

② 内部节点：对应特征属性测试；

③ 叶节点：决策的结果；

④ 从根节点到每个叶节点的路径对应一个判定测试序列。

一般的，一棵决策树包含一个根节点、若干个内部节点和若干个叶节点。

决策树的基本结构如图 5-7 所示。

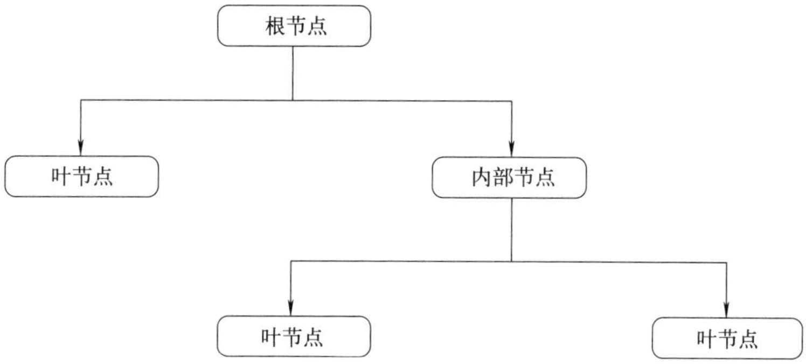


图 5-7　决策树基本结构

预测时，在树的内部节点处用某一属性值进行判断，根据判断结果决定进入哪个分支节点，直到到达叶节点处，得到分类结果。

决策树是最简单的机器学习算法，它易于实现，可解释性强，完全符合人类的直观思维，有着广泛的应用。

**（2）决策树的算法流程**

决策树的构建是一个逐步分割的过程，采用递归方法，在构建过程中，会出现三种情况导致递归返回。

① 同一类别的样本：如果当前节点包含的所有样本都属于同一类别，那么该节点会被标记为叶节点，并且赋予相应的类别标签。

② 属性集为空或样本属性相同：如果当前节点的属性集为空，或者所有样本在所有属性上取值都相同，无法进行有效分割，那么该节点将被标记为叶节点，并且其类别会被设置为该节点所含样本中最多的类别。

③ 样本集为空：如果当前节点包含的样本集合为空，无法继续划分，那么同样将该节点标记为叶节点，其类别也会被设置为父节点中所含样本最多的类别。

算法的基本流程如下所示。

输入：训练集，其中每个样本都有一对属性和类别的值，$D=\{(x_1,y_1),(x_2,y_2),\cdots,(x_m,y_m)\}$；

属性集 $A=\{a_1,a_2,\cdots,a_d\}$，包含了模型可以使用的各种属性。

过程：函数 TreeGenerate(D，A)

1. 创建一个节点 node；
2. 若训练集 $D$ 中所有样本都属于同一类别 C，将当前节点 node 标记为 C 类叶节点，结束；

3. 若属性集 $A$ 为空，或者训练集 $D$ 中样本的类别在属性集 $A$ 上取值相同，将当前节点标记为叶节点，其类别设为 $D$ 中样本数最多的类，结束；

4. 从属性集 $A$ 中选择最优划分属性 $a_*$ 进行划分；

5. 对于选定的属性 $a_*$，遍历其每一个可能的取值 $a_*^v$；

6. 为当前节点生成一个分支；

7. 根据属性 $a_*$ 上的取值 $a_*^v$，将训练集 $D$ 分成子集 $D_v$；

8. 如果子集 $D_v$ 为空，则将当前分支节点标记为叶节点，类别为 $D$ 中样本数最多的类，结束；

9. 否则，递归调用 TreeGenerate($D_v$, $A\{a_*\}$)，以 $D_v$ 和去除 $a_*$ 后的属性集 $A\{a_*\}$ 为输入，作为分支节点，继续构建子树；

10. 完成所有可能的取值后，返回以 node 为根节点的一棵决策树。

输出：生成的决策树，其中每个节点表示一个属性的划分或叶节点，叶节点包含一个类别标签。

可以看出：在决策树学习中，关键在于第 8 步，即如何选择合适的划分属性。不同的划分属性会导致不同的子分支结构，从而影响整个决策树的性能。划分属性的选择旨在使得每个子节点尽可能“纯净”，即包含同一类别的样本，这有助于决策树更好地理解数据并作出准确的预测。决策树最常用的算法有三种：ID3、C4.5 和 CART。

**（3）ID3 算法**

ID3 是最早提出的决策树算法，特别适用于处理分类问题，它通过逐步选择最优的属性来划分数据集，从而生成一个能够帮助我们作出决策的树状结构。

ID3 算法使用信息增益为准则来选择划分属性，“信息熵”（information entropy）是度量样本结合纯度的常用指标，假定当前样本集合 $D$ 中第 $k$ 类样本所占比例为 $p_k$，则样本集合 $D$ 的信息熵定义为

$$\mathrm{Ent}(D) = -\sum_{k=1}^{|y|} p_k \log_2 p_k \tag{5-1}$$

通过这个公式可知，$\mathrm{Ent}(D)$ 的值越小，则 $D$ 的纯度越高。

假定通过离散属性 $a$ 来划分样本集 $D$，产生了 $V$ 个分支节点，其中第 $v$ 个分支节点包含了 $D$ 中所有在属性 $a$ 上取值为 $a^v$ 的样本，记为 $D^v$。我们可根据上式计算出 $D^v$ 的信息熵，再考虑到不同的分支节点所包含的样本数不同，给分支节点赋予权重 $\frac{|D^v|}{|D|}$，即样本数越多的分支节点的影响越大，于是可计算出用属性 $a$ 对样本集 $D$ 进行划分所获得的“信息增益”（information gain）。

$$\mathrm{Gain}(D, a) = \mathrm{Ent}(D) - \sum_{v=1}^{V} \frac{|D^v|}{|D|} \mathrm{Ent}(D^v) \tag{5-2}$$

ID3 算法在构建决策树的过程中，会根据训练数据和属性的信息增益来评估每个属性的重要性，选择信息增益最大的属性作为划分依据。信息增益可以理解为使用某个属性来划分数据后，数据的不确定性减少的程度。信息增益越大，表示使用该属性划分样本集 $D$ 的效果越好。

**（4）C4.5 算法**

C4.5 算法是 ID3 的改进版，同样用于解决分类问题，不是直接使用信息增益，而是引入“增益率”指标作为特征的选择依据。

C4.5 算法的核心思想是选择那些能够在划分后使子节点“纯净”且产生更均衡分支的属性作为划分依据。因为 ID3 算法存在一个问题，就是偏好具有更多取值的属性，例如：如果存在一个唯一标识，这样样本集 $D$ 将会被划分为 $|D|$ 个分支，每个分支只有一个样本，这样划分后的信息熵为零，十分纯净，但是对分类毫无用处。所以 C4.5 算法使用了“增益率”（gain ratio）来选择划分属性，以避免这个问题带来的困扰，增益率定义为

$$\text{Gain}_{\text{ratio}(D,a)}=\frac{\text{Gain}(D,a)}{\text{IV}(a)} \tag{5-3}$$

其中

$$\text{IV}(a)=-\sum_{v=1}^{V}\frac{|D^v|}{|D|}\log_2\frac{|D^v|}{|D|} \tag{5-4}$$

称为属性 $a$ 的“固有值”，当 $a$ 属性的取值越多（即 $V$ 越大），则 IV($a$) 值越大。

需注意的是，增益率准则对可取值数目较少的属性有所偏好，因此，C4.5 算法并不是直接选择增益率最大的候选划分属性，而是先从候选划分属性中找出信息增益高于平均水平的属性，再从中选择增益率最高的。

**（5）CART 算法**

CART 算法是一种用于构建分类和回归树的强大算法，它能够解决不同类型的问题，包括分类和预测数值。CART 算法的核心思想是将数据划分为不同的子集，每个子集都尽可能纯净。对于分类问题，这意味着子集中的样本都属于同一类别。对于回归问题，这意味着子集中的值尽量接近目标预测值。

CART 算法使用了基尼指数（Gini index）取代了信息熵模型。

CART 决策树使用基尼指数来选择划分属性，基尼指数反映的是从样本集 $D$ 中随机抽取两个样本，其类别标记不一致的概率，因此 Gini($D$) 越小越好，基尼指数定义如下：

$$\text{Gini}(D)=\sum_{k=1}^{|y|}\sum_{k'\neq k}p_k p_{k'}=1-\sum_{k=1}^{|y|}p_k^2 \tag{5-5}$$

任取两个样本类别不一致的概率越小，表示集合越纯。

进而，使用属性 $a$ 划分后的基尼指数为

$$\text{Gini}_{\text{index}(D,a)}=\sum_{v=1}^{V}\frac{|D^v|}{|D|}\text{Gini}(D^v) \tag{5-6}$$

故选择基尼指数最小的划分属性。

需要注意的是，CART 算法是一种递归分割的方法，它将数据不断划分为更小的子集，直到达到停止条件，比如子集中的样本数小于某个阈值或纯度已经足够低。生成的树可能会过于复杂，为了避免过拟合，通常会进行剪枝，即去掉一些不必要的分支。

**（6）剪枝处理**

剪枝（pruning）是决策树构建中的一种重要技术，它的目的是避免过度拟合，使得构建出来的决策树更加泛化和适应新数据。在决策树学习中，为了尽可能正确分类训练样本，节点划分过程将不断重复，有时会造成决策树分支过多，变得过于复杂，这时就可能因训练样本学得“太好”了，以至于把训练集自身的一些特点当作所有数据都具有的一般性质而出现过拟合，导致在新数据上表现不佳。因此，可通过主动去掉一些分支来降低过拟合的风险。

决策树剪枝的基本策略有“预剪枝”（pre-pruning）和“后剪枝”（post-pruning）。预剪

枝是指在决策树生成过程中，对每个节点在划分前先进行估计，若当前节点的划分不能带来决策树泛化性能提升，即不能提高决策树在未见过数据上的性能，则停止划分并将当前节点标记为叶节点。后剪枝则是先从训练集生成一棵完整的决策树，然后自底向上地对非叶节点进行考察，若将该节点对应的子树替换为叶节点能带来决策树泛化性能提升，则将该子树替换为叶节点。

如何判断决策树泛化性能是否提升呢？本书引用经典的西瓜案例进行解释，如表 5-1 和表 5-2 所示的数据，将其随机划分为两部分，编号为｛1，2，3，6，7，10，14，15，16，17｝的样例组成训练集，编号为｛4，5，8，9，11，12，13｝的样例组成验证集。

表 5-1　西瓜数据集划分出的训练集

| 编号 | 色泽 | 根蒂 | 敲声 | 纹理 | 脐部 | 触感 | 结果 |
|---|---|---|---|---|---|---|---|
| 1 | 青绿 | 蜷缩 | 浊响 | 清晰 | 凹陷 | 硬滑 | 好瓜 |
| 2 | 乌黑 | 蜷缩 | 沉闷 | 清晰 | 凹陷 | 硬滑 | 好瓜 |
| 3 | 乌黑 | 蜷缩 | 浊响 | 清晰 | 凹陷 | 硬滑 | 好瓜 |
| 6 | 青绿 | 稍蜷 | 浊响 | 清晰 | 稍凹 | 软黏 | 好瓜 |
| 7 | 乌黑 | 稍蜷 | 浊响 | 稍糊 | 稍凹 | 软黏 | 好瓜 |
| 10 | 青绿 | 硬挺 | 清脆 | 清晰 | 平坦 | 软黏 | 坏瓜 |
| 14 | 浅白 | 稍蜷 | 沉闷 | 稍糊 | 凹陷 | 硬滑 | 坏瓜 |
| 15 | 乌黑 | 稍蜷 | 浊响 | 清晰 | 稍凹 | 软黏 | 坏瓜 |
| 16 | 浅白 | 蜷缩 | 浊响 | 模糊 | 平坦 | 硬滑 | 坏瓜 |
| 17 | 青绿 | 蜷缩 | 沉闷 | 稍糊 | 稍凹 | 硬滑 | 坏瓜 |

表 5-2　西瓜数据集划分出的验证集

| 编号 | 色泽 | 根蒂 | 敲声 | 纹理 | 脐部 | 触感 | 结果 |
|---|---|---|---|---|---|---|---|
| 4 | 青绿 | 蜷缩 | 沉闷 | 清晰 | 凹陷 | 硬滑 | 好瓜 |
| 5 | 浅白 | 蜷缩 | 浊响 | 清晰 | 凹陷 | 硬滑 | 好瓜 |
| 8 | 乌黑 | 稍蜷 | 浊响 | 清晰 | 稍凹 | 硬滑 | 好瓜 |
| 9 | 乌黑 | 稍蜷 | 沉闷 | 稍糊 | 稍凹 | 硬滑 | 坏瓜 |
| 11 | 浅白 | 硬挺 | 清脆 | 模糊 | 平坦 | 硬滑 | 坏瓜 |
| 12 | 浅白 | 蜷缩 | 浊响 | 模糊 | 平坦 | 软黏 | 坏瓜 |
| 13 | 青绿 | 稍蜷 | 浊响 | 稍糊 | 凹陷 | 硬滑 | 坏瓜 |

在这个经典案例中，假定采用信息增益准则来进行划分属性选择，则从表 5-1 的训练集将会生成一棵如图 5-8 所示的决策树。

① 预剪枝。基于信息增益的标准，选择使用属性“脐部”来对训练集进行划分，从而生成了 3 个分支，这一过程如图 5-9 所示。然而，在作出这个划分之前，应该仔细考虑：这个划分是否真的适合？预剪枝技术的一个关键任务是在划分之前和之后对模型的泛化性能进行评估和预测。

在划分之前，所有样例都聚集在根节点，如果不进行划分，根据前文算法的基本流程的第 6 行，该节点会被标记为叶节点，并被赋予训练样例中最多的类别标签，在这种情况下，假设将这个叶节点标记为“好瓜”。接着，使用表 5-2 中的验证集对这个仅包含单节点的决策树进行评估，结果显示，其中编号为｛4，5，8｝的样例被正确分类，而另外4个样例则被错误分类。基于这些结果，验证集的准确率为45.5%。

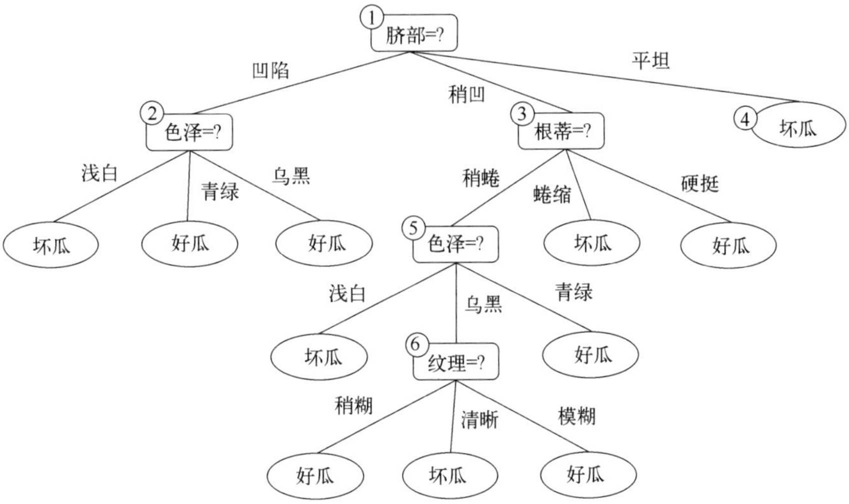

图 5-8　基于表 5-1 生成的未剪枝决策树

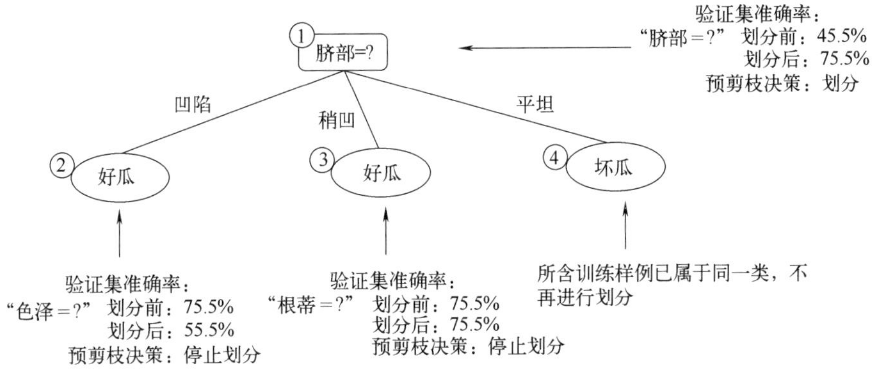

图 5-9　基于表 5-1 生成的预剪枝决策树

采用属性“脐部”划分后，图5-9中的节点②、③、④分别包含编号为｛1,2,3,14｝、｛6,7,15,17｝、｛10,16｝的训练样例，因此这3个节点分别被标记为叶节点“好瓜”“好瓜”“坏瓜”。此时，验证集中编号为｛4,5,8,11,12｝的样例被分类正确，验证集准确率为75.5%，大于划分前的准确率45.5%，采用划分的预剪枝策略。

然后，决策树算法基于信息增益准则，挑选属性“色泽”对节点②进行划分。然而，在使用“色泽”划分后，编号为｛5｝的验证集样本分类结果出现错误，划分后验证集准确率下降到55.5%。因此，节点②处停止划分。

对节点③，最优划分属性为“根蒂”，划分后验证集准确率仍为75.5%，这个划分不能提升验证集精度，于是，节点③处停止划分。

对节点④，其所含训练样例已属于同一类，不再进行划分。

于是，基于预剪枝策略从表5-1数据所生成的决策树如图5-9所示，其验证集准确率为75.5%。这是一棵仅有一层划分的决策树，亦称“决策树桩”(decision stump)。

将图5-9和图5-8进行比较，可以观察到预剪枝的决策树分支较少，这不仅降低了过度拟合的可能性，还显著减少了决策树的训练和测试时间。然而，需要注意的是，某些分支在当前的划分中被停止，虽然它们在当前划分下不能提升泛化性能，甚至可能会导致泛化性能的短期下降，然而，这些分支在后续的划分中可能会导致性能显著提升。预剪枝基于"贪心"的原则，限制了这些分支的展开，这可能会使决策树陷入欠拟合的风险，即模型过于简单，无法很好地拟合数据的真实规律，导致其预测能力不足。

② 后剪枝。后剪枝先从训练集生成一棵完整决策树，例如基于表 5-1 的数据可以得到如图 5-8 所示的决策树。

在后剪枝过程中，首先会考虑图 5-8 中的节点⑥。如果将节点⑥的分支剪除，就相当于将其替换为一个叶节点，这个叶节点包含编号为｛7,15｝的训练样本，并被标记为"好瓜"类别。这一剪枝操作使得决策树在验证集上的准确率提升至 55.5%。基于这个提升，后剪枝策略作出了决定，如图 5-10 所示，选择进行剪枝操作。

接着，对节点⑤进行考察，如果将以节点⑤为领衔的子树替换为一个叶节点，这个新的叶节点将包含编号为｛6,7,15｝的训练样例，并且被标记为"好瓜"类别。然而，即便在这种情况下，替换后的决策树在验证集上的准确率仍为 55.5%。基于这一结果，得出结论：不需要进行剪枝操作。

针对节点②，如果将以节点②为领衔的子树替换为一个叶节点，那么这个新的叶节点将包含编号为｛1,2,3,14｝的训练样例，同时被标记为"好瓜"类别。在这种情况下，替换后的决策树在验证集上的准确率将提高至 75.5%。基于这个结果，后剪枝策略作出了决定：进行剪枝操作。

对节点③和①，若将其领衔的子树替换为叶节点，则所得决策树的验证集准确率分别为 75.5%与 45.5%，均未得到提高，于是它们被保留，不需要进行剪枝操作。

最终，基于后剪枝策略从表 5-2 数据所生成的决策树如图 5-10 所示，其验证集准确率为 75.5%。

通过对比图 5-10 和图 5-9，可以观察到较预剪枝决策树，后剪枝决策树通常保留了更多的分支。通常情况下，后剪枝决策树的欠拟合风险较低，其泛化性能往往优于预剪枝决策树。然而，需要注意的是，后剪枝过程是在完整决策树生成之后才进行的，并需要自底向上逐一考察树中的所有非叶节点，因此，与未剪枝决策树和预剪枝决策树相比，后剪枝的训练时间要大得多。

**（7）连续值与缺失值处理**

① 连续值处理。上文中仅讨论了基于离散属性来生成决策树，但在现实学习任务中常会遇到连续属性，有必要讨论如何在决策树学习中使用连续属性。

由于连续属性的可取值数目没有限制，因此无法直接将连续属性的取值用于节点划分。在这种情况下，连续属性离散化技术变得非常有用，最常见的策略是使用二分法对连续属性进行处理，而这个方法也正是 C4.5 决策树算法所采用的机制。这种技术允许将连续属性划分为离散的分段，从而使得决策树可以更好地处理连续性数据。

这种方法的基本思想是：在给定样本集 $D$ 和连续属性 $a$ 的情况下，使用二分法寻找一个划分点 $t$，将样本集 $D$ 根据属性 $a$ 分成两个部分，一部分是属性 $a$ 的取值 $\leqslant t$ 的样本，另一部分是属性 $a$ 的取值 $>t$ 的样本。具体的步骤如下。

首先，将属性 $a$ 的所有取值按照升序排列，然后计算相邻取值的均值，作为候选划分点。这样就得到了 $n-1$ 个候选划分点，其中 $n$ 是属性 $a$ 所有取值的数目。

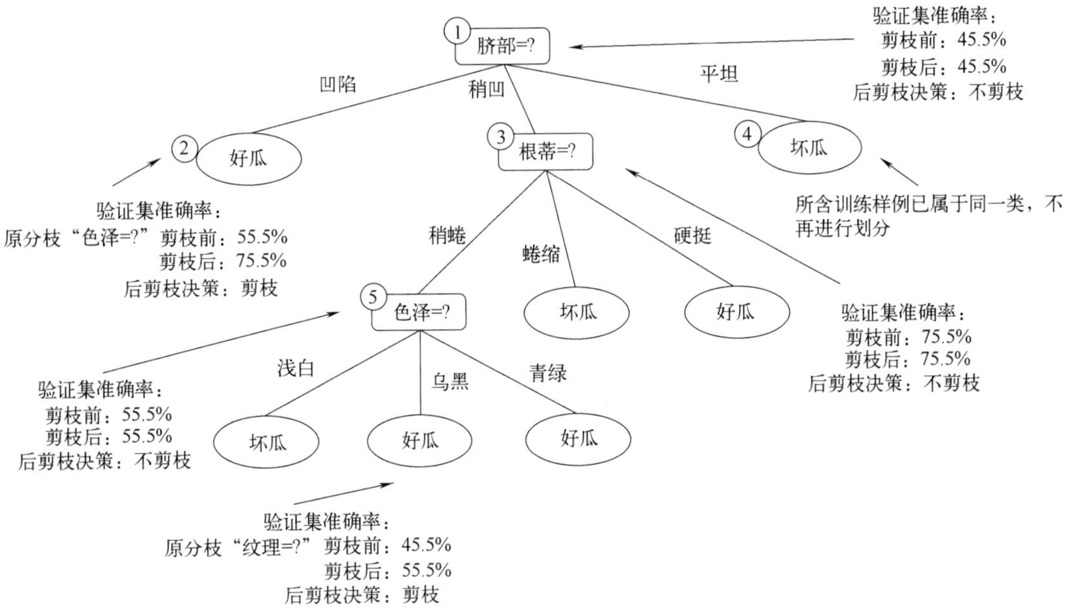


图 5-10　基于表 5-2 生成的后剪枝决策树

针对每一个候选划分点，将样本集 $D$ 按照属性 $a$ 的取值与划分点进行分割，形成两个分支。然后，计算每个划分后的分支的信息增益。

从上一步中得到的信息增益中选择最大的一个，对应的划分点被视为最优划分点。

可对式（5-2）稍加改造：

$$\begin{aligned}\mathrm{Gain}(D,a) &= \max_{t \in T_a} \mathrm{Gain}(D,a,t) \\ &= \max_{t \in T_a} \mathrm{Ent}(D) - \sum_{\lambda \in \{-,+\}} \frac{|D_t^{\lambda}|}{|D|} \mathrm{Ent}(D_t^{\lambda})\end{aligned} \tag{5-7}$$

式中，$\mathrm{Gain}(D,a,t)$ 是样本集 $D$ 基于划分点 $t$ 二分后的信息增益。于是，就可选择使 $\mathrm{Gain}(D,a,t)$ 最大化的划分点。

② 缺失值处理。在现实情况下，经常会遇到一些样本数据中存在属性值缺失的情况，有时候简单地将这些样本剔除会导致很多有用的信息被浪费。因此，在处理属性值缺失的情况下，需要解决两个问题：如何选择合适的属性来进行划分，以便构建决策树；当给定划分属性时，如果某个样本在该属性上缺失值，需要决定将其划分到哪个具体的分支上。为了解决这些问题，可以假设每个样本都有一个权重，初始时根节点中的权重被设置为 1，然后，可以定义一些策略来处理缺失值的情况，这些策略会影响样本在决策树中的划分，从而帮助我们在存在属性值缺失的情况下仍然有效地构建决策树模型。假定为样本集中的每一个样本都赋予一个权重，根节点中的权重初始化为 1，则定义：

$$P = \frac{\sum_{x \in \widetilde{D}} \boldsymbol{w}_x}{\sum_{x \in D} \boldsymbol{w}_x} \tag{5-8}$$

式中，$P$ 表示无缺失值样本所占的比例；令 $\widetilde{D}$ 表示 $D$ 中在属性 $a$ 上没有缺失值的样本子集。假定我们为每个样本 $a$ 赋予一个权重$\boldsymbol{w}_x$。

$$\widetilde{p}_k=\frac{\sum_{x\in\widetilde{D}_k}\boldsymbol{w}_x}{\sum_{x\in\widetilde{D}}\boldsymbol{w}_x}(1\leqslant k\leqslant|y|) \tag{5-9}$$

式中，$\widetilde{p}_k$ 表示无缺失值样本中第 $k$ 类所占的比例；$\widetilde{D}_k$ 表示 $D$ 中属于第 $k$ 类（$k=1$、2、…、$|y|$）的样本子集。

$$\widetilde{r}_v=\frac{\sum_{x\in\widetilde{D}^v}\boldsymbol{w}_x}{\sum_{x\in\widetilde{D}}\boldsymbol{w}_x}(1\leqslant v\leqslant V) \tag{5-10}$$

式中，$\widetilde{r}_v$ 表示无缺失值样本中在属性 $a$ 上取值 $a^v$ 的样本所占的比例；令 $\widetilde{D}^v$ 表示 $D$ 中在属性 $a$ 上取值为 $a^v$ 的样本子集。

对于第一个问题：可以通过从样本集 $D$ 中选择那些在属性 $a$ 上没有缺失值的样本子集，然后计算在这个样本子集上的信息增益，最终得到的信息增益应当是在样本子集划分之后的信息增益，乘以样本子集占整个样本集的比重。这个过程有助于我们在处理属性值缺失的情况下，更准确地选择划分属性，以便构建决策树，即：

$$\mathrm{Gain}(D,a)=P\,\mathrm{Gain}(\widetilde{D},a)=P\left[\mathrm{Ent}(\widetilde{D})-\sum_{v=1}^{V}\widetilde{r}_v\,\mathrm{Ent}(\widetilde{D}^v)\right] \tag{5-11}$$

对于第二个问题：如果在属性 $a$ 上，某个样本子集的值缺失，需要考虑如何将这个样本划分到各个分支中。在这种情况下，将该样本以不同的权重划分到所有的分支节点中，这些权重会根据每个分支所含样本的比例来进行调整。这样，该样本在不同分支节点中的权重会被重新分配，以确保在处理缺失值时能够更准确地进行决策。该样本在分支节点中的权重变为

$$\boldsymbol{W}_x=\boldsymbol{w}_x*\widetilde{r}_v \tag{5-12}$$

## 5.2.2 聚类分析方法

**（1）聚类的概念**

在无监督学习（unsupervised learning）中，我们没有训练样本的标记信息，这时我们的目标是通过对无标记的训练样本进行学习，以揭示数据的内在特点和规律，为后续的数据分析提供基础。在这类学习任务中，最广泛且应用最多的是“聚类”（clustering）[9]。

在聚类中，我们试图将数据集中相似的数据点分组到一起，形成称为“簇”的组群。每个簇都代表了一组具有共同特征或相似性的数据点。

换句话说，聚类是一种将数据分成不同组的方法，使得每个组内的数据点彼此相似，而组与组之间的数据点差异较大。通过聚类，可以发现数据中潜在的模式、趋势以及不同数据点之间的关系，从而帮助我们更好地理解数据。

例如，想象你有一个销售数据集，其中包含了顾客的购买记录，通过聚类分析，你可以将相似购买行为的顾客分到同一个簇中，从而了解不同类型的顾客群体，为制定针对性的市

场策略提供依据。

那首先的问题是如何来度量相似性（similarity measure）呢？这便是距离度量，距离度量是用来衡量数据点之间的相似性或差异性的方法。在聚类中，我们需要选择一种距离度量方法，以便将数据点划分到不同的簇中，此方法基于数据点在特征空间中的位置、方向和差异来计算相似性。通过计算数据点之间的距离，可以将相似的数据点划分到同一个簇中，从而形成具有内在结构的数据簇。那接着如何来评价聚类结果的好坏呢？这便是性能度量，性能度量为评价聚类结果的好坏提供了一系列有效性指标，一个好的聚类结果应该使得簇内数据点紧密聚集，同时使得簇间数据点分离较大。

**（2）距离度量**

距离度量是一种用来衡量两个数据点之间相似性或差异性的方法，度量距离通常需要满足一些基本性质：

非负性：距离度量始终为非负值，即对于任意的数据点 $A$ 和 $B$，距离度量 $d(A,B)\geqslant 0$；

同一性：如果两个数据点是相同的，即 $A=B$，则距离度量 $d(A,B)=0$；

对称性：距离度量在两个数据点之间是对称的，即 $d(A,B)=d(B,A)$；

三角不等式：对于三个数据点 $A$、$B$ 和 $C$，距离度量满足三角不等式，即 $d(A,C)\leqslant d(A,B)+d(B,C)$，这个性质确保了数据点之间的距离不会违背距离度量的基本逻辑。

最常用的距离度量方法是闵可夫斯基距离（Minkowski distance）：

$$\mathrm{Dist}_{\mathrm{mk}}(x_I,x_j)=\left(\sum_{u=1}^{n}|x_{iu}-x_{ju}|^{p}\right)^{\frac{1}{p}} \tag{5-13}$$

当 $p=1$ 时，闵可夫斯基距离即曼哈顿距离（Manhattan distance）：

$$\mathrm{Dist}_{\mathrm{man}}(x_I,x_j)=\|x_i-x_j\|_1=\sum_{u=1}^{n}|x_{iu}-x_{ju}| \tag{5-14}$$

当 $p=2$ 时，闵可夫斯基距离即欧氏距离（Euclidean distance）：

$$\mathrm{Dist}_{\mathrm{ed}}(x_I,x_j)=\|x_i-x_j\|_2=\sqrt{\sum_{u=1}^{n}|x_{iu}-x_{ju}|^{2}} \tag{5-15}$$

属性可以分为两种类型：连续属性和离散属性。连续属性通常可以直接用在学习器中，有时会根据具体情况进行一些处理，比如归一化等。但对于离散属性，需要进一步处理。

如果离散属性的值之间存在一定的顺序关系，那么我们可以将它们转化为连续值。例如，面积属性可以是“大”“中等”“小”，我们可以将它们转化为数值 $\{1,0.5,0\}$，这样就能保留属性之间的顺序关系。

如果离散属性的值之间没有顺序关系，通常会将它们转化为向量的形式。比如，性别属性可以是“男”和“女”，我们可以将它们转化为向量表示，例如 $\{(1,0),(0,1)\}$。

在进行距离度量时，我们可以直接使用连续属性和存在顺序关系的离散属性，因为它们可以用来表示某种程度。我们称这些属性为“有序属性”。但对于没有顺序关系的离散属性，称其为“无序属性”。显然，在计算距离时，闵可夫斯基距离等方法不适用于无序属性，因为它们无法衡量属性之间的程度关系。

对于无序属性，一般采用 VDM 进行距离的计算，例如对于离散属性的两个取值 $a$ 和 $b$，定义：

$$\mathrm{VDM}_p(a,b)=\sum_{i=1}^{k}\left|\frac{m_{u,a,i}}{m_{u,a}}-\frac{m_{u,b,i}}{m_{u,b}}\right|^p \tag{5-16}$$

式中，$m_{u,a}$ 表示在属性 $u$ 上取值为 $a$ 的样本数；$m_{u,a,i}$ 表示在第 $i$ 个样本簇中在属性 $u$ 上取值为 $a$ 的样本数；$k$ 为样本簇数。

于是，在计算两个样本之间的距离时，可以将闵可夫斯基距离和 VDM 混合在一起进行计算：

$$\mathrm{MinkoVDM}_p(x_i,x_j)=\left[\sum_{u=1}^{n_c}|x_{iu}-x_{ju}|^p+\sum_{u=n_c+1}^{n}\mathrm{VDM}_p(x_{iu},x_{ju})\right]^{\frac{1}{p}} \tag{5-17}$$

若我们定义的距离计算方法是用来度量相似性，例如下面将要讨论的聚类问题，即距离越小，相似性越大，反之，距离越大，相似性越小。

**（3）性能度量**

由于聚类算法是无监督学习方法，不像有监督学习那样，通过计算对错（即精确度或错误率）来评价学习器的优劣。一般聚类有两类性能度量指标：外部指标和内部指标。

① 外部指标。性能度量中的外部指标是一种用来评价聚类算法结果的方法，它们基于已知的标准类别信息来衡量聚类的质量。在实际应用中，我们有时知道数据点的真实分类情况，这可以作为一种参考来判断聚类是否有效。外部指标通过比较聚类结果与真实类别标签之间的差异来评估聚类算法的表现。

常见的外部指标包括准确率、精确度、召回率、F1 值等。这些指标都基于混淆矩阵来计算，混淆矩阵记录了分类结果与真实类别之间的对应关系。通过比较混淆矩阵中的各项值，可以得到算法的不同性能度量。

外部指标在评价聚类算法时提供了一种客观的方法，但也要注意它们的局限性。因为外部指标需要知道真实的类别信息，所以在一些情况下可能无法应用。此外，外部指标只能反映聚类结果与已知标签的一致性，而未考虑到聚类本身是否合理。

对数据集 $D=\{x_1, x_2, \cdots, x_m\}$，假定通过聚类给出的簇划分为 $C=\{c_1, c_2, \cdots, c_k\}$，参考模型给出的簇划分为 $C^*=\{C_1^*, C_2^*, \cdots, C_S^*\}$。相应地，令 $\boldsymbol{\lambda}$ 与 $\boldsymbol{\lambda}^*$ 分别表示与 $C$ 和 $C^*$ 对应的簇标记向量。将样本两两配对考虑，定义：

$$\begin{aligned}
a&=|SS|, SS=\{(x_i,x_j)\mid \boldsymbol{\lambda}_i=\boldsymbol{\lambda}_j, \boldsymbol{\lambda}_i^*=\boldsymbol{\lambda}_j^*, i<j\}\\
b&=|SD|, SD=\{(x_i,x_j)\mid \boldsymbol{\lambda}_i=\boldsymbol{\lambda}_j, \boldsymbol{\lambda}_i^*\neq\boldsymbol{\lambda}_j^*, i<j\}\\
c&=|DS|, DS=\{(x_i,x_j)\mid \boldsymbol{\lambda}_i\neq\boldsymbol{\lambda}_j, \boldsymbol{\lambda}_i^*=\boldsymbol{\lambda}_j^*, i<j\}\\
d&=|DD|, DD=\{(x_i,x_j)\mid \boldsymbol{\lambda}_i\neq\boldsymbol{\lambda}_j, \boldsymbol{\lambda}_i^*\neq\boldsymbol{\lambda}_j^*, i<j\}
\end{aligned} \tag{5-18}$$

式中，集合 $SS$ 包含了在 $C$ 中隶属于相同簇且在 $C^*$ 中也隶属于相同簇的样本对；集合 $SD$ 包含了在 $C$ 中隶属于相同簇但在 $C^*$ 中隶属于不同簇的样本对；$DS$ 包含了在 $C$ 中隶属于不同簇且在 $C^*$ 中隶属于相同簇的样本对；$DD$ 包含了在 $C$ 中隶属于不同簇且在 $C^*$ 中隶属于不同簇的样本对。

基于这四个值可以导出以下常用的外部评价指标。

Jaccard 系数（Jaccard coefficient，JC）：

$$\mathrm{JC}=\frac{a}{a+b+c} \tag{5-19}$$

FM 指数（Fowlkes and Mallows index，FMI）：

$$\mathrm{FMI}=\sqrt{\frac{a}{a+b}\times\frac{a}{a+c}} \tag{5-20}$$

Rand 指数（Rand index，RI）：

$$\mathrm{RI}=\frac{2(a+d)}{m(m-1)} \tag{5-21}$$

显然，上述性能度量的结果值均在［0，1］区间，值越大越好。

② 内部指标。性能度量中的内部指标是用于评估聚类算法在没有真实类别标签的情况下对数据聚类质量的指标。这些指标主要根据样本之间的相似性和差异性来衡量聚类的效果，而不考虑真实的类别信息，定义：

$$\begin{aligned}
\mathrm{avg}\,©&=\frac{2}{|C|(|C|-1)}\sum_{1\leqslant i<j\leqslant |C|}\mathrm{dist}(x_i,x_j)\\
\mathrm{diam}\,©&=\max_{1\leqslant i<j\leqslant |C|}\mathrm{dist}(x_i,x_j)\\
d_{\min}(C_i,C_j)&=\min_{x_i\in C_i,x_j\in C_j}\mathrm{dist}(x_i,x_j)\\
d_{\mathrm{cen}}(C_i,C_j)&=\mathrm{dist}(\mu_i,\mu_j)
\end{aligned} \tag{5-22}$$

式中，dist(・，・）用于计算两个样本之间的距离；$\mu$ 代表簇 $C$ 的中心点；avg ©对应于簇 $C$ 内样本间的平均距离；diam ©对应于簇 $C$ 内样本间的最远距离；$d_{\min}(C_i，C_j)$ 对应于簇 $C_i$ 与簇 $C_j$ 最近样本间的距离；$d_{\mathrm{cen}}(C_i，C_j)$ 对应于簇 $C_i$ 与簇 $C_j$ 中心点间的距离。

基于上面的四个距离，可以导出下面这些常用的内部评价指标。

DB 指数（Davies-Bouldin index，DBI）：

$$\mathrm{DBI}=\frac{1}{k}\sum_{i=1}^{k}\max_{j\neq i}\left[\frac{\mathrm{avg}(C_i)+\mathrm{avg}(C_j)}{d_{\mathrm{cen}}(\mu_i,\mu_j)}\right] \tag{5-23}$$

Dunn 指数（Dunn index，DI）：

$$\mathrm{DI}=\min_{1\leqslant i\leqslant k}\left\{\min_{j\neq i}\left[\frac{d_{\min}(C_i,C_j)}{\max_{1\leqslant l\leqslant k}\mathrm{diam}(C_l)}\right]\right\} \tag{5-24}$$

显然，DBI 的值越小越好，而 DI 则相反，值越大越好。

**（4）聚类分析的类别与 K-Means 算法流程**

聚类分析主要分为三类，分别为原型聚类、密度聚类和层次聚类。

原型聚类是聚类分析中的一种方法，其主要思想是将数据样本划分为若干个簇，每个簇由一个或多个代表性的原型点（也称为中心点）来表示。这些原型点可以是簇内样本的平均值、质心，或者是其他能够代表簇内特征的点。

在原型聚类中，每个簇都由一个原型点来定义，而不需要事先知道数据的真实类别。算法的目标是将样本划分到与其最近的原型点所对应的簇中，从而使得同一个簇内的样本更加相似，而不同簇之间的样本差异较大。

密度聚类的主要思想是基于数据点之间的密度关系来进行聚类。与传统的基于距离的聚类方法不同，密度聚类更注重数据点在空间中的分布情况，将密集的区域划分为簇，并在稀疏的区域之间进行分界。

在密度聚类中，每个数据点都被看作一个潜在簇的核心点（core point）。核心点的定义是在一个指定的半径范围内至少包含一定数量的邻居点，而密度聚类的核心思想是通过核心点之间的密度可达关系来划分簇，其中最著名的便是 DBSCAN 算法。

密度聚类的优点是可以发现任意形状的簇，对噪声数据具有较好的鲁棒性，并且不需要预先指定簇的数量。然而，它也有一些限制，比如对于密度不均匀的数据分布可能会产生不理想的结果。

层次聚类的主要思想是通过逐步合并或分割数据点来构建一个层次结构的聚类结果。在层次聚类中，数据点首先被视为单独的簇，然后通过不断合并最近的簇或者分割簇来形成层次结构，常用的是自底向上的结合策略（AGNES 算法）。

层次聚类的优点是能够自动构建一个层次化的聚类结果，不需要预先指定簇的数量，它还可以将数据点组织成一个树状结构，方便进行可视化和分析。然而，层次聚类的计算复杂度较高，特别是当数据点较多时。

本小节只对原型聚类中的 K-Means 算法进行简单介绍，K-Means 的思想十分简单，首先随机指定类中心，根据样本与类中心的远近划分类簇，接着重新计算类中心，迭代直至收敛。K-Means 算法的优点是简单且易于实现，适用于大规模数据集。

K-Means 算法[10,11] 的迭代过程并不是由主观地想象得出，事实上，若将样本的类别看作“隐变量”（latent variable），类中心看作样本的分布参数，这一过程正是通过 EM 算法的两步走策略而计算出，其根本的目的是最小化平方误差函数 $E$：

$$E=\sum_{i=1}^{k}\sum_{x\in C_i}\|x-\mu_i\|_2^2 \tag{5-25}$$

K-Means 的算法流程如下所示。

输入：样本集 $D=\{x_1,x_2,\cdots,x_m\}$；

聚类簇数 $k$。

过程：

1. 从样本集 $D$ 中随机选择 $k$ 个样本作为初始均值向量 $\{\boldsymbol{u}_1,\boldsymbol{u}_2,\cdots,\boldsymbol{u}_k\}$；
2. 重复以下步骤直到当前均值向量均未更新：
3. 初始化每个簇 $C_i$ 为空集，$(1\leqslant i\leqslant k)$；
4. 对于每个样本 $x_j$，计算它与各均值向量 $\boldsymbol{u}_i$ $(1\leqslant i\leqslant k)$ 的欧氏距离：$d_{ji}=\|x_j-\boldsymbol{\mu}_i\|_2, j=1,2,\cdots,m$；
5. 根据距离最近的均值向量，确定 $x_j$ 的簇标记：$\lambda_j=\mathrm{argmin}_{i\in\{1,2,\cdots,k\}}d_{ji}$；
6. 将样本 $x_j$ 划入相应的簇：$C_{\lambda_j}=C_{\lambda_j}\cup\{x_j\}$；
7. 对每个簇 $i$，计算新均值向量：$\boldsymbol{\mu}_i'=\dfrac{1}{|C_i|}\sum_{x\in C_i}x, i=1,2,\cdots,k$；
8. 如果新的均值向量 $\boldsymbol{\mu}_i'\neq$ 当前均值向量 $\boldsymbol{\mu}_i$，将当前均值向量 $\boldsymbol{\mu}_i$ 更新为 $\boldsymbol{\mu}_i'$；
9. 否则，保持当前均值向量不变；
10. 直到当前均值向量均未更新。

输出：簇划分 $C=\{C_1,C_2,\cdots,C_k\}$，每个簇包含属于同一簇的样本。

## 5.2.3 BP 神经网络

**（1）神经网络与神经元**

神经网络[12-14] 是一种受到人类神经系统启发的计算模型，用于解决各种问题，特别是那些涉及模式识别、分类和预测的任务，它是机器学习和人工智能领域的一部分。

这个模型的灵感来自人脑的神经元之间的连接和信息传递方式，神经网络由许多称为神经元的基本单元组成，这些神经元通过连接权重相互连接，每个神经元接收来自其他神经元的输入，然后通过计算产生输出，这些输入和输出的计算过程受到连接权重的影响。

神经网络通常分为几个层：输入层、隐藏层（可以有多层）、输出层。输入层接受原始数据，隐藏层和输出层通过调整连接权重来学习数据的模式和关联，训练神经网络的目标是通过反复调整连接权重，使其能够在给定输入的情况下产生期望的输出。

在神经网络中，信息从输入层通过隐藏层传递，最终到达输出层，过程中进行一系列的计算和转换，这种模型的强大之处在于，它可以通过大量的数据来自动学习特征和模式，从而在面对新的输入时能够作出合理的预测和分类。

神经元是构成神经网络的基本单元，类似于生物学中的神经元，但在计算机科学中，它是一个数学模型，神经元接受来自其他神经元的输入，并通过计算产生输出。

在神经网络中，一个神经元具有以下主要组成部分。

输入：神经元从其他神经元接收输入信号，这些输入可以来自前一层的神经元或者外部数据。

权重：每个输入信号都会乘以一个对应的权重，这些权重决定了每个输入对神经元的影响程度。

偏置：偏置是神经元的额外输入，它是一个常数项，不依赖于任何输入数据，偏置可以用来避免输出为零的情况，同时可以调整神经元的激活阈值，影响神经元是否会被激活，从而影响神经元的输出结果。

激活函数：神经元接收到输入信号后，会将加权和传入一个激活函数，该函数将产生输出信号。

输出：激活函数处理后的结果即为神经元的输出。

如图 5-11 所示，神经元的工作方式类似于人脑中的神经元，它接收输入，通过调整权重和激活函数来对输入信号进行处理，然后产生输出。在神经网络中，许多神经元通过连接相互交流，形成复杂的计算系统，通过在神经元之间建立不同的连接和权重，神经网络可以学习和捕捉输入数据中的模式和关联，实现复杂的计算和模式识别任务。

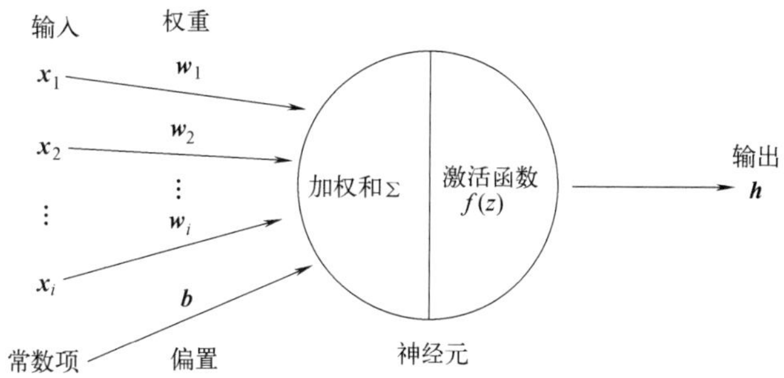

图 5-11 神经元模型

理想情况下，激活函数可以是图 5-12 中所示的阶跃函数，它将输入值映射为输出值“0”或“1”。在这里，“1”对应于神经元的激活，而“0”对应于神经元的抑制。

然而，阶跃函数存在不连续和不光滑等不太理想的特性，因此，在实际应用中，常常使用 Sigmoid 函数作为激活函数。典型的 Sigmoid 函数如图 5-13 所示，它将可能在较大范围内变化的输入值映射到输出值范围在（0，1）之间，因此有时被称为“挤压函数”（squashing function）。

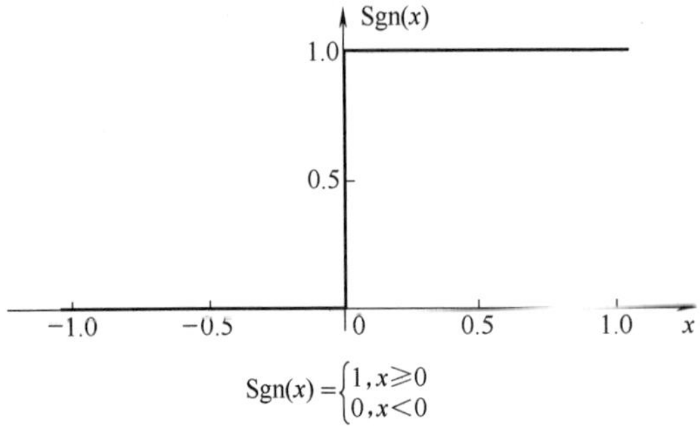


图 5-12 阶跃函数

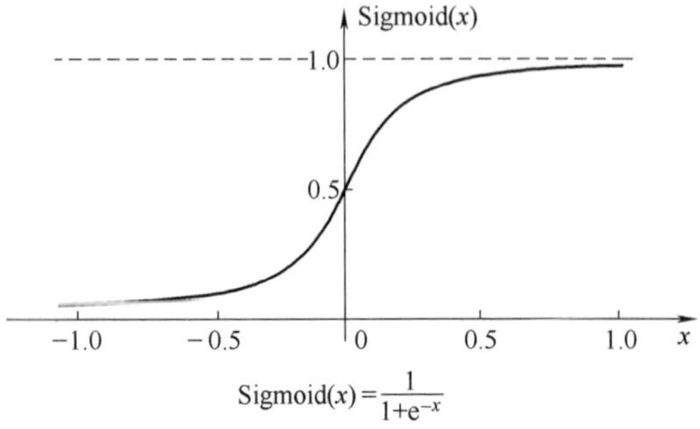


图 5-13 Sigmoid 激活函数

把许多个这样的神经元按一定的层次结构连接起来，就得到了神经网络。

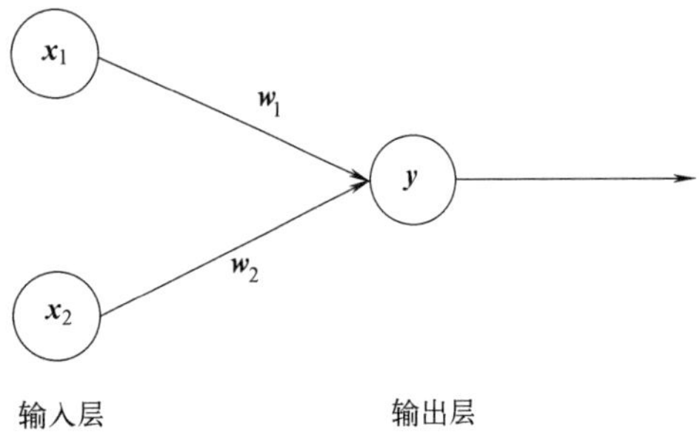


图 5-14 两个输入神经元的感知机网络结构示意图

**（2）感知机与多层网络**

感知机（perceptron）由两层神经元组成，如图 5-14 所示，输入层接收外界输入信号后传递给输出层。

感知机学习规则非常简单，对训练样例（$\boldsymbol{x}$，$\boldsymbol{y}$），若当前感知机的输出为 $\hat{\boldsymbol{y}}$，则感知机权重将这样调整：

$$\boldsymbol{W}_i \leftarrow \boldsymbol{w}_i + \Delta \boldsymbol{w}_i \tag{5-26}$$

$$\Delta \boldsymbol{w}_i = \eta(\boldsymbol{y} - \hat{\boldsymbol{y}})\boldsymbol{x}_i \tag{5-27}$$

式中，$\boldsymbol{w}_i$ 为权重；$\eta \in (0, 1)$ 称为学习率（learning rate）。从式（5-26）可看出，若感知机对训练样例（$\boldsymbol{x}$，$\boldsymbol{y}$）预测正确，即 $\hat{\boldsymbol{y}} = \boldsymbol{y}$，则感知机不发生变化，否则将根据错误的程度进行权重调整。

需注意的是，感知机只有输出层神经元具有激活函数，即只拥有一层功能神经元（functional neuron），其学习能力非常有限。即只能解决线性问题，不能解决非线性问题。

要解决非线性问题，要考虑使用多层功能神经元。常见的多层神经网络是形如图 5-15 所示的层级结构，每层神经元与下一层神经元全连接，输出层与输入层之间的一层神经元，被称为隐层或隐含层隐藏层（hidden layer）。隐层的层数可以改变，隐含层和输出层神经元都是拥有激活函数的功能神经元，神经元之间不存在同层连接，也不存在跨层连接，这样的神经网络结构通常称为“多层前馈神经网络”（multi-layer feedforward neuralnetworks）。其中，输入层神经元接收外界输入，隐层与输出层神经元对信号进行加工，最终结果由输出层神经元输出。换言之，输入层神经元仅是接收输入，不进行函数处理，隐层与输出层包含功能神经元，对函数进行处理。神经网络的学习过程，就是根据训练数据来调整神经元之间的“连接权”（connec-

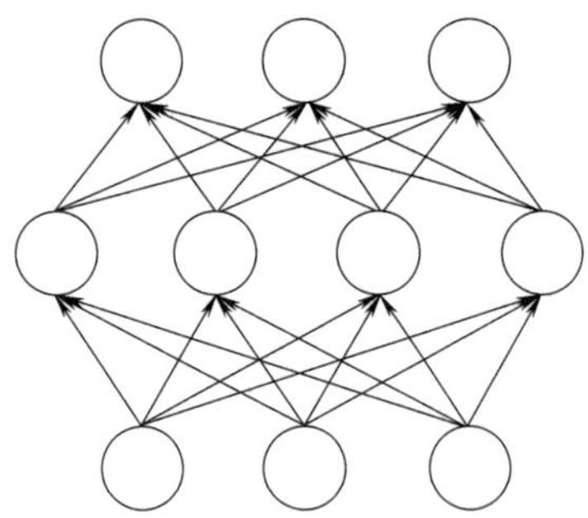

图 5-15 简单多层前馈神经网络结构示意图

tion weight）以及每个功能神经元的阈值。

**（3） BP 神经网络算法**

BP 神经网络[15,16]，全称为“反向传播神经网络”（backpropagation neural network），是一种常用于模式识别和机器学习的神经网络模型。它是多层前馈神经网络的一种，通过反向传播算法来训练网络以逐步调整权重和阈值，从而使网络能够适应输入数据的模式，实现分类、回归等任务。

BP 神经网络的训练过程分为两个阶段：前向传播和反向传播。在前向传播中，网络接收输入数据并逐层计算输出，得到预测结果，然后，通过比较预测输出和真实标签，计算出误差。在反向传播中，误差从输出层开始，逐层反向传播回隐含层和输入层，根据误差调整连接权重和神经元阈值，使得网络的预测结果逐渐接近真实值。

BP 神经网络的训练过程通过多次迭代来不断调整权重和阈值，直到网络能够准确地对训练数据进行预测。它在解决各种复杂问题，如图像识别、语音识别、预测等方面具有广泛的应用。

下面以训练一个简单的多层前馈神经网络为例，介绍 BP 神经网络的算法思想。图 5-16 为一个拥有 $d$ 个输入神经元、$l$ 个输出神经元、$q$ 个隐层神经元的多层前馈网络结构，其中输出层第 $j$ 个神经元的阈值用 $\theta_j$ 表示，隐层第 $h$ 个神经元的阈值用 $\gamma_h$ 表示。输入层第 $i$ 个神经元与隐层第 $h$ 个神经元之间的连接权重为 $\boldsymbol{v}_{ih}$，隐层第 $h$ 个神经元与输出层第 $j$ 个神经元之间的连接权重为 $\boldsymbol{w}_{hj}$。记隐层第 $h$ 个神经元接收到的输入为 $\boldsymbol{\alpha}_h=\sum_{i=1}^{d}\boldsymbol{v}_{ih}\boldsymbol{x}_i$，输出层第 $j$ 个神经元接收到的输入为 $\boldsymbol{\beta}_j=\sum_{h=1}^{q}\boldsymbol{w}_{hj}\boldsymbol{b}_h$，其中，$\boldsymbol{b}_n$ 为隐层第 $h$ 个神经元的输出。假设隐层和输出层神经元都使用图 Sigmoid 函数。

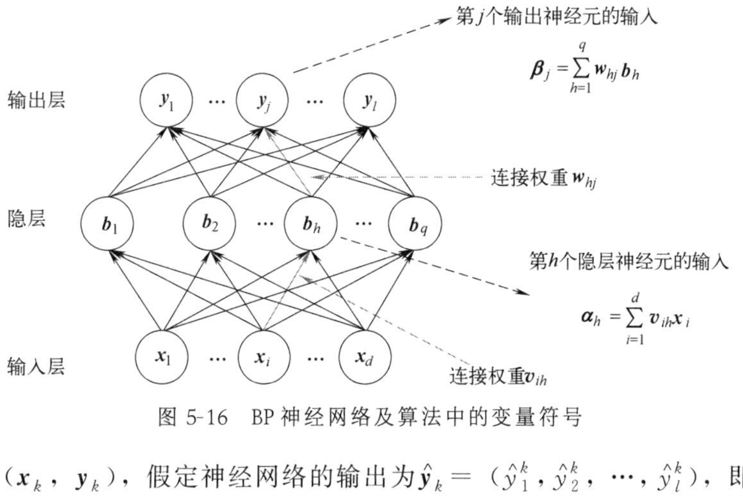


图 5-16　BP 神经网络及算法中的变量符号

对训练例（$\boldsymbol{x}_k$，$\boldsymbol{y}_k$），假定神经网络的输出为$\hat{\boldsymbol{y}}_k=(\hat{y}_1^k,\hat{y}_2^k,\cdots,\hat{y}_l^k)$，即：

$$\hat{\boldsymbol{Y}}_j^k=f(\boldsymbol{\beta}_j-\theta_j) \tag{5-28}$$

则网络在（$x_k$，$y_k$）上的均方误差为：

$$E_k=\frac{1}{2}\sum_{j=1}^{l}(\hat{\boldsymbol{y}}_j^k-y_j^k)^2 \tag{5-29}$$

图 5-16 的网络中有（$d+l+1)q+l$ 个参数需确定：输入层到隐层的 $d\times q$ 个权值、隐

层到输出层的 $q\times l$ 个权值、$q$ 个隐层神经元的阈值、$l$ 个输出层神经元的阈值。BP 是一个迭代学习算法，在迭代的每一轮中采用广义的感知机学习规则对参数进行更新估计，即与式(5-26)类似，任意参数 $v$ 的更新估计式为：

$$V\leftarrow v+\Delta v \tag{5-30}$$

下面以图 5-16 中隐层到输出层的连接权重$\boldsymbol{w}_{hj}$ 为例来进行推导。

BP 算法基于梯度下降（gradient descent）策略，以目标的负梯度方向对参数进行调整。对式（5-29）的误差 $E_k$，给定学习率 $\eta$，有：

$$\Delta \boldsymbol{w}_{hj}=-\eta\frac{\partial E_k}{\partial \boldsymbol{w}_{hj}} \tag{5-31}$$

注意到$\boldsymbol{w}_{hj}$ 先影响到第 $j$ 个输出层神经元的输入值 $\beta_j$，再影响到其输出值 $\hat{y}_j^k$，然后影响到 $E_k$，有：

$$\frac{\partial E_k}{\partial \boldsymbol{w}_{hj}}=\frac{\partial E_k}{\partial \hat{\boldsymbol{y}}_j^k}\times\frac{\partial \hat{\boldsymbol{y}}_j^k}{\partial \boldsymbol{\beta}_j}\times\frac{\partial \boldsymbol{\beta}_j}{\partial \boldsymbol{w}_{hj}} \tag{5-32}$$

根据$\boldsymbol{\beta}_j$ 的定义，显然有：

$$\frac{\partial \boldsymbol{\beta}_j}{\partial \boldsymbol{w}_{hj}}=b_h \tag{5-33}$$

Sigmoid 函数有一个很好的性质：

$$F'(x)=f(x)[1-f(x)] \tag{5-34}$$

于是根据式（5-28）和式（5-29），有：

$$\begin{aligned} G_j &=-\frac{\partial E_k}{\partial \hat{\boldsymbol{y}}_j^k}\times\frac{\partial \hat{\boldsymbol{y}}_j^k}{\partial \boldsymbol{\beta}_j}\\ &=-(\hat{\boldsymbol{y}}_j^k-y_j^k)f'(\boldsymbol{\beta}_j-\theta_j)\\ &=\hat{\boldsymbol{y}}_j^k(1-\hat{\boldsymbol{y}}_j^k)(y_j^k-\hat{\boldsymbol{y}}_j^k) \end{aligned} \tag{5-35}$$

将式（5-35）和式（5-33）代入式（5-32），再代入式（5-31），就得到了 BP 算法中关于$\boldsymbol{w}_{hj}$ 的更新公式：

$$\Delta \boldsymbol{w}_{hj}=\eta g_j \boldsymbol{b}_h \tag{5-36}$$

类似可得：

$$\Delta\theta_j=-\eta g_j \tag{5-37}$$

$$\Delta \boldsymbol{v}_{ih}=\eta e_h \boldsymbol{x}_i \tag{5-38}$$

$$\Delta\gamma_h=-\eta e_h \tag{5-39}$$

式（5-38）和式（5-39）中：

$$\begin{aligned} e_h &=-\frac{\partial E_k}{\partial \boldsymbol{b}_h}\times\frac{\partial \boldsymbol{b}_h}{\partial \alpha_h}\\ &=-\sum_{j=1}^{l}\frac{\partial E_k}{\partial \boldsymbol{\beta}_j}\times\frac{\partial \boldsymbol{\beta}_j}{\partial \boldsymbol{b}_h}f'(\alpha_h-\gamma_h)\\ &=\sum_{j=1}^{l}\boldsymbol{w}_{hj}g_j f'(\alpha_h-\gamma_h)\\ &=\boldsymbol{b}_h(1-\boldsymbol{b}_h)\sum_{j=1}^{l}\boldsymbol{w}_{hj}g_j \end{aligned} \tag{5-40}$$

学习率 $\eta \in (0, 1)$ 控制着沿反梯度方向下降的步长，若步长太大则下降太快，容易产生振荡，若步长太小则收敛速度太慢，一般地常把 $\eta$ 设置为 0.1，有时更新权重时会将输出层与隐含层设置为不同的学习率。BP 算法的基本流程如下所示。

输入：训练集 $D=\{(x_k, y_k)\}_{k=1}^{m}$，其中 $x_k$ 为输入样本，$y_k$ 为对应的真实标签；

学习率 $\eta$。

过程：

1. 在(0,1)范围内随机初始化网络中所有连接权 $\boldsymbol{w}_{hj}$、$\boldsymbol{v}_{ih}$ 和阈值 $\theta_j$、$\gamma_h$；
2. 重复以下步骤直到达到停止条件：
3. 对于每个训练样本 $(\boldsymbol{x}_k, \boldsymbol{y}_k) \in D$；
4. 根据当前参数和式(5-28)计算当前样本的输出 $\hat{\boldsymbol{y}}_k$；
5. 根据式(5-35)计算输出层神经元的梯度项 $g_j$；
6. 根据式(5-40)计算隐层神经元的梯度项 $e_h$；
7. 根据式(5-36)～式(5-39)更新连接权 $\boldsymbol{w}_{hj}$、$\boldsymbol{v}_{ih}$ 与阈值 $\theta_j$、$\gamma_h$；
8. 直到达到停止条件。

输出：连接权与阈值确定的多层前馈神经网络，其中连接权和阈值经过多次迭代更新，以使网络的输出逐渐接近训练集的真实标签。

BP 算法通过比较每个样本的预测值与真实类别标签的差异来计算均方误差，然后根据这个误差来调整网络中的权重。需要强调的是，BP 算法在每次更新时只关注单个样本的调整，然而，BP 算法的最终目标是要最小化整个训练集 $D$ 上的累积误差，也就是要使所有样本的预测误差都尽量减小，即：

$$E=\frac{1}{m}\sum_{k=1}^{m}E_k \tag{5-41}$$

值得注意的是，对于如何设置隐层神经元个数的问题，至今没有好的解决方案，常使用“试错法”进行调整。

BP 神经网络强大的学习能力常常容易造成过拟合问题，有以下两种策略来缓解 BP 网络的过拟合问题。

早停：将数据分为训练集与测试集，训练集用于学习，测试集用于评估性能，早停的思想是在训练过程中观察测试集上的性能，一开始性能会随着训练而提高，但过了某个点之后，模型可能会开始过度拟合，导致在测试集上的性能下降。早停就是在这个点之前停止训练，以避免模型过拟合。

早停的实现方式很简单，每次训练完一个周期（epoch）后，测量模型在测试集上的性能。如果性能开始下降，那么就停止训练，并将模型的参数恢复到在测试集上性能最好的时候的状态，这样可以保留一个泛化能力较好的模型，避免过度拟合。

引入正则化：正则化的基本思想是在模型的损失函数中引入一些额外的惩罚项，以减少模型的复杂度。这个惩罚项会惩罚模型中的一些参数，使它们不会变得过大，从而避免模型过度拟合训练数据。有些资料称是在累积误差函数中增加一个用于描述网络复杂度的部分，例如所有权值与阈值的平方和，其中，$\lambda \in (0, 1)$ 用于对累积经验误差与网络复杂度这两项进行折中，常通过交叉验证法来估计。

$$E=\lambda\frac{1}{m}\sum_{k=1}^{m}E_k+(1-\lambda)\sum_{i}\boldsymbol{w}_i^2 \tag{5-42}$$

**（4）全局最小与局部极小**

模型学习的过程本质上是寻找最佳参数的过程，例如，BP 算法通过最速下降的方式，尝试找到能够使累积经验误差最小化的权重和阈值。在讨论最优化时，通常会涉及局部极小值（local minimum）和全局最小值（global minimum），如图 5-17 所示。

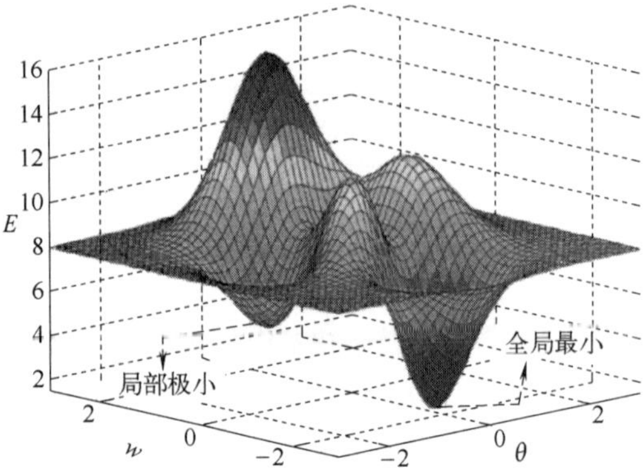


图 5-17　全局最小与局部极小

局部极小解：指在某个特定区域内，函数的值相对于周围的点都更小，但不一定是整个函数的最小值。

全局最小解：指在整个函数的定义域内，函数的值比其他任何点都更小，即是整个函数的最小值。

在优化问题中，追求目标函数的最小值，而这个最小值可能在函数图像中的不同位置出现。虽然全局最小点是希望找到的最优解，但在实际情况下，函数的复杂性可能导致存在多个局部极小点，使得算法容易陷入其中，无法找到全局最小点。梯度下降法是一种常用的优化算法，其思想是沿着导数（梯度）最陡峭的方向搜索最小值，如果算法在某处的梯度为零，那么可能到达一个局部极小点，参数更新会停止。为了更好地接近全局最小点，常用的策略包括多次运行算法，使用不同的初始参数，以期望找到更好的解。另外，也可以使用一些启发式方法，如改进的梯度下降法，来帮助避免陷入局部极小点，以更接近全局最小点。

## 5.3 机器学习在智能生产中的应用

### 5.3.1 智能车间产能预测

企业每天要面对大量订单，并且由于客户个性化需求的不断增长，这些订单所涉及的产品种类多样，因此如何制定高效、合理的生产计划是许多企业面临的重要难题。智能车间产能预测对于生产计划的制定、企业运营的管理具有重要意义，主要体现在如下方面。

① 车间产能预测可为企业的生产计划提供支撑：通过预测车间的产能水平，企业可以合理接收客户订单、调度生产资源以及制定生产计划，避免产能短缺或过剩。

② 通过车间产能预测，企业可以优化资源配置：根据产能预测结果计划采购的原材料数量与周期、调整设备的利用率、合理安排员工的工作量，避免资源闲置与过度使用。

③ 车间产能预测可以帮助企业提升服务水平：通过预测车间的产能水平，企业可以根据订单量和产能预测的结果承诺交货期，有助于提高客户满意度，并维护客户黏度。

④ 车间产能预测可以帮助企业进行风险管理：通过车间产能预测，企业可以提前识别潜在的产能瓶颈或供应链风险，以便及时采取相应措施，有助于保证供应链的稳定。

⑤ 车间产能预测可以帮助企业更好地连接供应链中的供需关系：通过预测产能，企业可以更好地协调原材料的采购、产品的生产和销售，有助于上下游企业的协同，提高整个供应链的效率和响应。

本案例依据排产方案产生的 KPI 指标，采用人工神经网络模型进行车间产能预测。通过统计和分析某车间 25 个月的实际生产数据（见表 5-3），拟合时间与 KPI 的关系，并可利用人工神经网络来预测未来的车间产能，与实际产能作对比，分析其准确性和可靠性。

表 5-3 某车间 25 个月的实际 KPI 数据

| 时间 | KPI | 时间 | KPI | 时间 | KPI | 时间 | KPI | 时间 | KPI |
|---|---|---|---|---|---|---|---|---|---|
| 第 1 月 | 94.86% | 第 6 月 | 99.85% | 第 11 月 | 110.52% | 第 16 月 | 122.19% | 第 21 月 | 100.00% |
| 第 2 月 | 95.73% | 第 7 月 | 100.32% | 第 12 月 | 120.43% | 第 17 月 | 118.64% | 第 22 月 | 100.15% |
| 第 3 月 | 96.42% | 第 8 月 | 101.45% | 第 13 月 | 130.78% | 第 18 月 | 113.81% | 第 23 月 | 98.45% |
| 第 4 月 | 98.01% | 第 9 月 | 103.12% | 第 14 月 | 135.14% | 第 19 月 | 108.64% | 第 24 月 | 95.32% |
| 第 5 月 | 99.15% | 第 10 月 | 105.51% | 第 15 月 | 128.75% | 第 20 月 | 103.74% | 第 25 月 | 96.17% |

采用 BP 神经网络进行车间产能预测，步骤如下。

① 获取输入数据（月份）与输出数据（产能 KPI），将原始输出数据进行归一化。

② 创建一个 3 层人工神经网络模型，输入节点 1 个，隐含层节点 5 个，输出层节点 1 个，隐含层的激活函数为 Sigmoid，输出层的激活函数为 Pureline。

③ 学习率为 0.05，最大迭代次数为 500，目标误差为 $1\times10^{-5}$，将实际值、预测值以及误差显示。

将上述网络的参数确定后，使用 train()函数进行训练，训练过程实际上是一个函数拟合过程，也是神经网络内部权重不断修正的过程。本小节以某车间历史产能数据作为训练样本，达到误差目标值或者最大迭代次数后，对训练样本的网络输出与实际值进行分析。实际值、预测值以及误差如图 5-18 和图 5-19 所示，具体的预测结果如表 5-4 所示。

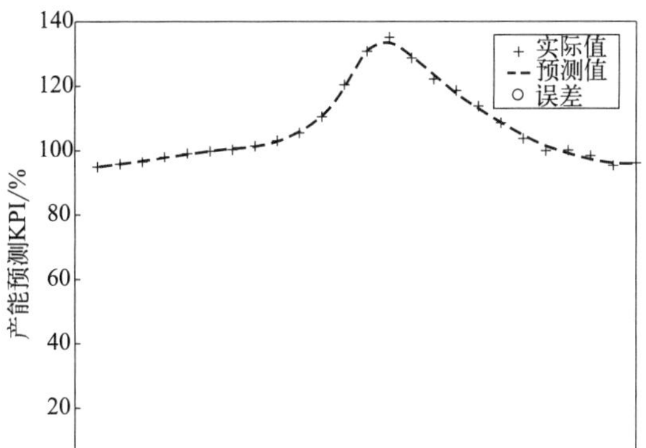


图 5-18 神经网络预测结果

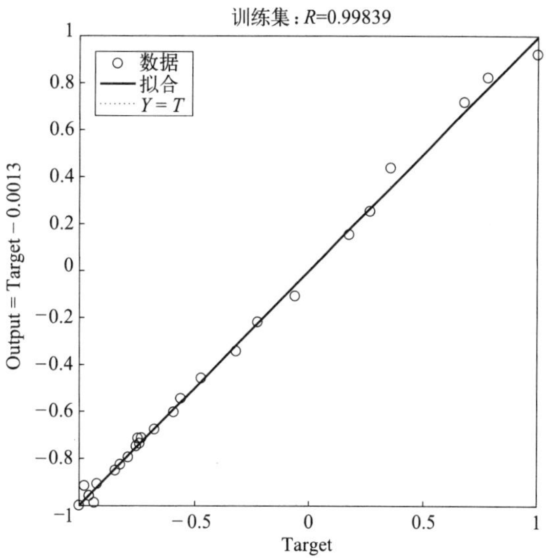


图 5-19 神经网络预测结果

表 5-4 某车间 25 个月的 KPI 预测结果

| 时间 | KPI | 时间 | KPI | 时间 | KPI | 时间 | KPI | 时间 | KPI |
|---|---|---|---|---|---|---|---|---|---|
| 第 1 月 | 94.84% | 第 6 月 | 99.89% | 第 11 月 | 110.55% | 第 16 月 | 123.57% | 第 21 月 | 101.64% |
| 第 2 月 | 95.66% | 第 7 月 | 100.58% | 第 12 月 | 120.11% | 第 17 月 | 117.78% | 第 22 月 | 99.27% |
| 第 3 月 | 96.69% | 第 8 月 | 101.34% | 第 13 月 | 131.49% | 第 18 月 | 112.64% | 第 23 月 | 97.38% |
| 第 4 月 | 97.85% | 第 9 月 | 102.88% | 第 14 月 | 133.77% | 第 19 月 | 108.15% | 第 24 月 | 95.91% |
| 第 5 月 | 98.97% | 第 10 月 | 105.75% | 第 15 月 | 129.49% | 第 20 月 | 104.61% | 第 25 月 | 96.16% |

从图 5-18 可以看出预测值与实际值非常接近，对于 25 个月的预测误差接近于 0。从图 5-19 可以看出预测值（Output）与真实值（Target）几乎分布在 $Y=T$ 直线上，两者之间的关系为 Output=Target−0.0013，说明预测值与真实值几乎完全相同。另外，采用 $R^2$ 计算公式：

$$R=\sqrt{1-\frac{\sum_i(\hat{y}_i-y_i)^2}{\sum_i(\hat{y}_i-\bar{y})^2}} \tag{5-43}$$

得到 $R$ 值为 0.99839，非常接近于 1，证明预测值几乎等于真实值。

表 5-4 列出了每个月份的预测结果，如第 1 个月的实际产能是 94.86%，网络的预测结果是 94.84%，误差为 0.02%，而第 3 个月的实际产能是 96.42%，网络的预测结果是 96.69%，误差比例在 0.27%，如图 5-18 所示。综合 25 个月的总体预测情况，考虑到实际影响车间产能的各种因素本身波动较大，且具有较大的不确定性，因此该误差值在可接受范围内，整个预测结果非常准确，验证了人工神经网络在智能车间产能预测领域的实际应用价值。

### 5.3.2 滚动轴承故障诊断

滚动轴承（如图 5-20 所示）起到支撑转子旋转、承受轴向和径向载荷、降低摩擦的作用，其运行状态直接关系到整台工业设备的健康状态，进而影响整条生产线能否正常运行。近几十年以来，国内外众多学者对滚动轴承的故障诊断进行了大量研究，不断从故障机理、数据驱动建模等角度丰富故障诊断方法，为更加高效、更加精准的实现滚动轴承故障诊断提供了技术手段。近年来，以机器学习算法为代表的智能诊断方法得到了大量研究和应用，这是由于该类方法能准确感知不同样本集中数据的细微差别，不需要建立机械设备的运动学与动力学模型。在此案例中，以决策树、BP 神经网络等算法为例，介绍机器学习技术在故障诊断领域的应用。

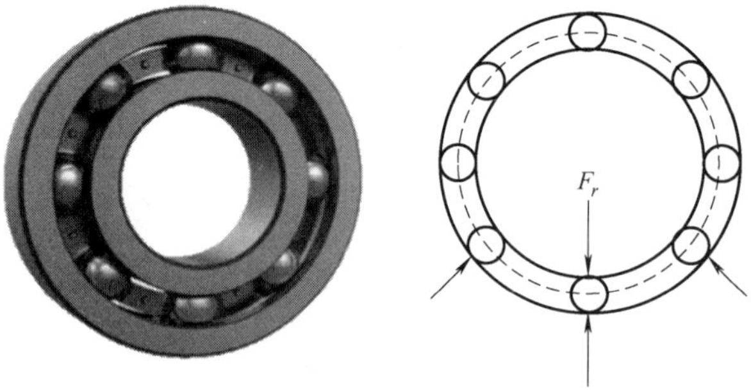


图 5-20 滚动轴承示意图及在不同时刻的承载情况示意图

**案例一：基于决策树方法的滚动轴承故障诊断**

凯斯西储大学公开的滚动轴承故障数据被广泛使用，因此选取该数据集进行案例分析。以驱动端轴承故障数据作为实验数据，采样频率为 12kHz、故障直径 0.1778mm、负载 1.47kW、电机转速 1750r/min，实验数据共有 4 种类型，包括轴承四种状态（滚动体故障、内圈故障、外圈故障、正常状态），每种状态数据各提取前 5 条，每条数据为一个样本，每个样本包括 1200 个采样点。图 5-21 给出了每种状态下的第一个样本，可以观察到不同状态下的样本具有明显差异。

滚动轴承的故障诊断模型构建主要包括两部分：一是对滚动轴承的原始信号预处理，提取信号的统计特征，为后期的故障诊断提供良好的数据支撑；二是利用提取后的各特征值构建决策树故障诊断模型。具体实施步骤如下所述。

数据预处理：由于样本维度较高（共有 1200 个），提取 3 个统计特征，分别为样本的最大值、平均值、峰态，提取的特征如表 5-5 所示。

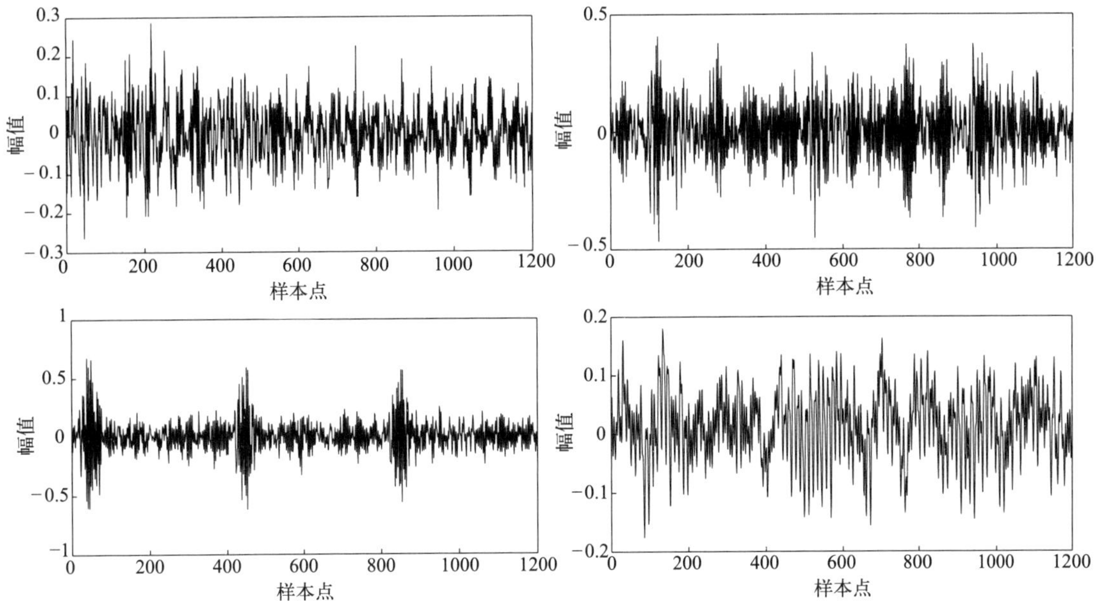


图 5-21　滚动体故障（左上）、内圈故障（右上）、外圈故障（左下）、正常（右下）

表 5-5　原始样本的统计特征

| 样本编号 | 最大值 | 平均值 | 峰态 | 轴承状态 |
|---|---|---|---|---|
| 1 | 0.28 | 0.0020 | 3.28 | 滚动体故障 |
| 2 | 0.35 | 0.0027 | 2.99 | 滚动体故障 |
| 3 | 0.27 | 0.0022 | 2.99 | 滚动体故障 |
| 4 | 0.24 | 0.0022 | 2.76 | 滚动体故障 |
| 5 | 0.21 | 0.0018 | 3.01 | 滚动体故障 |
| 6 | 0.40 | 0.0029 | 3.52 | 内圈故障 |
| 7 | 0.37 | 0.0026 | 3.10 | 内圈故障 |
| 8 | 0.47 | 0.0027 | 3.90 | 内圈故障 |
| 9 | 0.49 | 0.0031 | 3.77 | 内圈故障 |
| 10 | 0.46 | 0.0033 | 4.29 | 内圈故障 |
| 11 | 0.67 | 0.0029 | 7.29 | 外圈故障 |
| 12 | 0.66 | 0.0028 | 6.26 | 外圈故障 |
| 13 | 0.65 | 0.0024 | 5.83 | 外圈故障 |
| 14 | 0.40 | 0.0025 | 4.04 | 外圈故障 |
| 15 | 0.73 | 0.0026 | 9.33 | 外圈故障 |
| 16 | 0.17 | 0.0146 | 2.88 | 正常 |
| 17 | 0.19 | 0.0139 | 2.98 | 正常 |
| 18 | 0.19 | 0.0121 | 2.80 | 正常 |
| 19 | 0.17 | 0.0149 | 3.14 | 正常 |
| 20 | 0.20 | 0.0144 | 2.90 | 正常 |

构建决策树模型：可以用决策树中的算法进行模型生成，如ID3算法。ID3算法利用信息增益来作为属性选择的重要衡量标准，是一种比较经典的决策树算法。为计算信息增益，需要计算原始数据的信息熵，假定当前样本集合中第 $k$ 类样本所占比例为 $p_k$，则样本集合的信息熵定义为

$$\mathrm{Ent}=-\sum_{k=1}^{4}p_k\log_2 p_k \tag{5-44}$$

由于每个类别的样本均占比1/4，则

$$\mathrm{Ent}=-\sum_{k=1}^{4}p_k\log_2 p_k=-4\times\frac{1}{4}\log_2\frac{1}{4}=2$$

进一步，需要计算每个统计特征下的信息熵。以最大值为例，若以0.36为阈值将其分为两部分，即大于0.36和小于0.36，分别如表5-6和表5-7所示。根据表5-6和表5-7，可计算信息熵为

$$\mathrm{Ent}(\geqslant 0.36)=-\sum_{k=1}^{2}p_k\log_2 p_k=-2\times\frac{1}{2}\log_2\frac{1}{2}=1$$

$$\mathrm{Ent}(<0.36)=-\sum_{k=1}^{2}p_k\log_2 p_k=-2\times\frac{1}{2}\log_2\frac{1}{2}=1$$

因此，对于统计特征最大值，信息熵为

$$\mathrm{Ent}(\text{最大值})=\frac{10}{20}\mathrm{Ent}(\geqslant 0.36)+\frac{10}{20}\mathrm{Ent}(<0.36)=1$$

表5-6 最大值大于0.36的样本

| 样本编号 | 最大值 | 平均值 | 峰态 | 轴承状态 |
|---|---|---|---|---|
| 6 | ⩾0.36 | 0.0029 | 3.52 | 内圈故障 |
| 7 | ⩾0.36 | 0.0026 | 3.10 | 内圈故障 |
| 8 | ⩾0.36 | 0.0027 | 3.90 | 内圈故障 |
| 9 | ⩾0.36 | 0.0031 | 3.77 | 内圈故障 |
| 10 | ⩾0.36 | 0.0033 | 4.29 | 内圈故障 |
| 11 | ⩾0.36 | 0.0029 | 7.29 | 外圈故障 |
| 12 | ⩾0.36 | 0.0028 | 6.26 | 外圈故障 |
| 13 | ⩾0.36 | 0.0024 | 5.83 | 外圈故障 |
| 14 | ⩾0.36 | 0.0025 | 4.04 | 外圈故障 |
| 15 | ⩾0.36 | 0.0026 | 9.33 | 外圈故障 |

表5-7 最大值小于0.36的样本

| 样本编号 | 最大值 | 平均值 | 峰态 | 轴承状态 |
|---|---|---|---|---|
| 1 | <0.36 | 0.0020 | 3.28 | 滚动体故障 |
| 2 | <0.36 | 0.0027 | 2.99 | 滚动体故障 |
| 3 | <0.36 | 0.0022 | 2.99 | 滚动体故障 |
| 4 | <0.36 | 0.0022 | 2.76 | 滚动体故障 |
| 5 | <0.36 | 0.0018 | 3.01 | 滚动体故障 |
| 16 | <0.36 | 0.0146 | 2.88 | 正常 |

续表

| 样本编号 | 最大值 | 平均值 | 峰态 | 轴承状态 |
|---|---|---|---|---|
| 17 | <0.36 | 0.0139 | 2.98 | 正常 |
| 18 | <0.36 | 0.0121 | 2.80 | 正常 |
| 19 | <0.36 | 0.0149 | 3.14 | 正常 |
| 20 | <0.36 | 0.0144 | 2.90 | 正常 |

同理，对于平均值，若以 0.01 为阈值，可计算信息熵为

$$\begin{aligned}\text{Ent(平均值)}&=\frac{5}{20}\text{Ent}(\geqslant 0.01)+\frac{15}{20}\text{Ent}(<0.01)\\&=-\frac{5}{20}\times\frac{5}{5}\log_2\frac{5}{5}+\frac{15}{20}\times\left(-\frac{5}{15}\times\log_2\frac{5}{15}-\frac{5}{15}\times\log_2\frac{5}{15}-\frac{5}{15}\times\log_2\frac{5}{15}\right)\\&=1.188\end{aligned}$$

同理，对于峰态，若以 4.0 为阈值，可计算信息熵为

$$\begin{aligned}\text{Ent(峰态)}&=\frac{6}{20}\times\text{Ent}(\geqslant 4)+\frac{4}{20}\times\text{Ent}(<4)\\&=\frac{6}{20}\times\left(-\frac{5}{6}\log_2\frac{5}{6}-\frac{1}{6}\log_2\frac{1}{6}\right)+\frac{14}{20}\\&\quad\times\left(-\frac{5}{14}\times\log_2\frac{5}{14}-\frac{5}{14}\times\log_2\frac{5}{14}-\frac{4}{14}\times\log_2\frac{4}{14}\right)\\&=1.299\end{aligned}$$

进一步，可计算对于 3 个统计特征的信息增益分别为

$$\text{Gain(最大值)}=\text{Ent}-\text{Ent(最大值)}=2-1=1$$

$$\text{Gain(平均值)}=\text{Ent}-\text{Ent(平均值)}=2-1.188=0.812$$

$$\text{Gain(峰态)}=\text{Ent}-\text{Ent(峰态)}=2-1.299=0.701$$

因此最大值的增益最大，所以选取最大值作为根节点，进行分裂，可得到初步构建的决策树，如图 5-22 所示。

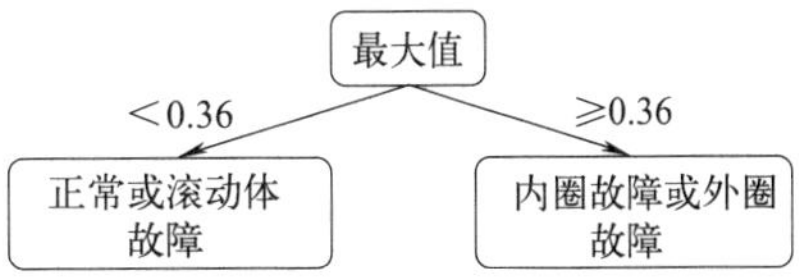


图 5-22　初步构建的决策树

同样的过程，对“正常或滚动体故障”“内圈故障或外圈故障”两个分支（即表 5-6 和表 5-7），选取使得信息增益最大的统计特征进行分裂。最终可得到的决策树如图 5-23 所示。

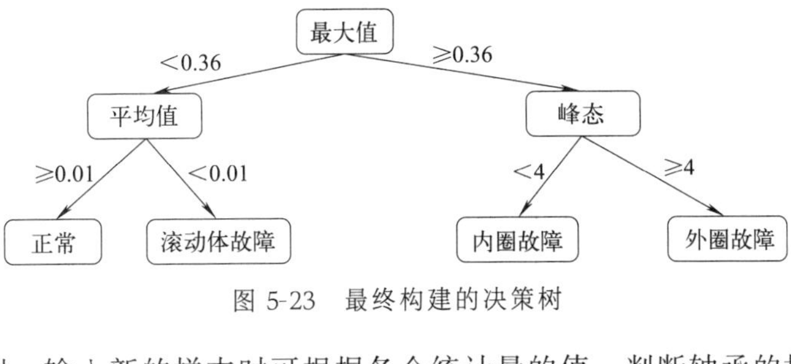


图 5-23　最终构建的决策树

利用该决策树，输入新的样本时可根据各个统计量的值，判断轴承的故障类型。

**案例二：基于 BP 神经网络算法的滚动轴承故障诊断**

此案例与案例一相同，仅在模型生成阶段将决策树算法换成 BP 神经网络算法。具体实施步骤为：

① 获取输入数据（20 个样本，3 个统计特征）与输出数据（轴承状态）。

② 将原始输入数据进行归一化。

③ 创建一个 3 层人工神经网络模型，输入节点 3 个，隐含层节点 5 个，输出层节点 4 个，隐含层的激活函数为 Sigmoid，输出层的激活函数为 Pureline，如图 5-24 所示。

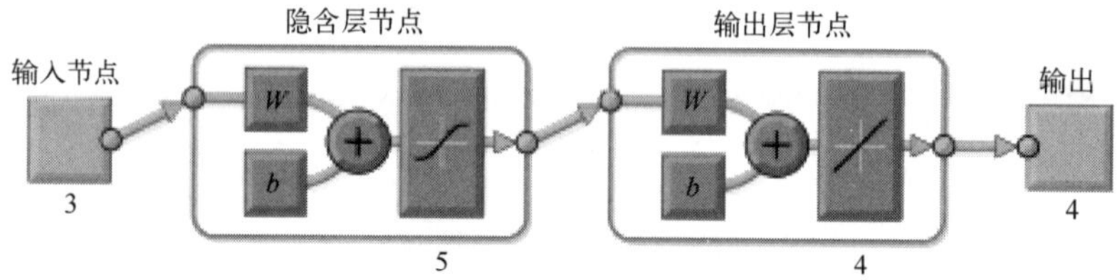


图 5-24 3 层人工神经网络模型

④ 学习率为 0.05，最大迭代次数为 500，目标误差为 $1\times10^{-5}$，将实际值以及预测值显示，如图 5-25 所示。

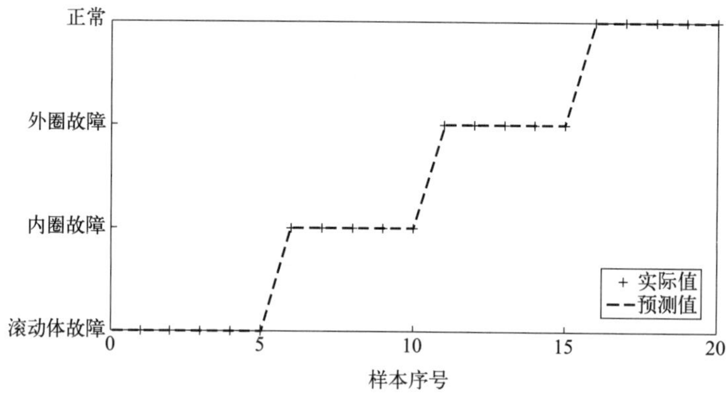


图 5-25 实际值及预测值

由此可见，不管是决策树方法还是 BP 神经网络对滚动轴承故障诊断都有较好的效果，所以机器学习在设备故障诊断领域确实有较好的发展前景，运用十分广泛。

## 5.3.3 点云配准

**案例三：基于迭代最近点（ICP）方法的点云配准**

点云配准是机器学习在计算机视觉和三维几何处理领域的一个重要应用之一。点云配准指的是将多个点云数据集对齐的过程，使它们在同一个坐标系中表示相同场景或物体。这在许多实际应用中都非常重要，比如三维重建与建模、精确定位和导航、医学影像分析、质量控制与检测、文化遗产保护等。因此，优秀的配准方法有助于提高点云配准的准确性、效率以及实际应用价值。在此案例中用迭代最近点（ICP）方法进行点云配准。

**（1）ICP 配准方法基本原理**

点云配准一般有粗配准和精配准两部分，ICP 配准方法多用于精配准，当点云配准的效果和误差达不到所需精度的要求，通常使用精确配准，使误差减小，从而达到所需的精度。

粗配准为两点云的精确配准提供了良好的初始位置，而 ICP 方法是将配准误差进一步地减小。ICP 方法的实质是不断通过点与点之间进行匹配来旋转和平移，利用最小二乘法作为衡量标准，直至点与点之间的距离达到预先设定的阈值。

点云精确配准的过程的核心思想是，已知两个待配准点云 $P$ 和 $Q$，点云 $P$ 中的点 $p_i$ 从点云 $Q$ 中查找距离 $p_i$ 欧氏距离最短的点 $q_i$，并以 $p_i$ 和 $q_i$ 作为对应点对获取变换矩阵，通过不断迭代，使用式（5-45）作为迭代停止的条件，最终得到最优变换矩阵，使两点云重合。

$$F(\boldsymbol{R},\boldsymbol{T})=\underset{\boldsymbol{R},\boldsymbol{T}}{\operatorname{argmin}}\frac{1}{k}\sum_{i=1}^{k}\|q_i-(\boldsymbol{R}p_i+\boldsymbol{T})\|^2 \tag{5-45}$$

式（5-45）的含义是求解右边式子的值达到最小值时 $\boldsymbol{R}$ 和 $\boldsymbol{T}$ 的值，其中，$\boldsymbol{R}$ 表示旋转变换矩阵，$\boldsymbol{T}$ 表示平移变换矩阵。

ICP 算法的本质是计算出源点云和目标点云的变换矩阵，通过旋转和平移的方式使两个点云的配准误差最小，达到最佳的配准效果。假设存在点云 $P$ 和 $Q$，则源点云 $P$ 可以表示为 $P=\{p_i\in\boldsymbol{R}^3,i=1、2、\cdots、N_p\}$，目标点云可以表示为 $Q=\{q_i\in\boldsymbol{R}^3，i=1、2、\cdots、N_q\}$。下面对两点云使用 ICP 算法的配准过程进行介绍：

① 对源点云 $P$ 进行采样，$P_0\in P$，$P_0$ 表示源点云 $P$ 中的一个子集；

② 在点云 $Q$ 中进行查找，找到与子集 $P_0$ 中每个点的最近点，即 $Pq_i-p_iP=\min$，得到两点云 $P$ 和 $Q$ 的最初始的对应关系；

③ 利用算法或限定条件去除掉错误的对应点对；

④ 根据步骤②中的对应关系来计算两个点云的变换矩阵，使目标函数式（5-45）的值最小，并将计算得出的变换矩阵作用于点云子集 $P$，得出变化后新的点云子集 $P$。

⑤ 根据 $d=\frac{1}{n}\sum_{i=1}^{n}\|Q_i-P_i\|^2$ 来判断迭代是否终止，若 $d$ 大于预先设置的阈值 $\tau$，则返回流程②继续迭代，若 $d$ 小于预先设置的阈值 $\tau$，或者达到之前设置的最大迭代次数 $k$，则算法收敛，迭代停止。

整个配准过程的流程如图 5-26 所示。

**（2）实验验证**

为了验证本小节中提出的 ICP 算法的科学性、适用性和有效性，选取羊模型作为实验点云，做两组实验：①只进行点云粗配准；②点云粗配准＋ICP 精配准。设定 ICP 算法最大迭代次数为 1000，配准收敛误差为 0.001。图 5-27 为羊模型的初始扫描的点云。

图 5-28 为上述两组实验结果对比图。表 5-8 为这两组实验进行配准的误差与时间对比。

图 5-28（a）为对滤波后的羊体点云直接采用粗配准方法进行配准的效果图，由于滤波后的两片点云没有良好的初始位置，而且只进行了粗配准，因此两片羊体点云的尾部及腿部明显没有较好地重合并相互补充，整体配准效果较差。图 5-28（b）为滤波后的两片羊体点云粗配准后再经过 ICP 精配准的效果图，可以看出，粗配准＋ICP 精细配准方法可以将初始的两片羊体点云较理想地拼接到一起，并在羊体头部、颈部、尾部及腿部较好地相互补充。由图 5-28 对比可知，ICP 精配准可以得到较为理想配准结果。由表 5-18 可以看出，与只对羊体点云进行粗配准相比，加上 ICP 算法的配准误差降低至 $8.709\times10^{-3}$m，配准时间降低至 11.034s，配准精度及配准效率均有显著提升。

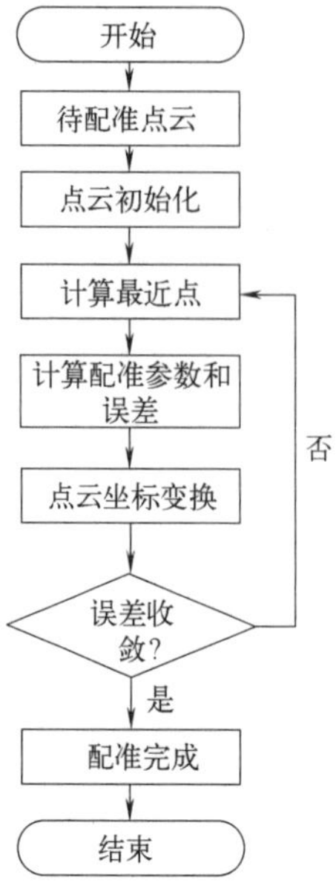


图 5-26　ICP 算法配准流程

图 5-27　羊模型的初始扫描点云

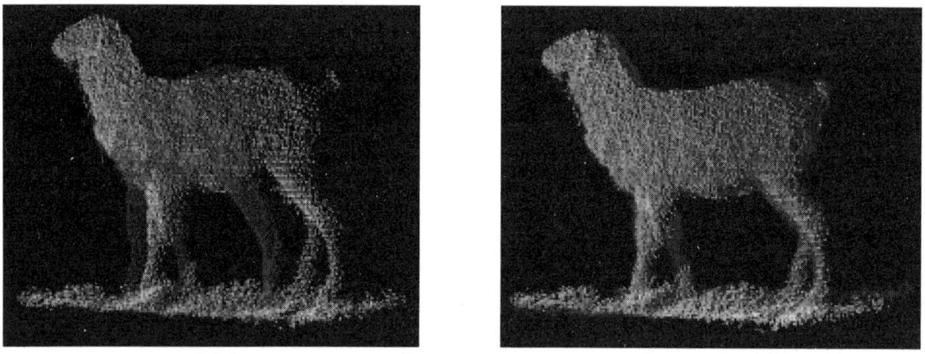

(a) 只进行粗配准　　(b) 粗配准+ICP精配准

图 5-28　两组实验结果对比图

表 5-8　不同算法的配准时间与误差对比

| 配准方法 | 配准时间/s | 配准误差/m |
| --- | --- | --- |
| 只进行粗配准 | 14.624 | $1.101\times10^{-2}$ |
| 粗配准＋ICP 配准 | 11.034 | $8.709\times10^{-3}$ |

由此可见，机器学习可以处理多个视角下的点云数据，将它们融合为一个一致的模型。这对于生成更准确的场景重建和三维模型具有重要意义。

## 本章小结

本章的主要内容围绕机器学习方法展开。首先，详细介绍了机器学习的含义、特点，以及分类。然后，详细讲述了三大典型的机器学习方法包括决策树、聚类分析和 BP 神经网络的基本概念，并通过实际问题案例对每种方法的流程进行描述。最后，本章进一步探讨了不同机器学习方法在智能车间产能预测、滚动轴承故障诊断和点云配准等智能制造场景中的应用。

## 习　题

1. 请简要介绍线性回归模型的基本原理。
2. 简述机器学习方法的分类，并对每个分类举例说明。
3. 什么是集成学习？常见的集成学习方法有哪些？
4. 简述机器学习方法在智能生产中的优势和挑战。
5. 简述决策树的基本构建过程。
6. 什么是距离度量？进行距离度量需要满足哪些基本性质？
7. 神经网络通常分为几层？每层的作用是什么？

## 参考文献


[1] 邹旺，吉畅. 轴承剩余使用寿命预测方法研究 [J]. 科技创新与应用，2022，12 (26)：133-136，140.

[2] Samuel A L . Some studies in machine learning using the game of checkers [J]. IBM journal of research and development，1959.44：206-226.

[3] 何清，李宁，罗文娟，等. 大数据下的机器学习算法综述 [J]. 模式识别与人工智能，2014，27 (4)：327-336.

[4] 杨善林，倪志伟. 机器学习与智能决策支持系统 [M]. 北京：科学出版社，2004.

[5] Mazibuko T W，Tartibu L K，Okwu M O，et al. Prediction of the remaining useful life of rotating machinery using a hybrid PSO-ANN model [C]//2021 International Conference on Artificial Intelligence，Big Data，Computing and Data Communication Systems (icABCD). IEEE，2021：1-6.

[6] 刘诗瑾，杨知玲. 基于剪枝处理的多源异构数据双挖掘仿真 [J]. 计算机仿真，2024，41 (8)：513-516.

[7] 吉丽萍，黄景涛，李一凡，等. 一种基于多信息融合的风电功率预测特征选择方法 [J]. 兰州理工大学学报，2024，50 (5)：94-100.

[8] 张棪，曹健. 面向大数据分析的决策树算法 [J]. 计算机科学，2016 (S1)：374-379.

[9] 赵俊杰，黄四牛，吴正午，等. 基于聚类分析的不均衡数据标注技术研究 [J]. 计算机仿真，2020，37 (2)：476-480.

[10] 曲福恒，潘曰涛，杨勇，等. 基于加权空间划分的高效全局 K-means 聚类算法 [J]. 吉林大学学报（工学版)，2024，54 (5)：1393-1400.

[11] Sharma N，Katyal R . Investigation on combined impacts of different clustering techniques and enhanced K-means algorithm [C] //International Conference on Machine Learning Algorithms. Springer，Cham，2025.

[12] 王良勇，杨枭. 带有前馈和神经网络补偿的机械手系统轨迹跟踪控制 [J]. 电机与控制学报，2013，17 (8)：113-118.

[13] Mahamad A K，Saon S，Hiyama T . Predicting remaining useful life of rotating machinery based artificial neural network [J]. Computers & Mathematics with Applications，2010，60 (4)：1078-1087.

[14] Zhao Z, Verma G, Rao C, et al. Link Scheduling Using Graph Neural Networks [J]. IEEE transactions on wireless communications, 2023, 22 (6): 3997-4012.

[15] Gao Z H, Zhu C S, Shu Y F, et al. Predicting the low-cycle fatigue life of Ti-6Al-4V alloy using backpropagation neural network optimized by the improved dung beetle algorithm [J]. Fatigue & Fracture of Engineering Materials & Structures, 2024, 47 (11): 3983-3999.

[16] Bertipaglia A, Alirezaei M, Happee R, et al. An Unscented Kalman Filter-Informed Neural Network for Vehicle Sideslip Angle Estimation [J]. IEEE Transactions on Vehicular Technology, 2024, 73 (9): 12731-12746.

# 第6章 深度学习方法

## 6.1 深度学习简介

深度学习是机器学习领域的一个新兴分支，是基于数据进行表征学习的算法。数据可以以多种方式进行表示，例如每个像素强度值的向量，或者更抽象的表示，如边的序列、特定形状的区域等，用特定的表示方法能够更轻松地从实例中学习任务。

机器学习是研究如何使用计算机模拟人类学习过程的学科。能否使计算机像人类一样具备学习能力呢？1959年，美国的塞缪尔（Samuel）设计了一个下棋程序，该程序具有学习能力，能够在不断对弈中提升自己的下棋水平。这个程序向人们展示了机器学习的潜力，引发了许多社会和哲学问题。

机器学习作为人工智能领域的一个分支，为实现人工智能提供了一种途径，即通过机器学习来解决人工智能实现过程中的问题。近30多年来，机器学习已经发展成为一个多领域交叉学科，涉及概率论、统计学、逼近论、凸分析、计算复杂性理论等多个学科。机器学习理论的研究主要涉及设计和分析能够使计算机自动学习的算法。而机器学习算法则属于一类能够通过自动分析数据获取规律，并利用这些规律对未知数据进行预测的算法。由于机器学习算法涉及大量的统计学理论，因此与推断统计学的联系非常紧密。在算法设计方面，机器学习理论关注的是可以实际实现和有效应用的学习算法。

在机器学习和认知科学领域，人工神经网络是一种模仿生物神经网络（特别是动物的中枢神经系统，如大脑）结构和功能的数学模型或计算模型，用于对函数进行估计或近似。人工神经网络由许多人工神经元相互连接而成，在多数情况下，人工神经网络可以根据外部信息改变其内部结构，从而实现自适应学习。从深度学习的发展历程来看，它与深度神经网络、人工神经网络、机器学习以及人工智能的发展密切相关。它们之间的关系如图6-1所示。

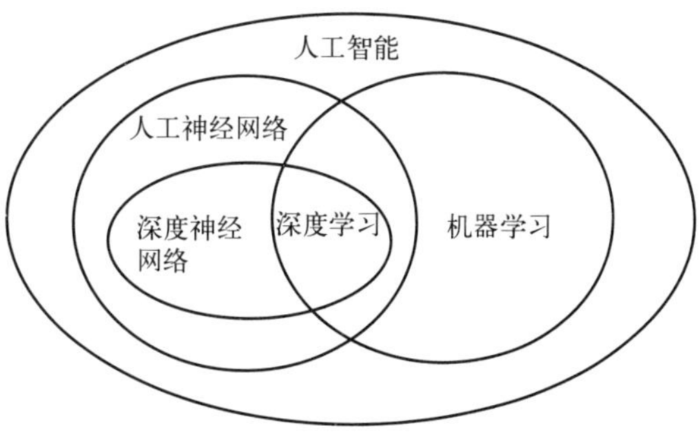

图6-1 深度学习与机械学习等的包含关系

### 6.1.1 深度学习的含义与特点

在深度学习的领域，多位专家提出了各自独特的观点，共同描绘出了深度学习的本质和价值。

吴秀娟[1] 认为深度学习是一种注重真实社会情景和复杂技术环境的学习方式和理念。鼓励通过深入挖掘知识信息、深刻理解复杂概念、深度把握内在含义，积极地构建个人知识体系并在真实情境中解决复杂问题。最终，深度学习旨在实现全面学习目标，培养高阶思维能力。

孙银黎[2] 认为深度学习不仅在陈述性知识和程序性知识基础上追求策略性知识的深化，更强调在接受知识后进行深思熟虑，不满足于被动接受。不仅扩展原有知识，还关注学习者认知结构的重新构建。

黎加厚[3] 的观点是深度学习应该在理解的基础上，使学习者能够批判性地吸收新思想和事实，并将它们融入原有的认知结构中。这种能力让他们能够在多种思想之间建立联系，并将已有的知识成功迁移到新的情境，从而作出明智的决策和解决问题。

安富海[4] 认为深度学习是基于理解的学习，指学习者通过积极主动、批判性地学习新的知识和思想，将其融入原有的认知结构中，以实现高阶思维的发展和解决实际问题。同时，他们还能够将已有知识迁移到全新情境。

张静[5] 认为深度学习应以复杂且深入的知识为学习对象，要求学习者在沉浸式的状态下，运用高阶思维和解决复杂问题的能力，实现高层次学习目标，如分析、综合和评价。

焦建利[6] 认为深度学习是一种基于理解的学习，强调学习者要批判性地学习新思想和新知识，将其纳入到原有的认知结构中，从而将这些知识成功地迁移到新的情境，为决策和问题解决提供有力支持。

**（1）国外学者对深度学习的定义**

深度学习（deep learning），也被称为深层学习，最早由美国学者 Ference Marton 和 Roger Saljo 于 1976 年提出，源于他们基于学生阅读实验的研究，旨在回应孤立记忆和浅层学习对知识的非批判性接受。自此之后，众多学者开始关注深度学习，其中包括 Biggs 和 Collis、Ramsden、Entwistle 等，他们从不同角度拓展了深度学习的相关理论。

深度学习源自计算机科学、人工神经网络和人工智能领域的研究，逐渐也受到教育领域研究者的更多关注。2006 年，加拿大多伦多大学计算机系的辛顿教授在《科学》杂志上发表了题为《利用神经网络刻画数据》的论文，这标志着深度学习在 21 世纪学术界的崛起浪潮。加拿大西盟菲莎大学的艾根教授领导下的“深度学习”项目，成为中小学深度学习研究领域最具影响力的研究之一。该项目明确界定了学生对知识的深度学习程度，并指导教师通过知识处理引导学生逐步达到一定的学习深度。可以说，这个项目将深度学习的概念引入了教育实践中。

Ramsden 认为，深度学习体现出一个人已具备了综合评价等高级思维能力，他们对学习材料投入了深入思考，不仅仅为了取得合格分数而学习。相比之下，浅层学习往往与机械性的学习或为了达到及格分数有关。Kates 在 2002 年指出，深度学习是学习者全身心地沉浸在学习目标内容中，深入批判性地反思。深度学习紧密联系着深度理解目标内容，这是学习者从创新视角观察事物、应用概念，并最终引发个人转变的过程。

综合国内外学者的观点，我们可以认为深度学习是一种高层次的学习方式，要求学习者积极主动地、批判性地整合新知识，以深度理解为基础，以在新情境中的应用为导向，以解决复杂问题和促进创新为目标。深度学习的评价标准之一是知识在学习者认知结构中的状态与知识呈现时的原始状态之间的差距。然而，与有意义学习不同，深度学习的起点在于对知识的深刻理解，它在理解的基础上进行高于知识原始形态的学习和应用。认知心理学的研究表明，解决问题的思维活动有助于形成自我图式，这对其他问题的解决以及知识迁移都具有积极影响。

**（2）深度学习的特点**

深度学习的核心思想是通过对数据进行表征学习，模拟人脑的神经结构进行机器学习，这一概念最早源于对人工神经网络的研究。人工神经网络（artificial neural network，ANN）从信息处理角度对人脑神经元网络进行了抽象，建立了一种简化模型，通过不同的连接方式构建了不同类型的网络，通常被称为神经网络或类神经网络。因此，深度学习又被称为深层神经网络（deep neural networks，DNN），它是从之前的人工神经网络模型发展而来的。

深度学习的动机在于建立和模拟人脑进行分析学习的神经网络，通过模仿人脑的机制来解释各种数据，其目标是赋予计算机类似于人类的智能。由此，深度学习的前景无限，其发展的潜力巨大。以下是深度学习的几个关键特点。

① 强大的学习能力：深度学习通过学习样本数据的内在规律和层次化表示，能够深入理解各种数据，如文本、图像、声音等。在语言和图像识别等领域，深度学习的效果远远超越了先前的相关技术。

② 数据驱动，潜力巨大：深度学习对大量数据的依赖极高，数据量越大，其表现越优秀。在图像识别、人脸识别、自然语言处理等任务中，深度学习已经达到甚至超越人类水平。同时，通过调整模型参数和优化策略，深度学习的性能可以不断提升。

③ 广泛的适用范围：深度学习的神经网络结构非常复杂，层数众多，宽度广泛，理论上可以映射到任意函数，因此适用于解决复杂的问题。

④ 良好的可移植性：由于深度学习在多个领域表现出色，出现了许多优秀的框架，如TensorFlow、Pytorch等。这些框架在不同平台上都能够使用，提高了深度学习模型的可移植性。

总之，深度学习作为一种表征学习的方法，以模拟人脑神经网络为基础，已经取得了重大的研究成果，在机器学习领域的应用日益广泛，有望继续推动人工智能的发展。

## 6.1.2 深度学习的发展

尽管深度学习在近几年逐渐崭露头角，看似是一个全新的领域，但实际上，它基本可以视为深层神经网络的代名词，而神经网络的历史可以追溯到1943年。如今，神经网络已经发展成为一个多学科交叉的研究领域，其中不同类型的神经网络如图6-2所示。为了模拟生物神经系统对于真实世界物体的交互反应，连接主义学派的人工智能研究者采用大量处理单元（神经元）相互连接的方式，建立了人工神经网络模型。类似于人工智能领域，深度学习的发展也经历了三次显著的发展浪潮，如图6-3所示。本小节将首先探讨深度学习发展历程中的这三次浪潮，然后对图6-2中不同类型的网络进行解释，最后还将对几种典型的深度神经网络的发展历程进行介绍。

1943年，麦卡洛克（McCulloch）和数理逻辑学家皮茨（Pitts）提出了McCulloch-

Pitts 神经元模型，即 M-P 神经元模型。该模型是一个线性模型，其中的神经元接收来自 $n$ 个其他神经元的输入信号 $x$，并将这些信号进行线性组合。通过激活函数对神经元接收到的总输入进行处理，最终产生输出 $y$。在 M-P 神经元模型中，模型的参数需要由操作人员正确设置，以便产生所期望的输出。

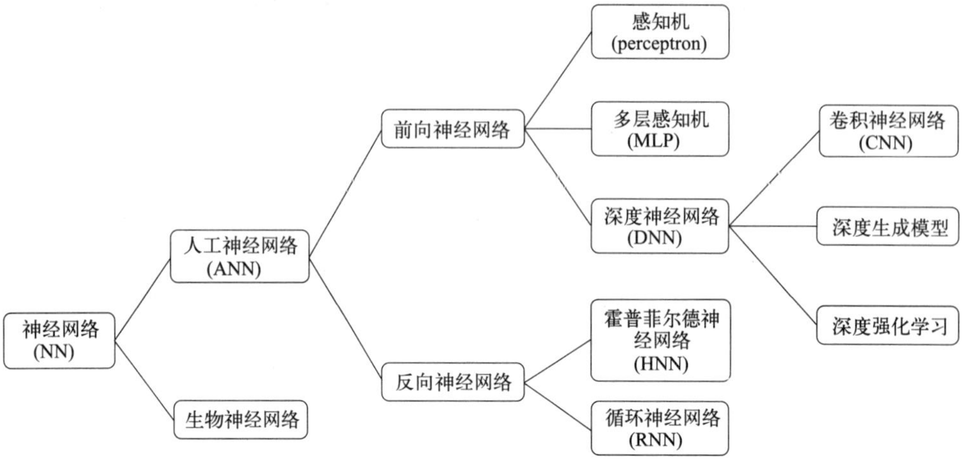


图 6-2　神经网络的类别

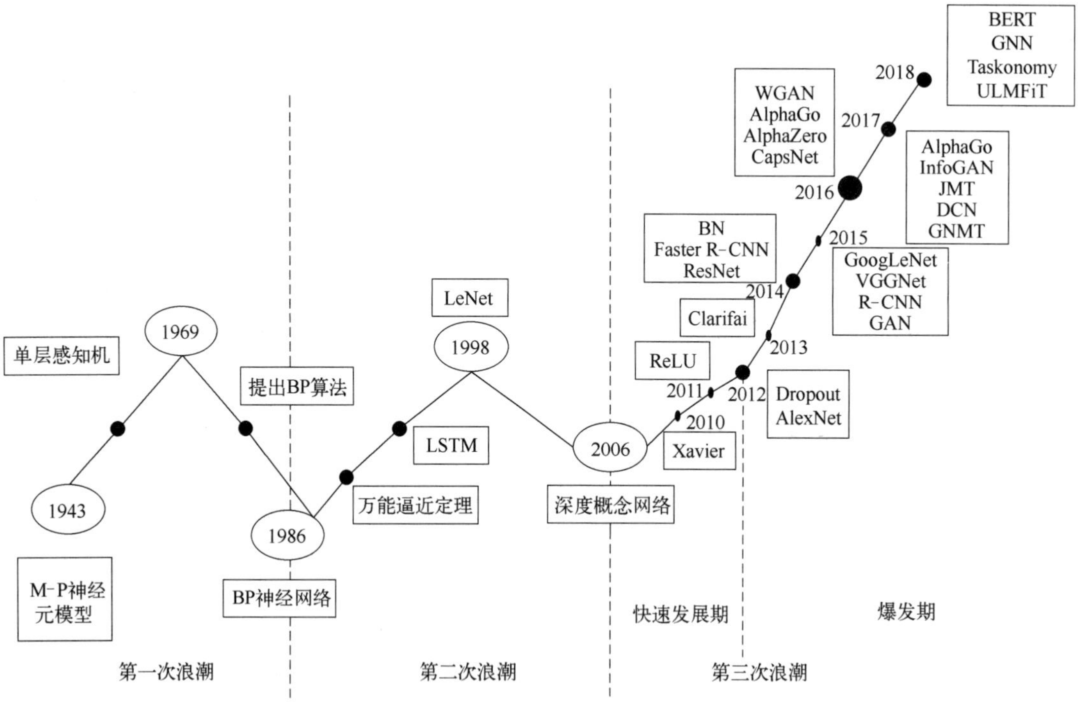


图 6-3　深度学习发展历史的三次浪潮

1949 年，加拿大著名生理心理学家赫布（Hebb）提出了一种无监督学习规则。赫布认为，神经元之间的连接强度会随着神经元的活动而变化，变化的量与两个神经元的活跃程度之和成正比。换言之，当两个神经元之间的活动频繁交互时，它们之间的连接强度增加，反之则减小。这一规则后来被称为赫布学习（Hebbian learning）。赫布学习能够根据神经元之间的激活水平来调整权重，因此也被称为相关学习或并联学习。

1957 年，心理学家罗森布拉特（Rosenblatt）提出了一种名为感知器的神经网络模型。该模型可以执行一些简单的视觉处理任务。感知器可以通过学习每个类别的输入样本来调整权重，它是第一个能够学习的人工神经网络。感知器的出现引起了广泛关注，从而开启了神经网络的第一次浪潮，这股浪潮一直持续到 1969 年。

1960 年，斯坦福大学的维德罗（Widrow）提出了自适应线性单元（adaptive linear neuron，ADALINE），这是一个能够产生任意输出值的模型，不再受限于感知器只能输出 0 或 1。自适应线性单元使用最小均方误差（least mean square，LMS）规则进行参数优化，该优化过程采用了随机梯度下降（stochastic gradient descent，SGD）算法。

1969 年，明斯基（Minsky）和派珀特（Papert）在他们的著作 *Perceptrons：An Introduction to Computational Geometry* 中指出，感知器本质上是一个线性分类器，无法解决异或问题。感知器只包括输入层和输出层，而多层感知器（multi layer perceptron，MLP）则引入了一个或多个隐含层（hidden layer）。尽管在理论上，具有隐含层的多层感知器模型可以解决异或问题，且具有出色的非线性分类能力，但当时的计算机硬件无法满足训练多层感知器模型所需的巨大计算需求，导致神经网络研究进入低潮期。

1974 年，沃波斯（Werbos）提出了反向传播（back propagation，BP）算法，有效地解决了异或问题，使得训练多层神经网络成为可能。BP 算法包括正向传播和反向传播两个阶段。在正向传播中，网络将输入样本从输入层经隐含层逐层传递至输出层，并计算输出层输出与期望输出的误差。在反向传播中，网络将输出误差从输出层经隐含层反向传播至输入层，并利用梯度下降法来调整各层神经元的权重，以最小化误差。尽管 BP 算法的引入并未引起广泛关注，但它为多层神经网络的训练奠定了基础。

1982 年，物理学家霍普菲尔德（Hopfield）提出了霍普菲尔德神经网络，这种网络能够解决多种模式识别问题。霍普菲尔德神经网络是一种反向神经网络，其工作基于最小化能量函数的原理。他通过使用这个网络解决了著名的 NP 难问题——旅行商问题，用很短的时间得到了满意的解答。这一事件使得连接主义重新受到关注，从而神经网络研究进入了第二次浪潮期。

1985 年，Hinton 将统计力学中的理论和方法与霍普菲尔德神经网络结合，提出了玻尔兹曼机（Boltzmann machine，BM）。为了解决玻尔兹曼机容易陷入局部最优解的问题，Hinton 引入了带有温度参数的激活函数，通过调整温度来平衡全局搜索和局部搜索的能力。玻尔兹曼机中，不仅存在层间连接，还存在同一层内的神经元连接。基于玻尔兹曼机的思想，发展出了受限玻尔兹曼机（restricted Boltzmann machine，RBM）。

1986 年，Hinton、Rumelhart 等人将 BP 算法应用于多层感知器，并采用 Sigmoid 激活函数进行非线性映射，提出了 BP 神经网络。BP 网络实际上是一个从输入到输出的映射，数学理论证明它具有实现任何复杂非线性映射的能力。BP 神经网络为神经网络研究提供了新的发展方向。

事实上，很多现在仍然被广泛使用的典型深层神经网络也诞生于神经网络研究第二次浪潮期间，如卷积神经网络（convolutional neural networks，CNN）和循环神经网络。卷积神经网络专门用于处理具有网格结构的数据，例如图像数据。1982 年，福岛邦彦提出了神经认知机（neocognitron），这是多层神经网络的先驱，为后来的卷积神经网络奠定了基础。1989 年，Yann LeCun 提出了第一个卷积神经网络 LeNet，并将其应用于手写数字识别任务。卷积神经网络在计算机视觉、自然语言处理等领域得到了广泛应用。

与多层感知器相同，卷积神经网络也属于前向神经网络的范畴。尽管卷积神经网络和多层感知器一样在功能上非常强大，但其应用范围有所不同，因为卷积神经网络并不适用于处理序列数据。相反，循环神经网络（recurrent neural network，RNN）则采用带有自反馈机制的神经元，其特点是能够处理各种长度的序列信息。早在 1997 年，Juergen Schmidhuber 提出了一种被称为长短期记忆网络（long short-term memory，LSTM）的典型循环神经网络结构，这种网络结构在序列建模任务中展现了卓越的表现。目前，LSTM 已被广泛用于语音识别、自然语言处理以及视频理解等领域的序列建模任务中，取得了令人瞩目的成果。

神经网络的第二次浪潮一直延续至 20 世纪 90 年代中期。虽然反向传播算法（BP 算法）得到广泛应用，但也伴随着学习速度缓慢、训练时间漫长以及容易陷入局部最小值等问题。在深层网络中，BP 算法的梯度计算变得不稳定，导致底层参数更难以训练，可能会出现梯度消失或爆炸的情况，即所谓的“梯度消失/爆炸问题”。因此，BP 算法在处理深层网络时表现良好，而对于深层网络的训练则相对无力。另外，神经网络的学习过程需要调整大量参数，然而这些参数的设置缺乏明确的理论指导，必须依赖人工的“调参”操作。稍有不慎，参数的调整可能会对学习结果产生误导性影响。因此，这一时期神经网络研究再度陷入低谷。

在这段时间内，以支持向量机为代表的统计学习方法迅速崭露头角，不仅在理论分析方面获得了巨大成功，还在实际应用中取得显著的成就。这些方法逐渐成为机器学习领域的主流趋势，为整个领域带来了新的活力。

进入 21 世纪初，连接主义学习再度掀起了热潮，为“深度学习”这一名字赋予了新的生命。2006 年，Hinton 提出了一项贪心算法，用于逐层训练深度信念网络（deep belief network，DBN），这为解决与深层网络相关的优化难题带来了新的希望。深度信念网络的核心思想是：首先，利用大量无标签的数据对网络进行预训练（pre-train），逐层地学习网络参数，这些学习到的权重可以被看作网络的出色初始化；接下来，使用带有标签的数据，通过传统的反向传播（BP）算法对网络进行训练，这个阶段也被称为微调（fine-tune）。由于预训练的权重已经使网络达到一个良好的起点，因此在微调阶段，BP 算法只需进行局部搜索，就能够获得良好的效果。尽管如今这种训练方式不再具有优越性，但在当时，它彻底颠覆了大多数学者默认的“深度网络无法训练”的观点，重新将研究者的关注点引回神经网络领域。

在同一年，Yoshua Bengio 和 Yann LeCun 在神经信息处理系统会议（conference on neural information processing systems，NeurIPS）上共同发表了两篇与神经网络相关的论文。Bengio 深入研究了 Hinton 的方法，采用了类似 Hinton 的策略来训练自编码器（auto-encoder，AE）。而 Yann LeCun 则同样基于 Hinton 的方法，针对卷积神经网络进行了初始化，取得了在手写数字识别方面的最佳效果。正是 Hinton、Bengio 和 Yann LeCun 这三位研究者的三篇论文拉开了神经网络第三次浪潮的序幕。

神经网络历经多次盛衰，曾经引起广泛热潮，然后陷入沉寂，甚至几乎被遗忘。直至 2004 年，神经网络研究陷入低谷，只有少数机构愿意支持，而加拿大高等研究所（The Canadian Institute for Advanced Research，CIFAR）成为少数愿意资助神经网络研究的机构之一。正是在 2004 年，Hinton 获得了 CIFAR 的支持，将其研究命名为“深度学习”，为即将到来的研究浪潮奠定了基础。

在 2012 年举办的大规模视觉识别挑战赛 ILSVRC（ImageNet Large Scale Visual Recognition Challenge）上，Hinton 团队的 AlexNet 以绝对的优势赢得了冠军。2012 年之前，错误率普遍达到 26%，而 Hinton 团队的错误率则降至约 15%。自此，深度学习的浪潮再次兴起，持续至今，深度学习模型已在人工智能领域的多个方面得到广泛应用。一系列新的模型、算法和优化方法不断涌现，数据量、模型规模以及精度都不断提升。

然而，深度学习的广泛应用并不能单纯证明其算法的完美性。学术界对深度学习提出的批评主要集中在其缺乏坚实理论支撑与可解释性方面。深度学习模型往往被形容为黑箱模型，其内部学习到的内容常常令人难以洞悉。纽约大学的 G. Marcus 在他于 2017 年发表的论文《深度学习：批判性评价》中甚至列举了深度学习面临的十大挑战，其中包括对大量数据的过度依赖、泛化能力的有限性、模型不够透明、难以解决推理问题等问题。甚至是已经于 1986 年成功将反向传播算法应用于多层感知器的 Hinton 也提出，人类大脑中不可能存在着深度学习中所用的反向传播机制，因此深度学习需要“另辟蹊径”。他在 2017 年提出了胶囊（capsule）模型作为一种可能的解决方案。相较于传统的深度学习算法，胶囊模型具备更好的可解释性。在胶囊模型中，一个胶囊代表一组神经元，而不是仅仅一个神经元或一层神经元。每一个胶囊只关注特定的类别或属性，有些关注位置信息，有些关注属性特征，还有些关注方向，等。Hinton 提出了一种称为“一致性路由”（routing-by-agreement）的训练方法来培养胶囊模型。在训练开始时，一个胶囊的输出被传递到所有可能的高层次胶囊中。通过将这个胶囊的输出与一个权重矩阵相乘，可以得到一个预测向量。若预测向量与某个高层次胶囊的输出向量的内积较大，则低层次胶囊传递到该胶囊的概率增加，而传递到其他胶囊的概率则减小。随着训练的推进，贡献更大的低层级胶囊与其上接收贡献的高层级胶囊之间的连接逐渐变得更为重要。

然而，Marcus 对深度学习的批判引发了众多深度学习研究者的回应。他们认为，Marcus 在贬低深度学习时忽略了已经取得的成就，深度学习所面临的挑战也并非其他方法能轻易克服的。另一方面，尽管胶囊模型最初备受瞩目，但并没有如人们所期望的那样取代使用反向传播算法进行训练的卷积神经网络。如今，很少有人提及胶囊模型，这也在一定程度上证明了其在实际应用中的局限性。虽然深度学习存在一些缺点和不足，但是这些缺陷并不足以掩盖其优势，深度学习仍然是机器学习甚至人工智能领域的主流方法，并且在不断快速发展中。

当下，深度学习成为本轮人工智能爆发的关键技术。计算机视觉和自然语言处理等领域取得了突破性进展，推动了人工智能的新一轮爆发性发展。在这一进程中，深度学习充当了关键角色。其中，基于深度卷积网络的图像分类技术已经超越了人类眼睛的准确率，基于深度神经网络的语音识别技术准确率已达到 95%，而基于深度神经网络的机器翻译技术也接近人类平均翻译水平。这些准确率的大幅提升使得计算机视觉和自然语言处理领域进入产业化阶段，带来了新兴产业的兴起。

在大数据时代，深度学习成为一把锐利的算法工具，近年来备受研究关注。与传统的机器学习算法相比，深度学习技术具备两大显著优势。首先，随着数据规模的不断扩大，深度学习技术能够持续提升性能，而传统的机器学习算法则难以充分利用海量数据以达到相同水平的性能提升。其次，深度学习技术能够直接从数据中抽取特征，减轻了为每个问题设计特征提取器的负担，而传统机器学习算法则需要人工进行特征提取。正因如此，深度学习在大数据时代成为研究的热点技术，学术界和产业界都投入大量精力进行深入研究和实践。

深度学习已经为各种基础应用注入了强大的能量。卷积神经网络和循环神经网络是两种深度神经网络模型，它们在计算机视觉和自然语言处理等基础应用中得到了广泛应用。卷积神经网络在计算机视觉领域取得了显著成就，在图像分类、目标检测、语义分割等任务上的表现远超传统方法。而循环神经网络则在处理序列信息方面表现优异，已在自然语言处理领域得到广泛应用，如语音识别、机器翻译、对话系统等。

然而，深度学习技术仍然存在一些不足之处，需要进一步提升和解决。首先，深度神经网络的模型复杂度较高，巨大的参数量使得模型尺寸庞大，难以部署到移动终端设备上。其次，模型训练所需的数据量巨大，而获取和标注训练数据的成本往往很高，有些情况下难以获取足够的样本。第三，深度学习应用的门槛较高，算法建模和调参过程复杂，算法设计周期长，系统实施和维护也具有一定难度。第四，深度学习模型缺乏因果推理能力，如图灵奖得主、贝叶斯网络之父 Judea Pearl 所指出，当前的深度学习往往只是在进行“曲线拟合”。最后，深度学习存在可解释性问题，由于内部参数共享和复杂特征的抽取与组合，很难准确解释模型学到了什么，但出于安全性、伦理和法律的考虑，模型的可解释性变得尤为重要。

## 6.2 典型深度学习方法

### 6.2.1 卷积神经网络

随着科技的发展及电子硬件的进步，极大地促进了人工智能领域的发展，其中对神经网络的定义也层出不穷，在学习卷积神经网络之前，首先要知道机器学习、神经网络、深度学习和卷积神经网络（CNN）之间的关系，如图 6-4 所示。

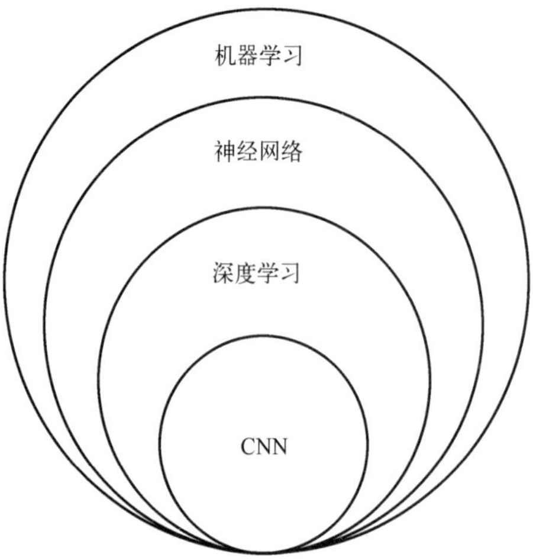


图 6-4 机器学习、神经网络、深度学习和 CNN 之间的关系

神经网络发展的首个阶段可追溯至 1943 年，当时心理学家 Warren 和数理逻辑学家 Walter 首次引入了神经元的概念。他们将神经反应转化为信号，并通过输入、求和、线性激活和输出的过程进行模拟。这一简单的模型完成了信息处理的基本流程。接着在 1958 年，神经学家 Frank 通过模拟人类感知能力，创造了名为“感知机”的结构，并在计算机上进行了仿真实验。他成功地将这个模型用于分类三角形和四边形，这是神经元概念首次在实验中获得成功应用，证明了神经元概念的实用性。然而，第一代神经网络的结构相对单一，仅能解决线性问题。同时，当时的时代和思想也限制了神经网络的进一步发展。

20 世纪 80 年代，卷积神经网络的第二代开始发展。1985 年，Geoffrey Hinton 引领着这一阶段的进程。他在神经网络中引入了多个隐含层，用于权重变换，并且创新性地提出了误差反向传播算法（back propagation algorithm，BP 算法），用以求解各隐含层网络参数。紧接着的 1988 年，Wei Zhang 提出了平移不变人工神经网络（SIANN）。而在 1989 年，Le Cun 则构建了卷积神经网络，用于解决计算机视觉问题。这个网络结构包含了两个卷积层和两个全连接层，共计超过 6 万个参数。更重要的是，Le Cun 首次提出了“卷积”这一概念，为卷积神经网络的命名铺平了道路。1998 年，诞生了第一个经典结构的卷积神经网络，名为 LeNet-5。它包含 6 个隐藏层，主要是通过卷积和池化操作的堆叠来从图像中抽取特征。在著名的 MNIST 数据集上，LeNet-5 的识别准确率超过了 98%。尽管如此，当时的硬件设备并没有足够的计算能力来支持大规模的计算，因此卷积神经网络的发展没有引起足够的重视。

卷积神经网络的第三代发展可分为两个明显阶段：2006～2012 年是其快速发展期，2012 年至今则标志着其爆发式发展阶段，被广泛称为深度学习时代。这一时期，训练数据量的增加与模型的准确率密切相关。同时，引入了大规模计算能力 GPU，使得模型的训练时间显著缩短。

2006 年，Hinton 提出了一种深度置信网络（deep belief network，DBN），它包含多个隐含层，取得了令人瞩目的训练效果。随后，卷积神经网络在 2012 年实现了重要突破，由 AlexNet 赢得了 ImageNet 视觉挑战赛的冠军。此后的几年里，相继涌现了一系列新的卷积神经网络，如 ZFNet、VGGNet、GoogleNet、ResNet 以及 DPRSNet 等。

卷积神经网络的演化路径可以概括为以下几个方面：首先，网络结构逐渐变得更加深层；其次，卷积模块的功能性得到了增强；然后，网络应用领域从最初的图像分类扩展到目标检测等任务；最后，新增加了各种新的功能模块。这些演化方向在图 6-5 中得到了明确的展示，揭示了卷积神经网络在结构上的不断演进。

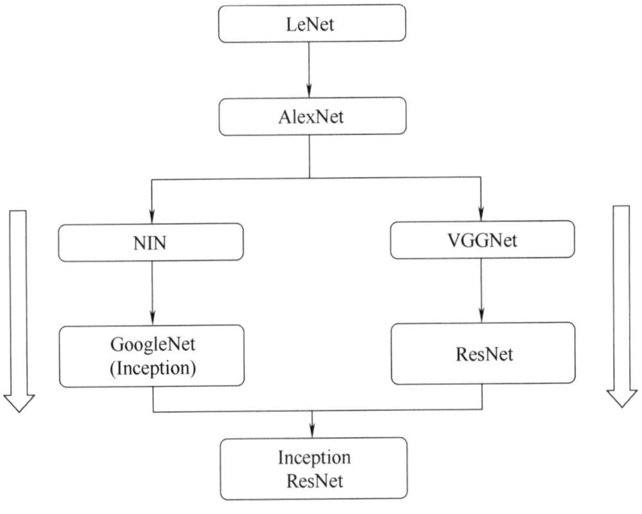


图 6-5　卷积神经网络的演化脉络

卷积神经网络的结构由几个主要部分组成：输入层、隐藏层、全连接层，以及输出层[7]。隐藏层则包含卷积层、激活层和池化层。

卷积层在网络中的作用是提取输入数据的特征信息[8-10]。它由多个卷积单元构成，每个卷积单元的参数是通过反向传播算法进行优化得到的。在卷积层中，感受野（也称为滤波器或卷积核）在输入图像上以一定规律移动，与对应的区域进行卷积运算，从而提取图像的特征。卷积层的参数包括卷积核的大小、步长（stride）以及边界填充（padding）。这些参数共同决定了卷积层输出特征图的尺寸。感受野的大小通常小于输入图片的尺寸，而感受野的增大将提取更复杂的特征信息。步长定义了卷积核在扫过相邻区域时的位置间隔，而填充则是在特征图的周围进行填充操作，以防止在卷积过程中损失过多的边缘信息。填充的值代表填充的层数，它会影响输出特征图的大小。对于一个输入图片大小为 $n \times n$ 的情况，卷积核大小为 $k \times k$，步长为 $s$，填充为 $p$，输出特征图的尺寸可以通过式（6-1）计算得到。

$$\text{out\_}size = (n - k + 2p)/s + 1 \tag{6-1}$$

卷积层中的运算过程如图 6-6 所示，输入图像为 5×5×3，pad 值为 1，在对特征图周围填充后变为 7×7×3，感受野设定为 3×3×3 进行卷积计算，步长设定为 2，由输入图左上角开始进行滑动计算，方向从左至右，这一行计算结束后，由下一行继续向右互动，直到覆盖输入图所有区域，共得到 9 个运算结果，输出 3×3 的矩阵，称为特征图。表达式如式（6-2）：

$$f(x) = \sum_{i,j}^{n} \boldsymbol{\theta}_{i,j} \times \boldsymbol{x}_{i,j} + \boldsymbol{b} \tag{6-2}$$

式中，$f(x)$ 代表输出特征；$\boldsymbol{\theta}_{i,j}$ 代表第 $i$ 行 $j$ 列的卷积核元素大小；$\boldsymbol{x}_{i,j}$ 代表第 $i$ 行 $j$ 列元素大小；$\boldsymbol{b}$ 为偏差。卷积层具有局部感受野、权值共享的特点，可以减少网络中的参数。

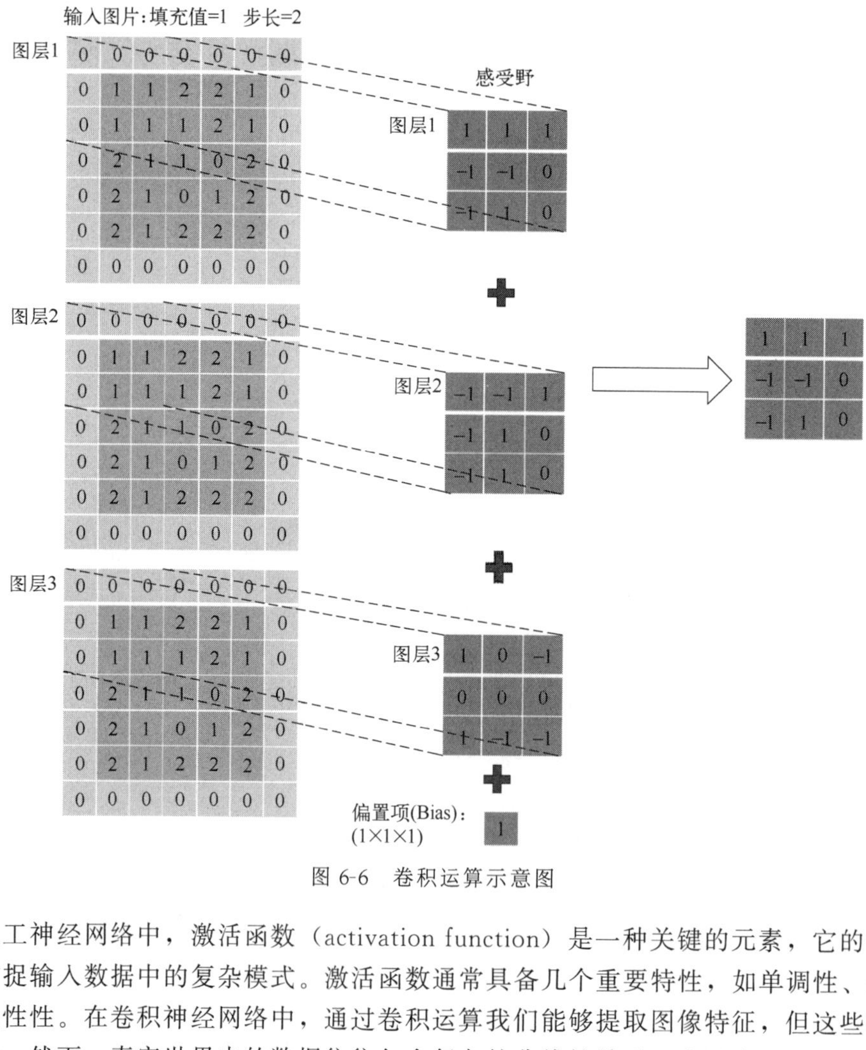


图 6-6　卷积运算示意图

在人工神经网络中，激活函数（activation function）是一种关键的元素，它的作用是帮助网络捕捉输入数据中的复杂模式。激活函数通常具备几个重要特性，如单调性、连续可微性和非线性性。在卷积神经网络中，通过卷积运算我们能够提取图像特征，但这些特征往往是线性的。然而，真实世界中的数据往往包含复杂的非线性关系，为了应对这种情况，引入激活函数。

激活函数的引入使得每个像素点的表示能够落在 0 到 1 之间的任意数值，这样的设计允许网络模拟更为细微的变化和非线性关系，从而提高网络的表达能力。通过在卷积神经网络的每个神经元上应用激活函数，能够引入非线性变换，使网络能够更好地拟合各种数据模式，从而提升网络在复杂任务上的性能。

常用的激活函数有 Sigmod 函数、tanh 函数、ReLu（rectified linear unit，线性整流单元）函数以及 Leaky Relu 函数。Sigmoid 函数定义式为 $f(x)=\frac{1}{1+e^{-x}}$，tanh 函数定义式为 $f(x)=\frac{e^{x}-e^{-x}}{e^{x}+e^{-x}}$，ReLU 函数定义式为 $f(x)=\max(0,x)$，Leaky Relu 函数定义式为 $f(x)=\begin{cases}x, & x>0\\ x, & x\leqslant 0\end{cases}=\max(0,x)+\gamma\min(0,x)$，其中，$\gamma$ 是一个很小的数，例如 0.1、0.01 等，曲线如图 6-7 所示。

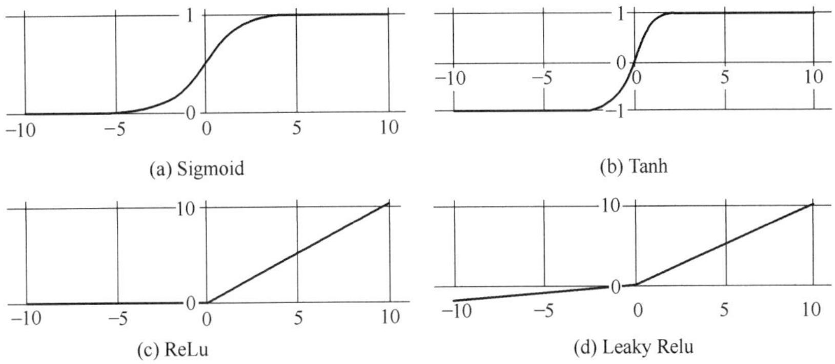

图 6-7　激活函数曲线

池化层在卷积神经网络中扮演着重要角色，其主要功能是对特征图进行压缩，提取关键特征，同时减少网络计算的复杂性。在池化层中，通常采用均值池化和最大池化这两种方法。图 6-8 所示的池化操作中，选用了一个 2×2 的过滤器，步长设置为 2，填充值为 0。其中，最大池化是在每个 2×2 的区域内寻找最大值，以提取最显著的特征，而均值池化则是计算每个 2×2 区域中像素的平均值，从而获得主要特征的表达。通过池化操作，能够将特征图的尺寸压缩，保留图像中最重要的信息，使得网络能够更加高效地处理数据，减少计算负担。这样的池化操作有助于进一步简化后续网络层的计算，提升网络性能和运行速度。

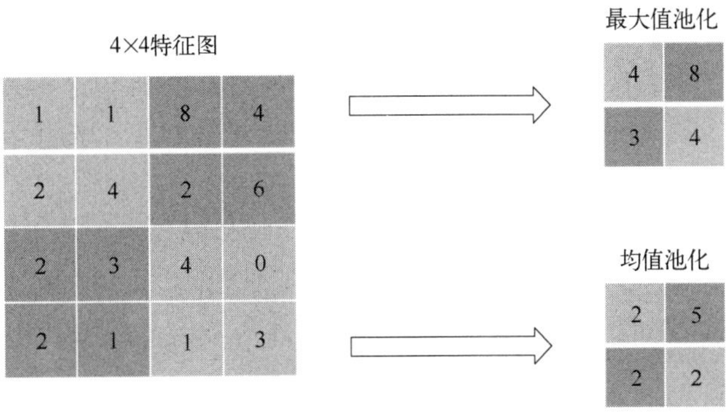

图 6-8　池化示意图

### 6.2.2 循环神经网络

在许多实际学习任务中，我们需要处理涉及序列信息的数据，如时间序列预测、任务型对话等。为了能够从这些序列数据中学习，循环神经网络应运而生。1933 年，神经生物学家 Rafael Lorente de Nō 发现了大脑皮层的解剖结构，揭示了刺激可以在神经回路中循环传递的机制。他提出了反响回路假设，这个假设后来被认为是生物系统具有短期记忆能力的原因之一。进一步的神经生物学研究发现，反响回路的兴奋和抑制受到大脑阿尔法节律（α-rhythm）的调控，在 α-运动神经中形成了循环反馈系统。20 世纪 70～80 年代，一些数学模型被提出来，旨在模拟循环反馈系统的行为，这些模型为 RNN 的发展提供了有益的启示。

1982 年，基于 Little 等人的神经数学模型，研究人员构建了具有结合存储能力的 Hopfield 神经网络，该网络使用二元节点进行建模。1986 年，根据分布式并行处理理论，Jordan 网络提出了使用反向传播算法进行学习的方法，并在测试中成功提取了给定音节的语音学特征。

1990 年，Jeffrey Elman 提出了第一个全连接的循环神经网络（Elman 网络），这种网络结构具有递归连接。Jordan 网络和 Elman 网络都是从单层前馈神经网络演化而来，因此被称为简单循环网络（simple recurrent network，SRN）。这两种网络模型可视为目前广泛应用的 RNN 的初始版本。随后，出现了各种更为复杂的结构，可以看作是对这些基础版本的变体或扩展。

在与简单循环网络（SRN）同时出现的时期，循环神经网络（RNN）的学习理论也在不断发展。随着反向传播算法的提出，学术界开始尝试在反向传播框架下对循环神经网络进行训练。1989 年，Ronald Williams 和 David Zipser 提出了 RNN 的实时循环学习方法。随后，Paul Werbos 于 1990 年提出了随时间反向传播算法。

然而，1991 年，Sepp Hochreiter 发现了循环神经网络在处理长序列时出现的长期依赖问题。这个问题导致了梯度消失和梯度爆炸现象。为了解决这个长期依赖问题，RNN 的改进方法不断涌现。其中比较重要的是 Jurgen Schmidhuber 及其合作者在 1992 年和 1997 年提出的神经历史压缩器和长短期记忆网络。

进入 21 世纪后，随着深度学习理论的兴起以及计算能力的提升，更复杂的 RNN 开始在自然语言处理等领域受到关注。2005 年，Alex Graves 等人将双向长短期记忆网络（LSTM）应用于语音识别，并在表现上优于传统的隐马尔可夫模型。

目前，RNN 已广泛应用于各种与时间序列相关的任务中，尤其擅长处理序列数据。RNN 的最大特点在于其神经元在某个时刻的输出可以作为下一个时刻的输入，从而构成了网络内部的循环依赖结构。这种串联的结构非常适合时间序列数据，能够保留数据中的时序关系[11]。另外，RNN 的展开结构使得网络参数共享，从而大大减少了需要训练的参数数量。这也使得模型能够适用于不同长度的输入序列[12]。

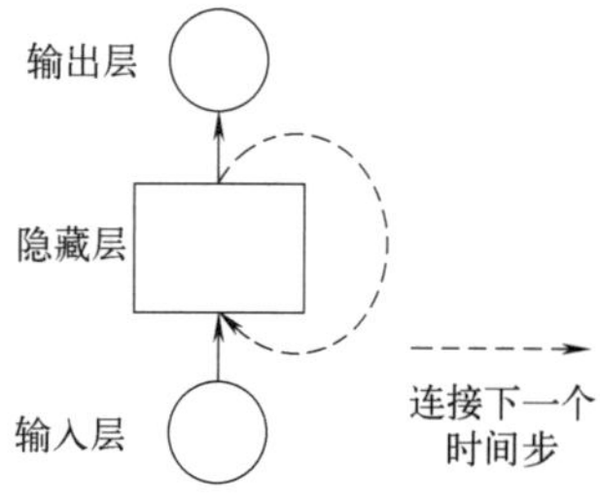


图 6-9 RNN 网络结构

图 6-9 展示了 RNN 的网络结构，通过隐藏层上的回路连接，使得前一时刻的网络状态能够传递给当前时刻，当前时刻的状态也可以传递给下个时刻。

图 6-10 中，在时刻 $t$，隐藏单元 $\boldsymbol{h}$ 接收来自两方面的数据，分别为网络前一时刻的隐藏单元的值 $\boldsymbol{h}_{t-1}$ 和当前的输入

数据 $\boldsymbol{x}_t$，并通过隐藏单元的值计算当前时刻的输出。$t-1$ 时刻的输入 $\boldsymbol{x}_{t-1}$ 可以在之后通过循环结构影响 $t$ 时刻的输出。RNN 的前向计算按照时间序列展开，然后使用基于时间的反向传播算法（back propagation through time，BPTT）对网络中的参数进行更新，也是目前循环神经网络最常用的训练算法。

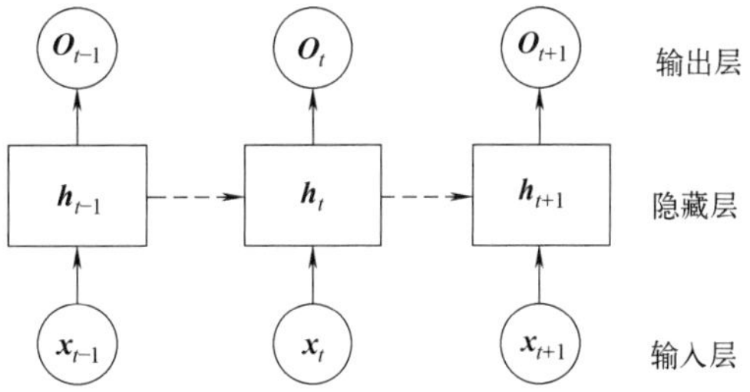

图 6-10 展开后的 RNN 结构

RNN 的前向传播表示如下：

$$
\begin{cases}
\boldsymbol{h}_t = \sigma(\boldsymbol{W}_{xh} + \boldsymbol{W}_{hh}\boldsymbol{h}_{t-1} + \boldsymbol{b}_h) \\
\boldsymbol{O}_{t+1} = \boldsymbol{W}_{hy}\boldsymbol{h}_t + \boldsymbol{b}_y \\
y_t = \mathrm{softmax}(\boldsymbol{O}_t)
\end{cases}
\tag{6-3}
$$

式中，$\boldsymbol{W}_{xh}$ 为输入单元到隐藏单元的权重矩阵；$\boldsymbol{W}_{hh}$ 为隐藏单元之间的连接权重矩阵；$\boldsymbol{W}_{hy}$ 为隐藏单元到输出单元的连接权重矩阵；$\boldsymbol{b}_y$ 和 $\boldsymbol{b}_h$ 为偏置向量。在 RNN 的计算过程中，所使用的参数是共享的，因此从理论上讲，RNN 能够处理任意长度的序列数据。在计算中，当前时刻的状态不仅依赖于之前的状态，而且会影响到后续的状态，这种循环依赖的性质是 RNN 的特点之一。通过不断的迭代计算，RNN 能够将输入序列映射为输出序列。然而，需要注意的是，输出序列的长度并不必然与输入序列的长度相同，这取决于具体的任务需求，因此在不同的应用场景中，输出序列与输入序列之间可能存在多种不同的对应关系。

图 6-11 展示了 RNN 在不同情况下的输入与输出情况，每种情况都在特定的应用中有其独特的用途。首先，图 6-11（a）表示了传统的、固定尺度的输入对应着固定尺度的输出。接着，图 6-11（b）展示了序列输入的情况，这在情感分析等任务中有用，例如给定一个句子，然后将其与一个情感表示向量相关联。图 6-11（c）则呈现了序列输出，这在图片标注等任务中常见，输入是一个用固定大小向量表示的图片，输出是对图片的描述。

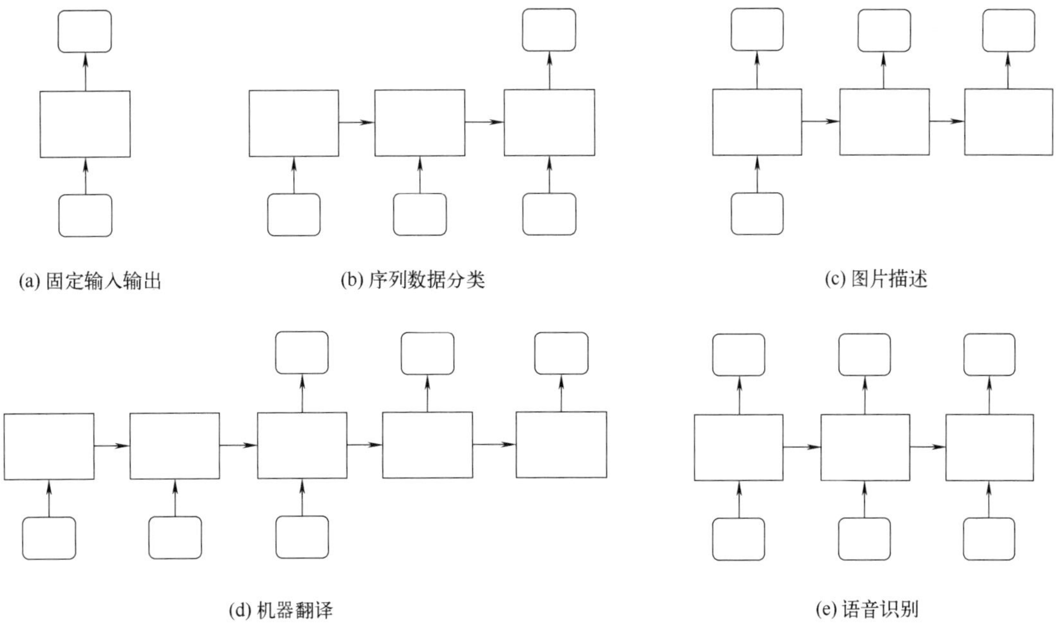

图 6-11 RNN 的输入与输出

在接下来的图 6-11（d）和图 6-11（e）中，输入和输出均为序列数据，但二者分别为非同步和同步的。在图 6-11（d）中，输入和输出的序列步调不一致，这适用于机器翻译等需要不同语言之间的转换的任务。而在图 6-11（e）中，输入和输出的序列步调一致，常被应用于语音识别等领域。

总之，RNN 在不同的应用场景中，可以灵活地处理各种输入输出的情况，使其成为处理序列数据的有力工具。

在实际应用中，循环神经网络（RNN）常常面临着训练方面的挑战。特别是随着模型的深度增加，RNN 可能无法很好地处理长距离的依赖关系。Jacobian 矩阵的乘积可能会迅速增大或减小，导致长期依赖变得困难。使用梯度下降方法来优化 RNN 存在一个主要问题，即梯度在沿着序列进行反向传播的过程中可能会迅速减小。目前，被广泛使用的循环结构网络架构是长短期记忆网络（LSTM）模型（没有遗忘门），它能够有效地克服 RNN 中的梯度消失问题，特别是在需要处理长距离依赖的任务中表现出色[13]。在 LSTM 中，梯度在反向传播过程中不再受到严重消失的影响，这使得模型能够更准确地建模短期和长期依赖的数据[14]。

当前，循环神经网络已经成为深度学习领域中的一类重要模型，使得网络能够有效处理文本、音频、视频等序列数据。在许多领域中，循环神经网络都取得了显著的成果。

### 6.2.3 自动编码器

自动编码器[15] 是一种常用的无监督神经网络模型，其主要目标在于学习输入数据的隐含特征，这一过程称为编码，同时利用学习到的特征能够还原出原始输入数据，称为解码。自动编码器在特征学习方面的功能类似于主成分分析（principle component analysis，PCA），但相对于 PCA，它更加强大，因为神经网络能够捕捉更复杂的特征。自动编码器学习到的新特征不仅可以用于降维，还可以被输入到有监督学习模型中，从而充当特征提取器的角色。

作为无监督学习模型，自动编码器还具备生成新数据的能力，从而可以生成与训练样本不同的数据。一种扩展型的自动编码器，即变分自动编码器（variational autoencoders，VAE），甚至可以用于生成式建模。这使得自动编码器不仅在特征学习和提取方面有着广泛的应用，还在生成新数据的领域具有重要意义。

自动编码器的工作原理如下：其基本结构如图 6-12 所示，由编码和解码两个主要过程组成。

自动编码器是对输入数据 $x$ 进行编码，生成新的特征表示，并且追求通过解码过程能够重构出原始输入。编码的过程如下所示：

$$y=f(\boldsymbol{W}x+\boldsymbol{b}) \tag{6-4}$$

与神经网络的结构相似，自动编码器的编码阶段涉及将输入数据进行线性组合，并在此基础上应用非线性激活函数。若省略了这个非线性层，自动编码器将与传统 PCA 无本质差异。通过新特征表示 $y$，能够对输入 $x$ 进行重构，这即是解码的过程：

$$x'=f(\boldsymbol{W}'y+\boldsymbol{b}') \tag{6-5}$$

为了使重构后的 $x'$ 与原始输入 $x$ 尽可能相似，可以使用最小化负对数似然损失函数来对这个模型进行训练：

$$Loss=-x'\log x \tag{6-6}$$

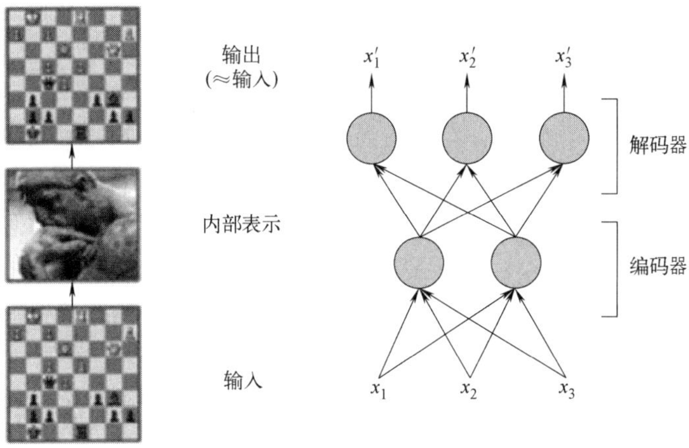


图 6-12 自动编码器的编码与解码

降噪自编码器[16] 的出现是为了更好地关注隐藏层的特征表达，因为一个优良的特征表示能够捕获输入信号的稳定结构。降噪自编码器的工作方式如下：首先，对原始的干净输入信号引入一定程度的噪声，从而生成一个受损的信号。接着，将这个受损的信号送入传统的自动编码器中，以期望它能够恢复出无噪声的原始信号。降噪自编码器的编码和解码过程如图 6-13 所示。

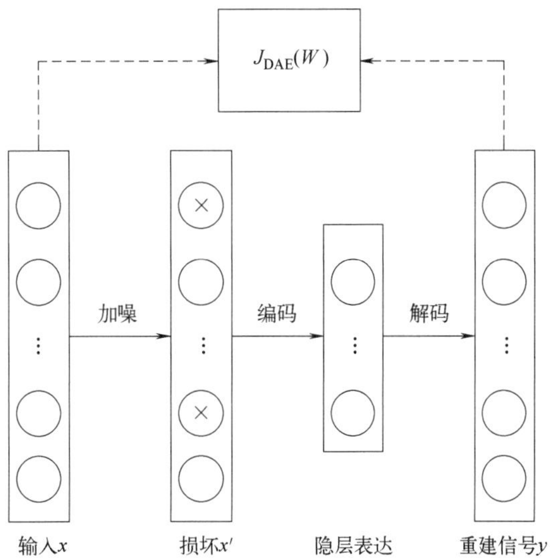


图 6-13 降噪自编码器编解码过程

其中的过程公式如下所示：

$$x' \sim qD(x'|x) \tag{6-7}$$

$$h_1 = \sigma_e(\boldsymbol{W}_1 x' + \boldsymbol{b}_1) \tag{6-8}$$

$$y = \sigma_d(\boldsymbol{W}_2 h_1 + \boldsymbol{b}_3) \tag{6-9}$$

式中，$qD(x'|x)$ 为噪声分布；$x'$ 为加入噪声后的输入；$\boldsymbol{W}_1$、$\boldsymbol{b}_1$ 为编码的权重和偏置；$\boldsymbol{W}_2$、$\boldsymbol{b}_2$ 为解码的权重和偏置。

降噪自编码器的目标最小化损失函数：

$$J_{\text{DAE}}(W) = \sum_{E_{X' \sim qD(x'|x)}} [L(x, y)] \tag{6-10}$$

降噪自编码器在本质上与传统的自动编码器有所不同，其主要区别体现在以下几点：

① 降噪自编码器通过有意地引入噪声，使模型能够学习到更鲁棒的特征表达。这样的处理有助于提高模型对输入数据的适应性和泛化能力。

② 与传统的自动编码器不同，降噪自编码器的设计目标是避免隐层单元学习无意义的恒等函数。通过添加噪声和对受损数据的恢复，降噪自编码器鼓励模型学习更有意义的特征表示，从而提升模型的性能。

堆叠自编码器是对降噪自编码器的进一步发展，旨在构建更深层次的模型结构。前面已经介绍了降噪自编码器的基本原理，然而实际上，降噪自编码器可以不仅仅局限于单层结构，而是可以构建更深层次的架构，这就是堆叠自编码器。在堆叠自编码器中，逐层地增加

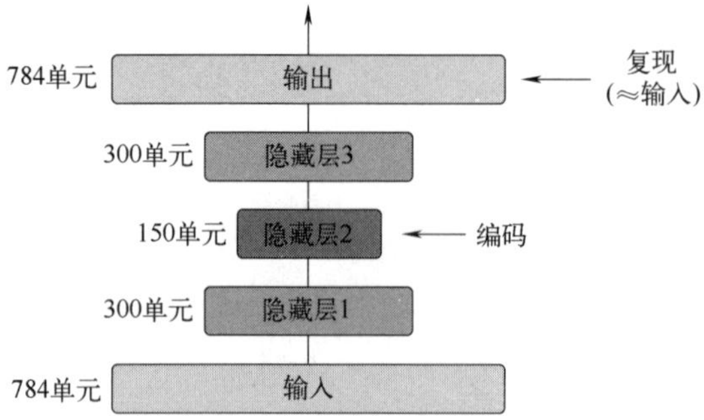


图 6-14 堆叠自编码器

中间特征的层数，从而达到更复杂的特征提取和表达。堆叠自编码器的结构如图 6-14 所示。

在构建堆叠自编码器时，每个子层的训练过程与降噪自动编码器的训练方法相似。整个堆叠自编码器的训练过程如下所示：

① 输入数据作为网络的初始输入。

② 对输入数据加入噪声，然后通过与降噪自动编码器类似的训练方式进行训练。

③ 对每个子层逐层进行训练，以逐步增加模型的深度和复杂性。

④ 使用输入数据的真实标签和通过网络预测得到的标签，对网络参数进行微调以提高模型性能。

堆叠自编码器和降噪自编码器之间存在以下区别：

① 堆叠自编码器采用了降噪自编码器的编码器作为基本构建单元，并使用降噪自编码器的训练方法进行预训练。

② 降噪自编码器属于无监督学习（或称自监督学习）方法，而堆叠自编码器是一种有监督学习方法。

卷积自编码器是一种特殊类型的自编码器，其原理基本与传统自编码器相似。该方法采用卷积层代替全连接层，通过对输入数据进行降采样，从而生成较低维度的潜在表示。这样做的目的是让自编码器学习输入数据的压缩版本。

与传统的卷积神经网络（CNN）不同，卷积自编码器不仅仅在卷积层后接一个全连接层用于分类（使用全连接层加上 softmax 输出）。相反，卷积自编码器允许输入图像的任意尺寸，通过反卷积层对最后一个卷积层的特征图进行上采样，使其恢复到与输入图像相同的尺寸。这样做的结果是，在上采样的特征图上可以为每个像素点生成一个预测，同时也保留了原始输入图像中的空间信息。最终，可以在上采样的特征图上逐像素地进行分类。

总的来说，卷积自编码器是传统自编码器的一种特例，其使用卷积层和池化层来代替传统的全连接层。这样的结构使得卷积自编码器能够更好地保留二维信号（如图像）的空间信息。

变分自编码器（variational autoencoder，VAE）是自编码器的一种变种，主要用于生成数据。在作为生成模型时，VAE 首先通过对数据进行训练来学习其内部的数据分布，然后仅利用其解码部分来生成与训练数据相似的新数据。

VAE 的工作原理是将数据样本映射到一个潜在空间中，然后通过对潜在空间中的点进行采样，再将采样点映射回数据空间中生成新的数据。这种方法使得 VAE 能够学习到数据分布的特点，从而可以生成与原始训练数据相似但又不完全相同的新样本。

与传统的自编码器不同，VAE 引入了概率分布的概念，使得模型更加灵活。通过对潜在变量的采样，VAE 可以生成多样化的输出，从而增加了生成模型的多样性。这使得 VAE 在数据生成和图像生成等任务中表现出色。其结构如图 6-15 所示。

整个结构可以分成三个部分，分别是编码部分、解码部分和生成部分。编码部分和解码部分同时进行训练，目标函数是从 KL 散度的概念中推导得到的。

其中，$x$ 代表了输入数据，$z$ 代表了隐变量（一个类似隐层输出的概率描述），变分编码器的目标可以描述为最大化 $x$ 生成的概率 $P(x)$：

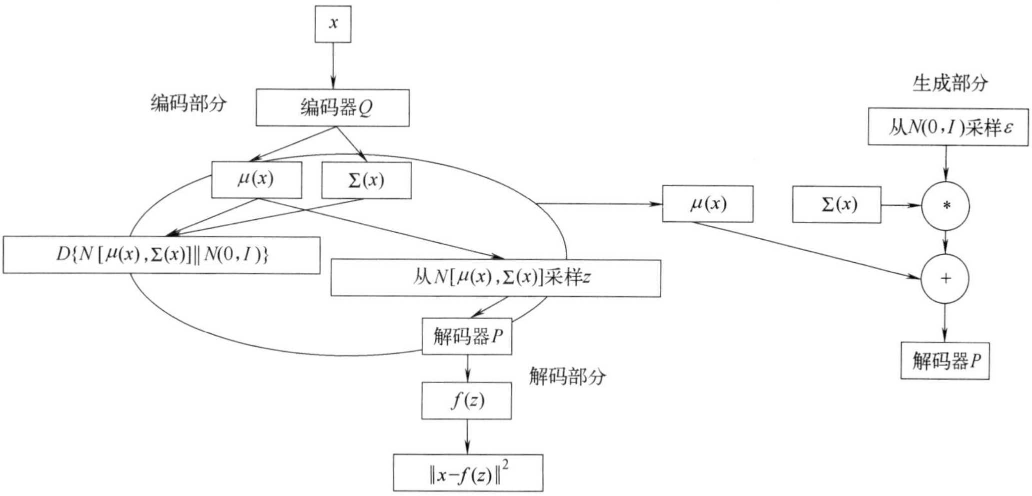


图 6-15　变分自编码器结构

$$P(x)=\int P(x \mid z;\theta)P(z)\mathrm{d}z \tag{6-11}$$

式中，$\theta$ 为模型的参数，即优化的对象。

Loss 函数的过程：

$$\lg P(x)-D[Q(z \mid x)\parallel P(z \mid x)]=E_{Z\sim Q}\{\lg[x(x \mid z)]\}-D\{Q[z \mid x \mid\mid P(z)]\} \tag{6-12}$$

以上几种自动编码器的对比表格如表 6-1 所示。

表 6-1　几种自动编码器对比

| 编码器 | 时间 | 改进 | 目的 |
|---|---|---|---|
| 传统自编码器 | 1986 | 无 | 无 |
| 降噪自编码器 | 2008 | 将带有噪声的信息作为输入信号 | 使信号的鲁棒性更强 |
| 堆叠自编码器 | 2008 | 将多层结构引入自编码器 | 使自编码可以训练更高层数 |
| 卷积自编码器 | 2011 | 将卷积层引入自编码器 | 更好的处理图像数据 |
| 变分自编码器 | 2014 | 在传统自编码器上增加隐变量约束，提出一种将概率模型和神经网络结构的方法 | 使隐藏层满足正态分布 |

# 6.3 深度学习在智能生产中的应用

## 6.3.1 滚动轴承故障诊断

滚动轴承是旋转机械的重要组成零件，起到支撑转子旋转、承受轴向和径向载荷、降低摩擦的作用。滚动轴承已经标准化，具有制造成本低、互换性好、对润滑液黏度不敏感等优点。但是，由于滚动轴承长期运转在复杂多变的载荷下，滚动轴承的内圈、外圈所承受的应力循环不同，常因冲击交变载荷和机械磨损而发生各种故障。此外，滚动轴承长期运转于高速高温情况下，常因热疲劳造成失效。正是由于这些特点，滚动轴承是旋转机械中最易失效的零件，也是需要重点研究的故障诊断对象。通常按照故障位置，滚动轴承故障可分为内圈故障、外圈故障等。

本案例依然采用凯斯西储大学公开的滚动轴承故障数据，以驱动端轴承故障数据作为实验数据，采样频率为 12kHz、故障直径 0.1778mm、负载 1.47kW、电机转速 1750r/min，实验数据共有 4 种类型，包括轴承四种状态（滚动体故障、内圈故障、外圈故障、正常状态），每种状态数据各提取前 100 条，每条数据为一个样本，每个样本包括 1200 个采样点，具体信息如表 6-2 所示。图 6-16 给出了每种状态下的第一个样本时域图及相应的频域图，可以观察到不同状态下的样本具有明显差异。

表 6-2　样本信息

| 设备状态 | 样本量 | 时域信号样本长度 | 频域信号样本长度 |
| --- | --- | --- | --- |
| 滚动体故障 | 100 | 1200 | 600 |
| 内圈故障 | 100 | 1200 | 600 |
| 外圈故障 | 100 | 1200 | 600 |
| 正常 | 100 | 1200 | 600 |

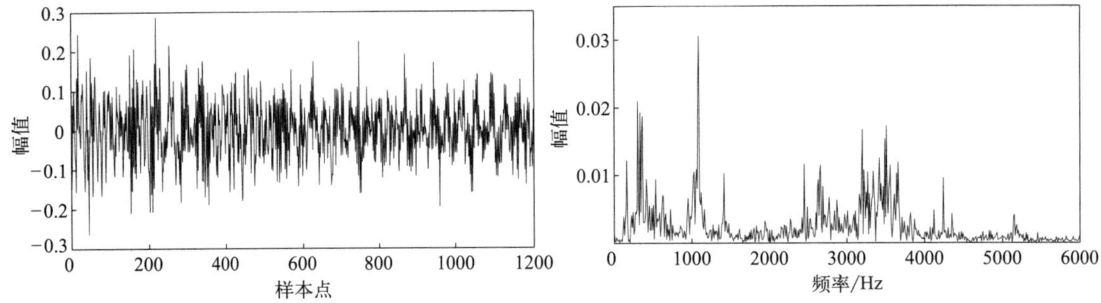

(a) 滚动体故障

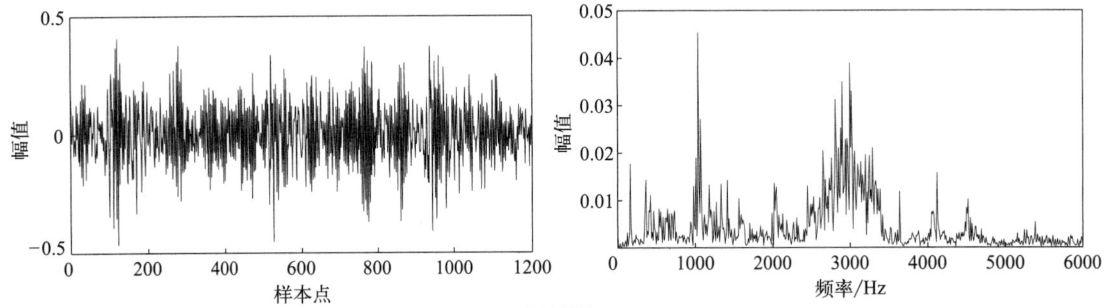

(b) 内圈故障

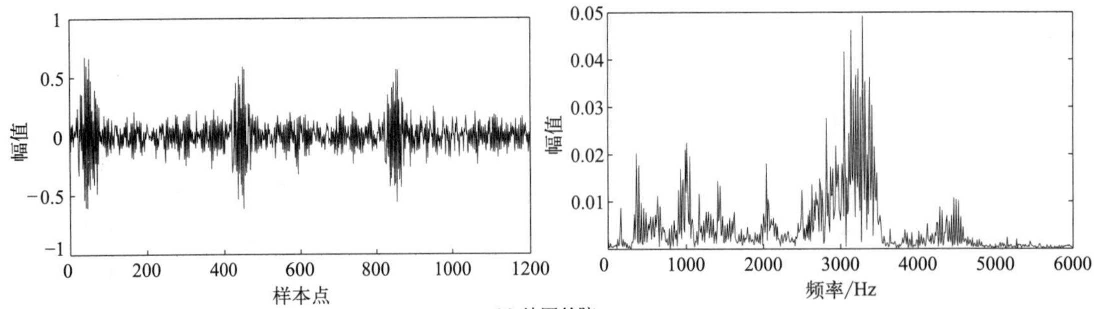

(c) 外圈故障

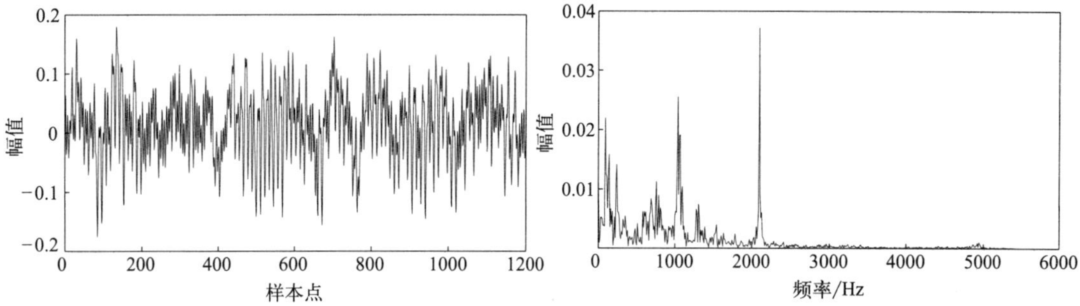


(d) 正常

图 6-16 各状态的第一个样本时域图及相应的频域图（第一列为时域信号，第二列为相应的频域信号）

传统的机器学习方法需要手动设计特征，如 5.3.2 小节设计的信号平均值、最大值、峰态等。深度学习方法可克服传统机器学习方法的缺点，实现自动提取特征。本案例中采用经典的 CNN 模型实现滚动轴承的故障特征提取与智能诊断。采用多层 CNN 作为特征提取器，并且通过引入全局均值池化技术代替全连接层部分，减少模型的训练参数量和测试时间。在整个故障诊断过程，将滚动轴承的原始故障数据输入改进的 CNN 模型，故障诊断结果自动输出，无须对原始数据做任何的手工特征提取和特征变换操作，具有更好的可操作性和通用性。

在图 6-17 中包含了训练过程和测试过程 2 个阶段。具体步骤为：

① 获取训练 CNN 模型的滚动轴承的原始数据信号（振动信号）；

② 将采集的数据进行预处理，变换到频率域，得到频谱图；

③ 将数据划分为训练集、验证集和测试集；

④ 投建 CNN 模型、初始化模型参数；

⑤ 利用训练样本集对 CNN 模型进行预训练，执行前向传播和反向传播计算过程，调整参数，迭代进行直至达到设置的最大迭代次数，获取合适的模型超参数和训练参数，保存最佳模型参数；

⑥ 将测试集数据输入到训练好的 CNN 模型中，最终得到轴承故障诊断的分类结果。

模型训练过程损失函数与准确率如图 6-18 所示。

## 6.3.2 产品缺陷检测

随着深度学习技术的发展，使用基于深度学习的目标检测算法进行产品表面缺陷检测，实现产品质检的自动化成为了工业产品质检的发展趋势。因为多部件复杂产品存在部件种类多，并且部件及其相关缺陷的特征不同等问题，所以使用单一的目标检测网络不能很好地检测出所有缺陷。多部件复杂产品的部件种类多，部件及其相关缺陷的特征不同，所以存在部件尺度差异大、部件数量差异大和缺陷特征复杂等问题。缺陷检测是工业生产过程中把控出厂产品质量的关键步骤，实现自动化缺陷检测对促进“智”造业发展有着重要意义。近年来，深度学习算法被广泛应用于缺陷检测领域并取得了不错的检测效果，运行检测程序的设备性能得到提高，并具备了良好的可迁移性和推广价值。

本小节主要在实际工业场景下，以电缆组装件缺陷检测为例，根据框架内容并设计组装件的缺陷检测流程，以神经网络模型验证产品缺陷检测方法的有效性及目标检测网络的优化效果。

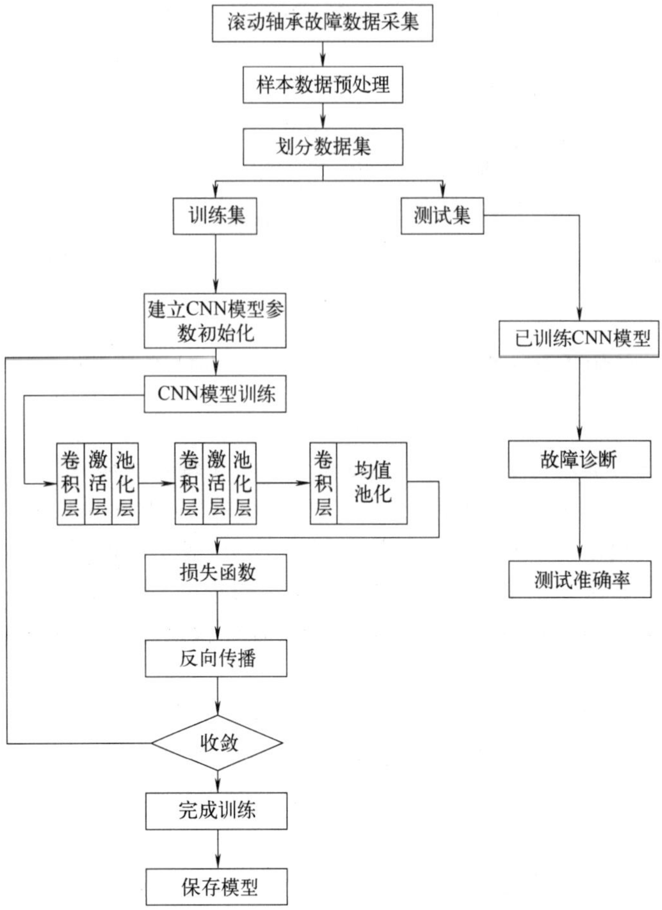


图 6-17　模型训练与测试流程图

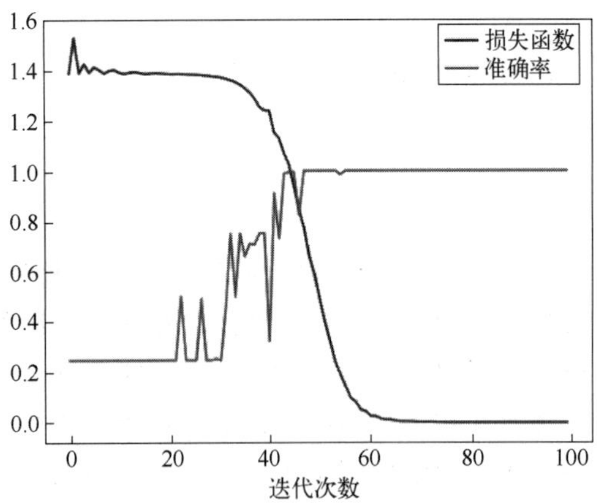


图 6-18　模型训练过程损失函数与准确率

将多个不同的部件按一定的顺序和方向进行组装时，为避免组装过程中使用错误部件或组装方式错误的产品进入成品堆，在组装完成后需要对产品进行逐一检测并挑出有缺陷的产品进行重新组装。较为典型的场景如电缆成品的生产过程，电缆上需要按顺序套入四种不同的部件，在实际生产时可能发生错误导致电缆成品出现缺少部件或错装部件等缺陷，若直接使用此类缺陷电缆，将影响生产安全，造成很大的隐患。

不同于检出某种独立缺陷是否出现的缺陷检测问题，在此场景下，检测过程共包含“检出—判断—报告”三步，需检测图像中所有出现的部件及其位置，再根据结果进行缺陷判断。

正确组装的电缆部件如图 6-19 所示，电缆上需要从左至右依次组装上密封盖（seal cover)、密封圈（seal)、屏蔽套（shield sleeve）以及屏蔽压接套圈（shield crimp ferrule）四个部件，而需要检出的组装过程中可能发生的缺陷有：缺少部件、部件方向错误、同一部件重复装入、部件次序错误，共四种缺陷情况。由于缺陷判断涉及图像中所有部件的类别和位置信息，因此检测中出现的漏检或错检都将直接影响判断结果。为确保判断结果的准确性，对目标检测网络有较高的要求。

图 6-19　正确组装件

**（1）数据集建立**

本小节以在公开的工业产品缺陷检测数据集——电缆部件数据集（cable component dataset）——作为实验所用的训练集，采集设备为 Raspberry Pi Camera Module V2 摄像头，数据集共包含 1200 张手动采集的图片，每张图片中包含 0～6 个套接部件，部件共分为 8 种标签，分别对应四种不同部件的左右朝向，详细对应情况如表 6-3 所示。

表 6-3　电缆部件标签

| 右密封盖 | 左密封盖 | 右密封圈 | 左密封圈 |
| --- | --- | --- | --- |
| 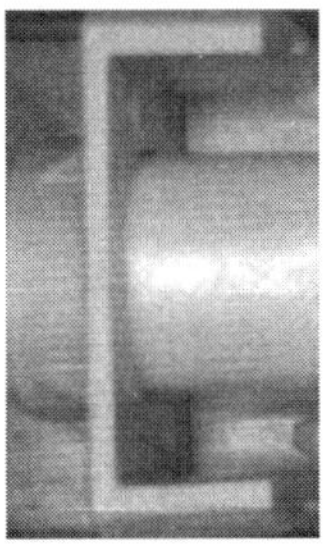 | 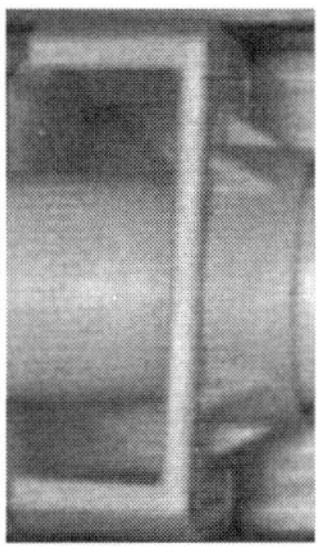 | 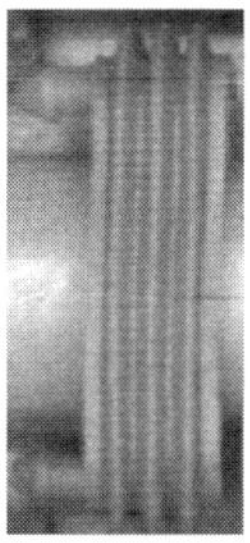 | 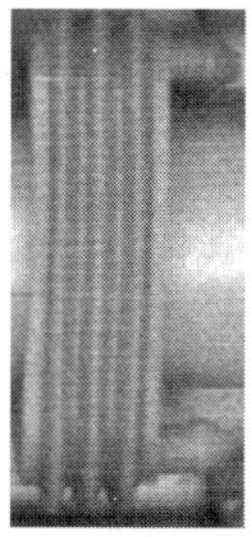 |
| 右密封套 | 左密封套 | 右屏蔽压接套圈 | 左屏蔽压接套圈 |
| 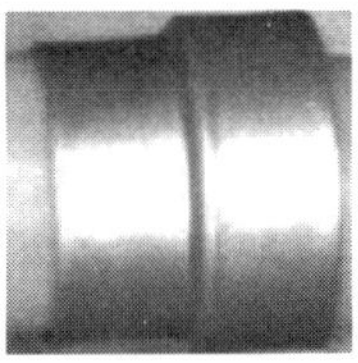 |  |  |  |

为测试系统最终缺陷检测的效果，对其进行 800 次排序正确的测试与 800 次包含各种不同缺陷的测试，测试过程人工记录其中判断标注为正确（OK）或不正确（NG）的情况是否正确，以此获得电缆组装件的缺陷检测判断准确率。

**（2）模型训练**

将数据集图片按默认比例进行分割，即 70%作为训练及验证集，30%作为测试集进行训练。网络输入大小设置为 640×640，数据增强方面使用了 Mosaic 数据增强功能。网络模型则使用在 Lite-YOLOv5s-AF 网络结构在 COCO 数据集进行预训练后得到的模型参数进行学习。实验共训练 300 轮次，每轮次训练结束使用测试集测试，保留 mAP 值最高的模型以及最后一轮训练结束后的模型。对比该模型对各类别检测能力如表 6-4 所示，可得其期望精度与最佳精度之间的误差，并且对于不同类别的检测准确度较为接近，因此选用其作为部署模型。

表 6-4 模型检测性能

| 模型 | 套接部件 | | | | | | | | mAP 精度指标 |
|---|---|---|---|---|---|---|---|---|---|
| | 密封盖 | | 密封圈 | | 密封套 | | 屏蔽压接套圈 | | |
| | 右 | 左 | 右 | 左 | 右 | 左 | 右 | 左 | |
| 期望精度 | 0.912 | 0.901 | 0.916 | 0.892 | 0.903 | 0.916 | 0.975 | 0.964 | 0.922 |
| 最佳精度 | 0.920 | 0.935 | 0.926 | 0.897 | 0.919 | 0.923 | 0.965 | 0.9646 | 0.931 |

**（3）缺陷检测**

对于组装器件的缺陷检测，需要准确地定位每一个部件的位置及其所属部件类型，再根据此检测结果分析其组装顺序及使用的部件类型等是否正确，此部分工作将更专注于多个部件间的相对位置情况。判断过程如图 6-20 所示。在实际检测中，待检对象可能存在多种不同的缺陷，本小节设计的检测方法按照部件缺失、部件重复、部件朝向错误、部件次序错误的缺陷优先级进行检测，在检测出一种缺陷之后即认定为有缺陷，停止检测。当认定待检物为有缺陷的部件时，可详细确定出具体为哪个部件产生的缺陷。

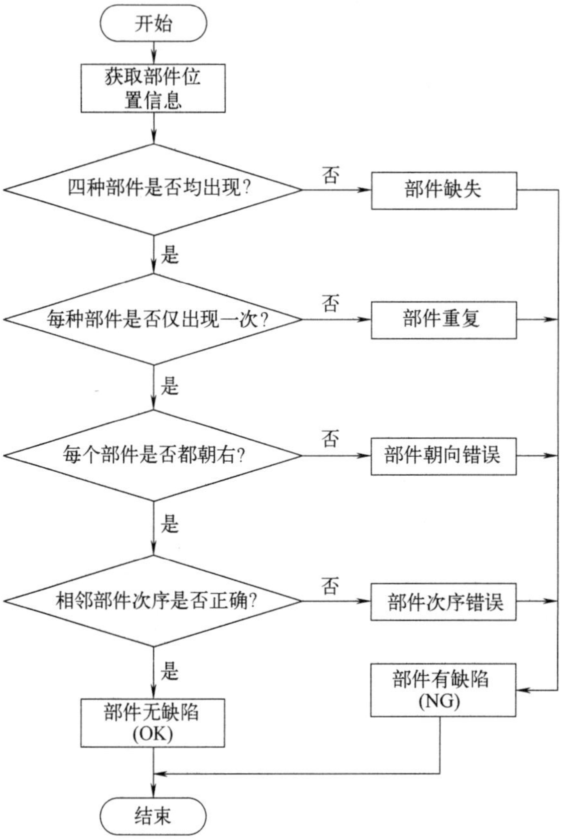


图 6-20 缺陷种类判断流程

将缺陷检测系统在实际场景采集的 1600 张图像集中测试，结果如表 6-5 所示。测试过程之中，对于有缺陷的待检物，仅将错误原因正确的检测情况列为正确判断之中。在此测试集合中，检测单张图像的平均速度为 57.8ms。

表 6-5 缺陷检测结果

| 类别 | 数量 | 正确判断次数 | 准确率 |
| --- | --- | --- | --- |
| NG | 800 | 779 | 97.38% |
| OK | 800 | 783 | 97.88% |
| 合计 | 1600 | 1562 | 97.63% |

根据测试结果，训练的模型性能在监测速度及检测精度方面都有较优秀的表现。在实际应用场景中，深度学习在故障诊断领域有良好的发展前景。

### 6.3.3 物料完备性检测

近年来，深度学习的发展促使许多计算机视觉任务获得了长足的进步。因此，如何将深度学习技术应用于目标检测领域是一个亟待解决的问题。本小节将简单介绍五种著名的基于深度学习的目标检测算法：R-CNN、Fast R-CNN、Faster R-CNN、YOLO、SSD，并重点讲解深度学习方法在物料完备性检测方面的应用。

上述基于深度学习的目标检测算法大致可以分成两类，分别是一阶段的方法和二阶段的方法：一阶段的代表方法是 YOLO 和 SSD，检测速度快，准确率没有二阶段高；二阶段的代表方法是 R-CNN 系列方法，检测准确率高，速度没有一阶段快。近来的研究在一阶段算法上加入金字塔结构，使得一阶段的准确率也提高了。

在生产线中，为了满足生产速度和准确性的双重需求，多选择一阶段目标检测算法作为工业中检测的算法。本小节重点讲 YOLO 算法在物料完备性检测方面的应用。

物料完备性是各个工业生产线上不可缺少的部分，即在组装或焊接之前将螺钉、螺母、定位销等放置在各种板件的特定位置，在零件缺少的情况下进行组装或焊接，会造成部件质量缺陷，影响后续装配，从而导致返工，影响整体的生产效率。因此，在实际生产过程中必须准确地检测物料是否完备。

采用深度学习的方法对物料进行检测，可以用来代替人工检测或使用传感器检测，进而提升检测的速度和准确率。

采用 YOLOX 目标检测算法对物料完备性进行检测。为了让 YOLOX 目标检测算法更加适合在工业中使用，本小节中对 YOLOX 进行了优化，用 Mobilenet 网络代替了原始 CSPDarknet-53 网络作为主干特征提取网络。

基于深度可分离卷积的 Mobilenetv1 网络具有参数量少、计算负担小的优势。用该网络代替原网络结构中的 CSPDdarknet-53，使得模型更加轻量化。深度可分离卷积分为深度卷积和逐点卷积两部分，深度卷积以输入通道深度为标准进行分组，各个通道组进行不同的卷积操作。逐点卷积类似标准卷积，用 $1\times1\times M$ 的卷积核对深度卷积操作后的通道进行加权组合，形成新的输出通道。

深度可分离卷积的结构如图 6-21 所示。

使用 FPN 特征金字塔结构，增加小目标检测的准确率。在整个物料完备性检测过程中，将在实际产线上获取的缺陷数据作为输入，放入检测算法中，进行迭代训练，获得训练模型。使用训练好的模型进行完备性的检测。YOLOX 的网络结构如图 6-22 所示。

具体步骤：首先，将虚实混合数据集划分为训练和测试数据集；再对数据进行预处理，对图像进行不失真的 resize 和 tensor 类型转换，得到 $640\times640$ 大小可放入网络的样本数据；

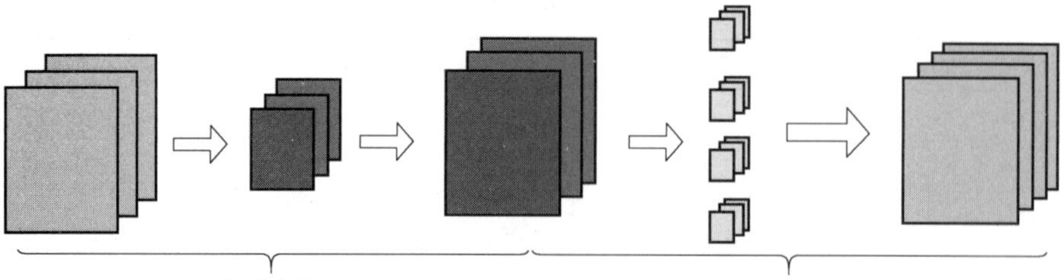


图 6-21 深度可分离卷积

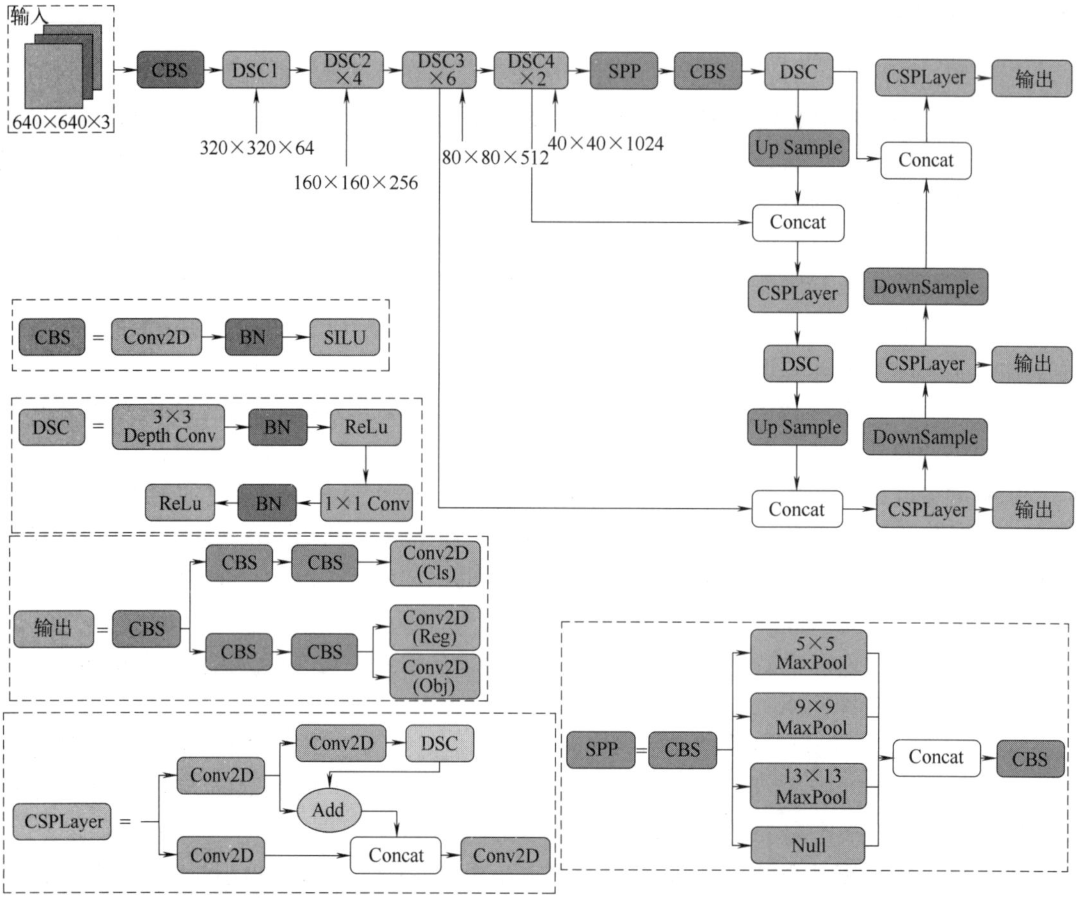


图 6-22 YOLOX 网络结构

然后对网络进行特征的提取和迭代训练，利用测试数据集对训练结果进行测，训练完成后生成并保存模型；最后将待检测的实时数据导入网络模型中进行预测，输出结果。步骤如图 6-23 所示。

检测结果：使用训练好的模型对多个不同类型的板件进行检测，检测结果如图 6-24 所示。从图 6-24 中可以看出，对不同的板件都可以准确地检测到各个零件是否缺失，而且有很高的准确率，采用同一训练模型可以很好地适用在不同的板件上，有很好的泛化性。

为了验证改进后模型的检测精度及有效性，采用精确率（precision）、召回率（recall）以及 F1 值作为度量指标。具体计算方法如式（6-13）～式（6-15）所示：

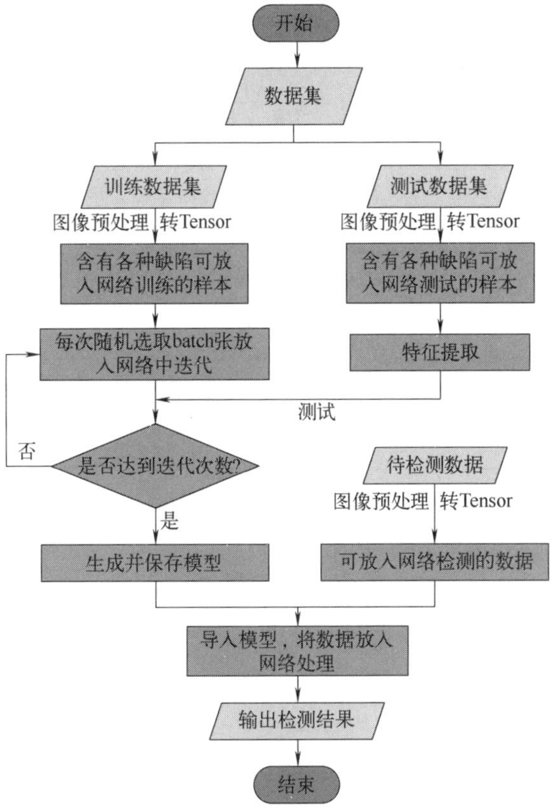


图 6-23　检测步骤

图 6-24　检测结果

$$P=\frac{TP}{TP+FP} \tag{6-13}$$

$$R=\frac{TP}{TP+FN} \tag{6-14}$$

$$F1=2\,\frac{P\times R}{P+R}=\frac{2TP}{2TP+FN+FP} \tag{6-15}$$

式中，$P$ 为精确率；$R$ 为召回率；$F1$ 为精确率和召回率的调和均值；$TP$ 表示检测正样本正确；$FP$ 表示误检；$FN$ 表示漏检；$TN$ 表示检测负样本正确。具体如表 6-6 所示。

表 6-6　检测结果

| 标签 | | 真实结果 | |
|---|---|---|---|
| | | 正样本 | 负样本 |
| 预测结果 | 正样本 | $TP$ | $FN$ |
| | 负样本 | $FP$ | $TN$ |

$AP$ 为单个类别数据 $P$-$R$ 曲线所围区域面积，如式（6-16）所示：

$$AP=\int_0^1 P(r)\mathrm{d}r \tag{6-16}$$

模型 $AP$ 值如图 6-25 所示。

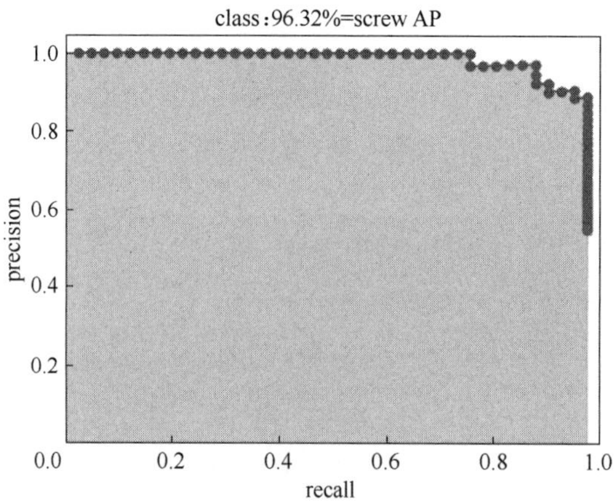


图 6-25　AP 值

## 本章小结

本章的主要内容围绕深度学习方法展开。首先，详细介绍了深度学习的含义、特点，以及深度学习的发展。然后以卷积神经网络、循环神经网络、自动编码器三种典型的深度学习方法为例，详细介绍了它们的发展和求解流程。最后，以不同深度学习方法为例，详细介绍了其在滚动轴承故障诊断、产品缺陷检测和物料完备性检测三种生产场景中的应用。

## 习　题

1. 什么是深度学习？简单介绍其含义和特点。

2. 深度学习方法在智能生产应用中有什么优势和挑战？

3. 请简要介绍深度神经网络的反向传播算法。

4. 什么是卷积核？在卷积神经网络中，卷积核的大小和数量对模型有什么影响？

5. 请解释 LSTM 网络的门控机制。

6. 降噪自编码器与传统编码器有何不同？

7. 在深度学习中，如何选择合适的损失函数？

## 参考文献


[1] 吴秀娟．深度学习的内涵、特征与过程模型［J］．今日教育，2017（6）：10-13.

[2] 孙银黎．对深度学习的认识［J］．绍兴文理学院学报（教育版），2007，27（11）：34-36.

[3] 何玲，黎加厚．促进学生深度学习［J］．计算机教与学现代教学，2005（5）：29-30.

[4] 安富海．促进深度学习的课堂教学策略研究［J］．课程 教材 教法，2014，34（11）：57-62.

[5] 张静，陈佑清．学习科学视域中面向深度学习的信息化教学方式变革［J］．中国电化教育，2013（4）：20-24.

[6] 焦建利．数字时代课堂：特征与趋势［J］．新课程评论，2019（11）：7-13.

[7] Krizhevsky A，Sutskever I，Hinton G E. ImageNet classification with deep convolutional Neural networks［J］，Advances in Neural Information Processing Systems，2012，25：1097-1105.

[8] Ding H，Yang L L，Cheng Z Y，et al. A remaining useful life prediction method for bearing based on deep neural networks［J］. Measurement，2021，172：108878.

[9] Yoo Y J，Baek J G. A novel image feature for the remaining useful lifetime prediction of bearings based on continuous wavelet transform and convolutional neural network［J］. Applied Sciences，2018，8（7）：1102.

[10] Wang W B，Zhao J J，Ding G R. RUL prediction of rolling bearings based on improved empirical wavelet transform and convolutional neural network［J］. Advances in Mechanical Engineering，2022，14（6）：1-13.

[11] Malhi A，Yan R Q，Gao R X. Prognosis of defect propagation based on recurrent neural networks［J］. IEEE Transactions on Instrumentation and Measurement，2011，60（3），703-711.

[12] Wang Y D，Zhao Y F，Addepalli S. Remaining useful life prediction using deep learning approaches：A review［J］. Procedia Manufacturing，2020，49：81-88.

[13] Jalayer M，Orsenigo C，Vercellis C. Fault detection and diagnosis for rotating machinery：A model based on convolutional LSTM，Fast Fourier and continuous wavelet transforms［J］. Computers in Industry，2021，125：103378.

[14] Liu J Q，Pan C L，Lei F，et al. Fault prediction of bearings based on LSTM and statistical process analysis［J］. Reliability Engineering and System Safety，2021，214：107646.

[15] 邓俊锋，张晓龙．基于自动编码器组合的深度学习优化方法［J］．计算机应用，2016，36（3）：697-702.

[16] 宋威，林建维，周方泽，等．基于改进降噪自编码器的风机轴承故障诊断方法［J］．电力系统保护与控制，2022，50（10）：61-68.

# 第7章 强化学习方法

## 7.1 强化学习简介

强化学习具有双重含义。一方面，它指的是一类问题，在这类问题中，智能系统需要在可能的行动空间中探索，以寻找最优的行为策略。另一方面，它也指代解决这类问题的方法，即通过统计技巧和动态规划来估计特定环境状态下的行为效用函数，并确定最优策略。强化学习的发展受到了控制论、统计学和心理学等学科的深刻影响，其历史渊源可追溯至巴普洛夫的条件反射实验。然而，直到 20 世纪 80 年代末和 90 年代初，强化学习才开始被广泛应用，并逐渐成为人工智能领域的一项关键技术。

强化学习[1] 的标准框架由三个主要组件构成：状态感知器、学习器和动作选择器。状态感知器的功能是将环境状态映射为代理内部的感知表示。动作选择器根据当前策略选择并执行动作。学习器则负责根据奖赏值来更新策略知识。强化学习的基本原理基于奖赏反馈：如果一个动作导致了积极的奖赏，代理将更倾向于在未来重复采取该动作；相反，如果动作导致了负面奖赏，代理则会减少采取该动作的可能性。

强化学习的主要目标是学习一个行为策略 $\pi$：$S \rightarrow A$，该策略旨在最大化代理在环境中获得的累积奖赏。为了考虑行为的长期影响，通常需要定义一个目标函数，该函数使用状态值函数或状态-动作对值函数来表示。这些值函数为代理提供了评估和改进策略的依据，以实现长期的累积奖赏最大化。常见的目标函数形式包括以下几种[2-4]。

无限折扣模型：

$$V^{\pi}(s_t) = \sum_{i=0}^{\infty} \gamma r_{t+i}, 0 < \gamma \leqslant 1 \tag{7-1}$$

式中，$\gamma$ 为折扣因子，其值在 0 到 1 之间；$r_{t+i}$ 表示智能体从环境状态 $s_t$ 到 $s_{t+i}$ 转移后所接收到的即时奖赏。此模型考虑了未来无限步的奖赏，并以折扣的形式累积到值函数中。

有限折扣模型：

$$V^{\pi}(s_t) = \sum_{t=0}^{h} r_t \tag{7-2}$$

在有限模型中，智能体只考虑未来有限步 $h$ 的奖赏总和。

平均奖赏模型：

$$V^{\pi}(s_t)=\lim_{h\to\infty}\left(\frac{1}{h}\sum_{t=0}^{h}r_t\right) \tag{7-3}$$

在平均奖赏模型中，智能体考虑的是其长期平均奖赏。

一旦确定了目标函数，就可以通过以下公式来确定最优行为策略：

$$\pi^{*}=A=\operatorname{argmax}V^{\pi}(s),\forall s\in S \tag{7-4}$$

强化学习在交互式学习环境中通过实际行动获取知识，并通过试错搜索和延迟奖励来调整行为策略。其独特之处在于它不需要预先设定明确的指导方针，而是通过不断的实验和反馈来发现有效的行为模式。这种学习方式允许智能体在动态变化的环境中灵活适应，寻找到实现目标的最佳路径。

### 7.1.1 强化学习的含义与特点

强化学习的基本原理[4] 在于：如果智能体采用某个行为策略导致环境给予正向奖赏，那么智能体将倾向于在未来采用相同的行为策略，以增强其出现频率。强化学习要求智能体不是被动地等待环境的变化，而是积极主动地探索环境，以适应其变化和获取更多的信息。

强化学习将学习视为一种探索过程。基本模型如图 7-1 所示。在强化学习中，智能体（agent）选择一个动作（action，$a$）并将其应用于环境（environment）。环境在接收到动作后发生变化，同时生成一个强化信号（reward，$r$），然后将反馈传递给智能体。智能体根据这个强化信号和当前环境状态再次选择下一个动作，其选择原则是增大受到正奖赏的概率。这些动作的选择不仅影响即时的强化值，还会影响环境在下一时刻的状态以及最终的累积强化值。强化学习的目标是找到一种最优策略，以使智能体在执行过程中能够获得最大的累积奖赏值。

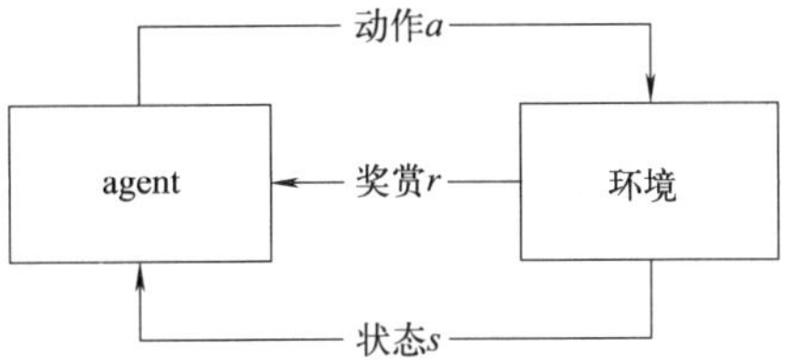


图 7-1 强化学习基本模型

agent 与环境进行交互时，在每一时刻循环发生如下事件序列：

① agent 感知当前的环境状态；

② 针对当前的状态和强化值，agent 选择一动作执行；

③ 当 agent 所选择的动作作用于环境时，环境发生变化，即环境状态转移至新状态并给出奖赏（强化信号 $r$）；

④ 奖赏反馈给 agent。

在强化学习系统中，策略、奖赏函数、值函数和环境模型是四个关键组成要素。

**（1）策略（policy）**

策略（或决策函数）规定了智能体在每个可能的状态下应采取的动作。策略是强化学习的核心，其质量直接影响智能体的行为和性能。策略具有随机性，可以表示为状态集合 $S$ 中的每个状态 $s$ 与动作集合 $A$ 中的一个动作 $a$ 之间的映射关系，即 $\pi$：$S\to A$。允许的策略集合 $F$ 包括了所有可能的策略，找到能使问题效果最佳的策略即为最优策略。

**（2）奖赏函数（reward function）**

奖赏函数提供了智能体在环境交互过程中获得的奖励信号，反映了任务特性，并作为智能体调整策略的依据。奖赏信号用于评估动作的优劣，通常为标量信号，例如正值表示奖励，负值表示惩罚。强化学习的目标是使智能体获得的总奖赏值最大化。奖赏函数通常是确定性的，为策略选择提供依据。

**（3）值函数（value function）**

值函数提供了对状态或状态-动作对的长远评价，因此也称为评价函数。状态 $s\_t$ 的值函数 $V(s\_t)$ 表示智能体在状态 $s\_t$ 下执行动作 $a\_t$，并遵循策略 $\pi$ 时，期望获得的累计奖赏。$V(s\_t)$ 可以定义为未来奖赏值的折现总和，其中折现率 $\gamma(\gamma\in[0,1])$，用于考虑未来奖赏的重要性。$r_t=R(s_t,a_t)$ 为 $t$ 时刻的奖赏。

$$V(s_t)=E\left(\sum_{i=0}^{\infty}\gamma^i r_{t+i}\right) \tag{7-5}$$

**（4）环境模型**

环境模型用于模拟外部环境状态。智能体在给定状态下执行某个动作，模型预测出下一状态和奖赏信号。利用环境模型，智能体在决策时可以考虑未来可能的状态进行规划。

强化学习问题通常基于马尔可夫决策过程（MDP），其由状态集合 $S$、动作集合 $A$、状态转移函数 $T$ 和奖赏函数 $R$ 组成。智能体通过两种主要搜索策略进行动作选择：贪婪策略和随机策略。贪婪策略选择被估计为最高奖赏的动作，而随机策略通过随机分布确定动作选择的概率。为了避免陷入局部最优解，常采用 ε-贪婪策略。强化学习通过值函数和策略之间的相互作用，不断优化策略和值函数，最终获得最优的值函数和策略。

### 7.1.2 强化学习的分类

为了分析当前的强化学习技术并探讨未来的发展方向，图 7-2 构建了一个二维分类图。在强化学习中，智能体的动作策略直接影响训练数据的分布，那么如何选择最有效的学习策略呢？强化学习面临着在探索（exploration）与利用（exploitation）之间进行权衡的挑战。探索指的是选择未知状态和动作，以获取新知识，从而有助于系统长期性能的提升，并最终收敛到最优策略。利用则意味着利用已知的、能够带来高奖赏的状态和动作，以提高短期性能。然而，过度依赖利用可能导致智能体陷入次优策略，阻碍全局最优解的发现。在强化学习中，平衡探索与利用至关重要。通过适当的探索，智能体能够探索更多的可能性，从而避

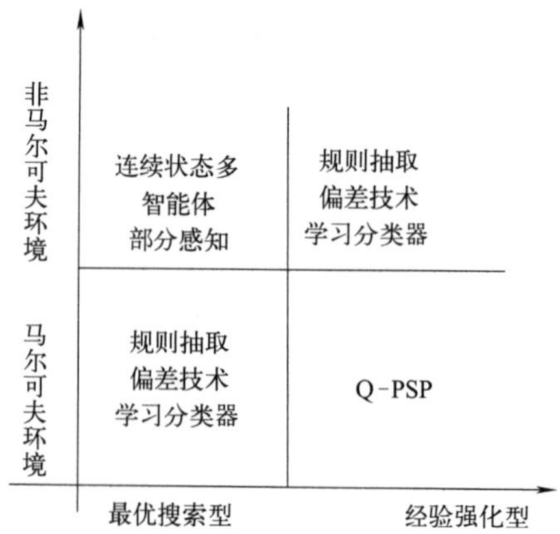


图 7-2 强化学习分类图

免陷入局部最优，而通过利用，智能体可以提升即时性能。因此，如何在这两者之间取得适当的平衡，是强化学习技术发展的核心问题之一。

强化学习算法有以下四种常见分类。

**（1）有模型和免模型（model-based and model-free）**

有模型强化学习通过学习环境的状态转移函数来进行决策。具体而言，这种方法通常基于马尔可夫决策过程（MDP），其中包括状态集合、动作集合、状态转移函数和奖励函数。通过对环境进行建模，智能体可以在虚拟环境中模拟可能的状态和反馈，从而制定更为精确的策略。

免模型强化学习则不依赖于环境的建模，而是直接通过与环境互动，在真实环境中执行动作并更新策略。尽管这种方法需要大量的数据采集和迭代，但它在实际应用中表现出较好的泛化性能，尤其是在状态转移函数和奖励函数难以估计的情况下。

**（2）基于概率（策略）和基于价值**

基于概率的强化学习方法直接输出下一步各种动作的概率分布，而不是仅选择一个动作。它通过学习策略函数，根据状态生成不同动作的概率分布。此类方法的优势在于能够灵活应对复杂的环境，但可能存在不确定性。

基于价值的方法则通过学习价值函数来选择最高价值的动作。智能体维护一个价值表或价值函数，并据此选择最优动作。这类方法通常适用于离散环境，如棋类游戏，但在面对连续动作空间或大规模状态空间时，表现不佳。

结合了这两者的 Actor-Critic 方法既学习策略函数又学习价值函数，通过协同优化，进一步提升了决策性能。

**（3）回合更新和单步更新**

回合更新是指在一个完整的游戏回合结束后，总结所有转折点并更新策略。这种方法适用于有明确开始和结束的任务。单步更新则是在每一步操作后即刻更新策略，使智能体能够边学习边行动，更加适应实时的学习环境。

**（4）在线学习和离线学习**

在线学习要求智能体实时与环境互动，实时更新策略，适用于需要实时决策的应用场景，如机器人控制。离线学习则允许智能体从历史数据中学习，而无须与环境实时互动，类似于观察他人经验或利用存储的数据进行训练。

此外，同策略强化学习要求智能体的行为策略与目标策略一致，通常用于在线学习。而异策略强化学习允许行为策略和目标策略不同，更适合离线学习，常见的例子包括经验回放，它通过从历史数据中提取经验来优化当前策略。

## 7.2 典型的强化学习方法与案例

### 7.2.1 Q-learning 方法介绍

Q-learning 是一种经典的免模型强化学习算法[5]，属于基于价值（value-based）的方法。它的主要目标是在马尔可夫环境中通过不断更新 $Q$ 值，帮助智能体学习最优的行动策略。Q-learning 的工作原理是智能体通过与环境的交互，尝试不同的动作，根据即时奖励和未来状态的价值来更新动作对应的 $Q$ 值，从而逐渐优化策略。

**（1） Q-learning 算法任务描述**

在一个离散、有限的环境中，智能体在每个时间节点从有限的动作集合中选择一个动作，并根据所处状态获得奖励。智能体的任务是通过最大化总折扣预期奖励来确定最佳策略[6]。

假设在第 $t$ 个时间步，智能体处于环境中的状态 $s_t$，并且可以相应地选择其动作 $a_t$。智能体会收到一个仅取决于该状态 $s_t$ 和动作 $a_t$ 的奖励 $r_t$。环境中状态改变为 $s_{t+1}$ 的概率通常由环境的转移概率函数 $P(s_{t+1} \mid s_t, a_t)$ 给出。

智能体面临的任务是通过最大化总折扣预期奖励来确定最佳策略。通过一个参数 $\gamma$（$0<\gamma<1$）折扣因子来对总预期奖励进行折扣，含义是看重近期收益，弱化远期收益，同时也保证 $Q$ 函数收敛。在策略 $\pi$ 中，状态 $x$ 的值 $V^{\pi}(x)$ 为：

$$V^{\pi}(s) \equiv E_{\pi}\left(\sum_{k=0}^{\infty}\gamma^{k} r_{t+k+1} \mid s_t = s\right) \tag{7-6}$$

由于智能体希望立即收到策略 $\pi$ 推荐的动作的评估结果，并且以概率 $P(s_{t+1} \mid s_t, a_t)$ 移动到状态值为 $V^{\pi}(s_{t+1})$ 的状态 $s_{t+1}$ 下。根据动态规划理论，至少存在一种最优静止策略 $\pi^*$，如下所示：

$$V^*(x) = \max_{a} Q^*(s,a) \tag{7-7}$$

式中，$Q(s,a)$ 值就是表示在状态 $s$ 下执行动作 $a$ 且接下来继续执行策略 $\pi$ 的预期折扣奖励。Q-learning 的目的是估计最优策略的 $Q^*$ 值，并且如果一个动作 $a^*$ 使得 $Q^*(s,a)$ 获得最大值，则最优策略就被定义为 $\pi^*$。虽然可能有多个最优策略或动作，但 $Q^*$ 值是唯一的。

Q-learning 算法通过以下步骤进行。

① 观察智能体 agent 当前的状态 $s_t$；

② 选择并执行一个动作 $a_t$；

③ 观察执行动作后，智能体的后续状态 $s_{t+1}$；

④ 获得即时奖励 $r_t$；

⑤ 使用学习率 $\alpha$ 来调整第 $t$ 个时间步的 $Q(s_t, a_t)$ 值，公式如下：

$$Q(s_t, a_t) \leftarrow Q(s_t, a_t) + \alpha\left[r_t + \gamma \max_{a'} Q(s_{t+1}, a') - Q(s_t, a_t)\right] \tag{7-8}$$

式中，$\max_{a'} Q(s_{t+1}, a')$ 是智能体认为状态 $s_{t+1}$ 能获得的最好的 $Q$ 值。

**（2） Q-learning 算法训练过程[7, 8]**

在强化学习中，算法的目标是训练智能体以寻找最优策略。具体来说，Q-learning 算法通过学习状态-行为值函数（即 $Q$ 函数）来实现这一目标，该函数估计了在给定状态下采取特定行为的长期收益。Q-learning 中通过 $Q$ 表格和神经网络得到 $Q$ 函数，再通过训练不断更新 $Q$ 函数来得到最优状态-动作值函数 $Q^*(s,a)$。

首先获取 $Q$ 函数，当状态空间维数较小时，通过 $Q$ 表格线性逼近获取 $Q(s,a)$ 函数。当维数较大时，通过神经网络非线性逼近 $Q(s,a,\boldsymbol{w})$ 函数，其中 $\boldsymbol{w}$ 为神经网络各层中的权重。

$Q$ 表格线性逼近是将每个状态和对应的动作联合构建 $Q$ 表格，如表 7-1 所示，每一行代表不同的状态，每一列代表不同的动作，表中每一个值代表该状态下采取该行为的长期期望回报，此时更新 $Q$ 函数就是更新 $Q$ 表格。

表 7-1　Q 表格

| 项目 | A1 | A2 |
|---|---|---|
| S1 | $Q(s_1,a_1)$ | $Q(s_1,a_2)$ |
| S2 | $Q(s_2,a_1)$ | $Q(s_2,a_2)$ |

当状态空间维度较大时，使用 $Q$ 表格方法无法快速建立 $Q$ 函数，则需要使用神经网络来非线性逼近 $Q$ 函数，此时 $Q$ 函数对应神经网络各层中的权重 $\boldsymbol{w}$，更新 $Q$ 函数就是更新网络模型中的权重 $\boldsymbol{w}$。

获取 Q 函数后，需要通过更新该函数来寻找最优状态-行为值函数 $Q^*(x,a)$，具体如下所述。

① 策略 $\pi(s)$ 与环境交互，得到状态 $s$ 和奖励 $r$。

② 根据状态和奖励求取并更新 $Q(s,a)$，使用 Q 表格线性逼近时更新公式：

$$Q(s,a) \leftarrow Q(s,a)+\alpha[r+\gamma \max_{a'} Q(s,a')-Q(s,a)] \tag{7-9}$$

式中，$\alpha$ 是学习率；$\gamma$ 是折扣因子。

③ 根据得到的 $Q(s,a)$ 来优化策略，优化方法如下：

$$\pi(s) \leftarrow \operatorname{argmax}_{a} Q_{\pi}(s,a) \tag{7-10}$$

式中，$\pi(s)$ 为新的策略。

④ 用新策略 $\pi$ 与环境交互，得到状态和奖励。经过多次迭代，便可以得到最优策略 $\pi^*$ 和最优动作状态值函数 $Q^*(s,a)$。

**（3）使用 Q-learning 方法求解悬崖寻路问题**

悬崖寻路问题是一个经典的强化学习问题，它模拟了一个智能体在网格中从起点移动到终点的过程，同时避免掉入悬崖。悬崖寻路示意图如图 7-3 所示，其中，36 是起点，37～46 是悬崖，47 是终点。该问题的详细描述和 Q-learning 算法的应用如下。

问题描述

环境：一个 4×12 的网格。

起点：左下角位置，即（0，0）。

终点：右下角位置，即（3，11）。

动作空间：上、下、左、右。

奖励：每移动一步获得 −1 单位的奖励。

智能体在移动中有以下限制：

① 智能体不能移出网格，非法移动将保持在原地，并获得 −1 单位奖励。

② 如果智能体“掉入悬崖”，会立即回到起点位置，并得到 −100 单位的奖励。

③ 当智能体移动到终点时，回合结束，总奖励为各步奖励之和。

| 0 | 1 | 2 | 3 | 4 | 5 | 6 | 7 | 8 | 9 | 10 | 11 |
|---|---|---|---|---|---|---|---|---|---|---|---|
| 12 | 13 | 14 | 15 | 16 | 17 | 18 | 19 | 20 | 21 | 22 | 23 |
| 24 | 25 | 26 | 27 | 28 | 29 | 30 | 31 | 32 | 33 | 34 | 35 |
| **36** | 37 | 38 | 39 | 40 | 41 | 42 | 43 | 44 | 45 | 46 | **47** |

图 7-3　悬崖寻路示意图

采用 Q-learning 算法求解此问题的流程伪代码如下所示。

```
初始化：
    对所有状态 s 和动作 a，随机初始化 Q(s,a)
    设置学习率 α，折扣因子 γ，探索率 ε
    定义最大训练轮数 max_episodes
For iter=1…max_episodes：
    初始化状态 s(起始位置)
    If s 不是终止状态(到达目标或掉下悬崖)时：
        以 ε 的概率：
            随机选择一个动作 a(探索)
        else：
            选择使 Q(s,a)最大的动作 a(利用)
        执行动作 a，观察奖励 r，以及下一个状态 s'
    End if
        更新 Q 值：
        Q(s,a)=Q(s,a)+α(r+γ×max_a'Q(s',a')-Q(s,a))
        设置 s=s'(移动到下一个状态)
    结束当 s 为终止状态
End for
输出：学习到的 Q 值表 Q(s,a)
```

Q-learning 算法产生数据的策略和更新 $Q$ 值策略不同，这样的算法在强化学习中被称为 off-policy 算法。通过实现 Q-learning 算法，可以得到如图 7-4 所示的最短路径。Q-learning 算法由于沿着悬崖边走，会以一定概率探索“掉入悬崖”这一动作。

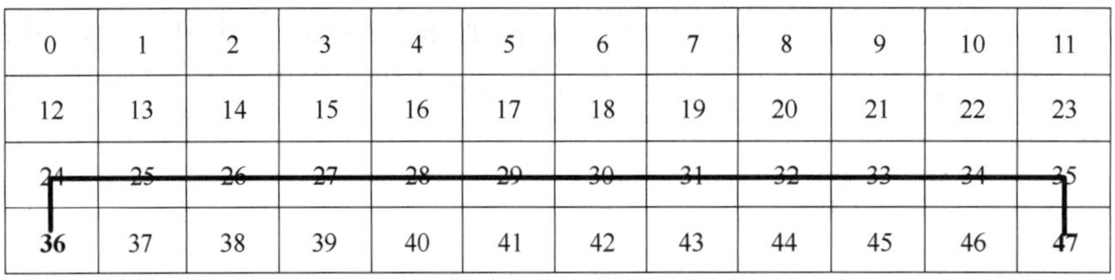


图 7-4 Q-learning 算法的最佳路径

### 7.2.2 DQN 方法

前一小节介绍了 Q-learning 算法的基本概念，并通过一个简单的矩阵结构来表示不同状态下所有可能动作的价值。在这一结构中，每个动作价值 $Q(s,a)$ 代表了从当前状态 $s$ 采取动作 $a$，并遵循某一给定策略所能获得的未来奖励的期望值。这种方法在处理那些具有离散状态空间和相对较小的动作集合的环境时特别有效。然而，当环境变得更为复杂、状态或动作的数量显著增加时，上述的表格式 Q-value 存储方式就显得力不从心了。特别是当状态由高维度的数据表示时，例如一张 RGB 图像，其尺寸为 200×100 像素，每个像素有三个颜色通道（红、绿、蓝），那么理论上存在的状态数目将是 $256^{200\times100\times3}$，这样庞大的数值使得直接存储每个状态下的 $Q$ 值变得不可能。如果考虑到某些环境中状态或动作是连续的情况，即可能存在的状态-动作对是无限的，那么显然传统的表格方法就不再适用了。为了应对这些挑战，需要用到函数逼近的概念，即利用一个参数化的函数来估算 $Q$ 值，如图 7-5

所示。这里，这个函数可以被视为一个模型，它能够根据输入的状态 $s$ 和动作 $a$，预测出相应的 $Q$ 值。由于这种方法依赖于模型的逼近能力，所以不可避免地会存在一定的误差，这也正是称其为“近似方法”的原因。本小节将介绍深度 $Q$ 网络（deep Q-network，DQN）。DQN 能够处理拥有大量甚至连续状态的环境中的离散动作决策问题，通过使用神经网络作为 $Q$ 函数的近似器，从而克服了传统 Q-learning 方法在大规模状态空间面前的局限性。

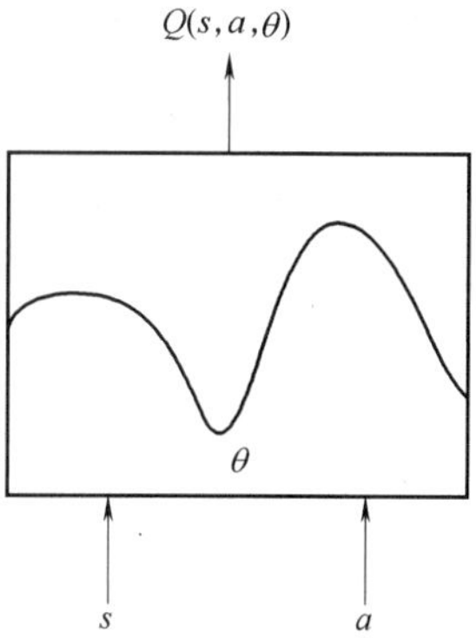

图 7-5　使用神经网络逼近值函数

#### 7.2.2.1　DQN 算法

为了更好地阐释 DQN 算法，以车杆控制问题作为示例。车杆（cart pole）环境是强化学习中的经典测试场景，它模拟了一个小车在水平轨道上移动的过程中，保持顶部悬挂的杆子不倒。智能体的目标是通过控制小车的左右移动，维持杆子的竖直状态。如果杆子偏离垂直方向超过一定角度，或小车偏离中心太远，任务就会失败。任务的成功标准通常是杆子在 200 个时间步骤内保持不倒。

环境的状态空间由四个连续变量组成：

小车的位置 $x$（取值范围为［$-2.4$，$2.4$］）；

小车的速度 $\dot{x}$（无明确的上下限，但可能在实际中有限制）；

杆子的角度 $\theta$（大约在［$-41.8°$，$41.8°$］之间）；

杆子角速度 $\dot{\theta}$（无明确的上下限，实际中可能有约束）。

动作空间是离散的，包含两个可能的动作：

向左移动小车（动作值为 0）；

向右移动小车（动作值为 1）。

每当智能体成功维持杆子不倒一个时间步骤，就会获得 $+1$ 的奖励。因此，杆子保持得越久，智能体累积的奖励越多。

DQN 算法通过使用神经网络来近似 $Q$ 值函数。神经网络能够处理高维度的输入，并且可以泛化到未见过的状态。如果动作空间是连续的，意味着动作可以在一个无限的范围内变化，那么神经网络的输入将包括当前状态 $s$ 和所选动作 $a$，网络的输出则是一个标量，表示在状态 $s$ 下执行动作 $a$ 所能获得的预期回报值。当动作空间是离散的，即动作选项是有限的，除了可以采用上述连续动作空间的方法外，还可以设计神经网络仅接收状态 $s$ 作为输入，并且让网络直接输出每个可能动作对应的 $Q$ 值。这样，网络的输出层将包含与动作空间大小相等的节点，每个节点对应一个动作的 $Q$ 值。通常情况下，DQN（以及传统的 Q-learning 算法）主要用于处理离散动作空间的问题，因为在更新 $Q$ 值的过程中涉及寻找当前状态下最佳动作的问题，这通常通过求取所有可能动作的 $Q$ 值的最大值来实现。假设神经网络用于逼近 $Q$ 函数，并且其参数表示为 $\omega$，那么状态 $s$ 下所有可能动作 $a$ 的 $Q$ 值可以表示为 $Q_{\omega}(s,a)$。我们将这个用于逼近 $Q$ 函数的神经网络称为 $Q$ 网络。

对于车杆环境，神经网络的输入层可以接收四个状态变量，而输出层有两个节点，分别对应向左和向右两个动作的 $Q$ 值。这样的架构允许我们直接从状态中预测出动作的价值，进而选择具有最高 $Q$ 值的动作作为下一步的动作。Q-learning 算法中采用时序差分的思想，学习目标 $r+\gamma\max_{a'}Q(s,a')$ 增量式更新 $Q(s,a)$，在 QDN 中，将 $Q$ 网络的损失函数构造为如下均方误差的形式：

$$\omega^* = \underset{\omega}{\arg\min} \frac{1}{2N} \sum_{i=1}^{N} \{Q_\omega(s,a) - [r_t + \gamma \max_{a'} Q_\omega(s',a')]\}^2 \tag{7-11}$$

通过这种形式，Q-learning 算法扩展为 DQN 算法。DQN 是离线策略算法，在收集数据时一般采用 ε-贪婪策略来平衡探索与利用，将数据存储起来，训练时使用。

为了解决强化学习在非线性逼近器拟合 $Q$ 函数时可能出现的不稳定甚至不收敛的问题，DQN 算法采用了两个重要技术：经验回放技术和目标网络参数冻结技术。

经验回放技术是 DQN 算法中的一个核心机制，它将智能体与环境交互产生的经验元组存储在经验池中，之后每次更新神经网络参数时，从经验池中随机抽取这些经验元组进行训练。与在线更新的 $Q$ 学习相比，经验回放有以下几个显著优点：首先，每个经验元组可以被多次用于神经网络的更新，显著提升了数据利用效率；其次，连续采样的数据之间通常具有强相关性，直接进行学习容易导致效率低下，而通过随机采样，能够打破这种相关性，从而降低更新时的数据方差；第三，虽然在线学习能够让智能体快速适应新信息，但容易陷入局部最优解，学习过程不够稳定，而经验回放通过保存过去的状态、动作和奖励，随机采样这些过往的经验进行策略更新，使学习更加平滑，降低了过拟合的风险，同时提高了智能体在复杂环境中的探索和利用效率。因此，经验回放为强化学习提供了更有效的训练方式，有助于智能体优化学习效果。

经验回放技术主要包含两个步骤：存储和回放。在存储阶段，智能体将每次交互得到的经验（如状态、动作、奖励和下一状态）以经验元组的形式存储到经验池中。在回放阶段，算法根据某种规则（如随机采样或优先采样）从经验池中抽取一条或多条经验进行训练。根据存储的方式，经验回放可以分为集中式和分布式两种。集中式回放是将单个智能体在单一环境中产生的经验集中存储，而分布式回放则通过多个智能体在不同环境中产生经验并集中存储，能够加快经验积累速度。从采样角度来看，经验回放可分为均匀回放和优先回放。均匀回放对所有经验进行等概率采样，而优先回放则基于经验的优先级进行采样，更倾向于选择那些对学习价值更高的经验。

除了经验回放，DQN 算法的另一个关键技术是目标网络参数冻结技术，它的目的是通过一个独立的神经网络来生成目标 $Q$ 值，从而进一步提升算法的稳定性。具体原理是，每隔 $C$ 步交互后，将评估网络的参数复制到目标网络中。在接下来的 $C$ 步更新中，目标 $Q$ 值的计算都依赖于这一冻结的目标网络。这一改进避免了 $Q$ 值发散的问题，因为在 Q-learning 中，增大的 $Q$ 值更新会导致所有动作的 $Q$ 值增加，进而使学习目标不断膨胀，最终导致策略发散。而通过冻结目标网络的参数，可以在一段时间内保持目标 $Q$ 值的稳定性，从而减少学习过程中的不稳定性和发散的风险。

目标网络的架构与评估网络完全相同，评估网络负责进行 $Q$ 值估算并进行参数更新，而目标网络则用于计算学习目标。在每次更新时，仅更新评估网络的参数，而目标网络的参数在一段固定时间内保持不变。当更新了若干步后，将评估网络的参数复制到目标网络上，接下来继续进行新的更新过程。这种方法确保了每次更新时，智能体的学习目标不会随每次迭代发生剧烈变化，使得学习过程更加平滑和稳定。

#### 7.2.2.2 使用 DQN 方法玩 Flappy Bird 游戏

Flappy Bird 是一款操作简单但颇具挑战性的手机游戏，游戏的核心目标是操控一只飞翔的小鸟，通过点击屏幕控制小鸟向上飞行，避开前方出现的管道障碍物，避免碰撞并尽量保持空中飞行。小鸟在不点击屏幕的情况下会迅速下坠，玩家需要合理规划操作节奏，确保小鸟既不坠地，也不撞击障碍物，从而获得更高的分数。本案例通过使用 DQN 强化学习算法来训练智能体，使其能够逐步学习并掌握玩 Flappy Bird 的最佳策略。游戏界面如图 7-6 所示。

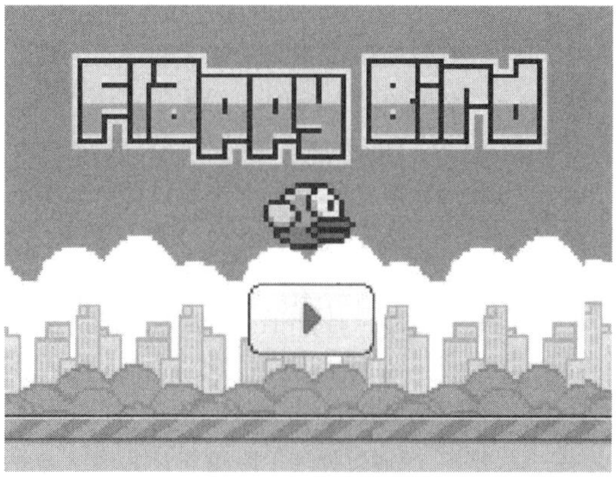


图 7-6　游戏界面

首先需要将 Flappy Bird 转化为马尔可夫决策过程（MDP）问题，定义 MDP 的四元组：状态空间 $S$、动作空间 $A$、奖励函数 $R$，以及状态转移函数 $P$。在 Flappy Bird 游戏中，MDP 四元组的具体含义如下。

① 状态空间（$S$）：状态空间包含游戏中的各种可能状态，用于描述游戏当前的情景。具体包括鸟的垂直位置（即高度）、鸟的垂直速度、障碍物的位置（上下管道的相对位置）、游戏是否结束的标志（例如小鸟是否撞到障碍物或坠地）。

② 动作空间（$A$）：动作空间定义了智能体在每个时刻可以采取的所有动作。在 Flappy Bird 中，动作空间通常包括不做任何动作（让小鸟保持当前状态并自由下落）、点击屏幕让小鸟跳跃（小鸟上升一定高度）。

③ 奖励函数（$R$）：奖励函数用于定义智能体在每个状态下采取某个动作后所获得的奖励。在 Flappy Bird 游戏中，奖励的设计可能包括每成功穿过一对管道，获得一个正奖励（例如+1 分）；碰到管道或坠地时，获得负奖励（例如−1 分或直接结束游戏）；飞行稳定性奖励，某些情况下，为了鼓励小鸟尽量保持飞行状态，可以在小鸟每次成功跳跃或稳定飞行时给予一个小的正奖励（例如+0.1 分），从而避免智能体频繁坠地。

④ 状态转移概率函数（$P$）：状态转移函数定义了在智能体采取某个动作后，智能体如何从当前状态转移到下一个状态。在 Flappy Bird 游戏中，状态转移通常是确定性的，即动作直接影响小鸟的速度和位置，因此状态的变化完全由当前状态和所选动作决定。

通过对 Flappy Bird 游戏中状态、动作、奖励和状态转移函数的适当定义，可以将这个游戏问题转化为一个标准的 MDP 问题，从而应用 DQN 算法对智能体进行训练。在训练过程中，DQN 算法通过不断地与游戏环境交互，学习最佳策略，最终使智能体能够自主玩 Flappy Bird，并尽量在游戏中获得更高的分数。

训练 DQN 执行 Flappy Bird 游戏的伪代码如下所示。

```
初始化评估网络 Q 和目标网络 Q_target，网络参数 θ 和 θ_target
初始化经验回放池 D，大小为 N
设置 ε-greedy 策略参数：初始 ε=1，最终 ε_min=0.01，ε 衰减率 decay
循环（直到达到最大训练步数）：
    初始化游戏环境，获取初始状态 s0
    设定累计奖励 total_reward=0
    循环（直到游戏结束）：
        根据 ε-greedy 策略选择动作 a：
            -以 ε 的概率随机选择动作（探索）
```

```
            -以 1-ε 的概率选择 Q 网络中当前状态 s 的最大 Q 值对应的动作(利用)
        执行动作 a，获得奖励 r 和下一个状态 s′，并判断游戏是否结束(done)
        将当前状态、动作、奖励、下一个状态、done 标志存储到经验回放池 D 中：
            D.append((s,a,r,s′,done))
    如果经验回放池 D 的大小超过批次大小 B：
            从经验回放池 D 中随机抽取一个小批量 B(经验元组：s_batch,a_batch,r_batch,s′_
batch,done_batch)
        对每个经验元组(s,a,r,s′,done)执行以下操作：
            -计算 Q_target：如果 done,Q_target=r；否则
Q_target=r+γ×max(Q_target(s′))
            -通过梯度下降更新评估网络 Q 的参数 θ，使 Q(s,a)更接近 Q_target
        每隔 C 步将评估网络的参数 θ 复制到目标网络 Q_target 的参数 θ_target
    将状态 s 更新为下一个状态 s′
    累加奖励 total_reward +=r
    如果 ε>ε_min，按照 ε 衰减率 decay 逐渐减少 ε
  记录本次游戏的累计奖励 total_reward
  输出训练结果
```

伪代码解释如下所述。

网络初始化：初始化评估网络和目标网络的参数，并设置经验回放池的大小。

*ε-greedy* 策略：用来在探索和利用之间做选择。初期更多探索，随着训练进行逐步减少 ε 值以增加利用。

经验回放：通过存储过去的经验并随机抽取小批量经验用于训练，可以提高数据的利用效率和模型的稳定性。

目标网络更新：每隔一定步数将评估网络的参数更新到目标网络，进一步稳定训练。

奖励累计：通过记录每局游戏的累计奖励，观察模型性能的提升。

由于 DQN 算法使用了深度神经网络以及经验回放等技巧，因此需要大量的内存空间来运行代码，但是经过训练后的结果可以达到近乎完美的水平，几乎可以媲美人类玩家。训练过程以及训练好的结果如图 7-7 和图 7-8 所示。

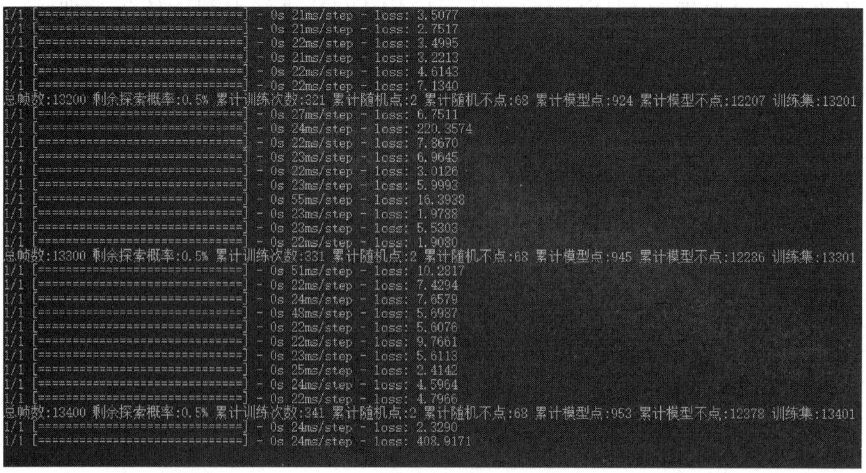


图 7-7　Flappy Bird 训练过程

## 7.2.3 策略梯度方法与小车上山问题

### 7.2.3.1 策略梯度方法

之前介绍的 Q-learning 和 DQN 算法都是基于价值的方法。Q-learning 主要用于有限状态的环境，而 DQN 则适用于连续状态的问题。在强化学习中，除了基于价值的方法，还有一种经典的基于策略（policy-based）的方法。相比之下，基于价值的方法通过学习值函数间接导出策略，在学习过程中并不显式地定义策略，而基于策略的方法则是直接学习一个目标策略。

图 7-8 Flappy Bird 训练结果

策略梯度算法是一种直接的方法，它通过神经网络直接输出策略函数 $\pi(s)$，这意味着它能够在给定状态 $s$ 下指导智能体执行动作。对于非确定性策略，策略梯度算法输出的是在特定状态下执行各个动作的概率值，而对于确定性策略，则输出唯一确定的动作。

基于策略的方法首先需要对策略进行参数化。假设目标策略 $\pi_\theta$ 是一个随机性策略，且在所有状态上都是可微的，其中，$\theta$ 是对应的参数。可以使用线性模型或神经网络模型来表示这个策略函数，输入状态并输出相应动作的概率分布。其目标是寻找最优策略，以最大化该策略在环境中的期望回报。策略学习的目标函数可以定义为：

$$J(\theta)=E_{s_0}[V^{\pi_\theta}(s_0)] \tag{7-12}$$

式中，$s_0$ 表示初始状态。得到目标函数后，我们可以对其进行求导，以便使用梯度上升方法来最大化目标函数，从而找到最优策略。对目标函数求梯度的过程可以得到如下公式：

$$\nabla_\theta J(\theta)=E_{\pi_\theta}[Q^{\pi_\theta}(s,a)\nabla_\theta \lg\pi_\theta(a|s)] \tag{7-13}$$

一个状态下，策略的梯度更新旨在增加对高 $Q$ 值动作的采样概率，同时减少对低 $Q$ 值动作的采样概率。

$$\nabla_\theta J(\theta)=E_{\pi_\theta}[\sum_{t=0}^{T}(\sum_{t'=t}^{T}\gamma^{t'-t}rt')\nabla_\theta \lg\pi_\theta(a_t|s_t)] \tag{7-14}$$

式中，$T$ 是和环境交互的最大步数。

以下是几种策略梯度算法的简单介绍。

**（1）随机策略梯度算法**

随机策略梯度（stochastic policy gradient，SPG）算法是一种强化学习算法，旨在学习最优策略，以最大化在环境中的长期奖励。SPG 算法的核心思想是直接学习策略函数的参数，从而生成最佳的行为策略。

随机策略梯度算法的关键步骤和要点如下。

策略参数化：SPG 算法首先将策略函数 $\pi$ 进行参数化，通常采用神经网络或线性模型。这种参数化的策略函数接收环境状态作为输入，并输出执行各个动作的概率分布。

目标函数：SPG 算法的目标是最大化期望回报。为此，它定义了一个目标函数，通常为期望回报的加权平均，该权重由算法的超参数控制。

策略改进：通过梯度上升法（或其他优化算法）更新策略函数的参数，以增大目标函数的值。梯度上升法的方向为策略函数参数空间中的梯度方向，旨在提高期望回报。

采样和回报：SPG算法采用采样方法执行动作并观察环境的奖励，以估计目标函数的值。这些采样经验用于计算梯度并更新策略参数。

探索策略：为促进在环境中探索不同的动作，SPG算法的策略通常是随机的，意味着它生成动作的概率分布，而不是采用确定性策略。

训练稳定性：SPG算法通常需要采用一些技巧来提高训练的稳定性，例如，使用基线函数来减小方差，或利用重要性采样来处理奖励的非确定性。

总之，随机策略梯度算法通过直接学习参数化策略函数来优化强化学习任务。它广泛应用于连续动作空间和大规模状态空间的问题，并在许多强化学习任务中取得了显著成效。

**（2）深度确定性策略梯度算法**

深度确定性策略梯度（deep deterministic policy gradient，DDPG）算法是一种强化学习算法，专门设计用于解决连续动作空间中的决策控制问题。它是一种策略梯度方法，特别适合于需要精确控制动作的环境，例如机器人控制和连续控制任务。

深度确定性策略梯度算法的关键要点和步骤如下。

确定性策略：DDPG算法使用确定性策略，直接输出连续的动作值，而非动作的概率分布。策略函数 $\pi$ 接收环境状态作为输入，并生成连续动作值。

神经网络参数化：DDPG算法通常利用神经网络来参数化策略函数 $\pi$ 和价值函数 $Q$。这两个网络分别用于生成动作和评估状态-动作对的价值。

经验回放：为提高样本效率和训练稳定性，DDPG算法使用经验回放缓冲区，存储智能体与环境交互的经验元组（包括状态、动作、奖励和下一个状态等）。在训练过程中，DDPG算法从该缓冲区随机抽取小批量经验进行学习。

目标网络：DDPG算法引入了目标网络（target network）的概念，包括一个目标策略网络 $\pi'$ 和一个目标价值网络 $Q'$。这些目标网络的参数通过软更新（soft update）从主网络（策略网络 $\pi$ 和价值网络 $Q$）的参数中逐渐更新，目标网络的引入提高了训练过程的稳定性，降低了估计值的方差。

$Q$ 值学习：DDPG算法借鉴了深度 $Q$ 网络中的方法来学习 $Q$ 值函数。它通过最小化 $Q$ 值的均方差损失来更新 $Q$ 值网络，目标值设定为当前奖励加上下一状态的目标 $Q$ 值。

策略梯度：DDPG算法使用策略梯度方法来更新策略网络 $\pi$。其目标是最大化 $Q$ 值，通过最大化 $Q$ 值的梯度来调整策略网络的参数。

噪声添加：为增强探索性，DDPG算法通常会在输出的动作值中添加一定的噪声，以促使智能体在探索中发现更多的动作选项。

总之，深度确定性策略梯度算法是一种有效的强化学习方法，适用于解决连续动作空间中的问题。它结合了策略梯度和 $Q$ 学习的思想，并引入了目标网络和经验回放机制，以提高训练的稳定性和效率。该算法在处理机器人控制、游戏控制等连续控制问题上表现出色。

#### 7.2.3.2 使用策略梯度方法求解小车上山问题

小车上山是一个经典的控制问题，其目标是控制小车以一定的速度冲上山顶。这一过程可以转化为一个状态连续、动作离散的马尔可夫决策过程。接下来将利用Gym库模拟小车上山的环境，通过TensorFlow构建全连接神经网络作为策略函数，并使用强化学习算法求解该问题的策略。首先利用首次访问蒙特卡洛方法，通过采样观测序列计算累积奖励估计状态-动作价值，然后计算策略函数中参数的梯度，最后通过梯度下降法优化参数，从而求解出策略函数。小车上山描述图如图 7-9 所示。

和上面的问题一样，需要将之转化为 MDP 问题，通过定义状态空间 $S$、动作空间 $A$、奖励集合 $R$、转移关系 $P$，以及折扣因子 $\gamma$，可以将上述问题转化为一个标准的 MDP 问题。

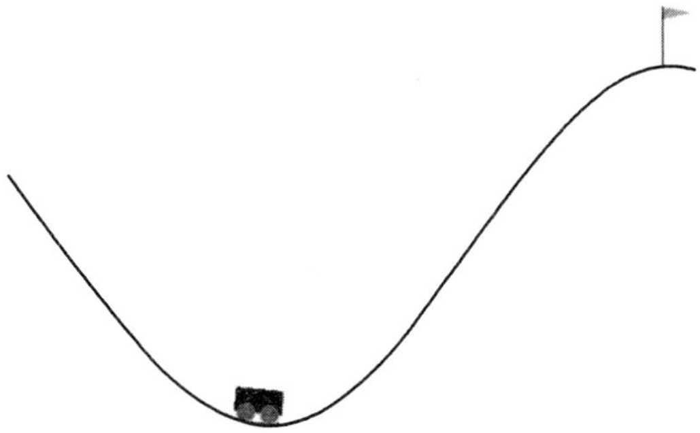

图 7-9　小车上山描述图

**（1）状态空间**

小车的位置是一个连续状态，其范围为［－1.2，0.6］，小车的速度范围是［－0.07，0.07］，下一时刻小车的位置由当前时刻的位置和速度共同决定，记 $t$ 时刻小车位置为 $x_t$，速度为 $v_t$，则状态转移关系为：

$$x_{t+1}=x_t+v_t \tag{7-15}$$

**（2）动作空间**

动作空间包含三种动作，分别用 $a_t$ 表示：0，向左运动；1，静止不动；2，向右运动。

当前时刻小车的位置和动作共同决定下一时刻小车的速度。设 $t$ 时刻小车的速度为 $v_t$，则状态转移关系为：

$$v_{t+1}=v_t+0.001\times(a_t-1)-0.0025\times\cos(3x_t) \tag{7-16}$$

式中，0.0025 为重力系数。

**（3）奖励**

达到目标位置时，奖励值为 200。

其他情况下，每进行一次动作，获得－1 的奖励。

小车每次达到更高位置时，获得 2 的奖励。

**（4）选择动作的概率**

使用全连接神经网络来近似策略函数，网络输出选择动作的概率分布，并通过采样得到需要执行的动作。

下面是使用策略梯度方法求解小车上山问题的一般步骤。

**步骤 1：环境建模**

将小车上山问题建模为马尔可夫决策过程，定义状态空间、动作空间、状态转移概率和奖励函数。在小车上山问题中，状态通常由小车的位置和速度组成，动作可以是向左、向右或不施加力。奖励函数通常为负值，激励智能体更快成功上山。

**步骤 2：策略参数化**

选择一种策略参数化方式，通常使用神经网络来表示策略函数。神经网络接受状态作为输入，并输出动作的概率分布。策略参数 $\theta$ 需要进行学习。

**步骤 3：策略评估**

在每个时间步，根据当前策略 $\pi_\theta$ 选择一个动作。智能体与环境交互，获得下一个状态和相应的奖励。这些交互数据被用来估计策略的性能。

**步骤 4：策略改进**

使用策略梯度方法，计算策略梯度，即关于 $\theta$ 的梯度。通常使用梯度上升法来最大化期望累积奖励，即最大化性能。梯度上升法的更新规则为：

$$\theta \leftarrow \theta + \alpha \times \nabla J(\theta) \tag{7-17}$$

式中，$\alpha$ 是学习率；$J(\theta)$ 是期望累积奖励的估计。

**步骤 5：重复迭代**

反复执行策略评估和策略改进步骤，直到策略收敛或达到预定的迭代次数。在每次迭代中，策略会逐渐改善，使小车在上山问题中表现得更好。

**步骤 6：训练和测试**

在训练过程中，智能体通过与环境的交互来学习策略。在测试阶段，智能体使用已训练好的策略来执行任务，观察其在不同起始位置下的性能。

以下是求解小车上山问题的伪代码，利用策略梯度方法来优化策略。

```
1. 初始化环境
   -定义状态空间 S
   -定义动作空间 A
   -定义奖励函数 R
   -定义折扣因子 γ
   -初始化策略参数 θ
   -初始化学习率 α
   -创建经验回放缓冲区 D
2. 重复以下步骤直到收敛或达到最大迭代次数：
  (1)初始化状态 s
  (2)初始化一个空列表 trajectories 用于存储轨迹
  (3)重复直到达到终止状态：
     1)根据当前策略 π_θ,选择动作 a_t：
        a)计算动作的概率分布
        b)根据概率分布进行采样,得到动作 a_t
     2)执行动作 a_t,观察下一个状态 s'和奖励 r
     3)存储状态 s、动作 a_t、奖励 r、下一个状态 s'到 trajectories
     4)更新状态 s=s'
  (4)根据 trajectories 计算累计奖励 G：
     G=0
     从 trajectories 的最后一步开始反向遍历
     对于每一步 t：
     G=t_t+γ×G  //计算累计奖励
  (5)使用 Monte Carlo 方法估计状态—动作值：
     对于 trajectories 中的每个(s_t,a_t)：
       计算状态—动作价值 Q(s_t,a_t)≈G
  (6)计算策略梯度∇J(θ)：
     对于 trajectories 中的每个(s_t,a_t)：
       计算梯度∇log(π_θ(a_t,s_t))×Q(s_t,a_t)
  (7)更新策略参数：
     θ←θ+α×∇J(θ)
3. 测试策略：
     在不同的起始状态下运行策略 π_θ,观察小车的表现
```

环境初始化：定义小车上山问题的状态空间、动作空间、奖励函数和折扣因子，初始化策略参数和学习率。

主循环：在每个迭代中，智能体与环境进行交互，收集状态、动作、奖励信息，直到到达终止状态。

累计奖励计算：通过反向遍历轨迹计算累计奖励 $G$。

策略评估：使用蒙特卡罗方法估计状态-动作值。

策略梯度计算和更新：计算策略梯度并更新策略参数。

测试策略：在不同的起始状态下运行训练好的策略以观察其表现。

总之，使用策略梯度方法求解小车上山问题涉及将问题建模为马尔可夫决策过程，并定义策略、奖励函数及状态转移关系。通过使用神经网络来参数化策略函数，可以有效地学习到优化策略。随后，算法通过反复迭代策略评估和策略改进的步骤来训练策略，以使小车能够成功地上山。作为一个经典的强化学习问题，策略梯度方法在解决这一问题时展现了出色的性能。

## 7.3 强化学习在智能生产中的应用

随着智能制造的发展，生产过程的复杂性和多样化不断增加，传统的调度和控制方法逐渐难以应对动态和不确定的生产环境。在此背景下，强化学习作为一种具备自主学习和决策能力的技术，开始在智能生产中得到广泛应用。强化学习通过与环境的持续交互，能够自适应地优化生产系统中的关键决策，例如设备调度、路径规划、生产线优化等。相比于传统的优化方法，强化学习可以在动态、多变的生产环境中不断调整策略，以实现更高的生产效率、资源利用率和灵活性。这种技术为构建高度自动化和智能化的生产系统提供了新途径，推动了制造业的智能升级。

### 7.3.1 基于 Q-learning 算法的单 AGV 调度

近年来，随着智能制造和物流自动化的快速发展，自动导引车在仓储和生产中的应用越来越广泛。AGV 能够自主导航并执行物料搬运任务，极大优化了物流和生产流程。然而，随着仓储环境的复杂性增加以及任务的动态变化，如何有效规划和调度 AGV 的路径成为一大挑战。Q-learning 作为一种无模型的强化学习算法，能够通过智能体的持续探索和试探，找到最优路径选择策略，以最大化搬运效率并减少任务执行时间。近年来，一种新型的自动仓储系统——移动机器人履行系统（mobile robot fulfillment system，MRFS）[9] 在物流行业得到了广泛应用。AGV 作为 MRFS 系统中的核心设备，负责在复杂环境中高效完成货架搬运等任务，Q-learning 算法的引入有效解决了其在动态环境中的路径规划和任务调度问题，推动了智能仓储系统的进一步发展。

#### 7.3.1.1 问题描述

考虑只有一台 AGV，其在清单中的每个货架搬运任务中需要完成三个主要行驶路径：①从上一个货架停放位置（或 AGV 的停放点）到达当前任务货架的位置；②将当前任务货架搬运至拣选站；③待人工拣选作业完成后，再将货架搬运回原位。

AGV 的路径规划旨在基于给定的货架搬运任务，为 AGV 确定其在完成所有任务过程中的实际行驶路径。为此，本小节所研究的单 AGV 路径规划问题基于以下假设：AGV 从初始停靠点出发，依次完成指派任务清单中的货架搬运任务；

AGV 在任务执行过程中保持恒定的匀速行驶；AGV 在空载状态下（未搬运货架）可以从货架下方经过，且在货架存储区域内自由通行；AGV 在满载状态下（搬运货架）只能在仓库通道中行驶，不能穿过货架存储区域。

在本书所研究的移动机器人履行系统（MRFS）中，仓库地面采用单元格布局。AGV 只能在仓库区域内沿直线行驶，并且每一步只能到达其前、后、左、右的某一个仓库单元格。这意味着 AGV 的行驶区域是固定的，且其移动方式较为简单。因此，AGV 的行驶路径可以通过其所经过的一系列单元格进行表示。在为每台 AGV 规划路径时，需要不断确定其下一个将要到达的单元格，以确保任务的顺利执行。

#### 7.3.1.2 问题建模

在 MRFS 系统中，AGV 的路径规划问题具有马尔可夫属性，即 AGV 的下一个单元格路径仅取决于其当前位置，而与之前的行驶路径无关。因此，我们可以使用马尔可夫决策过程来描述 AGV 路径规划问题。由于状态空间和动作空间都是有限的，本小节采用有限马尔可夫决策过程（FMDP）模型进行建模。FMDP 模型通常包括状态集合 $S$、动作集合 $A$，以及奖励函数。本问题的目标是通过寻找最优策略 $\pi^*$，使 AGV 在动态仓储环境中最大化其累积的折扣奖励。

**（1）状态定义**

AGV 的当前状态可以通过仓库单元格的坐标（$x$，$y$）来表示。因此，仓库中每个单元格都有一个对应的状态。AGV 的初始状态是其出发单元格，目标状态是其任务目标单元格。在每个状态下，AGV 会选择一个动作，转移到下一个状态，并获得相应的奖励。在 AGV 到达目标状态之前，它会经过一系列状态转移，这个过程通过学习来优化路径选择。

**（2）动作定义**

在 MRFS 系统中，AGV 的行动受到限制，只能沿四个方向直线行驶，即向前、向后、向左或向右。每个状态对应一个具体的单元格，AGV 在每个状态下可以选择四个动作之一。当 AGV 选择某一动作时，它会转移到相应的下一个状态，并获得一个反映该动作优劣的奖励。通过反复尝试不同的动作组合，AGV 逐渐学会了在各种状态下选择最佳动作，以最大化累积折扣奖励。这个过程通过 Q-learning 算法实现。

Q-learning 算法使用 Q-table 来记录每个状态下不同动作的奖励值。在开始训练时，Q-table 的所有值初始化为 0。如表 7-2 所示，Q-table 为每个仓库单元格节点记录四个可能的动作值。

表 7-2 Q-table 示例

| 状态 | 向前 | 向后 | 向左 | 向右 |
|---|---|---|---|---|
| (1,1) | 0 | 0 | 0 | 0 |
| (1,2) | 0 | 0 | 0 | 0 |
| (1,3) | 0 | 0 | 0 | 0 |
| (1,4) | 0 | 0 | 0 | 0 |
| … | 0 | 0 | 0 | 0 |

针对每个状态，AGV 可以选择的动作是有限的，特别是在仓库边界附近，AGV 需要确保所选动作不会超出仓库地图的边界。在进行每次动作选择前，需要确定合法的候选动作

集合，以确保所选动作在当前状态下是可行的。这个集合根据仓库地图的拓扑结构和边界条件来定义，确保 AGV 的移动范围合理。

**（3）奖励函数**

奖励函数用来评估智能体在某个状态下采取相应的动作的优劣程度。令 $S_{t+1}$ 表示智能体在状态 $S_t$ 时采取动作 $a_t$ 后到达的下一个状态，$r_t$ 表示智能体在状态 $S_t$ 时采取动作 $a_t$ 后获得的奖励，问题的奖励函数设计如式（7-18）所示。其中，空载表示 AGV 未搬运货架，满载表示 AGV 正在搬运货架。当 AGV 到达目标状态时，给予其一个很大的奖励（$r_t=1000$），以提升相关状态序列中每一对（$S_t$，$a_t$）对应的 $Q$ 值，从而使 AGV 在后续训练中更倾向于按照该状态转移序列到达目标状态。反之，当 AGV 进入不允许通行的区域时，将给予一定的惩罚（$r_t=-1$），以促使 AGV 尽量避免此类区域。当 AGV 在自由通行区域行驶时，没有任何奖励或惩罚（$r_t=0$）。

$$r_t=\begin{cases}1000, S_{t+1}\ \text{为目标状态}\\ -1, S_{t+1}\ \text{为不允许通行的区域}\\ 0, S_{t+1}\ \text{位于自由同行区域}\end{cases} \tag{7-18}$$

#### 7.3.1.3 算法设计

**（1）$Q$ 值更新**

采用基于 Q-table 的 Q-learning 算法，该算法的核心是一个 $Q$ 值的迭代更新过程。在智能体开始学习之前，将 Q-table 中的所有值初始化为 0。在时间 $t$ 时智能体处于状态 $S_t$，选择动作 $a_t$，得到奖励 $r_t$，然后智能体转移到新的状态 $S_{t+1}$。根据式（7-26）对 Q-table 中对应的 $Q$ 值进行更新。

$$Q(S_t,a_t)\leftarrow Q(S_t,a_t)+\alpha[r_t+\gamma\max_{\alpha}Q(S_{t+1},a)-Q(S_t,a_t)] \tag{7-19}$$

式中，$\alpha$ 为学习速率，控制新获得的 $Q$ 值对旧 $Q$ 值的影响程度；$\gamma$ 为折扣因子，决定未来奖励的重要性。当 $\gamma=0$ 时，智能体只看重当前的奖励，当 $\gamma\to1$ 时，表示智能体将更加重视长期的累计回报。当状态 $S_{t+1}$ 为目标状态或者终止状态时，Q-learning 算法的一次迭代过程结束。通过多次的迭代学习，智能体最终会找到从初始状态到目标状态的最短路径。

**（2）ε-Greedy 策略**

在 Q-learning 算法中，需要有效平衡探索与利用的权衡。如果过于强调探索，智能体在每次选择动作时可能更倾向于随机选择，这样会忽视已知的高价值动作，导致学习效率降低，而如果过于强调利用，算法可能会早期陷入局部最优解，从而错过更优的全局解决方案。

为了解决这一问题，通常采用 ε-greedy 策略。该策略在每次选择动作时以概率 ε 进行探索，即随机选择一个动作，而以概率 $1-\varepsilon$ 进行利用，即选择当前 $Q$ 值最高的动作。这种方法确保了智能体在一定的时间步骤内随机尝试不同的动作，以更全面地探索环境。同时，在另一部分时间步骤内，智能体则利用已获得的知识，选择对其目标最有利的动作。

通过适当选择 ε 的值，可以在探索和利用之间取得良好的平衡。例如，初始时可以设置较高的 ε 值，鼓励更多的探索，随着学习的进行，逐渐降低 ε 值，使智能体在后期更倾向于利用已有的知识。这样的策略不仅提高了 Q-learning 算法的性能，还有效避免了过早收敛的问题，从而提升路径规划和任务调度的效果。

下面给出了基于 Q-learning 算法的 MRFS 系统 AGV 路径规划方法的主要流程。其中，$Robot\_set$ 表示系统中所有 AGV 构成的集合，$Task\_set_r$ 表示第 $r$ 台 AGV 对应的货架搬运任务清单，$S_0$ 表示智能体的初始状态，$S_t$ 表示智能体的当前状态，$a_t$ 表示智能体在当前状态 $S_t$ 下选择的动作，$r_t$ 表示智能体采取动作 $a_t$ 后获得的奖励，$S_{t+1}$ 表示采取动作 $a_t$ 后智能体到达的下一个状态。下面是使用 Q-learning 算法求解的伪代码。

```
// 输入集合
AGV_set←{AGV_1,AGV_2,...,AGV_n}.  // 系统中所有 AGV 构成的集合
Task_set←{task_1,task_2,...,task_m}  // 所有任务清单
FOR j in Task_set DO
    // 对于第 j 个任务的每段行驶路径
    初始化 Q-table//Q-table 初始化为零
    当前状态 S_t←S_0  // 设置当前状态为初始状态
    FOR l=1 to l_max DO  // 最大迭代次数
        WHILE 当前状态 S_t 不是目标状态 DO
            计算当前状态 S_t 的可行候选动作集
            利用 ε-greedy 策略选择动作 a_t
            执行动作 a_t,获取奖励 r_t,AGV 转移到新状态 S_{t+1}
    根据 Q 表更新公式更新 Q-table 中对应的 Q 值
            更新当前状态:S_t←S_{t+1}
            IF 满足训练终止条件 THEN
                BREAK  //结束本次训练
            END IF
        END WHILE
        保存当前 AGV 的所有状态,得到该段行驶路径
    END FOR
    将第 j 个任务的 3 段行驶路径连接起来,得到完整路径
END FOR
将当前 AGV 所有任务的行驶路径连接起来,得到完整的行驶路径
```

#### 7.3.1.4 结果分析

如表 7-3 所示，基于 Q-learning 算法得到的 AGV 规划行驶路径长度基本稳定。基于 Q-learning 算法的规划求解时间相对较长，这是因为智能体的自主探索和学习需要消耗较多时间。

表 7-3 基于 Q-learning 算法路径规划结果

| $(R,T)$ | AGV 平均行驶距离 | 平均 CPU 运行时间/s |
|---|---|---|
| (5,15) | 100.1 | 4.68 |
| (5,20) | 116.7 | 6.59 |
| (10,30) | 96.7 | 6.85 |
| (10,40) | 123.5 | 9.56 |
| (15,45) | 96.4 | 12.01 |
| (15,60) | 120.1 | 16.02 |

## 7.3.2 基于深度 Q 网络的多 AGV 协同规划

单 AGV 调度主要关注优化单台 AGV 的路径和任务顺序以提升效率。然而，随着生产规模扩大和任务复杂化，单 AGV 已难以满足效率需求。多 AGV 系统应运而生，不仅分担任务，还能提高系统的灵活性和效率。然而，多 AGV 调度面临更大的复杂性。多台 AGV 在共享环境中工作，需协调路径以避免冲突和死锁，同时合理分配任务，平衡负荷，确保整体效率最大化。为解决 Q-learning 算法在多 AGV 环境下的效率问题，本小节介绍基于深度 Q 网络的多 AGV 协同规划算法[10]。

### 7.3.2.1 问题描述

在多 AGV 应用环境中，路径规划对系统运行有着关键影响。随着 AGV 数量增加，路径冲突尤其显著，严重制约了效率。多 AGV 系统面临的主要问题包括路径冲突和死锁。典型的路径冲突如两台 AGV 相向行驶或路口相遇，导致争夺路段或路口资源。为了避免碰撞，AGV 通常会等待，但在循环等待下可能出现死锁，影响系统安全，甚至造成部分路网瘫痪，进而降低整体效率。在 MRFS 系统中，AGV 之间可能发生的碰撞只有相向碰撞（head-on conflict）、交叉碰撞（cross conflict）、停留碰撞（stay-on conflict）这三种类型（如图 7-10 所示）。

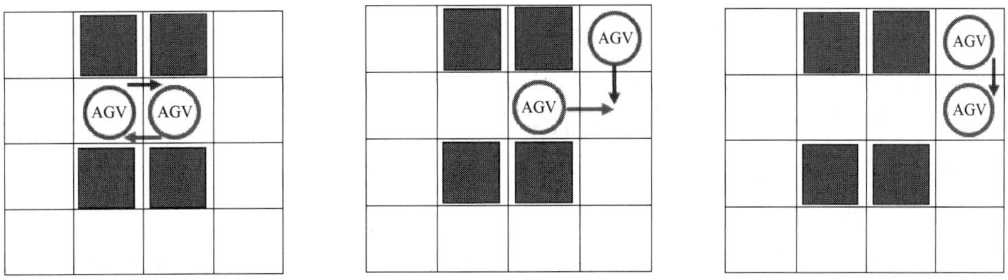


(a) 相向碰撞　(b) 交叉碰撞　(c) 停留碰撞

图 7-10　AGV 的冲突类型

随着系统规模扩大，局部拥堵问题日益突出。AGV 数量增加后，某些区域容易超出负载临界值，导致通过量减少，局部拥堵会蔓延至相邻区域，影响整体效率。AGV 的路径规划直接决定了其是否经过这些热点区域，因此平衡路网负载对于提高系统通行效率尤为重要。

此外，AGV 状态监控对系统的管理和决策提供了重要支持。多 AGV 系统中，路径冲突和交互频率增加，导致效率评估变得更复杂。因此，设计合理的调度架构，对于提升系统效率和解决状态监控问题显得尤为重要。

### 7.3.2.2 状态输入表示

为了模拟 AGV 的运行场景，本小节采用了规则栅格地图环境，并创建了仿真 GUI（图形用户界面），如图 7-11 所示。在该仿真环境中，白色栅格代表 AGV 可行走的路径，不同颜色的圆形代表各个 AGV。为简化动作空间，规定 AGV 只能采取上下左右移动和保持不动这五种动作，不能进行对角移动。

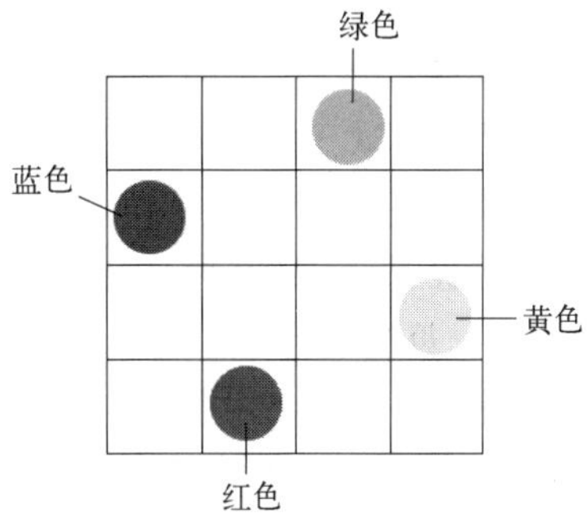


图 7-11　可视化训练环境示例

在 DQN 算法中，通过人工神经网络来估算 $Q$ 值。神经网络的输入用于描述各 AGV 的位置信息。由于图像输入计算量大且收敛速度慢，本研究简化了输入方式，采用行列坐标（$x$，$y$）来表示 AGV 的位置信息。具体来说，$x$ 表示 AGV 所在的行，$y$ 表示 AGV 所在的列。例如，图 7-11 中，蓝色 AGV 位于（2，1），即第 2 行第 1 列。

对于多 AGV 系统，神经网络的输入为各 AGV 行列坐标的组合。例如，在图 7-11 中，红色 AGV 位于（4，2），蓝色 AGV 位于（2，1），黄色 AGV 位于（3，4），绿色 AGV 位于（1，3），则神经网络的输入数据为（4，2，2，1，3，4，1，3）。这种输入方式能够有效简化计算复杂度，加速网络的收敛。

#### 7.3.2.3 目标网络参数冻结和经验回放机制

**（1）目标网络参数冻结**

DQN 在原始 $Q$ 网络的基础上引入了一个目标 $Q$ 网络，用于计算目标值。目标 $Q$ 网络与当前值 $Q$ 网络的结构完全相同，并且初始权重一致。两者的区别在于，当前值 $Q$ 网络在每次迭代后会实时更新，而目标值 $Q$ 网络则每隔一定的步数 $C$ 进行更新。

**（2）经验回放机制**

DQN 算法在开始时初始化一个容量为 $N$ 的记忆库（Memory D），用于存储最多 $N$ 条经验样本。每一条学习记为一个 transition，包含当前状态 $s$、所执行的动作 $a$、即时奖赏 $r$，以及下一个状态 $s'$。

在算法运行前，记忆库为空。当智能体执行动作后，根据奖惩机制生成一个状态转移的 transition，并将其存入记忆库。当记忆库中的 transition 数量达到最大容量 $N$ 时，新产生的 transition 将覆盖旧的样本，以保证记忆库的最新样本用于后续学习。这种机制避免了样本的时序相关性，增强了训练的稳定性。

#### 7.3.2.4 奖赏机制

奖赏函数的设置应遵循奖励有利动作、惩罚不利动作的原则，以促使智能体以最快速度达到目标状态。在多 AGV 的栅格区域路径规划中，设计了如下奖赏函数，如式（7-20）所示：

$$R_t=\begin{cases}-1,\text{不移动或未发生同位置碰撞}\\100,\text{移动到目标状态}\\-100,\text{发生碰撞}\end{cases}\tag{7-20}$$

在每一步中，对于栅格区域中的多 AGV 而言，如果不移动或者移动后未发生同位置碰撞，智能体将获得$-1$的奖赏，以避免长时间静止的现象。当 AGV 成功移动到目标状态时，将获得 100 的正奖赏，以引导其朝向目标方向移动。同时，如果 AGV 移动后与其他 AGV 发生了碰撞，系统将给予$-100$的惩罚，旨在抑制碰撞行为的发生。通过这种奖赏机制，可以有效地促进 AGV 在栅格环境中实现高效的路径规划。

#### 7.3.2.5 算法设计

基于 DQN 算法的多 AGV 路径规划算法流程如图 7-12 所示，采用计算机对 DNQ 算法的多 AGV 路径规划进行仿真。

#### 7.3.2.6 结果分析

在使用基于 DQN 的多 AGV 路径规划算法进行多 AGV 路径规划求解时，使用了如表 7-4 所示的参数。

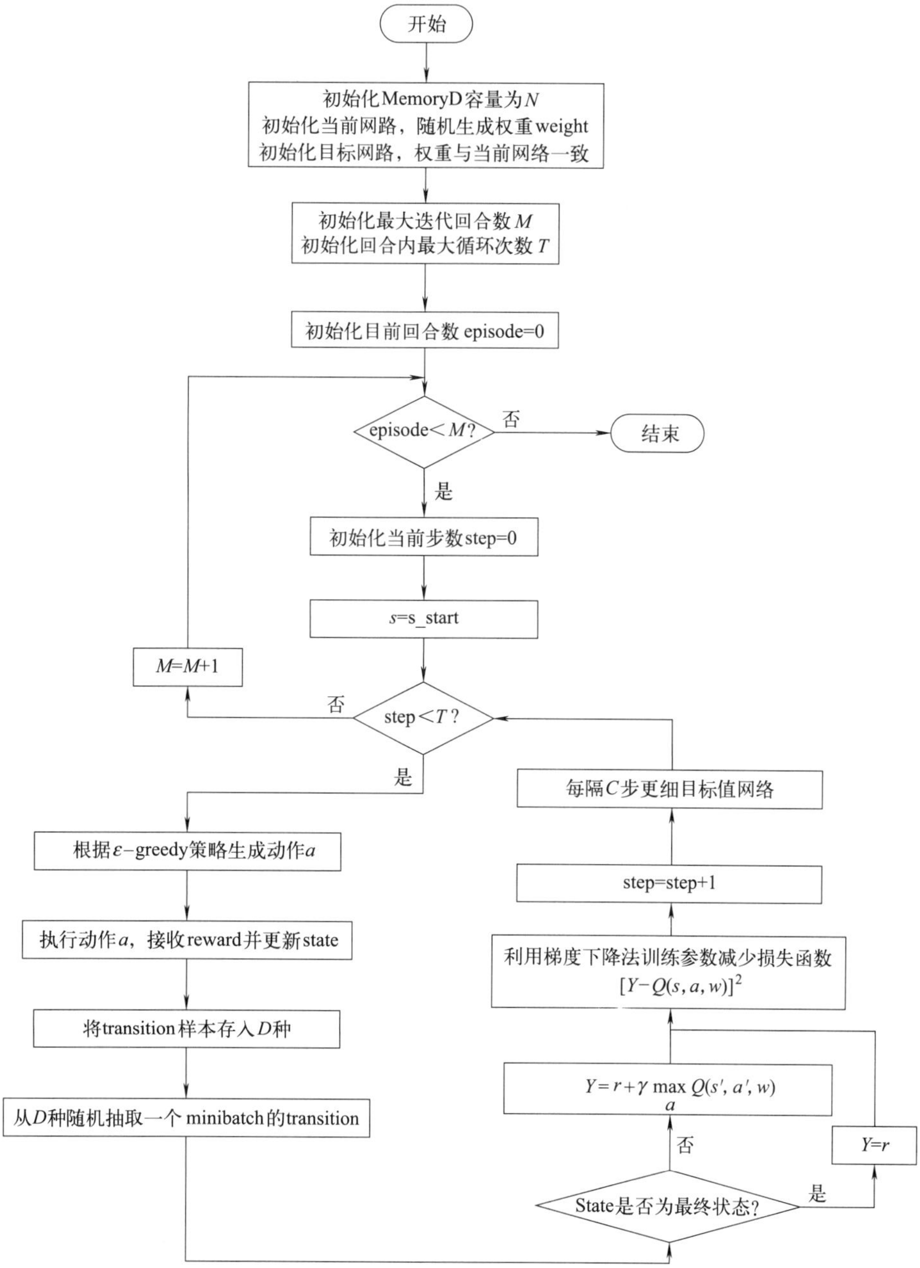


图 7-12 基于 DQN 算法的多 AGV 路径规划算法流程

表 7-4 基于 DQN 的多 AGV 路径规划实验参数

| 参数 | 取值 |
| --- | --- |
| 神经网络学习率 | 0.05 |
| 更新目标路径步骤 $C$ | 400 |
| 记忆库 Memory 容量 $D$ | 1000 |
| Minibatch | 64 |
| 到达终点奖励 | +100 |
| 单步惩罚 | −1 |

续表

| 参数 | 取值 |
|---|---|
| 多 AGV 同位置惩罚 | −100 |
| 折扣因子 $\gamma$ | 0.9 |
| $\varepsilon$ 初始值 | 0.8 |

图 7-13 展示了冲突情形的 AGV 相向冲突求解过程。起始状态时，红色（图中深色圆）AGV 在左侧，绿色（图中浅色圆）AGV 在右侧，此时，要求两者位置互换。从图 7-13 中可以看出，红色 AGV 和绿色 AGV 分别通过 4 步和 2 步的移动完成了任务。

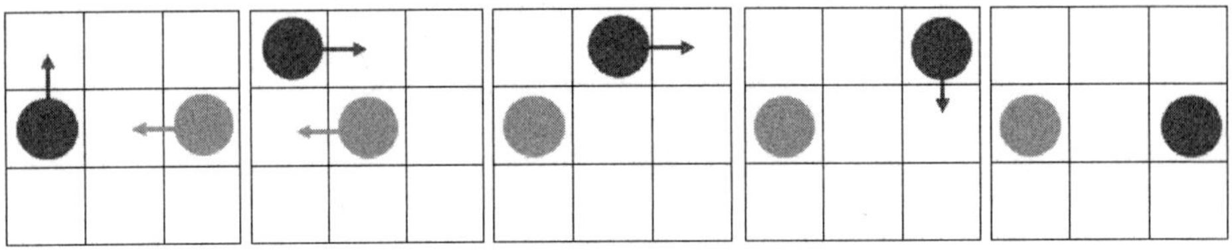

图 7-13 AGV 相向冲突路径规划解的过程示意图

图 7-14 展示了路口冲突情形。红色（图中深色圆）AGV 欲向右行驶，而绿色（图中浅色圆）AGV 欲向上行驶，此时若不加干预，会出现碰撞。从图 7-14 中可以看出，红色保持静止，绿色先通过，然后红色通过，从而很好地解决了路口冲突问题。

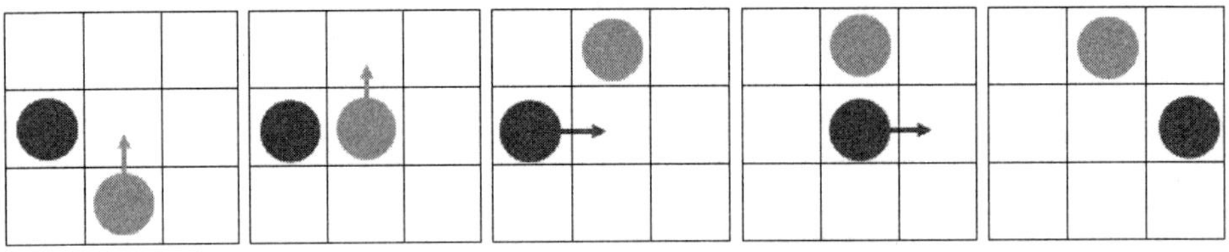

图 7-14 AGV 路口冲突路径规划解的过程

表 7-5 展示了基于 Q-learning 和 DQN 的多 AGV 路径规划算法在多种路径规划情境下的结果对比。表 7-5 包括了每种路况中的 AGV 数量、所使用的算法类型、总迭代次数、完成迭代所需的时间，以及最终求得的最优解的时间步数。

表 7-5 基于 DQN 与基于 Q-learning 的多 AGV 路径规划结果对比

| 算法 | AGV 数量 | 冲突类型 | 最优解步数 | 时间/s |
|---|---|---|---|---|
| Q-learning | 2 | 相向 | 4 | 73.3 |
| DQN | 2 | 相向 | 4 | 100.3 |
| Q-learning | 2 | 路口 | 4 | 80.1 |
| DQN | 2 | 路口 | 4 | 108.2 |
| Q-learning | 3 | 相向+路口 | 5 | 635.2 |
| DQN | 3 | 相向+路口 | 5 | 323.5 |
| Q-learning | 4 | 相向+路口 | 6 | 1280.3 |
| DQN | 4 | 相向+路口 | 6 | 576.4 |

从表 7-5 可以看出，两种算法在求得的最优时间步数上是一致的，表明在相同条件下，两种算法均能够找到有效的解决方案。整体而言，AGV 数量越多、路况越复杂时，算法的

求解时间也相应增加。在AGV数量较少且问题复杂性较低的情况下，基于Q-learning和基于DQN的多AGV路径规划算法效率差异不大。然而，随着AGV数量的增加和问题复杂性的提升，基于DQN的路径规划算法表现出更高的求解效率。这表明DQN算法在处理复杂路径规划问题时具有更强的优势，能够更快地适应动态变化的环境。

## 本章小结

本章深入探讨了强化学习的方法，包括其定义、特点和分类。重点介绍了几种典型的强化学习算法，如Q-learning、深度Q网络和策略梯度方法，并通过悬崖寻路、车杆控制和小车上山等实例对这些方法进行了详细阐述。这些例子不仅展示了强化学习在解决复杂决策问题中的有效性，也为理解其背后的基本原理提供了直观的支持。

此外，本章还探讨了强化学习在智能生产中的实际应用，特别是在单AGV和多AGV路径规划中的应用。通过对Q-learning和DQN算法的实验仿真，验证了这些方法在优化AGV路径规划中的有效性，凸显了强化学习在提升生产效率和智能化水平方面的潜力。

## 习　题

1. 什么是强化学习？其基本思想是什么？

2. 强化学习与监督学习、无监督学习的主要区别是什么？

3. Q-learning算法的基本原理是什么？请结合示例说明其应用。

4. 什么是深度Q网络（DQN）？它是如何改进传统Q-learning的？

5. 策略梯度方法的核心思想是什么？它如何解决传统Q-learning方法的不足？结合实际案例，分析强化学习在智能生产中的应用。

6. 详细描述基于Q-learning算法的单AGV调度方法及其优化步骤。

7. 在多AGV路径规划问题中，DQN方法如何提高求解效率？请结合实验数据分析其优势。

8. 强化学习在智能生产领域未来的发展趋势是什么？可能的研究方向有哪些？

## 参考文献

[1] 高阳，陈世福，陆鑫. 强化学习研究综述[J]. 自动化学报，2004，30（1）：86-100.

[2] 陈学松，杨宜民. 强化学习研究综述[J]. 计算机应用研究，2010，27（8）：2834-2838+2844.

[3] 黄炳强. 强化学习方法及其应用研究[D]. 上海：上海交通大学，2007.

[4] 黄炳强，曹广益，王占全. 强化学习原理、算法及应用[J]. 河北工业大学学报，2006（06）：34-38.

[5] Watkins C J C H，Dayan P. Q-learning[J]. Machine learning，1992，8（3）：279-292.

[6] 杨露. 基于改进LeNet和Qlearning的图像分类算法研究及应用[D]. 武汉：湖北工业大学，2020.

[7] 杜奕航. 基于强化学习的认知无线网络跨层设计及优化研究[D]. 长沙：国防科技大学，2019.

[8] 王振宇. 基于连续控制任务的确定性策略梯度算法研究[D]. 哈尔滨：哈尔滨理工大学，2021.

[9] 袁维. MRFS系统中的任务调度与路径规划[D]. 南京：东南大学，2021.

[10] 袁洋. 基于强化学习的多AGV路径规划及调度技术的研究[D]. 广州：华南理工大学，2020.

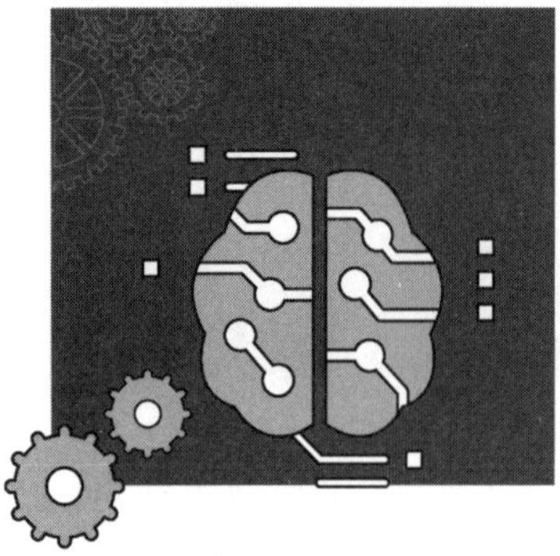

# 第8章 综合应用案例

## 8.1 群体智能方法在生产/运维集成优化中的应用案例

### 8.1.1 概述

随着新一代信息技术与制造业的加速融合，服务型制造在装备制造领域的价值愈发凸显。众多装备制造商纷纷从原始的加工组装为主向“制造＋运维服务”转型，注重通过维修等附加增值服务延伸价值链条、提高市场竞争力。为此，《中华人民共和国国民经济和社会发展第十四个五年规划和2035年远景目标纲要》明确指出，要“发展服务型制造新模式”，推动装备制造业优化升级。但在此背景下，装备制造商面临的资源管理范围也从单生产阶段拓展至生产与运维两个阶段，如一项成功的后市场维修活动往往需要备件、服务工人等多种资源的共同参与，而备件生产又涉及制造商的车间生产资源，这大大增加了资源统筹优化的难度。

本节以多场点装备维修需求的生产与运维服务资源的协同调度问题为对象，以进化算法NNIA为例进行求解，阐述进化算法在生产与运维集成优化中的应用。将本节的案例定义为：分布式维修需求下备件生产与服务工人的协同调度（collaborative scheduling of spare parts production and service workers for distributed maintenance demand，CSPPW）。

### 8.1.2 CSPPW模型介绍

**（1）问题描述**

本节研究的CSPPW问题可以描述如下。某公司，也被称为服务提供商，负责维护安装在客户处的设备。对于每项维修任务，都需要提供相应的备件并安排服务工人到现场执行故障部件的更换操作。每项维修任务所需的基本更换时间是已知的。该公司聘请了 $W$ 名服务工人，并拥有一个由 $M$ 台机器组成的流水车间，用于生产 $T$ 种类型的备件。

服务工人分为两类：普通工人和熟练工人。他们的不同之处在于，执行同一项维修任务，普通工人所需时间为基本更换时间，而熟练工人所需时间更短，同时，熟练工人的雇佣成本高于普通工人。

对于同种类型的备件，其加工时间和单位时间库存持有成本是相同的。另外，如果两项维修任务所需要的备件类型相同，则两项维修任务的基本更换时间是相同的。若这两项任务是由同一类工人执行的，则雇佣成本也相同。

在初始时刻，公司接收到了 $N$ 项维修任务。在不丧失一般性的前提下，假设维修任务 $MA_i$ 需要一个功能完好的备件 $J_i$，且对应一个交货期窗口 $[D_i^-, D_i^+]$，其中 $D_i^-$ 和 $D_i^+$ 分别表示服务最早开始和最晚完成时间。在 $D_i^-$ 之前执行维修活动 $MA_i$ 是不被允许的。如果备件 $J_i$ 过早地完成加工，将被保留到仓库中从而造成库存持有成本，即提前惩罚[1]。相反，如果在 $D_i^+$ 之前未完成维修任务 $MA_i$，则会引起客户不满。由于维修需求端的紧急程度不同，每项 $MA_i$ 都有相应的权重 $WT_i$。注意，只有当备件和服务工人都到达需求场点之后，才能执行维修任务。由于工人数量有限，每个工人可能需要完成多项维修任务，即在完成当前维修任务后，转移到下一个需求场点继续提供服务。由于地理位置分散，不同需求场点间的转移时间，以及公司与不同需求场点间的转移时间是有差异的。

该问题同时考虑了两个优化目标，加权延迟最小（$Ob_1$）和包括雇佣成本、库存持有成本在内的总服务成本最小（$Ob_2$）。显然，熟练工人的参与和备件的提前准备可以更有力地保障维修任务的执行，减少延误交付的风险，但产生的成本也更高。因此，这两个目标是相互冲突的。

**（2）数学模型**

为了更深入地研究 CSPPW，首先建立了一个数学模型。列出数学公式中使用的索引、参数和决策变量。下面为具体的索引。

$i$、$f$：备件/维修任务/需求场点的索引，$i$、$f=0$、1、…、$N$，其中 0 表示一个空任务；

$m$：机器的索引，$m=1$、2、…、$M$；

$t$：备件类型的索引，$t=1$、2、…、$T$；

$w$：服务工人的索引，$w=1$、2、…、$W$；

$h$：工人类型的索引，$h=1$、2，其中 1 表示普通工人，2 表示熟练工人；

$q$：加工位置的索引，$Q=0$、1、…、$N$，其中 0 表示一个空位置；

$d$：服务位置的索引，$d=1$、2、…、$N$。

下面为详细的参数：

$N$：维修任务总数；

$M$：机器总数；

$W$：服务工人总数；

$T$：备件类型总数；

$t_i$：备件 $J_i$ 所属的类型 $t$；

$[D_i^-, D_i^+]$：$MA_i$ 的交货期窗口；

$WT_i$：$MA_i$ 的权重；

$WE_t$：$t$ 类型备件的单位时间库存持有成本；

$P_{tm}$：$t$ 类型备件在机器 $m$ 上的加工时间；

$h_w$：服务工人 $w$ 所属的工人类型 $h$；

$C_{ht}$：$h$ 类型的工人更换 $t$ 类型备件的雇佣成本，$C_{1t}<C_{2t}$；

$R_{ht}$：$h$ 类型的工人更换 $t$ 类型备件所需的时间，$R_{1t}>R_{2t}$；

$TF_i$：公司和需求场点 $i$ 之间的转移时间；

$TD_{if}$：需求场点 $i$ 和 $f$ 之间的转移时间；

$B$：足够大的正数。

下面是该问题的决策变量：

$x_{iq}$：0-1 变量，当 $J_i$ 被安排在第 $Q$ 个加工位置时则为 1，否则为 0；

$y_{iwd}$：0-1 变量，当 $MA_i$ 被安排在工人 $w$ 的第 $d$ 个服务位置时为 1，否则为 0；

$SP_{im}$：$J_i$ 在机器 $m$ 上的开始加工时间；

$EP_{im}$：$J_i$ 在机器 $m$ 上的加工完成时间；

$SM_{wd}$：工人 $w$ 到达其第 $d$ 项服务任务所在场点的时间；

$EM_{wd}$：工人 $w$ 完成其第 $d$ 项服务任务的时间；

$SR_i$：$MA_i$ 的开始维修时间；

$ER_i$：$MA_i$ 的维修完成时间。

目标函数：

$$Ob_1=\min\sum_{i=1}^{N}WT_i\max\{(ER_i-D_i^{+}),0\} \tag{8-1}$$

$$Ob_2=\min\sum_{i=1}^{N}\sum_{w=1}^{W}\sum_{d=1}^{N}y_{iwd}C_{h_w,t_i}+\sum_{i=1}^{N}WE_{t_i}\max\{(D_i^{-}-EP_{iM}-TF_i),0\} \tag{8-2}$$

约束条件：

$$\sum_{q=1}^{N}x_{iq}=1,\forall i\in\{1,2,\cdots,N\} \tag{8-3}$$

$$\sum_{i=1}^{N}x_{iq}=1,\forall q\in\{1,2,\cdots,N\} \tag{8-4}$$

$$\begin{gathered}SP_{im}\geqslant EP_{fm}+B(x_{iq}+x_{f(q-1)}-2),\\ \forall i、\forall q\in\{1,2,\cdots,N\},f\in\{0,1,\cdots,N\},m\in\{1,2,\cdots,M\}\end{gathered} \tag{8-5}$$

$$SP_{i(m+1)}\geqslant EP_{im},\forall i\in\{1,2,\cdots,N\},m\in\{1,2,\cdots,M-1\} \tag{8-6}$$

$$EP_{im}=SP_{im}+P_{t_i,m},\forall i\in\{1,2,\cdots,N\},m\in\{1,2,\cdots,M\} \tag{8-7}$$

$$\sum_{w=1}^{W}\sum_{d=1}^{N}y_{iwd}=1,\forall i\in\{1,2,\cdots,N\} \tag{8-8}$$

$$\sum_{i=1}^{N}y_{iwd}\leqslant 1,\forall w\in\{1,2,\cdots,W\},d\in\{1,2,\cdots,N\} \tag{8-9}$$

$$\sum_{i=1}^{N}y_{iwd}\leqslant\sum_{i=1}^{N}y_{iw(d-1)},\forall w\in\{1,2,\cdots,W\},d\in\{2,3,\cdots,N\} \tag{8-10}$$

$$\begin{gathered}SM_{w(d+1)}\geqslant EM_{wd}+B(y_{iw(d+1)}+y_{fwd}-2)+TD_{fi},\\ \forall i,d\in\{1,2,\cdots,N-1\},f\in\{1,2,\cdots,N\},w\in\{1,2,\cdots,W\}\end{gathered} \tag{8-11}$$

$$SM_{w1}\geqslant B(y_{iw1}-1)+TF_i,\forall i\in\{1,2,\cdots,N\},w\in\{1,2,\cdots,W\} \tag{8-12}$$

$$SR_i\geqslant D_i^{-},\forall i\in\{1,2,\cdots,N\} \tag{8-13}$$

$$SR_i\geqslant EP_{iM}+TF_i,\forall i\in\{1,2,\cdots,N\} \tag{8-14}$$

$$SR_i\geqslant SM_{wd}+B(y_{iwd}-1),\forall i\in\{1,2,\cdots,N\},w\in\{1,2,\cdots,W\},d\in\{1,2,\cdots,N\} \tag{8-15}$$

$$ER_i = SR_i + \sum_{w=1}^{W}\sum_{d=1}^{N} y_{iwd} R_{h_w, t_i}, \forall i \in \{1,2,\cdots,N\} \tag{8-16}$$

$$EM_{wd} \geqslant ER_i + B(y_{iwd} - 1), \forall i \in \{1,2,\cdots,N\}, w \in \{1,2,\cdots,W\}, d \in \{1,2,\cdots,N\} \tag{8-17}$$

$$EP_{0m} = 0, x_{i0} = 0, x_{00} = 1, \forall m \in \{1,2,\cdots,M\}, i \in \{1,2,\cdots,N\}, w \in \{1,2,\cdots,W\} \tag{8-18}$$

式（8-1）和式（8-2）为两个目标函数，即加权延迟和总服务成本。式（8-3）和式（8-4）约束了备件的加工顺序。其中，式（8-3）确保每个备件只生产一次，式（8-4）保证每一个加工位置仅分配一个备件。约束式（8-5）保证同一台机器上的加工顺序约束，即一台机器在完成当前作业后才处理下一个作业。约束式（8-6）确保同一个备件的加工工序约束，即前一道工序完成后才进行下一道工序。式（8-7）定义了每台机器上每个备件的完成时间。式（8-8）至式（8-10）约束了工人的服务顺序。其中，式（8-8）表示把每项维修任务分配给一个工人的一个服务位置，式（8-9）确保对于每个工人同一时间只能执行一项任务，式（8-10）表示工人的活动是连续的。约束式（8-11）至式（8-12）确保工人只有在完成当前任务后才能转移到下一个需求场点。式（8-13）至式（8-15）表明 $MA_i$ 的开始维修时间受到交货期窗口和两种资源可用性的限制。式（8-16）定义了每项维修任务的完成时间。式（8-17）定义了 $EM_{wd}$ 和 $ER_i$ 之间的关系。式（8-18）定义了初始条件。

### 8.1.3 MNNIA 算法

非支配邻域免疫算法最早由 Gong 等人提出[2]，简称为 NNIA。由于其具有高度的进化性、并行性和自适应分布性，已被广泛应用于解决多种优化问题。如，Ma 等[3] 将 NNIA 与三种导向型的局部搜索算子相结合来优化柔性作业车间调度问题。Zhu 等[4] 将 NNIA 应用于复杂网络的级联故障优化。Zhang 等[5] 开发了一种改进的 NNIA 算法以改善切割磁性材料的加工特性。Jiang 等[6] 将 NNIA 与混合约束处理方法相结合以解决多媒体交付问题。

鉴于 NNIA 的普遍性和优越性，本小节基于 NNIA 的框架设计了一种改进算法来求解 CSPPW 问题，称为 MNNIA。MNNIA 的主要贡献如下：①采用了启发式和列表调度规则相结合的初始化方法来生成高质量的初始种群；②设计了一种改进的空闲时间插入方法来降低库存持有成本；③提出了两个问题导向型的局部搜索算子进一步增强算法的邻域搜索能力。算法框架如图 8-1 所示。

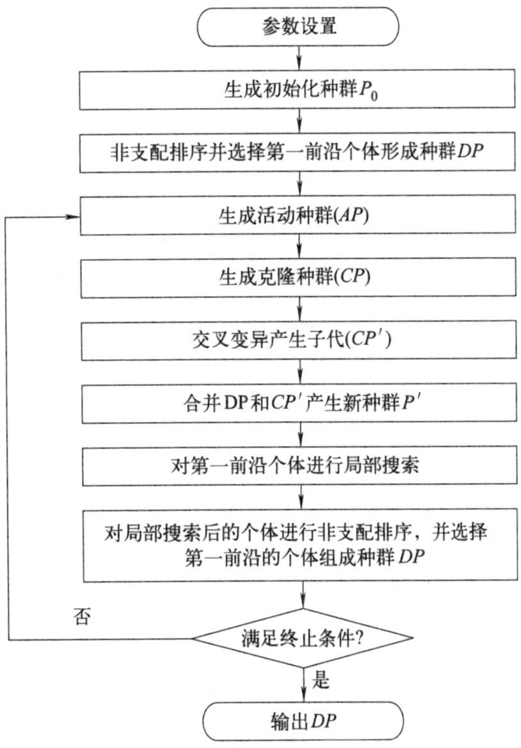


图 8-1　MNNIA 的算法框架

**（1）编码和解码**

CSPPW由三个子问题组成：①确定备件的加工顺序；②为每项维修任务指派服务工人；③确定维修过程中任务的执行顺序。为此，设计了一种三层染色体来表示解决方案。它由备件生产调度层（PS）、工人选择层（WS）和维修服务调度层（SS）组成。PS针对的是第一个子问题，WS和SS共同确定每个服务工人的维修任务计划表。

假设有$W$名服务工人和$N$项维修任务，WS可以用$\{\pi_1, \pi_2, \cdots, \pi_n\}$表示，其中$\pi_i \in \{1, 2, \cdots, W\}$表示分配给$MA_i$的工人。PS和SS是由$[1, N]$范围内的$N$个不同整数组成的两个序列。其数值越小，对应的生产或维修任务执行得就越早。图8-2给出了一个示例，其中有2名服务工人和8项维修任务。由图8-2（a）中的染色体编码，可以得到图8-2（b）所示的信息。

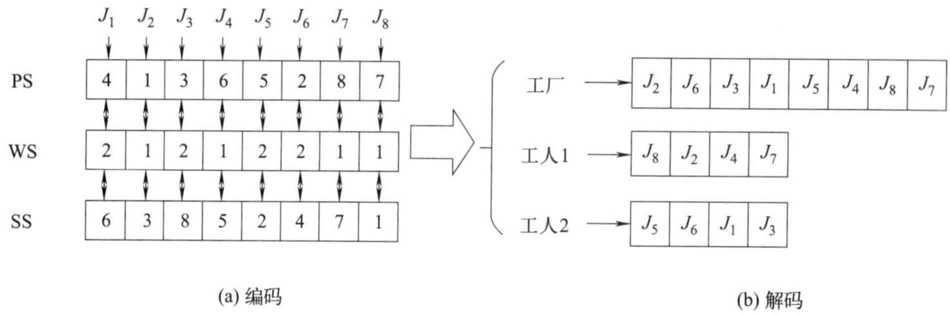


图8-2　染色体编码方式示例

**（2）初始化**

对于以最小化延迟为目标的问题，最早交货期（EDD）和总松弛时间（OSL）是常用的优化策略[7]。为此，根据问题特征改进了EDD和OSL规则来生成个体的PS序列，分别记为IEDD和IOSL，并引入了随机过程来增强种群多样性。考虑到维修任务的执行同时也受到服务工人的约束，在EDD的基础上设计了NEDD规则来生成个体的SS序列。

服务工人的选择对于优化$Ob_1$和$Ob_2$都至关重要。为了保证初始种群的质量，将使用列表调度法（LS）来生成个体的WS序列。LS是在多台机器之间分配工作的一种流行方法[8]，同样适用于所研究的CSPPW问题。首先根据SS序列创建一个维修任务列表，然后依次为列表中的维修任务分配工人，直到所有任务分配完毕。对于每项维修任务，将会优先选择延迟最小且雇佣成本最低的服务工人。初始化算子的框架如算法8-1所示，所采用的规则详见算法8-2～算法8-5。

**算法 8-1:初始化**

```
For s=1:PopSize do
  生成序列 PS←从 IEDD,IOSL 以及随机规则中随机挑选一种
  生成序列 SS←NEDD 规则
  生成序列 WS←LS 规则
  Pops=[PS;WS;SS]
End for
输出:初始种群={Pop1,Pop2,…,PopPopSize}(记为 P0)
```

**算法 8-2：IEDD 规则**

计算 $EDD_i = D_i^+ - TF_i$

SEDD←对 $EDD_1, EDD_2, \cdots, EDD_N$ 进行非降序排列

确定每一个 $EDD_i$ 在序列 SEDD 中的位置索引值

将每个 $EDD_i$ 的位置索引值填充到 PS 中

输出：PS

**算法 8-3：IOLS 规则**

计算 $OLS_i = D_i^+ - TF_i - \sum_{m=1}^{M} P_{t_i, m}$

SOLS←对 $OLS_1, OLS_2, \cdots, OLS_N$ 进行非降序排列

确定每一个 $OLS_i$ 在序列 SOLS 中的位置索引值

将每个 $OLS_i$ 的位置索引值填充到 PS 中

输出：PS

**算法 8-4：NEDD 规则**

计算每个备件的送达时间，记为 $CT_i$

计算 $NEDD_i = \max\{CT_i, D_i^+\}$

SNEDD←对 $NEDD_1, NEDD_2, \cdots, NEDD_N$ 进行非降序排列

确定每一个 $NEDD_i$ 在序列 SNEDD 中的位置索引值

将每个 $NEDD_i$ 的位置索引值填充到 SS 中

输出：SS

**算法 8-5：LS 规则**

```
MA←按照 SS 中的值对维修任务进行非降序排列
For i=1:N do
  For w=1:W do
    选择工人 w 来执行维修任务 MA_i，并计算目标值
  End for
  SW←使维护任务 MA_i 延误最小的工人集合
  If |SW|>1 do
    从 SW 中随机选择一个雇佣成本最小的工人来执行任务 MA_i
  End if
End for
输出：WS
```

**（3）改进空闲时间插入**

解码后，所有机器都将尽可能快地加工备件，这导致一些备件可能会在交货期窗口之前完成，产生较高的提前惩罚。因此，有必要引进一个算子使备件的完工时间尽可能地接近其交货期窗口。对于考虑提前惩罚的问题，空闲时间插入是最常用的方法[7]。为了在不影响 $Ob_1$ 的情况下优化 $Ob_2$，对空闲时间插入方法进行了改进，并将其应用于解码后。其中，$E_i = \max\{D_i^- - EP_{im} - TF_i, 0\}$，表示备件 $J_i$ 的提前时间，$\alpha_i = \max\{SR_i - EP_{im} - TF_i, 0\}$，表示在备件 $J_i$ 之前插入 $\alpha_i$ 时间单元不会改变加权延迟。算法 8-6 展示了改进空闲时间插入

法的伪代码，考虑到提前惩罚主要取决于备件的生产调度方案，为了减少计算时间，仅在备件加工顺序发生改变时才执行空闲时间插入操作。

**算法 8-6:改进的空闲时间插入法**

```
确定一个备件集合 JS←{J_i | E_i > 0} % JS 中备件的顺序和它们的加工顺序保持一致
While |JS| >0 do
    找到 JS 中的最后一个备件,记为 J_l
    SL←从备件 J_l 开始,选择连续且没有空闲时间的备件作为组合块
    If 有订单在 SL 的右侧 do
        计算 θ_1←该备件与 SL 之间的空闲时间
    Else θ_1←∞
    End if
    If 对于 J_i ∈SL,α_i >0 do
        计算 θ_2←min_{i∈SL}{E_i,α_i}
        在 SL 之前插入 θ←min{θ_1,θ_2}个时间单元
        对于 J_i ∈SL,令 EP_iM←EP_iM+θ
        对于 J_i ∈SL,令 SP_iM←SP_iM+θ
        对于 J_i ∈SL,令 E_i←E_i−θ
    Else
        从 JS 中删除 J_l
    End if
End while
计算目标值
```

**（4）交叉和变异**

为增加种群多样性，设计了两个交叉算子来获得新的个体，分别应用于 PS/SS 和 WS 序列。从群体中随机选取两个亲本，并以 $P_c$ 概率进行交叉操作，具体步骤如下。

PS/SS 的交叉。首先，随机生成［1，$N$］范围内的两个不同的整数 $number_1$ 和 $number_2$，并定义一个基因片段｛$number_1$，$number_1+1$，…，$number_2$｝。对于每一个子代，从其亲本中找到与该片段相同的基因，并将其插入到子代的相同位置，其余位置由剩余基因按照其在另一亲本中的顺序进行补充。图 8-3（a）给出了一个示例，其中 $number_1=2$，$number_2=5$，基因片段为｛2，3，4，5｝。

WS 的交叉。首先，随机生成集合 $J$ 的一个子集，$J=\{J_1, J_2, \cdots, J_N\}$。其次，将每个亲本中与子集相对应的基因复制到每个子代的相同位置。然后，将亲本双方的剩余基因交换到每个子代的相同位置。如图 8-3（b）所示，其中子集 $J=\{J_1, J_4, J_6, J_7\}$。

交叉后，对交叉产生的个体使用两点变异算子，概率为 $P_m$。变异算子的详细步骤如下。首先，随机选择两个维修任务。然后同时交换两个维修任务在 PS、WS、SS 序列中对应的基因。

**（5）局部搜索**

在 CSPPW 问题中，$Ob_2$ 是最小化包括雇佣成本和库存持有成本在内的总服务成本。其中库存持有成本已通过改进的空闲时间插入方法进行了优化，因此该阶段主要通过降低雇佣成本来优化 $Ob_2$。雇佣成本只与服务工人的选择有关，用普通工人代替熟练工人完成维修任

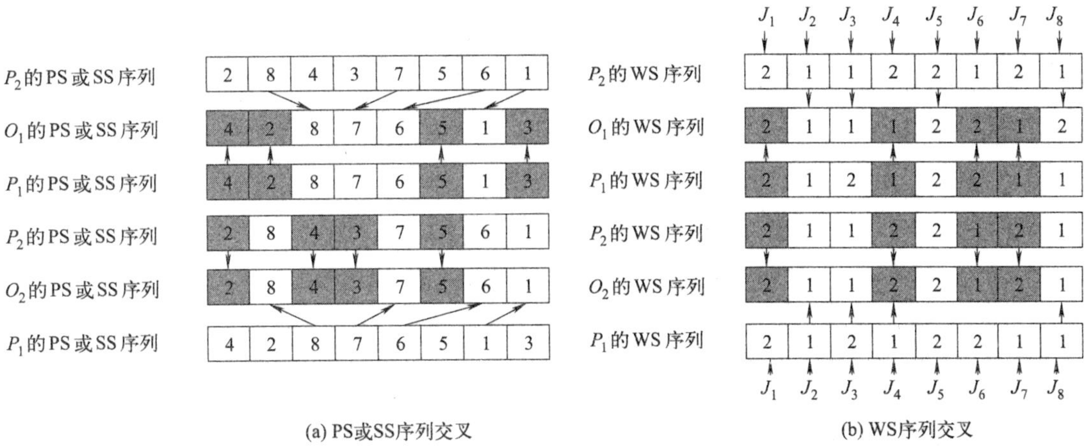


图 8-3　交叉示例

务就可以直接降低雇佣成本。$Ob_1$ 是最小化加权延迟。该目标受多个因素的影响，如备件的完成时间、工人的选择，以及维修过程中的服务顺序等，详见式（8-14）～式（8-16）。调整服务顺序或重新选择同类型的服务工人，都有机会在不影响 $Ob_2$ 的情况下减少 $Ob_1$。重新安排备件的加工顺序则可能同时优化两个目标。由于熟练工人的维护效率更高，分配一些任务给熟练工人可以获得 $Ob_2$ 较差但 $Ob_1$ 较好的新个体以增加种群多样性。基于上述分析，设计了两种局部搜索算子以进一步提高算法性能，命名为 LocalS1 和 LocalS2。

**算法 8-7：LocalS1**

```
输入：个体 S
SMA←按照加权延迟大小，对所有的维修任务进行非增序排列
从 SMA 的前 10%中，随机选择一个任务，记为 MA_i
将维护任务 MA_i 的备件交付时间记为 T_1，工人到达时间记为 T_2
If T_1<T_2 do
  S'←通过 LocalS1(1)优化 WS 和 SS 序列
Else
  S'←通过 LocalS1(2)优化 PS 序列
End if
输出：个体 S'
```

**算法 8-8：LocalS1(1)**

```
输入：个体 S 和维修任务 MA_i
生成一个集合 W_1←所有与 MA_i 的工人类型相同的工人
Forw=1:|W_1| do
  生成一个新个体 SW_1←将 MA_i 安排给 W_1 中的第 w 个工人
  生成一个新个体 SW_2←使用 EDD 规则优化个体 SW_1 的 SS 序列
  SW←从 SW_1 和 SW_2 中选择较好的个体
End for
S'←选择最优的个体 SW
If S'支配 S do
  S←S',flag1=1
```

```
End if
If flag1≠1 do
  生成一个集合 W_2←所有比 MA_i 的工人技术更熟练的工人
  If |W_2|>1 do
    For k=1:|W_2| do
      生成一个新个体 SW_1←将 MA_i 安排给 W_2 中的第 w 个工人
      生成一个新个体 SW_2←使用 EDD 规则优化个体 SW_1 的 SS 序列
      SW←从 SW_1 和 SW_2 中选择较好的个体
    End for
    S′←选择最优的个体 SW
    If S 不支配 S′ do 保留 S′
    End if
  End if
End if
输出:个体 S
```

**算法 8-9:LocalS1(2)**

```
输入:个体 S 和任务 MA_i
找到在 J_i 之前加工的备件,记为 J_f
交换备件 J_i 和 J_f 的加工位置,生成一个新个体 S′
If S′支配 S do
  S←S′;break
Elseif 个体 S 的目标值 Ob_1 小于 S′的 Ob_1 do
  保留 S′;break
End if
输出:个体 S
```

**算法 8-10:LocalS2**

```
输入:个体 S
随机选择一个由熟练工人执行的维修任务,记为 MA_i
生成一个集合 W←选择所有的普通工人
For w=1:|W| do
  生成一个新个体 SW_1←将任务 MA_i 安排给 W 中的第 w 个工人
  生成一个新个体 SW_2←使用 EDD 规则优化个体 SW_1 的 SS 序列
  Sk←从 SW_1 和 SW_2 中选择较好的个体
End for
S′←选择最优的个体 SW
If S 不支配 S′ do
  保留 S′
End if
输出:个体 S′
```

LocalS1：旨在优化 $Ob_1$，详见算法 8-7。首先，选择一个被延误的维修任务，并比较其备件和服务工人的交付时间以确定导致延误的主要原因。倘若是由于服务工人不可用造成的延误，则重新选择一个工人并调整服务序列，记为 *LocalS*1（1），见算法 8-8，否则，重新安排备件的加工顺序，记为 LocalS1（2），见算法 8-9。

LocalS2：旨在优化 $Ob_2$，详见算法 8-10。它主要通过把部分由熟练工人执行的任务移交给普通工人来降低雇佣成本。为了增加种群多样性，$Ob_2$ 较好而 $Ob_1$ 较差的新个体也会被保留。

值得注意的是，由于局部搜索的耗时特性，将只对每一代的第一前沿个体执行局部搜索操作。

### 8.1.4 实验分析

本小节进行了大量的数值实验。首先，对所有算法进行参数校准，以确定最佳的参数组合。其次，验证了初始化方法和局部搜索算子的性能。最后，通过与三种知名算法的比较，证明了 MNNIA 算法的优越性。所有实验均由 MATLAB R2016a 实现，电脑运行配置：主频 3.10GHz，内存 128GB，CPU Inter（R）Xeon（R）Gold 6242R。

**（1）测试算例**

首先，参考 Jing 等人的研究[9] 生成一组基准算例。算例集合是通过改变维修任务总数（$N$）、机器总数（$M$）和服务工人总数（$W$）来生成的，其中 $N\in\{50, 100, 200\}$，$M\in\{5, 10, 15\}$，$W\in\{5, 8, 10\}$。以上参数的组合结果总共有 3×3×3＝27 种，每种组合使用"$N\times M\times W$"来标记。不同组合下分别生成 10 个子算例，共 270 个算例。其他参数设置如下：$P_{tm}\in U[10, 50]$，$R_{1t}\in U[60, 100]$，$C_{1t}\in U[100, 150]$，$R_{2t}\in U[20, 50]$，$C_{2t}\in U[200, 300]$，$WT_i\in U[3.0, 5.0]$，$WE_t\in U[1.0, 3.0]$，$TF_i$ 和 $TD_{if}\in U[20, 120]$。参数 $T$ 从 {5, 10} 中随机选取，交货期窗口 $[D_i^-, D_i^+]$ 由式（8-19）和式（8-20）计算得出，公式改编自参考文献 [9]。其中，$ER_i$ 是由列表调度法计算出的 $MA_i$ 的维修完成时间。

$$D_i^- = U[0.8ER_i, 1.2ER_i] \tag{8-19}$$

$$D_i^+ = D_i^- \times (1+H/100), H = U[1,10] \tag{8-20}$$

**（2）评价指标**

引入了三个指标对算法性能进行评估，分别是反世代距离（inverted generational distance，*IGD*）[10]、非支配解率（the rate of non-dominated solutions，$R_{\mathrm{nd}}$）[8] 和解集覆盖率（set coverage，$C$）[11]。详细介绍如下。

① *IGD*：非支配集合 $P^*$ 中的所有解到集合 $A$ 中与其最接近解的平均距离。集合 $A$ 的 *IGD* 可由式（8-21）计算，其中 $d(x, y)$ 为点 $x$ 和点 $y$ 之间的欧氏距离，$P^*$ 为所有算法的所有非支配解构造的帕累托前沿。*IGD* 是评估集合收敛性和多样性的常用指标。它的值越小，表示算法性能越好。

$$IGD(A, P^*) = \frac{1}{|P^*|}\sum_{x\in P^*}\min_{y\in A} d(x, y) \tag{8-21}$$

注意，在计算 *IGD* 时，所有解的目标值都要先用式（8-22）进行归一化。其中，$f_i^{\max}$ 和 $f_i^{\min}$ 分别表示第 $i$ 个目标在所有解中的最大值和最小值。

$$f(x) = \frac{f_i(x) - f_i^{\min}}{f_i^{\max} - f_i^{\min}}, i = 1, 2 \tag{8-22}$$

② $R_{nd}$：集合 $A$ 保留在非支配集合 $P^*$ 中的解的比例，可由式（8-23）推导。$R_{nd}=0$ 表示集合 $A$ 中的解均被其他解支配；$R_{nd}=1$ 表示集合 $A$ 中的任意解都不被集合 $P^*$ 中的任一解所支配。显然，$R_{nd}$ 的值越大，算法的搜索能力越好。

$$R_{nd}=\frac{|\{x\in A \mid \forall y\in P^*, y \text{ nodominates } x\}|}{|A|} \tag{8-23}$$

③ $C$：用于比较不同算法得到的两个解集 $A$ 和 $B$。$C$（$A$，$B$）的值反映了解集 $A$ 支配解集 $B$ 的百分比，可由式（8-24）得到。如果 $B$ 中的所有解都被 $A$ 中的某些解支配，则 $C$（$A$，$B$）$=1$。反之，如果 $B$ 中的任何解都不被 $A$ 中的任何解支配，则 $C$（$A$，$B$）$=0$。$C$（$A$，$B$）的值越大，说明解集 $A$ 的优势越明显。

$$C(A,B)=\frac{|\{b\in B \mid \exists a\in A: a \text{ f } b\}|}{|B|} \tag{8-24}$$

**（3）MNNIA 参数校准**

MNNIA 算法有四个关键参数：$NA$（活跃种群的规模）、$NC$（克隆种群的规模）、$P_c$（交叉概率）和 $P_m$（变异概率）。每个参数设置三个水平：$NA=10$、25 和 40；$NC=50$、75 和 100；$P_c=0.8$、0.85 和 0.95；$P_m=0.2$、0.3 和 0.4。

将采用全因子实验，通过对比所有参数水平的组合来评估算法性能。对于 MNNIA 算法，总共有 $3\times3\times3\times3=81$ 种可能的参数组合。首先，随机选择 10 个不同问题规模的算例。对于每一个参数组合，每个算例求解 5 次，得到 5 个不同的帕累托前沿。这些计算实验都有相同的终止条件，即最大运行时间为 $0.5N$ 秒。以 IGD 为响应变量，基于实验结果，使用 Minitab 18 绘制了关键参数因子水平趋势图，见图 8-4。由此可以判断参数的最佳组合为：$NA=10$，$NC=75$，$P_c=0.95$，$P_m=0.3$。

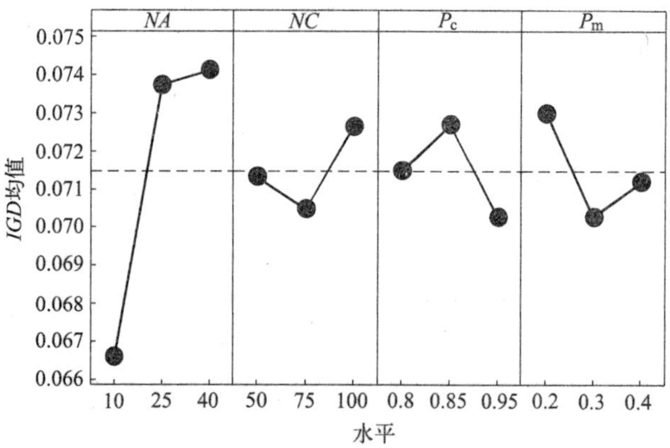


图 8-4　关键参数因子水平趋势图

**（4）对比算法关键参数的校准**

为进一步评估 MNNIA 算法的有效性，将其与知名的多目标优化算法进行比较。采用并重新开发的对比算法包括 NSGA-Ⅱ[12]、MOEA/D[13] 和 RIPG[14]。其中，NSGA-Ⅱ的算法框架被广泛地应用于各种优化问题求解。近年来，MOEA/D 和 RIPG 也常被认为是解决一些复杂调度问题的先进手段[15,16]。为了保证公平性，以上对比算法中都嵌入了所设计的初始化规则、改进空闲时间插入方法和局部搜索算子，并同样使用了全因子实验进行关键参数校准。对比算法的关键参数水平设置见表 8-1。其中，$PopSize$ 表示种群规模，$T$ 代表

表 8-1　对比算法的关键参数水平设置

| 算法<br>参数 | | NSGA-Ⅱ | | | MOEA/D | | | RIPG | |
|---|---|---|---|---|---|---|---|---|---|
| | | *PopSize* | $P_c$ | $P_m$ | *PopSize* | $T$ | $P_m$ | *max_update* | $d$ |
| 水平 | 1 | 50 | 0.8 | 0.05 | 50 | 2 | 0.05 | 0 | 1 |
| | 2 | 75 | 0.85 | 0.1 | 75 | 5 | 0.1 | 10 | 3 |
| | 3 | 100 | 0.95 | 0.2 | 100 | 10 | 0.2 | 0.5$N$ | 5 |
| | 4 | — | — | — | — | — | — | $N$ | — |

邻域大小，max_update 表示重启条件，d 代表破坏块的大小，其余参数 $P_c$ 和 $P_m$ 的含义则与它们在 MNNIA 算法中的含义相同。

以 *IGD* 为评价指标，对全因子实验结果进行了统计分析，并绘制了如图 8-5 所示的关键因子水平趋势图。从图 8-5 中可以直观地看出以上对比算法的最佳参数选取结果为：对于 NSGA-Ⅱ，$PopSize=50$，$P_c=0.85$ 和 $P_m=0.2$；对于 MOEA/D，$N=75$，$T=10$ 和 $P_m=0.2$；对于 RIPG，$max\_update=0.5N$ 和 $d=1$。

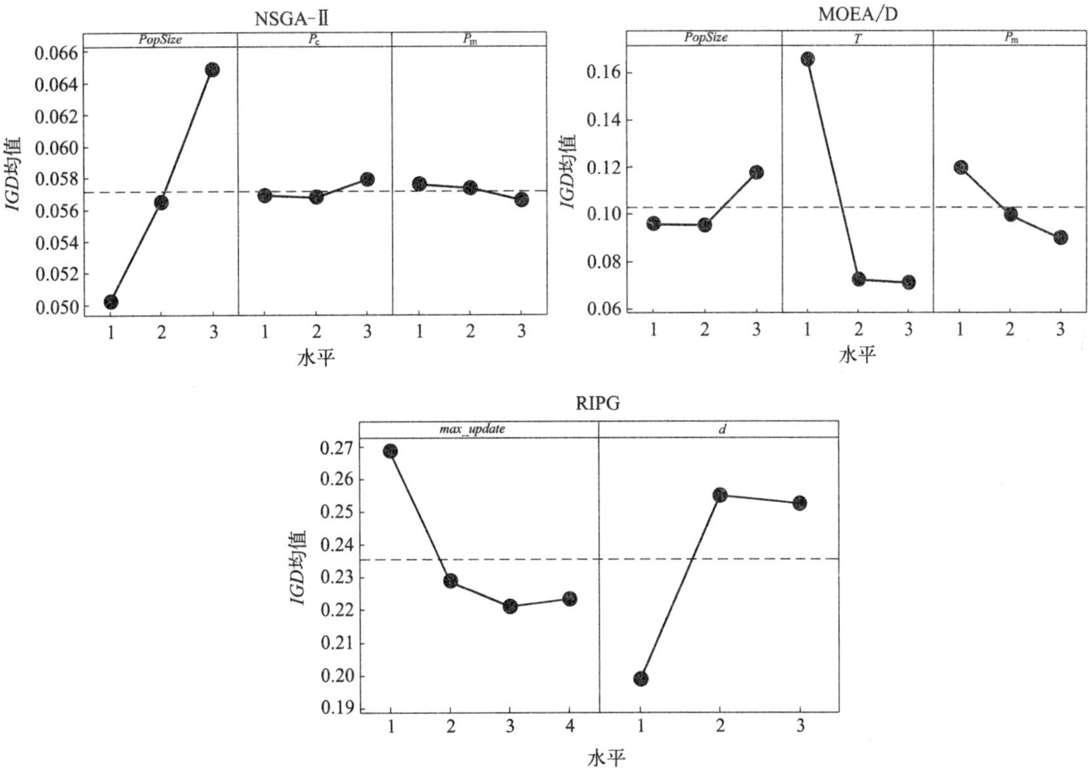


图 8-5　对比算法的关键参数水平趋势图

**（5）优化算子的有效性验证**

在 MNNIA 算法中，设计了一种基于知识的初始化方法和两个问题导向型的局部搜索算子来提高搜索效率。为了测试这些优化策略的性能，提出了两个变体算法：一个是没有局部搜索算子的 MNNIA，记作 NNIA1；另一个是用随机初始化取代所设计的初始化规则的 MNNIA，记作 NNIA2。使用这些算法求解 270 个基准测试算例。对于每个算例，每个算法独立运行 10 次，每次运行 0.5$N$ 秒。

表 8-2 和表 8-3 展示了 MNNIA 及其变体的对比结果，其中最优值以粗体突出显示，从表中可以看出，MNNIA 在所有情况下都能得到较大的 $R_{nd}$、$C$（MNNIA，NNIA1）和 $C$（MNNIA，NNIA2），这意味着它能找到更多、更高质量的非支配解。对于 *IGD*，MNNIA 在小规模实例中表现更好，而随着问题规模的增大 NNIA1 表现略好。这可能是因为局部搜索的耗时性影响了 MNNIA 的运行效率和解的多样性。此外，可以发现 NNIA1 的性能优于 NNIA2。也就是说，初始化规则的优化效果相对局部搜索而言更加明显。总体来说，从三个评价指标的对比结果上看，所提出的 MNNIA 算法的求解性能更好。

表 8-2　MNNIA 及其变体的 *IGD* 和 $R_{nd}$ 值

| 算例 | *IGD* | | | $R_{nd}$ | | |
|---|---|---|---|---|---|---|
| $N\times M\times W$ | MNNIA | NNIA1 | NNIA2 | MNNIA | NNIA1 | NNIA2 |
| 50×5×5 | **0.000** | 0.029 | 0.653 | **0.991** | 0.007 | 0.000 |
| 50×5×8 | **0.005** | 0.035 | 0.520 | **0.973** | 0.047 | 0.000 |
| 50×5×10 | **0.001** | 0.036 | 0.446 | **0.970** | 0.043 | 0.000 |
| 50×10×5 | **0.011** | 0.020 | 0.562 | **0.983** | 0.069 | 0.000 |
| 50×10×8 | **0.001** | 0.029 | 0.475 | **0.989** | 0.023 | 0.000 |
| 50×10×10 | **0.004** | 0.031 | 0.464 | **0.954** | 0.066 | 0.000 |
| 50×15×5 | **0.010** | 0.022 | 0.647 | **0.994** | 0.048 | 0.000 |
| 50×15×8 | **0.003** | 0.026 | 0.592 | **0.998** | 0.037 | 0.000 |
| 50×15×10 | **0.009** | 0.030 | 0.593 | **0.996** | 0.034 | 0.000 |
| 100×5×5 | 0.020 | **0.013** | 0.906 | **0.994** | 0.031 | 0.000 |
| 100×5×8 | **0.005** | 0.015 | 0.881 | **1.000** | 0.022 | 0.000 |
| 100×5×10 | 0.021 | **0.012** | 0.921 | **0.973** | 0.073 | 0.000 |
| 100×10×5 | 0.028 | **0.009** | 0.901 | **1.000** | 0.124 | 0.000 |
| 100×10×8 | **0.003** | 0.011 | 0.903 | **0.992** | 0.032 | 0.000 |
| 100×10×10 | **0.008** | 0.009 | 0.947 | **0.997** | 0.016 | 0.000 |
| 100×15×5 | 0.035 | **0.009** | 1.000 | **0.997** | 0.112 | 0.000 |
| 100×15×8 | 0.055 | **0.008** | 0.930 | **0.978** | 0.137 | 0.000 |
| 100×15×10 | **0.006** | 0.013 | 0.925 | **1.000** | 0.018 | 0.000 |
| 200×5×5 | 0.041 | **0.006** | 1.073 | **0.971** | 0.125 | 0.000 |
| 200×5×8 | 0.031 | **0.005** | 1.061 | **0.996** | 0.052 | 0.000 |
| 200×5×10 | 0.058 | **0.004** | 1.031 | **0.996** | 0.089 | 0.000 |
| 200×10×5 | 0.037 | **0.005** | 1.079 | **1.000** | 0.107 | 0.000 |
| 200×10×8 | 0.029 | **0.006** | 1.117 | **0.982** | 0.037 | 0.000 |
| 200×10×10 | 0.058 | **0.004** | 1.052 | **0.982** | 0.117 | 0.000 |
| 200×15×5 | 0.044 | **0.005** | 1.047 | **0.985** | 0.103 | 0.000 |
| 200×15×8 | 0.081 | **0.005** | 1.077 | **0.992** | 0.099 | 0.000 |
| 200×15×10 | 0.123 | **0.005** | 1.048 | **0.989** | 0.115 | 0.000 |
| 均值 | 0.027 | **0.015** | 0.846 | **0.988** | 0.066 | 0.000 |

表 8-3 MNNIA 及其变体的 C 值

| 算例 $N\times M\times W$ | C(MNNIA,NNIA1) | C(NNIA1,MNNIA) | C(MNNIA,NNIA2) | C(NNIA2,MNNIA) |
|---|---|---|---|---|
| 50×5×5 | **0.993** | 0.009 | **1.000** | 0.000 |
| 50×5×8 | **0.953** | 0.027 | **1.000** | 0.000 |
| 50×5×10 | **0.957** | 0.030 | **1.000** | 0.000 |
| 50×10×5 | **0.931** | 0.017 | **1.000** | 0.000 |
| 50×10×8 | **0.977** | 0.011 | **1.000** | 0.000 |
| 50×10×10 | **0.934** | 0.046 | **1.000** | 0.000 |
| 50×15×5 | **0.952** | 0.006 | **1.000** | 0.000 |
| 50×15×8 | **0.963** | 0.002 | **1.000** | 0.000 |
| 50×15×10 | **0.966** | 0.004 | **1.000** | 0.000 |
| 100×5×5 | **0.969** | 0.006 | **1.000** | 0.000 |
| 100×5×8 | **0.978** | 0.000 | **1.000** | 0.000 |
| 100×5×10 | **0.927** | 0.027 | **1.000** | 0.000 |
| 100×10×5 | **0.876** | 0.000 | **1.000** | 0.000 |
| 100×10×8 | **0.968** | 0.008 | **1.000** | 0.000 |
| 100×10×10 | **0.984** | 0.003 | **1.000** | 0.000 |
| 100×15×5 | **0.888** | 0.003 | **1.000** | 0.000 |
| 100×15×8 | **0.863** | 0.022 | **1.000** | 0.000 |
| 100×15×10 | **0.982** | 0.000 | **1.000** | 0.000 |
| 200×5×5 | **0.875** | 0.029 | **1.000** | 0.000 |
| 200×5×8 | **0.948** | 0.004 | **1.000** | 0.000 |
| 200×5×10 | **0.911** | 0.004 | **1.000** | 0.000 |
| 200×10×5 | **0.893** | 0.000 | **1.000** | 0.000 |
| 200×10×8 | **0.963** | 0.018 | **1.000** | 0.000 |
| 200×10×10 | **0.883** | 0.018 | **1.000** | 0.000 |
| 200×15×5 | **0.897** | 0.015 | **1.000** | 0.000 |
| 200×15×8 | **0.901** | 0.008 | **1.000** | 0.000 |
| 200×15×10 | **0.885** | 0.011 | **1.000** | 0.000 |
| 均值 | **0.934** | 0.012 | **1.000** | 0.000 |

为了验证所观察到的性能差异是否具有统计学意义，绘制了 MNNIA 算法及其变体算法的 $IGD$、$R_{nd}$ 和 $C$ 均值的 95% 置信区间图，如图 8-6 所示。注意，若两个算法的区间图没有重叠，则说明二者之间具有显著差异。从 $R_{nd}$ 和 $C$ 指标来看，可以很容易地发现 MNNIA 算法明显优于两个变体算法。对于 $IGD$ 指标，MNNIA 算法显著优于 NNIA2，而 NNIA1 的性能优于 MNNIA，但 NNIA1 和 MNNIA 算法之间的差异并不明显。由此可得出结论，总体而言，所设计的初始化规则和局部搜索算子在统计学意义上是有效的，且初始化规则的优化效果更为明显。

**（6）算法对比**

为了验证 MNNIA 算法的优越性，将其与上述所提到的三种多目标优化算法进行比较。

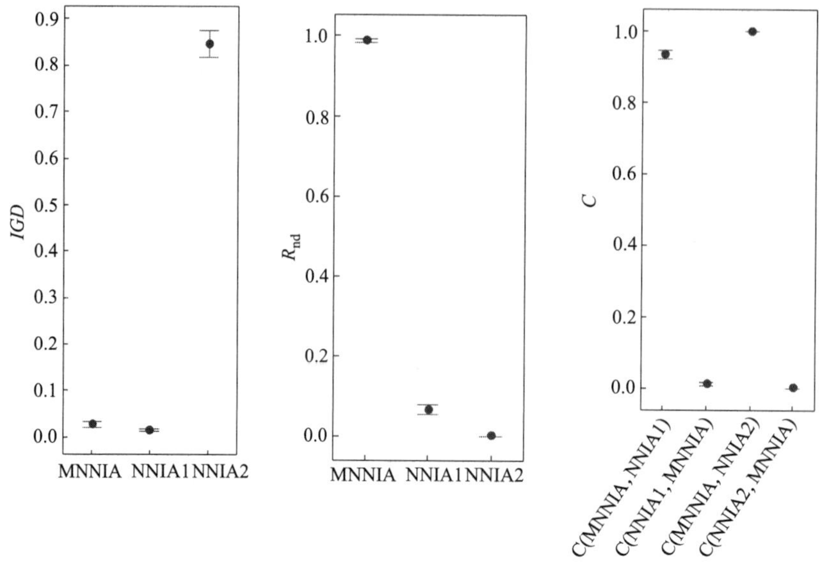


图 8-6　MNNA 及其变体的 *IGD*、 $R_{nd}$ 和 *C* 均值的 95% 置信区间图

分别采用 MNNIA、NSGA-Ⅱ、MOEA/D 和 RIPG 四种算法求解了 270 个算例。对于每个算例，每种算法独立运行 10 次，每次运行 0.5*N* 秒，生成非支配解集。

表 8-4 和表 8-5 展示了所有算法求解结果的 *IGD*、$R_{nd}$ 和 *C* 值，表中的最优值以粗体显示。从三个评价指标的均值上来看，MNNIA 算法都获得了更好的结果。较大的 *C* 值和 $R_{nd}$ 值，意味着 MNNIA 算法求得的帕累托前沿中，非支配解的数量更多、收敛性更强。*IGD* 指标相对较小，则反映出 MNNIA 算法求得的解的分布性、收敛性、多样性等综合性能更好。也就是说，以上四种算法中，MNNIA 算法生成的解集最接近于理想的帕累托前沿。此外，很容易发现 NSGA-Ⅱ算法的性能是次优的，这可能是因为其自带的交叉和变异算子丰富了种群多样性。

表 8-4　所有算法的 *IGD* 和 $R_{nd}$ 值

| 算例 $N\times M\times W$ | *IGD* | | | | $R_{nd}$ | | | |
|---|---|---|---|---|---|---|---|---|
| | MNNIA | NSGA-Ⅱ | MOEA/D | RIPG | MNNIA | NSGA-Ⅱ | MOEA/D | RIPG |
| 50×5×5 | **0.006** | 0.057 | 0.039 | 0.144 | **0.807** | 0.230 | 0.125 | 0.095 |
| 50×5×8 | 0.022 | 0.054 | **0.015** | 0.168 | **0.661** | 0.218 | 0.249 | 0.172 |
| 50×5×10 | **0.009** | 0.037 | 0.029 | 0.200 | **0.712** | 0.260 | 0.248 | 0.047 |
| 50×10×5 | **0.023** | 0.054 | 0.036 | 0.133 | **0.773** | 0.214 | 0.214 | 0.072 |
| 50×10×8 | **0.015** | 0.052 | 0.032 | 0.189 | **0.659** | 0.357 | 0.184 | 0.146 |
| 50×10×10 | **0.022** | 0.055 | 0.043 | 0.243 | **0.769** | 0.146 | 0.254 | 0.083 |
| 50×15×5 | **0.018** | 0.056 | 0.040 | 0.189 | **0.742** | 0.231 | 0.176 | 0.120 |
| 50×15×8 | **0.032** | 0.065 | 0.036 | 0.199 | **0.736** | 0.200 | 0.232 | 0.099 |
| 50×15×10 | **0.016** | 0.045 | 0.043 | 0.259 | **0.648** | 0.340 | 0.202 | 0.106 |
| 100×5×5 | **0.030** | 0.061 | 0.049 | 0.279 | **0.719** | 0.351 | 0.131 | 0.066 |
| 100×5×8 | 0.028 | 0.055 | **0.026** | 0.258 | **0.566** | 0.398 | 0.356 | 0.129 |
| 100×5×10 | 0.041 | 0.042 | **0.019** | 0.306 | **0.522** | 0.418 | 0.343 | 0.162 |

续表

| 算例<br>$N\times M\times W$ | IGD | | | | $R_{nd}$ | | | |
|---|---|---|---|---|---|---|---|---|
| | MNNIA | NSGA-Ⅱ | MOEA/D | RIPG | MNNIA | NSGA-Ⅱ | MOEA/D | RIPG |
| 100×10×5 | **0.021** | 0.034 | 0.039 | 0.247 | **0.662** | 0.459 | 0.110 | 0.049 |
| 100×10×8 | 0.032 | 0.041 | **0.015** | 0.321 | **0.552** | 0.333 | 0.325 | 0.094 |
| 100×10×10 | 0.038 | 0.042 | **0.020** | 0.356 | **0.519** | 0.364 | 0.358 | 0.046 |
| 100×15×5 | 0.046 | 0.056 | **0.032** | 0.270 | **0.536** | 0.456 | 0.244 | 0.072 |
| 100×15×8 | 0.041 | 0.052 | **0.036** | 0.304 | **0.679** | 0.366 | 0.197 | 0.062 |
| 100×15×10 | **0.024** | 0.044 | 0.026 | 0.295 | **0.721** | 0.305 | 0.295 | 0.051 |
| 200×5×5 | 0.013 | **0.008** | 0.050 | 0.570 | 0.308 | **0.693** | 0.050 | 0.008 |
| 200×5×8 | **0.038** | 0.039 | 0.047 | 0.348 | **0.599** | 0.510 | 0.087 | 0.118 |
| 200×5×10 | 0.049 | 0.040 | **0.038** | 0.356 | **0.626** | 0.468 | 0.093 | 0.156 |
| 200×10×5 | 0.045 | **0.042** | 0.064 | 0.443 | 0.313 | **0.659** | 0.172 | 0.134 |
| 200×10×8 | 0.025 | **0.020** | 0.044 | 0.347 | 0.530 | **0.591** | 0.068 | 0.054 |
| 200×10×10 | 0.039 | **0.036** | 0.047 | 0.368 | **0.622** | 0.519 | 0.108 | 0.115 |
| 200×15×5 | **0.032** | 0.034 | 0.069 | 0.480 | **0.531** | 0.490 | 0.103 | 0.144 |
| 200×15×8 | 0.026 | **0.025** | 0.048 | 0.467 | **0.716** | 0.426 | 0.074 | 0.041 |
| 200×15×10 | 0.027 | **0.026** | 0.054 | 0.433 | **0.707** | 0.450 | 0.014 | 0.043 |
| 均值 | **0.028** | 0.043 | 0.038 | 0.303 | **0.627** | 0.387 | 0.186 | 0.092 |

表 8-5　所有算法的 C 值

| 算例<br>$N\times M\times W$ | C(MNNIA，NSGA-Ⅱ) | C(NSGAI，MNNIA) | C(MNNIA，MOEA/D) | C(MOEA/D，MNNIA) | C(MNNIA，RIPG) | C(RIPG，MNNIA) |
|---|---|---|---|---|---|---|
| 50×5×5 | **0.743** | 0.122 | **0.856** | 0.083 | **0.898** | 0.014 |
| 50×5×8 | **0.747** | 0.148 | **0.705** | 0.198 | **0.813** | 0.033 |
| 50×5×10 | **0.719** | 0.177 | **0.738** | 0.133 | **0.953** | 0.000 |
| 50×10×5 | **0.759** | 0.138 | **0.757** | 0.137 | **0.928** | 0.005 |
| 50×10×8 | **0.586** | 0.243 | **0.754** | 0.169 | **0.839** | 0.024 |
| 50×10×10 | **0.791** | 0.111 | **0.729** | 0.155 | **0.917** | 0.008 |
| 50×15×5 | **0.736** | 0.185 | **0.742** | 0.166 | **0.863** | 0.012 |
| 50×15×8 | **0.780** | 0.163 | **0.740** | 0.135 | **0.901** | 0.005 |
| 50×15×10 | **0.597** | 0.280 | **0.771** | 0.130 | **0.832** | 0.013 |
| 100×5×5 | **0.625** | 0.245 | **0.826** | 0.075 | **0.921** | 0.000 |
| 100×5×8 | **0.514** | 0.285 | **0.589** | 0.222 | **0.868** | 0.004 |
| 100×5×10 | **0.489** | 0.375 | **0.512** | 0.233 | **0.833** | 0.006 |
| 100×10×5 | **0.489** | 0.309 | **0.773** | 0.129 | **0.951** | 0.000 |
| 100×10×8 | **0.567** | 0.330 | **0.588** | 0.261 | **0.902** | 0.002 |
| 100×10×10 | **0.508** | 0.384 | **0.568** | 0.242 | **0.954** | 0.000 |
| 100×15×5 | **0.501** | 0.372 | **0.684** | 0.158 | **0.872** | 0.000 |
| 100×15×8 | **0.618** | 0.272 | **0.720** | 0.072 | **0.900** | 0.000 |

续表

| 算例<br>$N \times M \times W$ | C(MNNIA, NSGA-Ⅱ) | C(NSGAI, MNNIA) | C(MNNIA, MOEA/D) | C(MOEA/D, MNNIA) | C(MNNIA, RIPG) | C(RIPG, MNNIA) |
|---|---|---|---|---|---|---|
| 100×15×10 | **0.645** | 0.176 | **0.667** | 0.136 | **0.933** | 0.000 |
| 200×5×5 | 0.281 | **0.684** | **0.863** | 0.111 | **0.989** | 0.000 |
| 200×5×8 | **0.453** | 0.375 | **0.795** | 0.095 | **0.875** | 0.000 |
| 200×5×10 | **0.510** | 0.352 | **0.807** | 0.044 | **0.844** | 0.000 |
| 200×10×5 | 0.274 | **0.645** | **0.688** | 0.180 | **0.866** | 0.000 |
| 200×10×8 | 0.397 | **0.458** | **0.882** | 0.038 | **0.917** | 0.000 |
| 200×10×10 | **0.438** | 0.354 | **0.843** | 0.045 | **0.885** | 0.000 |
| 200×15×5 | **0.474** | 0.422 | **0.869** | 0.079 | **0.834** | 0.000 |
| 200×15×8 | **0.534** | 0.265 | **0.894** | 0.049 | **0.959** | 0.000 |
| 200×15×10 | **0.550** | 0.293 | **0.957** | 0.004 | **0.921** | 0.000 |
| 均值 | **0.568** | 0.302 | **0.753** | 0.129 | **0.895** | 0.005 |

图 8-7 展示了所有算法的 $IGD$、$R_{nd}$ 和 $C$ 均值的 95%置信区间图。注意，如果任意两种算法的置信区间没有重叠，则可以认为它们之间具有显著性差异。由此可以得出结论，所设计的 MNNIA 算法在三个性能指标上的表现都明显优于其他算法。此外，为了更直观地展示不同算法求解方案之间的差异性，随机选择了两种具有不同问题规模的算例，并在图 8-8 中绘制了四种算法求得的帕累托前沿。从图 8-8 中可以更直观地看到，MNNIA 算法所生成的解收敛性更好、分布更均匀、多样性也最佳。

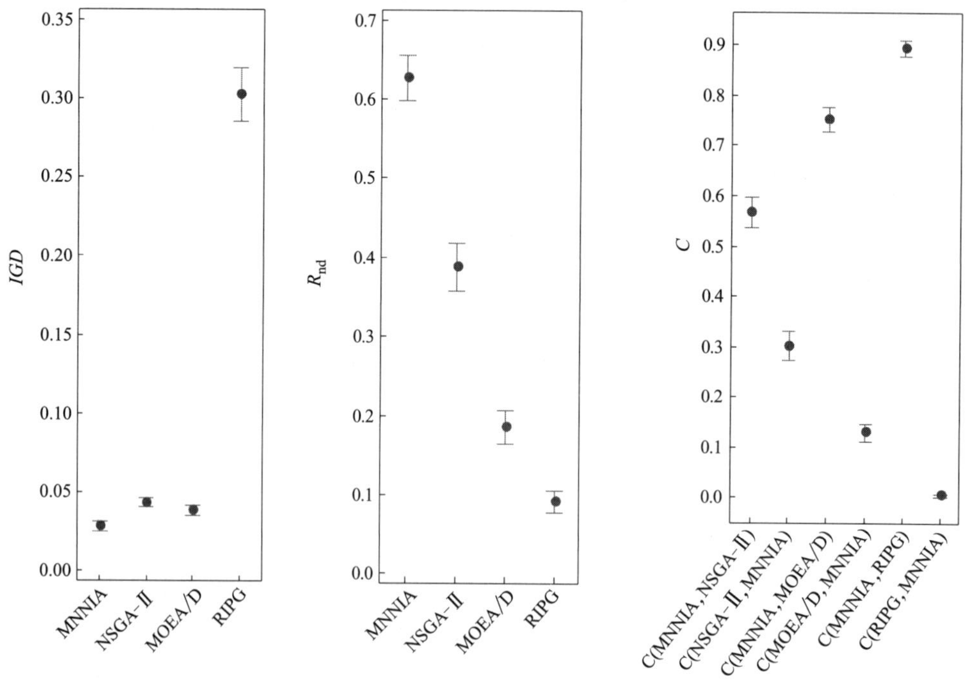


图 8-7　所有算法的 $IGD$、$R_{nd}$ 和 $C$ 均值的 95% 置信区间图

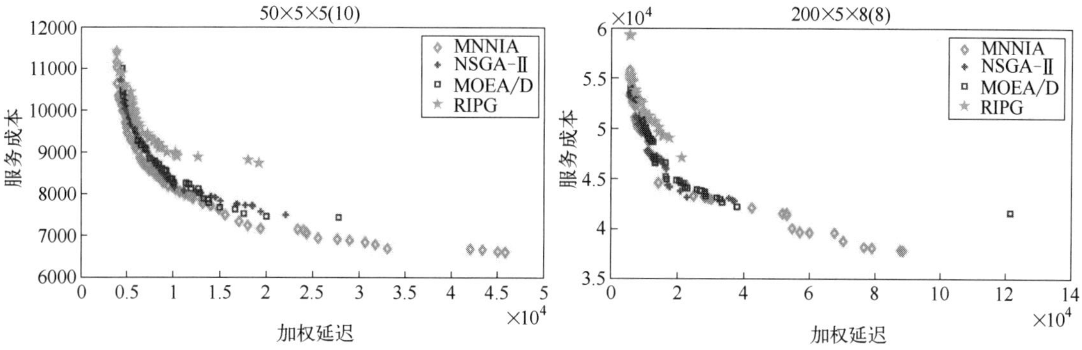


图 8-8　算例 50×5×5(10)和 200×5×8(8)的帕累托前沿图

# 8.2 遗传算法在集成工艺规划与车间调度中的应用案例

## 8.2.1 概述

工艺规划和车间调度都是车间生产的重要环节。简单来说，工艺规划负责制定生产规程，调度主要是为产品安排加工时间。工艺规划和车间调度系统对制造系统的产品加工能力、资源利用率，以及生产效率有着重要影响。工艺规划的输入是产品的设计数据，输出为产品具体的制造信息，如产品加工路线，工序加工方法、机器工具、工艺参数等。

调度问题是针对某项可以分解的任务，在满足一定资源约束的情况下，合理安排各部分任务所占用的资源、开工时间和完工时间，以及加工次序，最终使得某项或多项性能指标达到最优或者近优。调度问题广泛应用于实际生活当中的各个领域，如制造业、交通运输、复杂工程项目管理、医疗卫生、水资源管理等多个领域。其中，制造领域的车间调度技术直接影响着制造系统的生产效率以及加工成本，是制造系统的基础。车间调度问题具有诸多的复杂性，如建模困难、计算复杂、存在多种约束、离散和连续并存等因素。绝大多数的车间调度问题属于 NP 问题，不可能在多项式时间内找到精确解。车间调度技术已经成为调度技术相关领域前沿性的研究方向。

在制造系统中，工艺规划通过对工艺路线的优化与选择，指导车间调度的运行。车间调度需要依据工艺规划输出的具体工艺路线，安排工件在不同机器上的开工时间以及加工顺序。一个最优的调度方案不仅取决于制造资源在时间上的分配情况，同时也依赖于工艺规划的结果。由此可见，工艺规划和车间调度具有相互制约、相互影响的紧密关系。在传统的研究当中，工艺规划和车间调度被视为独立的子系统单独进行研究，工艺路线制定之后再来进行车间调度。这种方法不仅不利于提高制造系统的生产效率以及设备利用率，而且会带来一系列的冲突问题。工艺规划和车间调度有着各自不同的优化目标，工艺规划的优化对象为单个工件的加工顺序、可选加工资源等，车间调度则需要确定多个工件的不同工序在加工机器上的开工时间和完工时间。由于工艺路线的优化与选择仅仅考虑到单个工件的加工工序顺序以及加工资源，极容易在车间调度过程中产生资源冲突问题。工艺规划与车间调度的优化目标往往是冲突的，如每个工件的加工时间最短并不代表车间调度的最大完工时间是最短的。已有研究显示，将工艺规划和车间调度进行集成研究能够有效地克服上述冲突问题，从而提高制造系统的效率。

### 8.2.2 问题描述与求解算法

工艺规划和调度集成（integrated process planning and scheduling，IPPS）问题可以描述为：有 $n$ 个工件需要在 $m$ 台机器上进行加工。每个工件具有不同的加工特征，每个加工特征可以由不同的加工工艺加工完成，每道工序具有多个可选的加工机器（加工刀具、刀具进给方向等）。IPPS 问题求解的目的是为每个工件选择合适的工艺路线，同时根据选择的工艺路线确定每台机器上各个工件的开工时间和完工时间，寻找满足整个系统一个或几个性能指标（如最大完工时间、平均流程时间、总机器负载等）的解。

为了形象地描述所研究的 IPPS 问题，给出了三个工件的柔性加工工艺信息表（表 8-6），不同工件的不同加工工艺所对应的加工时间也不同。IPPS 问题求解，需要根据提供的加工工艺信息，确定每一个工件的每个特征的加工工艺、加工机器，并安排工序的加工顺序、开工时间和完工时间。工件除了加工柔性，还具有加工次序柔性和工艺柔性。加工次序柔性体现在工件特征加工顺序的可变性。例如工件 $J_2$ 的三个特征 $F_1$、$F_2$ 和 $F_3$ 之间的加工顺序可以改变，但需要满足第六列的约束条件。工艺柔性体现在特征的加工方式的可选性。例如工件 $J_2$ 的特征 $F_1$ 存在两种可选的加工方法 $O_1$ 或者 $O_2$—$O_3$。加工柔性体现在工序加工设备的可选性。如工件 $J_1$ 的工序 $O_1$，可通过机器 $M_1$ 或 $M_2$ 加工完成，分别对应加工时间 5s 和 8s。

表 8-6　三个工件的工艺信息表

| 工件 | 特征 | 可选工艺 | 可选机器 | 加工工时/s | 约束条件 |
|---|---|---|---|---|---|
| $J_1$ | $F_1$ | $O_1$ | $M_1$,$M_2$ | 5,8 | — |
| | $F_2$ | $O_2$—$O_3$ | $M_1$,$M_3$—$M_2$ | 4,6—3 | — |
| | | $O_4$ | $M_3$,$M_2$ | 2,6 | |
| $J_2$ | $F_1$ | $O_1$ | $M_2$,$M_1$ | 2,3 | — |
| | | $O_2$—$O_3$ | $M_2$,$M_1$—$M_2$ | 1,3—2 | |
| | $F_2$ | $O_4$ | $M_3$,$M_1$ | 2,4 | 在 $F_1$ 之前加工 |
| | $F_3$ | $O_5$ | $M_3$,$M_1$ | 1,2 | — |
| $J_3$ | $F_1$ | $O_1$—$O_2$ | $M_2$,$M_3$—$M_2$ | 1,2—5 | 在 $F_3$ 之前加工 |
| | $F_2$ | $O_3$ | $M_1$,$M_2$ | 4,3 | 在 $F_3$ 之前加工 |
| | | $O_4$—$O_5$ | $M_1$,$M_3$—$M_2$ | 1,1—3 | |
| | $F_3$ | $O_6$ | $M_3$,$M_1$ | 2,3 | — |
| | | $O_7$—$O_8$ | $M_1$,$M_3$—$M_2$ | 1,2 | |

**（1）求解方法**

工艺规划和车间调度本身均为 NP-Complete 问题，IPPS 问题也是问 NP-Complete 题。考虑到问题本身的复杂性与重要性，对问题建模与求解方法的研究已经成为相关研究领域的难点和热点[17]。在制造企业中，工艺规划和车间调度往往是独立的两个部门，将两个部门完全进行整合并不现实。考虑到这一实际问题，现有的研究方法主要关注如何增加工艺规划与车间调度之间信息的交互。目前的研究方法主要可以分为三类[18]：非线性方法、闭环式方法以及分布式方法。

① 非线性方法。在非线性方法当中，在工件进入车间之前，首先依据工件的多种工艺柔性确定工件的多条可行工艺路线。然后，依据工艺规划的优化目标（加工时间、加工成本等），对工件的可行工艺路线赋予不同的优先级。当开始进行车间调度时，具有最高优先级的工艺路线最先被输入车间调度系统。如果选中的工艺路线不适合当前的车间状况，则选择次优的工艺路线重新进行调度决策，直到满足车间调度的需求。这种方法适合应用于具有独立工艺规划和车间调度部门的制造企业。它能够为生产车间提供尽可能多的可行工艺路线，有利于企业决策者找到更优的工艺路线以及调度方案。但是，当工件的工序数目较多时，工件的可行工艺路线数量会呈指数级增加，问题的计算时间以及数据存储空间都会随之大大增加[19]。

② 闭环式方法。在闭环式方法中，工件的工艺路线是通过车间调度的实时资源信息来动态获得的。车间依据可用资源的实时情况，动态反馈给即将达到的工件。因此，工件的工艺路线对于当前的加工环境都是可行的。当工件的一道工序已经加工完成之后，下一道加工的工序会根据车间当前的状态来进行动态调整。这种方法充分考虑到了制造系统的动态特性。由于工艺规划需要根据车间调度的实时状态进行动态调整，将这种方法应用到实际制造企业当中时，工艺规划和车间调度部门必须进行重组。实际制造过程往往是非常复杂的，要求实时生成工艺路线并不现实[20]。因此，如何将闭环式方法应用到实际生产过程当中，是一个亟待解决的问题。

③ 分布式方法。在分布式方法中，工艺规划和车间调度是同时进行的。它将工艺规划和车间调度划分为两个阶段——预先规划阶段与最终规划阶段。预先规划阶段主要负责分析工件的特征以及特征之间的关系，确定相应的加工方法和加工机器。最终规划阶段负责匹配加工设备信息和工件工艺信息。这种方法能够将工件工艺信息和车间资源集成在一个动态制造规划系统当中[21]。

在求解算法方面，遗传算法、免疫算法、遗传规划、蚁群算法及其改进形式等都被运用于求解 IPPS 问题。

**（2）基于改进遗传算法的多目标 IPPS 优化**

根据上述的 IPPS 内容和 2.2 节中介绍的遗传算法，介绍文笑雨等人提出的基于改进遗传算法（IGA-MD）[22] 的单目标 IPPS 优化方法。

① 数学模型。为了方便描述建立如下的假设条件：

a. 工件的优先级相同，每台机器在同一时刻只能加工一个工件；

b. 同一时刻每个工件只能有一道工序被加工；

c. 工件每道工序的加工不允许中断；

d. 不同工件的工序之间没有先后约束关系；

e. 工件在不同机器之间的传输时间忽略不计；

f. 在零时刻，每台机器都可以使用；

g. 工序的准备时间包含在加工时间之内。

基于上述假设条件，建立多目标 IPPS 问题的数学模型如下：

$n$：所有待加工工件数目；

$m$：生产车间中所有机器的数目；

$d_i$：工件 $i$ 的交货期；

$g_i$：工件 $i$ 所有可选工艺路线的数目；

$n_{il}$：工件 $i$ 第 $l$ 条工艺路线包含的所有工序数目；

$o_{ijl}$：工件 $i$ 在第 $l$ 条工艺路线下的第 $j$ 道工序；

$k$：工序 $o_{ijl}$ 所对应的可选加工机器；

$P_{ijlk}$：工序 $o_{ijl}$ 在机器 $k$ 上的加工时间；

$C_{ijlk}$：工序 $o_{ijl}$ 在机器 $k$ 上的最早完工时间；

$C_i$：工件 $i$ 的完工时间；

$A$：一个非常大的数；

$X_{il}=\begin{cases}1,\text{工件 } i \text{ 的第 } l \text{ 条工艺路线被选中}\\0,\text{其他}\end{cases}$；

$Y_{ijlxyzk}=\begin{cases}1,\text{在机器 } k \text{ 上工序 } o_{ijl} \text{ 在工序 } o_{xyz} \text{ 之前加工完成}\\0,\text{其他}\end{cases}$；

$Z_{ijlk}=\begin{cases}1,\text{工序 } o_{ijl} \text{ 的加工机器为 } k\\0,\text{其他}\end{cases}$。

目标函数为：

$f$：最小化最大完工时间

$$\text{Min} \quad f=\max_{i\in[1,n]} C_i \tag{8-25}$$

约束条件如下所示：

a. 工件 $i$ 第 $l$ 条工艺路线的第一道工序的最早完工时间满足如下约束：

$$\widetilde{C}_{i1lk}Z_{i1lk}X_{il}+A(1-X_{il})\geqslant\widetilde{P}_{i1lk}Z_{i1lk}X_{il} \tag{8-26}$$

式中，$i\in[1,n]$；$l\in[1,g_i]$；$k\in[1,m]$。

b. 工件 $i$ 的第 $l$ 条工艺路线的最后一个工序的最早完工时间满足如下约束：

$$\widetilde{C}_{in_{il}lk}Z_{in_{il}lk}X_{il}-A(1-X_{il})\leqslant\widetilde{C} \tag{8-27}$$

式中，$i\in[1,n]$；$l\in[1,g_i]$，$k\in[1,m]$。

c. 工序约束：同一时刻每个工件只能有一道工序被加工。

$$\widetilde{C}_{ijlk_0}Z_{ijlk_0}X_{il}-\widetilde{C}_{i(j-1)lk_1}Z_{i(j-1)lk_1}X_{il}+A(1-X_{il})\geqslant\widetilde{P}_{ijlk_0}Z_{ijlk_0}X_{il} \tag{8-28}$$

式中，$i\in[1,n]$；$j\in[1,n_{il}]$；$l\in[1,g_i]$；$k_0$、$k_1\in[1,m]$。

d. 机器约束：每台机器在同一时刻只能加工一道工序。

$$\begin{gathered}\widetilde{C}_{xyzk}Z_{xyzk}X_{xz}-\widetilde{C}_{ijlk}Z_{ijlk}X_{il}+A(1-X_{il})+A(1-X_{xz})+\\A(1-Y_{ijlxyzk}Z_{xyzk}X_{xz}X_{il})\geqslant\widetilde{P}_{xyzk}Z_{xyzk}X_{xz}\\\widetilde{C}_{ijlk}Z_{ijlk}X_{il}-\widetilde{C}_{xyzk}Z_{xyzk}X_{xz}+A(1-X_{il})+A(1-X_{xz})+\\AY_{ijlxyzk}Z_{xyzk}X_{xz}Z_{ijlk}X_{il}\geqslant\widetilde{P}_{ijlk}Z_{ijlk}X_{il}\end{gathered} \tag{8-29}$$

式中，$i$、$x\in[1,n]$；$j$、$y\in[1,n_{il,xz}]$；$l$、$z\in[1,g_{i,x}]$；$k_0$、$k_1\in[1,m]$。

e. 工艺路线约束：每个工件每次只能选择一条工艺路线。

$$\sum_{l=0}^{g_{il}}X_{il}=1, l\in[1,g_{il}] \tag{8-30}$$

f. 每道工序只能选择一台可选机器进行加工。

$$\sum_{k=1}^{m} Z_{ijlk} = 1 \tag{8-31}$$

g. 所有工序的完工时间应该满足如下约束：

$$\widetilde{C}_{ijlk} Z_{ijlk} X_{il} \geqslant 0 \tag{8-32}$$

② 编解码方法。编码方法很大程度上决定了如何进行种群的遗传进化以及运算的效率，一个好的编码方法要充分反映问题特征，并可以使遗传操作简单有效地执行。本研究在充分考虑问题本身的多柔性和集成的复杂性的基础上，对应于 IPPS 问题的特征排序、工艺选择、机器选择和工序排序的四个子问题，提出了包括特征层、工艺层、机器层和调度层的四维集成编码方式，同时优化所有工件的工艺路线和调度计划。该编码方案可以更好平衡各子问题的独立性和联系性，可以保证算法更加精细搜索。

在这种编码方式中，特征层、工艺层和机器层被分成工件数 $N$ 个部分，每个部分代表一个工件的工艺信息。图 8-9 为一个可行编码示例。特征层分为 3 个部分，分别表示三个工件的特征加工顺序，第一部分的数字 2、1 表示工件 1 的特征加工顺序为 $F_2-F_1$，特征层的总长度等于所有工件的特征数之和。工艺层的三个部分，依次表示各个工件的每个特征选择第几种加工方法，例如，第一部分的第二个数字 2 表示工件 1 的特征 2 采用其对应可选工艺集的第 2 种工艺方法加工，即工序 $O_4$；第二部分的第 1 个数字 1 表示工件 2 的特征 1 采用其对应可选工艺集的第 1 种工艺方法加工，即工序 $O_1$，工艺层的总长度与特征层相等。机器层的总长度等于所有工件的总工序数之和，每个部分的长度等于此工件的总工序数目。基因位依次表示每个工件的工序所选的加工机器在可选机器集中的序号。例如第一部分的第一个位置数字 1 表示工件 1 的工序 $O_1$ 选择可选机器集中的第一个机器进行加工，即 $M_1$。编码中的 0 表示根据特征层和工艺层，该位置对应的加工工序没有被选择。调度层的置 0 位置和机器层相同。从左到右依次扫描调度层，工件号的第 $k$ 次出现表示工件的第 $k$ 个加工工序。每个工件编号出现的次数等于此工件被选择工序的总数。

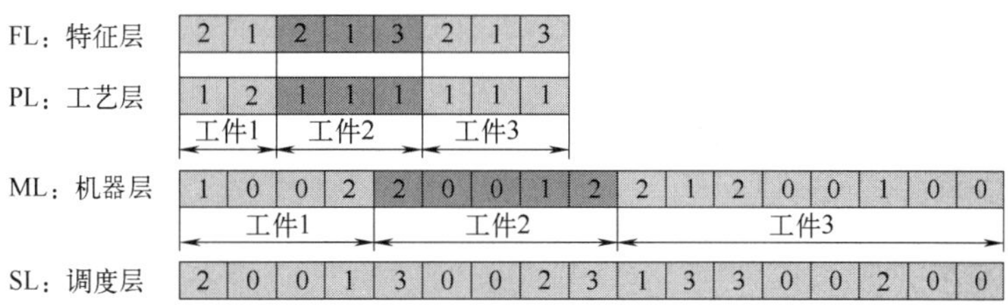


图 8-9 IPPS 问题的多维集成编码方案

根据问题的特点，多维编码方案的各维之间具有隶属关系，因此解码时需要由上至下依次解码获得工件的特征加工顺序、特征加工方法、工序加工机器、工序加工顺序。

图 8-9 所示的编码方案的解码步骤如下所述。

**步骤 1**：解码特征层，从左到右依次获取每个工件的特征的加工顺序如下。

工件 1：$F_2—F_1$；

工件 2：$F_2—F_1—F_3$；

工件 3：$F_2—F_1—F_3$。

**步骤 2**：解码工艺层。从左到右依次获取每个工件的各特征所选择的加工工艺如下：

工件 1：$F_1$（$O_1$），$F_2$（$O_4$）；

工件 2：$F_1$（$O_1$），$F_2$（$O_4$），$F_3$（$O_5$）；

工件 3：$F_1$（$O_1$—$O_2$），$F_2$（$O_3$），$F_3$（$O_6$）。

结合步骤 1 所得结论，则每个工件的各个工艺的加工顺序如下：

工件 1：$O_4$—$O_1$；

工件 2：$O_4$—$O_1$—$O_5$；

工件 3：$O_3$—$O_1$—$O_2$—$O_6$。

**步骤 3：** 解码机器层。从左到右依次获得每个工件的加工工序的加工机器如下：

工件 1：$O_1$（$M_1$），$O_4$（$M_2$）；

工件 2：$O_1$（$M_1$），$O_4$（$M_3$），$O_5$（$M_1$）；

工件 3：$O_1$（$M_3$），$O_2$（$M_2$），$O_3$（$M_2$），$O_6$（$M_3$）。

**步骤 4：** 调度层采用主动调度解码方法[23]，依据步骤 1～步骤 3 获得的每个工件的工艺、设备、加工时间信息，获得各个工序在机器上的加工顺序、开工时间和完工时间。

### 8.2.3 算法求解框架

根据数学模型和求解 IPPS 策略，基于改进遗传算法的多目标优化方法框架如图 8-10 所示。

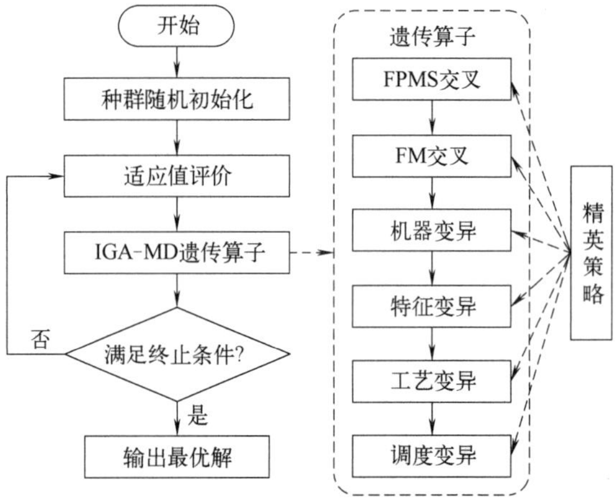


图 8-10 基于改进遗传算法的多目标 IPPS 优化方法框架

算法的主要求解步骤如下所述。

**步骤 1：** 初始化参数。种群大小 $PopSize$、迭代代数 $Gen$、复制概率 $P_r$、交叉概率 $P_c$、特征层变异概率 $P_{fm}$、工艺层变异概率 $P_{om}$、机器层变异概率 $P_{mm}$ 和调度层变异概率 $P_{sm}$。随机初始化初始种群 OldPop。

**步骤 2：** 计算个体的适应度值。

**步骤 3：** IGA-MD 进化。

步骤 3.1：FPMS 交叉。

① 精英策略保存较优个体到种群 NewPop1；

② 按照交叉概率 $P_c$，依次为种群 OldPop 中的每个个体按照轮盘赌选择另一个个体组成父代，进行 FPMS 交叉生成两个个体，选其中最优的个体作为子代；

③ 对于前 $PopSize \times P_r$ 个个体，若子代优于其则取而代之，否则保持不变。其余个体直接用子代替换，生成新种群 Newpop1。

步骤 3.2：FMX 交叉。

① 精英策略保存较优个体到种群 NewPop2；

② 依次判断 Newpop1 中的每个个体是否存在至少一个工件的工艺串相同的另一个个体，若不存在，则直接复制到 NewPop2，若存在，则随意选择一个个体与其组成父代，按照交叉概率 $P_c$，进行 FMX 交叉生成子代；

③ 对于前 $PopSize \times P_r$ 个个体，若子代优于其则取而代之，否则保持不变，其余个体直接用子代替换，生成新种群 NewPop2。

步骤 3.3：变异。

按照机器层/特征层/工艺层/调度层的顺序对 NewPop2 每个个体按照变异概率 $P_{mm}/P_{fm}/P_{om}/P_{sm}$ 分别进行变异生成子代。需要注意的是，每执行一个变异算子前都要执行一次精英策略，执行变异算子后，对于前 $PopSize \times P_c$ 个个体，若子代优于其则取而代之，否则保持不变，其余个体直接用子代替换。

最终将执行所有变异后的个体放入种群 OldPop。

**步骤 4**：判断是否满足算法终止条件。若满足跳转到步骤 5，否则跳转到步骤 2。

**步骤 5**：输出最优解。

## 8.2.4 案例求解与分析

### （1）案例描述

本小节使用 Kim 提出的著名的 IPPS 问题测试集，该测试集一共包括 24 个实例、18 个工件、15 台机器、300 道工序，每个实例包含不同的工件组合。算法的参数设置如表 8-7 所示。

表 8-7 算法参数设置

| 参数描述 | 值 | 参数描述 | 值 |
|---|---|---|---|
| 进化代数 | 300 | 特征层变异概率 | 0.15 |
| 种群大小 | 450 | 工艺层变异概率 | 0.05 |
| 复制概率 | 0.2 | 机器层变异概率 | 0.8 |
| 交叉概率 | 0.8 | 调度层变异概率 | 0.1 |

### （2）结果分析

为了测试算法的有效性，将求得的结果与已有文献中其他算法求得的结果进行了对比，计算结果如表 8-8 所示。

表 8-8 测试结果

| 实例 | N | IGA | OCGA | CE | EACO | GAVNS | MGA | HMS-GA | ECP | 下界 | IGA-MD |
|---|---|---|---|---|---|---|---|---|---|---|---|
| B14_1 | 6 | 427 | 427 | 427 | 427 | 427 | 427 | 427 | 427 | 427 | **427** |
| B14_2 | 6 | 343 | 343 | 343 | 343 | 343 | 343 | 343 | 343 | 343 | **343** |
| B14_3 | 6 | 344 | 344 | 344 | 344 | 344 | 344 | 344 | 344 | 344 | **344** |
| B14_4 | 6 | 306 | 306 | 306 | 306 | 306 | 306 | 306 | 306 | 306 | **306** |

续表

| 实例 | N | IGA | OCGA | CE | EACO | GAVNS | MGA | HMS-GA | ECP | 下界 | IGA-MD |
|---|---|---|---|---|---|---|---|---|---|---|---|
| B14_5 | 6 | 304 | 318 | 315 | 318 | 318 | 304 | 318 | 318 | 304 | **304** |
| B14_6 | 6 | 427 | 427 | 429 | 427 | 427 | 427 | 427 | 427 | 427 | **427** |
| B14_7 | 6 | 372 | 372 | 372 | 372 | 372 | 372 | 372 | 372 | 372 | **372** |
| B14_8 | 6 | 342 | 343 | 343 | 343 | 343 | 343 | 342 | 343 | 342 | 343 |
| B14_9 | 6 | 427 | 427 | 427 | 427 | 427 | 427 | 427 | 427 | 427 | **427** |
| B14_10 | 9 | 427 | 427 | 427 | 427 | 427 | 427 | 427 | 427 | 427 | **427** |
| B14_11 | 9 | 368 | 348 | 365 | 348 | 349 | 344 | 349 | 344 | 344 | **344** |
| B14_12 | 9 | 312 | 318 | 322 | 322 | 319 | 318 | 321 | 318 | 306 | **306** |
| B14_13 | 9 | 429 | 427 | 433 | 427 | 427 | 427 | 428 | 427 | 427 | **427** |
| B14_14 | 9 | 386 | 372 | 398 | 373 | 379 | 372 | 374 | 372 | 372 | **372** |
| B14_15 | 9 | 427 | 427 | 427 | 427 | 427 | 427 | 427 | 427 | 427 | **427** |
| B14_16 | 12 | 433 | 427 | 448 | 429 | 427 | 427 | 428 | 427 | 427 | **427** |
| B14_17 | 12 | 415 | 370 | 424 | 377 | 362 | 351 | 367 | 344 | 344 | 352 |
| B14_18 | 12 | 364 | 351 | 375 | 357 | 349 | 326 | 335 | 318 | 306 | 313 |
| B14_19 | 12 | 450 | 427 | 480 | 431 | 427 | 427 | 434 | 427 | 427 | **427** |
| B14_20 | 12 | 429 | 384 | 430 | 386 | 383 | 372 | 390 | 372 | 372 | **372** |
| B14_21 | 12 | 433 | 427 | 442 | 428 | 427 | 427 | 427 | 427 | 427 | **427** |
| B14_22 | 15 | 491 | 446 | 512 | 444 | 433 | 427 | 443 | 427 | 427 | **427** |
| B14_23 | 15 | 465 | 394 | 471 | 413 | 388 | 372 | 415 | 372 | 372 | 382 |
| B14_24 | 18 | 532 | 458 | 528 | 460 | 446 | 437 | 475 | 427 | 427 | 440 |

表 8-8 中加粗的数据，表示改进遗传算法得到的各个目标函数值优于其他算法。改进遗传算法能够有效求解 IPPS 问题。图 8-11 为得到的解集中的一个解的甘特图。

图 8-11 实例 B14_12 的甘特图（makespan=306）

# 8.3 深度学习方法在机械设备状态检测中的应用案例

为验证深度学习方法的有效性，在电机轴承和自吸式离心泵两个案例上测试。电机轴承数据采集于实验室的仿真平台，自吸式离心泵数据采集于真实的生产设备。

## 8.3.1 滚动轴承案例介绍

电机轴承数据来源于 CWRU（Case Western Reserve University，凯斯西储大学）[24,25]，图 8-12 为实验仿真平台，包括 2 马力（1 马力=745.700W）的电机、加速度传感器、驱动端轴承、负载控制装置。测试轴承为 SKF 公司制造的深沟球轴承，参数见表 8-9。加速度计通过使用磁性底座安放在电机壳体上获取振动信号，采样频率为 12kHz。人为制造了直径为 7mils（毫英寸，1mils=0.0254mm）、14mils、21mils、28mils 的外圈故障、内圈故障和滚动体故障。

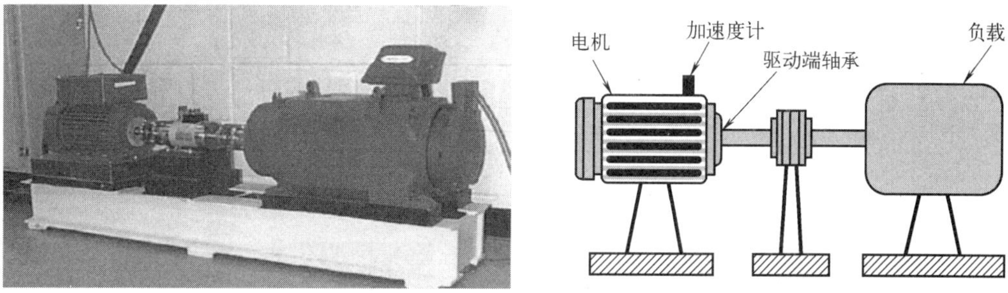


(a)　　(b)

图 8-12　CWRU 数据集的实验仿真平台

表 8-9　测试轴承参数信息（in 代表英寸，1in= 2.54cm）

| 内径 | 外径 | 厚度 | 滚珠直径 | 轴承节径 | 接触角 | 滚动体个数 |
|---|---|---|---|---|---|---|
| 0.9843in | 2.0472in | 0.5906in | 0.3126in | 1.537in | 90° | 9 |

考虑到 CWRU 数据集已被广泛用来验证各种诊断方法，编著者从近几年的文献中选择具有代表性的 6 篇文献作为对比。该 6 篇文献均是根据 CWRU 数据进行诊断实验，但对故障模式的划分方法不同，以及样本的长度不同。样本的详细信息见表 8-10，样本的长度从 1200 到 6000 不等。故障模式见表 8-11，可以看出是按照故障的位置和故障直径的大小划分模式。

考虑到旋转机械的周期性，频域信号能更好地反映故障信息，因此将时域振动信号通过快速傅里叶变换转到频率域。需要特别指出的是，尽管通过轴承、齿轮等旋转零件的几何尺寸、转速等可以估算不同故障模式的间隔频率，但由于旋转状况复杂，影响因素众多，单纯判断故障频率下的幅值效果不佳。例如，轴承在出现剥落故障的同时，可能存在因磨损、润滑不良等引入的宽频带振动。以文献 [26] 中的样本为例，图 8-13 给出了所有样本的频谱图，将每个故障模式下的所有样本以矩阵的形式存储，并可视化，幅值的单位为 $m/s^2$。可以看出，10 幅图呈现“竖条”的特点，表明样本具有相似的频谱图，且不同模式的频谱具有显著的区别。

表 8-10 样本信息

| 编号 | 参考文献 | 样本的长度 | 训练样本/测试样本数量 | 类别数 |
|---|---|---|---|---|
| 1 | 文献[25] | 2400 | 880/1320 | 11 |
| 2 | 文献[26] | 1200 | 400/3600 | 10 |
| 3 | 文献[27] | 1200 | 420/180 | 6 |
| 4 | 文献[28] | 2400 | 375/125 | 10 |
| 5 | 文献[29] | 6000 | 80/720 | 10 |
| 6 | 文献[30] | 1200 | 640/960 | 4 |

表 8-11 故障模式信息（B：滚动体，IF：内圈故障，OF：外圈故障，N：正常，数字：故障直径）

| 编号 | 标签 | | | | | | | | | | |
|---|---|---|---|---|---|---|---|---|---|---|---|
| | 1 | 2 | 3 | 4 | 5 | 6 | 7 | 8 | 9 | 10 | 11 |
| 1 | B7 | B14 | B21 | B28 | IF7 | IF14 | IF21 | IF28 | OF7 | OF14 | OF21 |
| 2 | B7 | B14 | B21 | IF7 | IF14 | IF21 | OF7 | OF14 | OF21 | N | — |
| 3 | B7 | B21 | IF7 | IF21 | OF7 | OF21 | — | — | — | — | — |
| 4 | B7 | B14 | B21 | IF7 | IF14 | IF21 | OF7 | OF14 | OF21 | N | — |
| 5 | B7 | B14 | B21 | IF7 | IF14 | IF21 | OF7 | OF14 | OF21 | N | — |
| 6 | B7 | IF7 | OF7 | N | — | — | — | — | — | — | — |

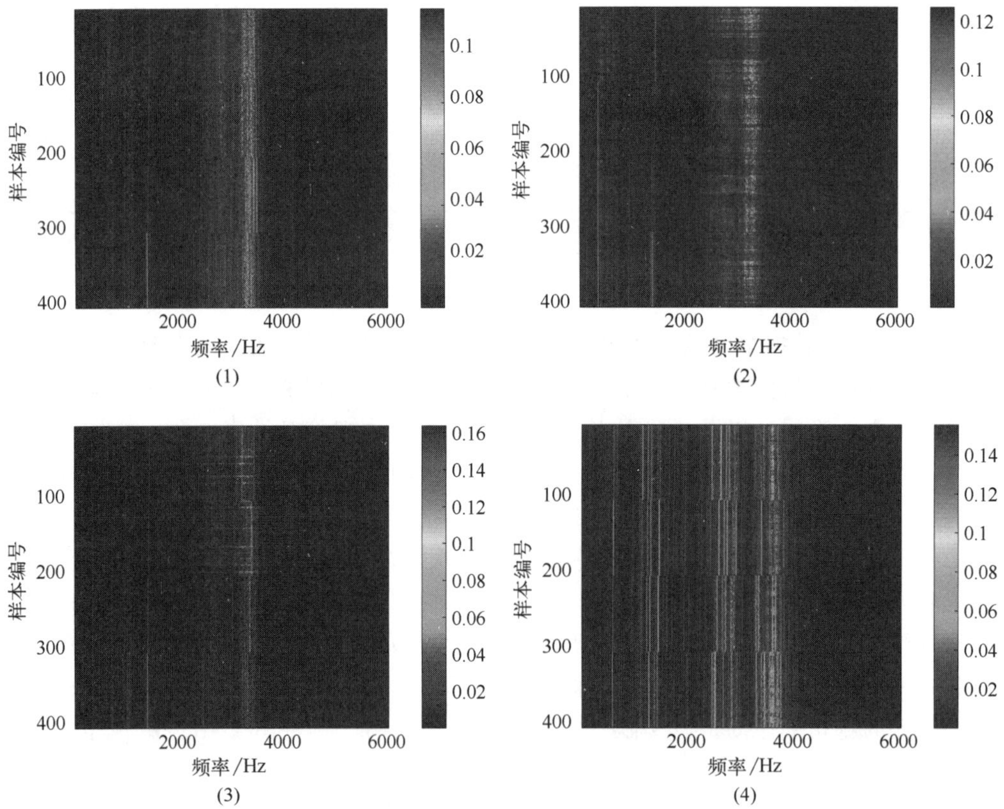

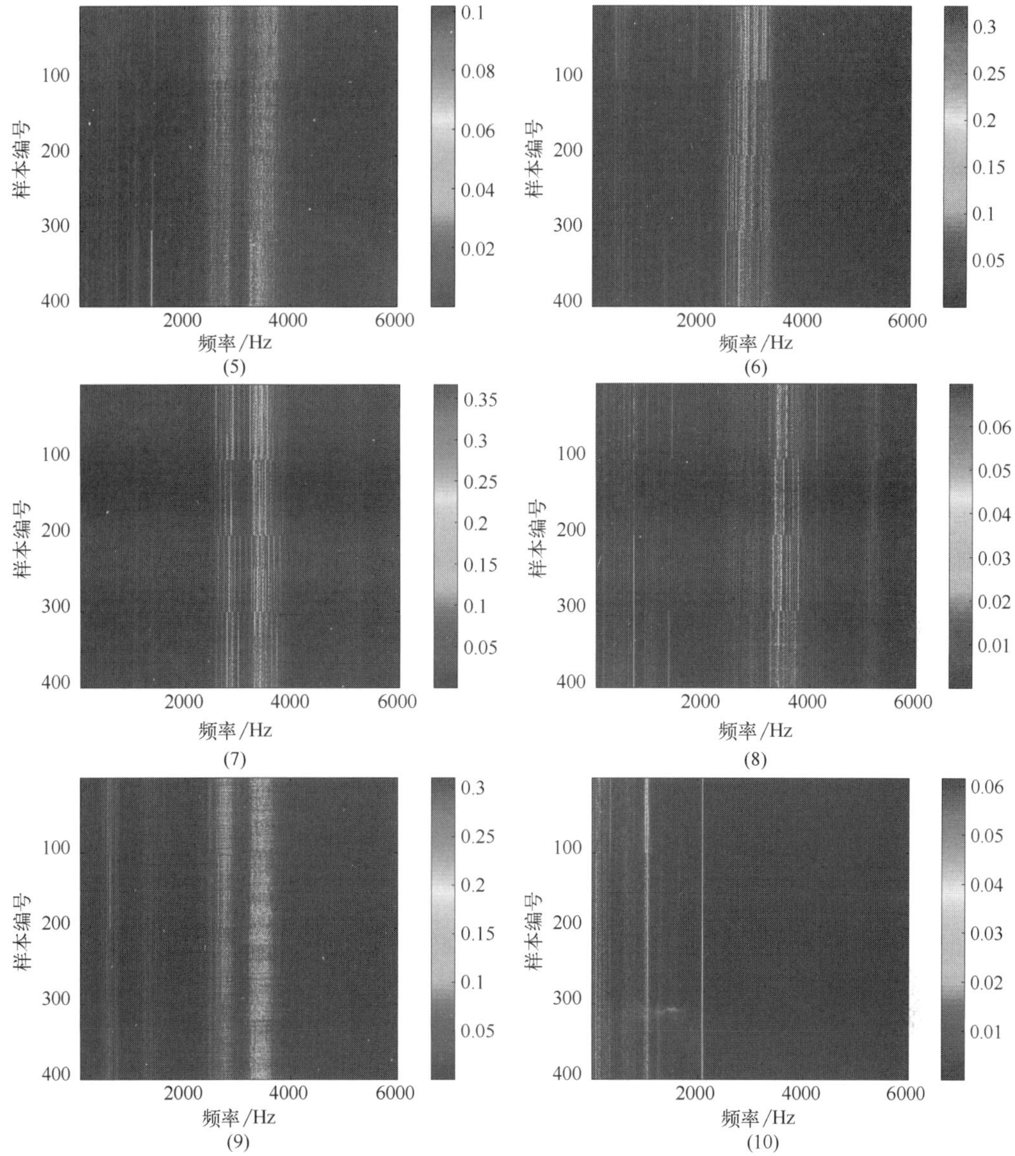


图 8-13　文献 [26] 的样本的频谱图 [图 (1)～(10) 分别对应标签 1～10]

**(1) Subset 数的选择**

本小节研究 Subset 数对故障诊断的影响，分别取 Subset 的数为 1、2、3、4。首先，根据上述的方法计算任意两类间的相似度，以序号 2 的数据为例，得到如图 8-14 所示的相似度矩阵的图形化表示（注意，该矩阵是以 Subset＝2 为例得到的）。表 8-12 给出了不同 Subset 数下，样本的分配情况。以 {[1, 4, 6], [2, 3, 5]} 为例，训练样本被分配到 2 个 Subset，标签 [1, 4, 6] 的样本被分配到第一个 Subset，其余被分配到

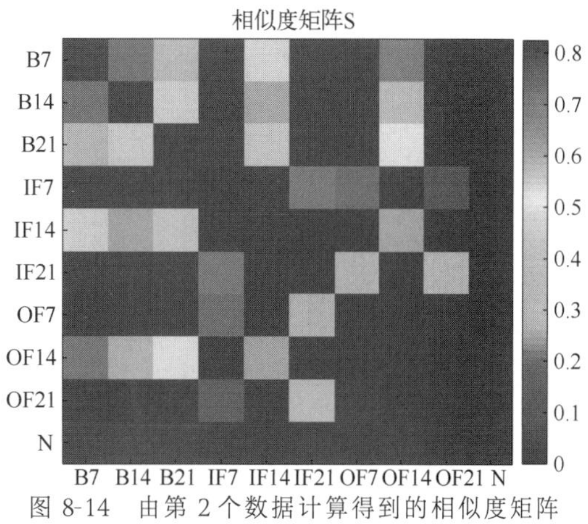


图 8-14　由第 2 个数据计算得到的相似度矩阵

第二个 Subset。

表 8-12 Subset 分配（数字代表样本的分类标签）

| 编号 | Subset 分配 | | |
|---|---|---|---|
| | Subset 数=2 | Subset 数=3 | Subset 数=4 |
| 1 | {[1,2,5,6,8,9],[3,4,7,10,11]} | {[1,2,8,9],[3,4,7,10],[5,6,11]} | {[1,2,8,9],[3,4,7],[5,10],[6,11]} |
| 2 | {[1,3,4,9,10],[2,5,6,7,8]} | {[2,3,5],[6,8,9],[1,4,7,10]} | {[1,2,4],[6,8],[5,9],[3,7,10]} |
| 3 | {[1,4,6],[2,3,5]} | {[1,4],[2,5],[3,6]} | {[1,4],[2,5],[3],[6]} |
| 4 | {[1,2,6,8,9],[3,4,5,7,10]} | {[2,3,5],[6,8,9],[1,4,7,10]} | {[1,4],[2,7],[3,5,9,10],[6,8]} |
| 5 | {[1,2,3,4,7],[5,6,8,9,10]} | {[2,3,5],[6,8,9],[1,4,7,10]} | {[1,4,6],[2,5],[3,7],[8,9,10]} |
| 6 | {[1,2],[3,4]} | {[1,2],[3],[4]} | {[1],[2],[3],[4]} |

采用识别准确率作为评估指标，原因为准确率能够度量整体的性能，表明方法的可靠性，准确率的计算公式如式（8-33）所示。图 8-15 给出了不同 Subset 数训练准确率对比和测试准确率对比，结果为 20 次运行的统计结果。蓝色（左侧）柱状图为训练准确率，红色（右侧）柱状图为测试准确率，柱上的条形线为标准差。

$$准确率=\frac{\#准确识别的样本数}{\#总样本数}\times 100\% \tag{8-33}$$

可以得出两个结论：①不同 Subset 数对诊断准确率有较大影响；②对于 6 个不同的数据集，最优 Subset 数不同。据图 8-15（5）、图 8-15（6）所示，最优 Subset 数分别为 2（准确率 99.81%±0.14%）、2（准确率 99.79%±0.09%）、3（准确率 99.61%±0.57%）、1（准确率 100%）、3（准确率 98.70%±0.59%）、1（准确率 100%）。

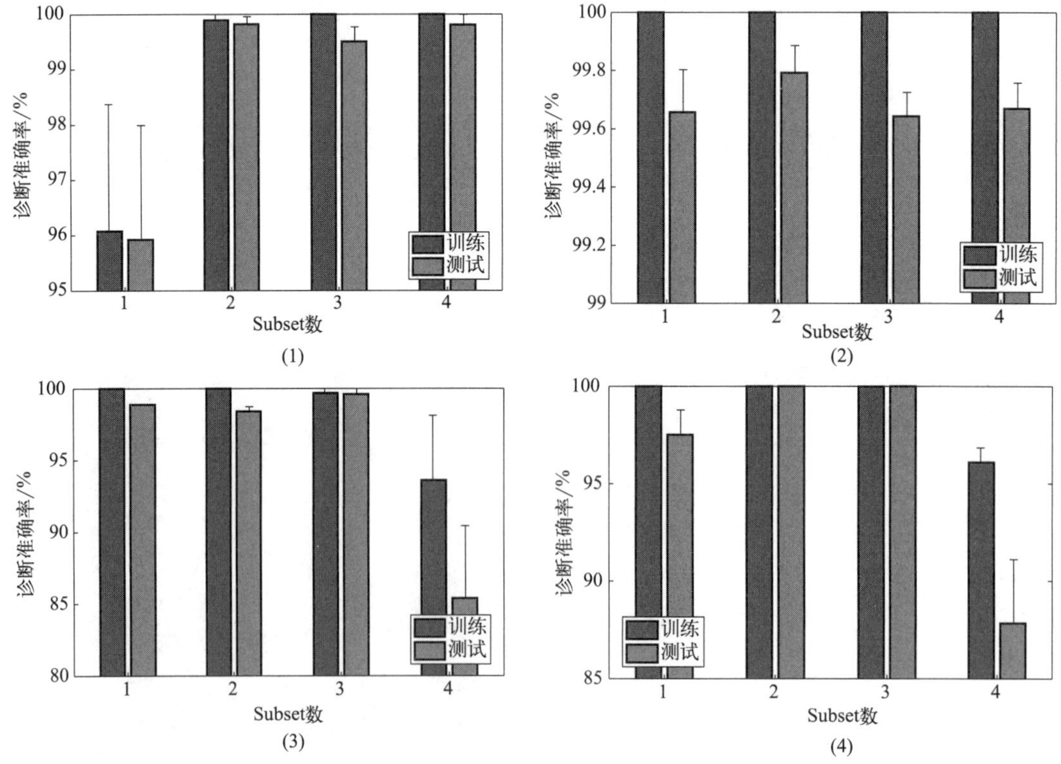

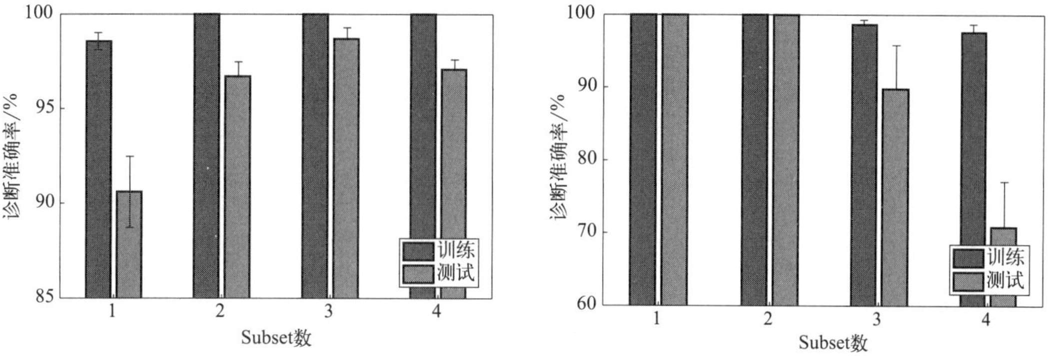

(5) (6)

图 8-15 不同 Subset 数训练准确率对比和测试准确率对比（分别对应序号 1～6 的数据）

**（2）与传统数据驱动方法对比**

为验证方法的优越性，与参考文献中所述方法进行对比。表 8-13 列出了所有参数设置。表 8-14 给出了与 6 种方法的对比，所提方法分别得到 99.81%、99.79%、99.61%、100%、98.70%、100%的测试准确率。除了在第 3 个数据上比对比方法略差，其余均优于对比方法。进一步分析发现，对比的方法均采用时域、频域、时频域等分析方法手动提取特征，该过程需要扎实的专业知识，并依赖于大量分析和经验。一旦特征提取不当会导致方法不可靠，如采用小波 leaders 技术提取特征，诊断效果较差，仅取得了 88.9%的测试准确率。相比，所提方法通过 SDAE 自动从高维数据中挖掘有效特征，从而摆脱了对专业信号分析知识的依赖。而且，对于 CWRU 的不同故障模式划分，所提方法均能够取得良好的诊断结果。

表 8-13 参数设置（加粗的参数由 PSO 算法优化得到）

| 参数描述 | 符号 | 序号 | | | | | |
|---|---|---|---|---|---|---|---|
| | | 1 | 2 | 3 | 4 | 5 | 6 |
| **权重系数** | $\lambda$ | 2.27e-4 | 1.25e-4 | 9.94e-4 | 8.98e-4 | 1.50e-3 | 1.20e-4 |
| **稀疏惩罚项系数** | $\beta$ | 0.0193 | 0.003 | 0.0797 | 0.0732 | 0.0045 | 0.0817 |
| **稀疏参数** | $\rho$ | 0.0562 | 0.0564 | 0.078 | 0.075 | 0.068 | 0.0587 |
| **dropout 概率值** | $p$ | 0.3224 | 0.2999 | 0.1257 | 0.1213 | 0.3168 | 0.0993 |
| **隐藏层的神经元数** | — | 79-67-43-26-17 | 80-72-43-26-19 | 92-49-39-23-15 | 92-51-37-22-15 | 137-74-45-32-17 | 90-45-43-24-12 |
| 种群容量 | — | 15 | 15 | 15 | 15 | 15 | 15 |
| 迭代次数 | — | 50 | 50 | 50 | 50 | 50 | 50 |
| 惯性系数 | $\omega$ | 1 | 1 | 1 | 1 | 1 | 1 |
| 加速因子 | $c_1(c_2)$ | 0.5(0.5) | 0.5(0.5) | 0.5(0.5) | 0.5(0.5) | 0.5(0.5) | 0.5(0.5) |
| 高斯分量个数 | $NC$ | 2 | 2 | 2 | 2 | 1 | 3 |

表 8-14 与传统数据驱动方法对比

| 序号 | 对比方法 | | | | 所提方法/% |
|---|---|---|---|---|---|
| | 参考文献 | 特征提取方法 | 分类器 | 准确率/% | |
| 1 | 文献[25] | 经验模态分解 | SVM | 97.91 | **99.81** |
| 2 | 文献[26] | 稀疏滤波 | Softmax | 99.66 | **99.79** |
| 3 | 文献[27] | 时域统计＋频域分析 | SVM | **99.79** | 99.61 |
| 4 | 文献[28] | 小波 leaders | SVM | 88.9 | **100** |
| 5 | 文献[29] | 时域统计 | 线性判别分析 | 92.5 | **98.70** |

续表

| 序号 | 对比方法 | | | | 所提方法/% |
|---|---|---|---|---|---|
| | 参考文献 | 特征提取方法 | 分类器 | 准确率/% | |
| 6 | 文献[30] | 时域、频域、时频域分析 | 半监督 SOM | 98.4 | **100** |
| 均值 | — | — | — | 96.19 | **99.65** |

为更深入分析分类结果，图 8-16 给出了混淆矩阵图，横轴为预测的标签（predicted label），纵轴为实际标签（actual label）。主对角线为正确分类概率，其余位置为误分概率。

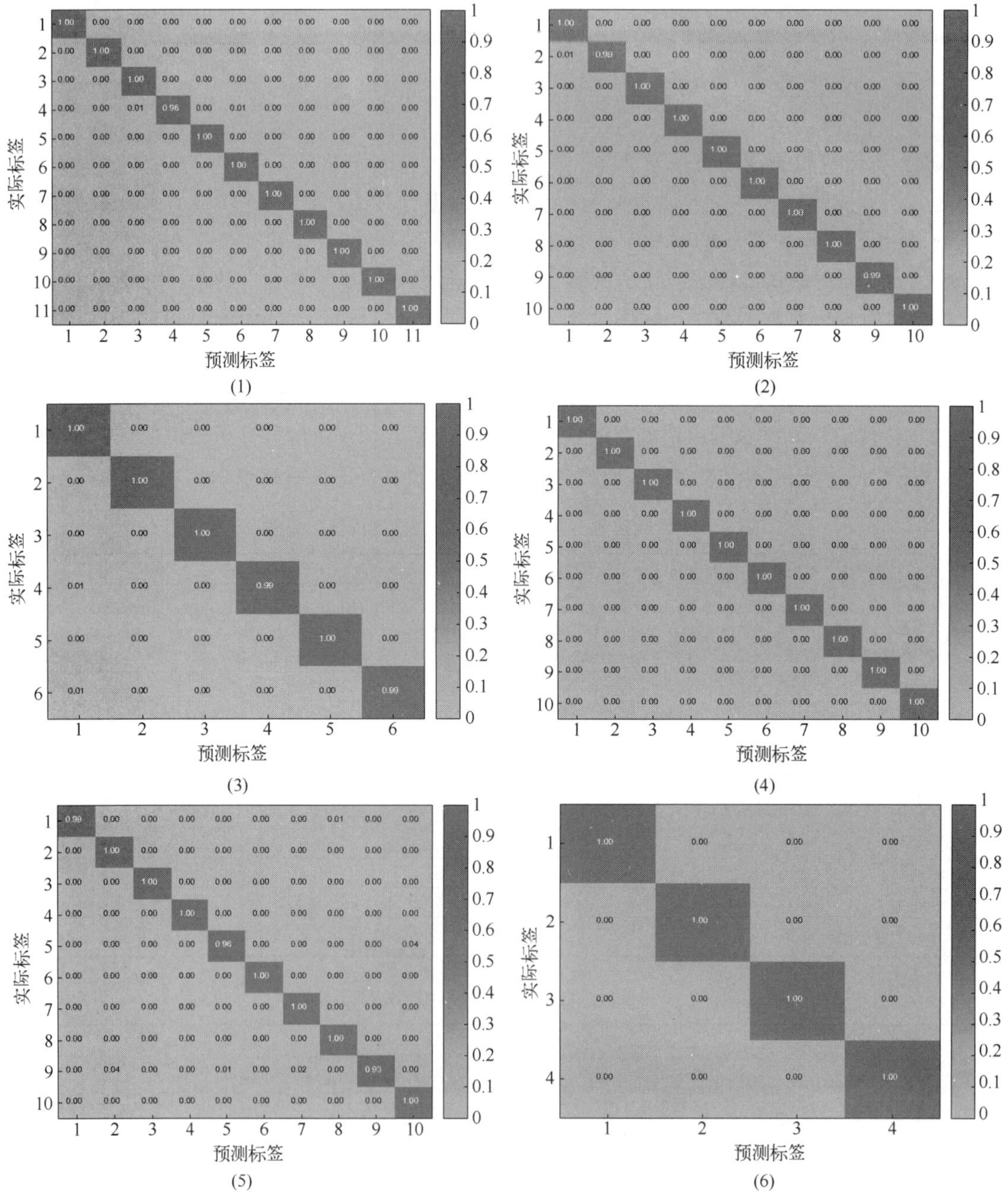

图 8-16　数据 1～6 的分类结果的混淆矩阵

**（3）特征可视化**

由于 SDAE 提取的特征为高维数据（维度等于 Subset 数乘以 SDAE 最后一层隐藏层神经元数），无法可视化。本节通过主成分分析法，获取特征的前 3 个主成分（principal component，PC），并分别可视化前 2 个 PCs 和前 3 个 PCs。考虑到数据 5 的测试准确率最低，以其为例深入分析提取的特征，可视化如图 8-17 所示。通过图 8-17（1）可以看出，原始数

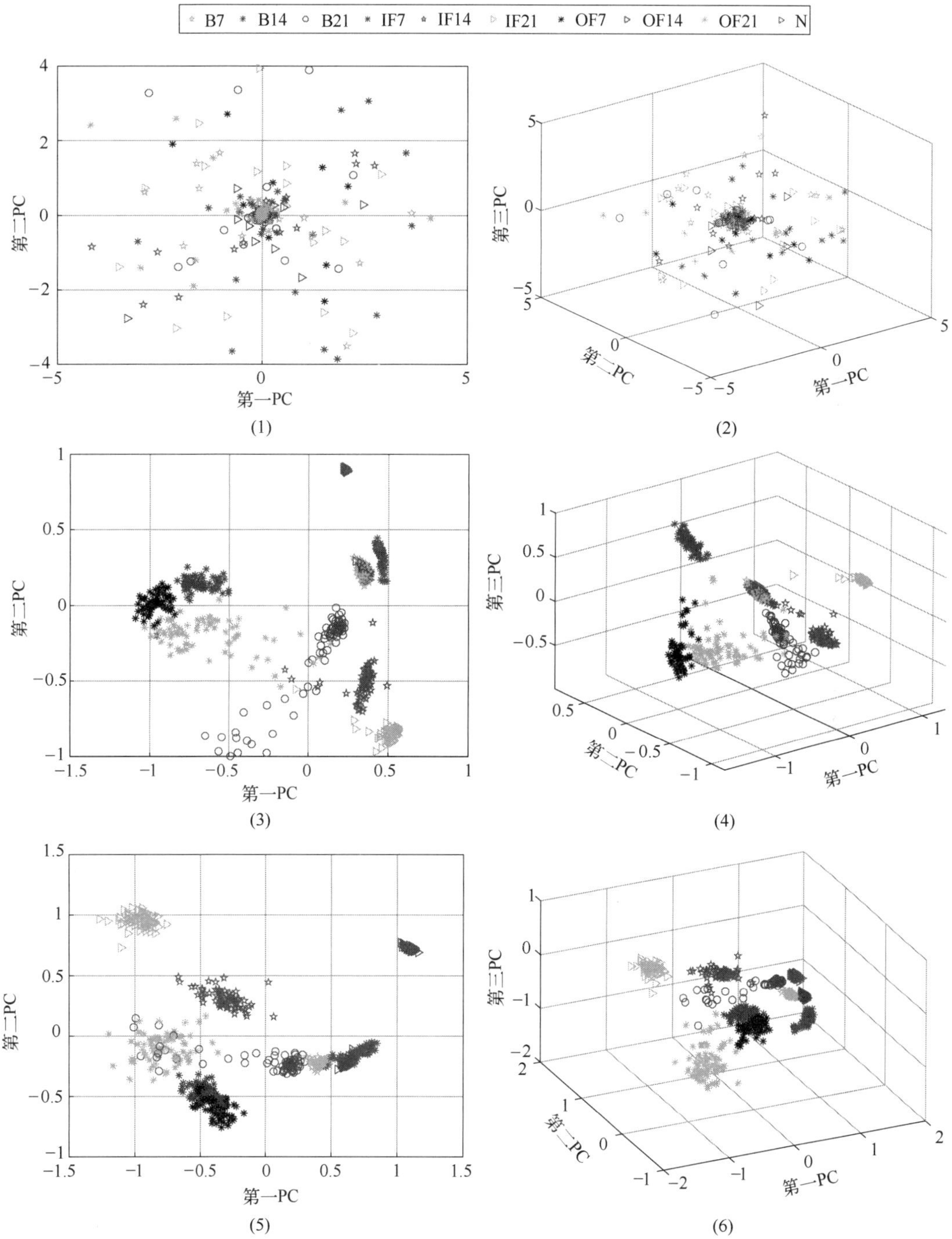


图 8-17　数据 5 中测试样本特征的前 2 个和前 3 个主成分（第一 PC：原始样本；第二 PC：未采用 Subset 技术时，SDAE 提取的特征；第三 PC：采用 Subset 技术时，SDAE 提取的特征）

据的前 3 个 PCs 散乱地分布在特征向量空间，彼此重叠，导致完全无法区分。通过图 8-17（2）可以看出，SDAE 能够提取有效的特征，类内样本聚集、不同类分开，但未采用 Subset 时，B7 和 OF14 的样本相互重叠，导致误分，测试准确率只有 90.6%±1.88%。对比图 8-17（3），B7 和 OF14 的样本完全能够分开，因此如图 8-17（5）所示，标签 1（B7）和标签 8（OF14）的样本相互间没有被误分。

## 8.3.2 自吸式离心泵案例验证

**（1）案例介绍**

本小节将所提方法用于自吸式离心泵故障诊断，设备和信号采集系统详见参考文献［31］。图 8-18 给出自吸式离心泵设备的图片。该设备共有 5 种健康状态，分别为：①正常状态；②轴承滚动体磨损；③轴承内圈磨损；④轴承外圈磨损；⑤叶轮磨损。采样频率为 10240Hz，采样时间为 10s，因此每种健康状况有 102400 个样本点。参照参考文献［31］，将前 100000 个点划分为 100 个样本，每个样本包含 1000 个数据点，样本间不存在重叠。5 种状况总共有 500 个样本，随机取 40%作训练，其余 60%作测试，样本的详细信息见表 8-15。同样将时域振动信号通过快速傅里叶变换转到频率域，图 8-19 给出了所有样本的频谱图，将每个故障模式下的所有样本以矩阵的形式存储，并可视化，幅值的单位为 $m/s^2$。可以看出，10 幅图呈现“竖条”的特点，表明样本具有相似的频谱图，但仍需从中提取关键特征。

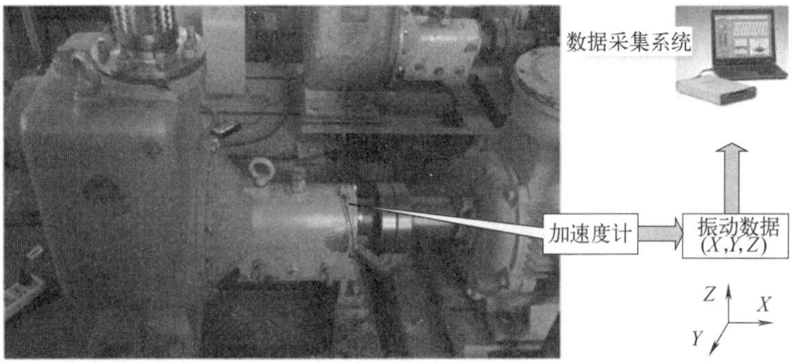


图 8-18 自吸式离心泵设备

表 8-15 样品详细信息

| 健康状态 | 样本长度 | 训练/测试样本数 | 分类标签 |
|---|---|---|---|
| 正常(normal,N) | 1000 | 40/60 | 1 |
| 滚动体磨损(roller wearing,RW) | 1000 | 40/60 | 2 |
| 轴承内圈磨损(inner race wearing,IRW) | 1000 | 40/60 | 3 |
| 轴承外圈磨损(outer race wearing,ORW) | 1000 | 40/60 | 4 |
| 叶轮磨损(impeller wearing,IW) | 1000 | 40/60 | 5 |

**（2）结果对比与分析**

表 8-16 列出了参数设置，Subset 为 1 和 2 时，获取的测试准确率均为 99.60%，只是方差略微不同，分别为 0.38%和 0.26%。考虑采用单个 SDAE 模型时，计算速度快。因此最优 Subset 设为 1，即所有训练样本被分配到同一个 Subset 中。图 8-20（a）给出了 20 次运行的训练准确率和测试准确率。图 8-20（b）给出了混淆矩阵图。训练准确率和测试准确率

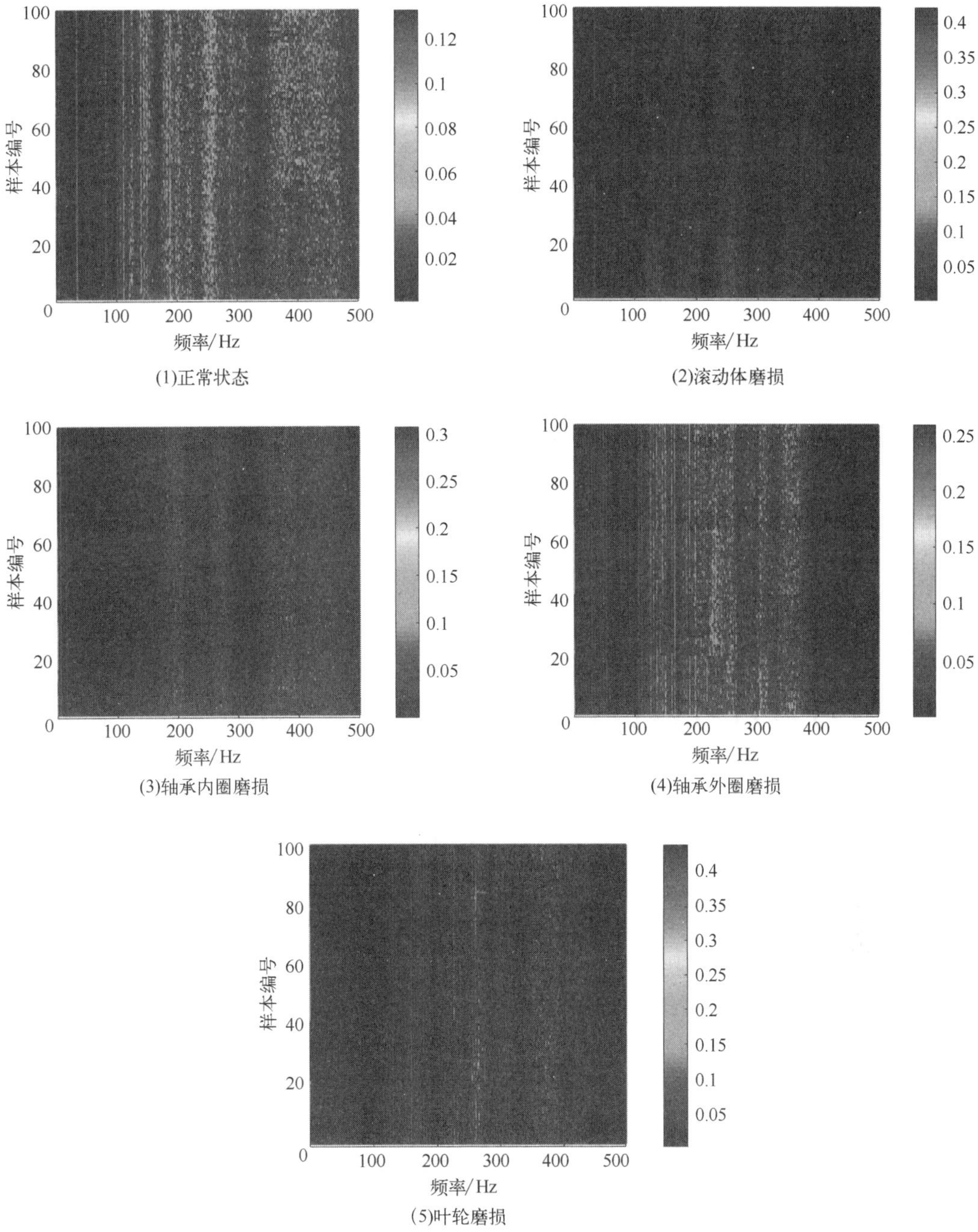


图 8-19　5 种健康状态下的振动数据

分别为 99.95%±0.15%和 99.60%±0.38%。由于共 300 个测试样本，意味着平均只有 1.2 个样本被误识别。

表 8-16　参数设置（加粗的参数由 PSO 算法优化得到）

| 参数描述 | 符号 | 值 |
| --- | --- | --- |
| **权重系数** | $\lambda$ | 7.2354e-5 |
| **稀疏惩罚项系数** | $\beta$ | 4.1468e-4 |

续表

| 参数描述 | 符号 | 值 |
|---|---|---|
| **稀疏参数** | $\rho$ | 0.1509 |
| **dropout 概率值** | $p$ | 0.0465 |
| **隐藏层的神经元数** | — | 85-73-39-23-13 |
| 种群容量 | — | 15 |
| 迭代次数 | — | 50 |
| 惯性系数 | $\omega$ | 1 |
| 加速因子 | $c_1(c_2)$ | 0.5(0.5) |
| Subset 分配 | — | {[1,2,3,4,5]} |

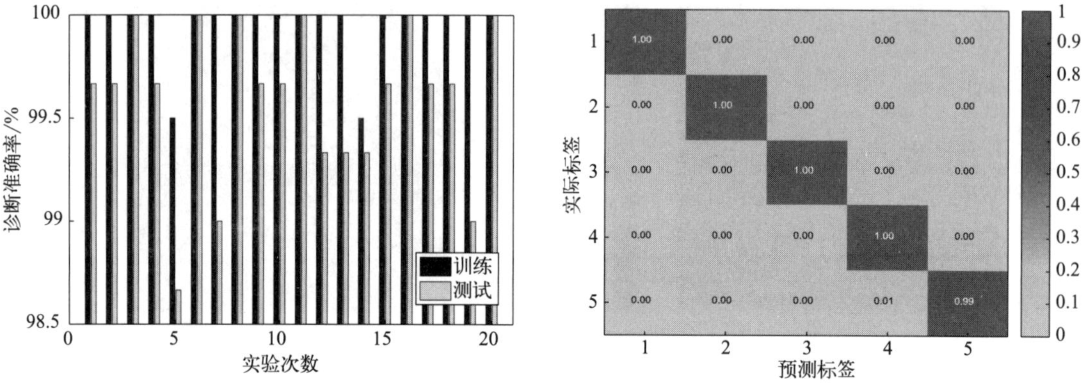

(a) 20次实验结果　(b) 混淆矩阵

图 8-20　实验结果

表 8-17 列出了目前采用该数据的诊断方法，对比方法均能获取较好的诊断准确率，分别为 98.33%、99.48%、99.60%。第一种方法利用双谱等高线图提取特征，该过程依赖于大量的信号分析，而本书方法完全能够自动提取特征。第二种方法采用卷积神经网络自动提取特征，但结果略差于本书方法。需要说明的是，第二种方法也是笔者团队的研究成果，正是考虑到 CNN 需要将一维信号转为二维图像，而转换方法又极大程度地影响诊断结果，因此本书研究不依赖图像的诊断方法。

表 8-17　与现有的方法对比

| 参考文献 | 特征提取 | 分类器 | 测试准确率/% |
|---|---|---|---|
| 文献[31] | 双谱等高线图 | 概率神经网络 | 98.33 |
| 文献[32] | 卷积神经网络 | Softmax | 99.48 |
| — | SDAE(Subset=2) | GMM | 99.60 |
| 所提方法 | SDAE | GMM | 99.60 |

**（3） GMM 拟合结果可视化和测试样本特征可视化**

图 8-21 给出了 GMM 对每类训练样本的拟合，其中散点为训练样本特征的前 2 个主成分。可以看出采用 2 个高斯分量时，均可以得到很好的拟合结果。图 8-22 给出了 SDAE 获取的特征的前 2 个和前 3 个主成分，明显看出每类样本聚在一起，不同类的簇相互分开，这也是 GMM 能够获取较高诊断准确率的原因。

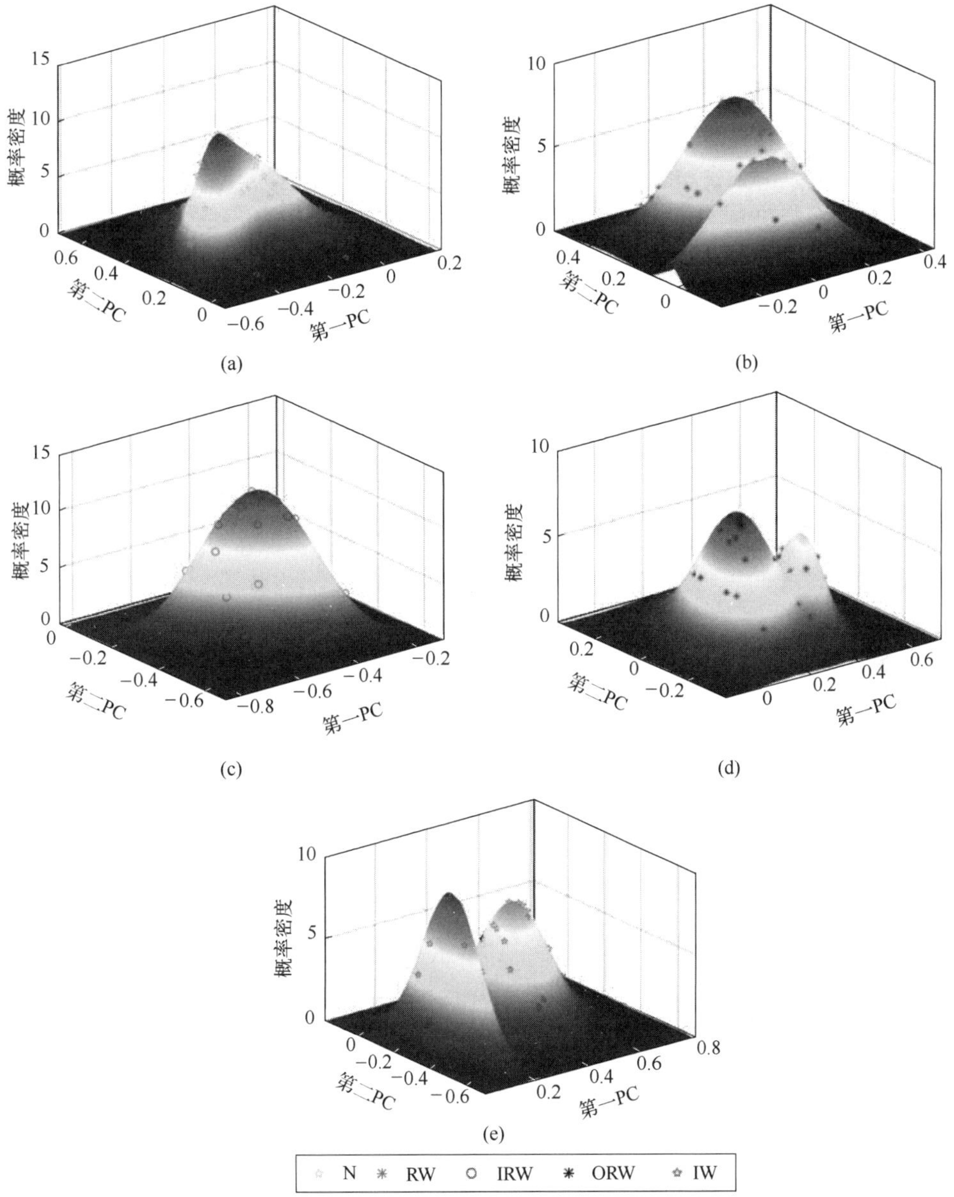


图 8-21　GMM 模型拟合结果可视化 [ (a) ~ (e) 分别对应 N、RW、IRW、ORW、IW]

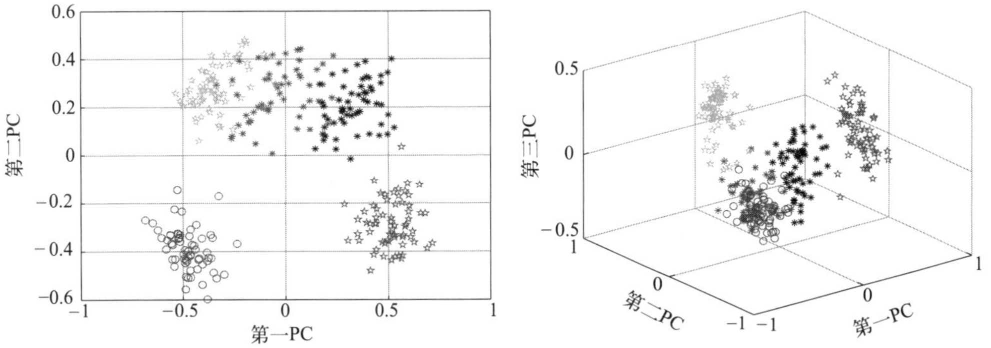


图 8-22　测试样本前 2 个主成分和前 3 个主成分的散点图

## 本章小结

本章的主要内容围绕群体智能方法的综合应用案例展开，详细介绍了其在生产运维集成优化、工艺规划与车间调度，以及机械设备状态监测问题中的详细应用方法。通过对不同案例进行概述并对每种问题下的求解算法流程进行详细描述，进一步探讨了不同智能算法在不同智能制造场景中的应用，展示了其在解决复杂优化问题中的优势和广泛应用前景。

## 习　题

1. 什么是工艺规划与车间调度？它在智能生产中应用于哪些场景？
2. 概述遗传算法求解集成工艺规划与车间调度问题时的流程。
3. 简单设计一个工艺规划与车间调度问题，并尝试采用遗传算法进行求解。

## 参考文献


[1] Qiao J F, Li F, Yang S X, et al. An adaptive hybrid evolutionary immune multi-objective algorithm based on uniform distribution selection [J]. Information Sciences, 2020, 512: 446-470.

[2] Gong M G, Jiao L C, Du H F, et al. Multiobjective immune algorithm with nondominated neighbor-based selection [J]. Evolutionary Computation, 2008, 16 (2): 225-255.

[3] Ma J J, Lei Y, Wang Z, et al. A memetic algorithm based on immune multi-objective optimization for flexible job-shop scheduling problems [C] //Proceedings of the IEEE Congress on Evolutionary Computation (CEC). Beijing, 2014, 58-65.

[4] Zhu Q, Zhu Z L, Qi Y, et al. Optimization of cascading failure on complex network based on NNIA [J]. Physica A-Statistical Mechanics and Its Applications, 2018, 501: 42-51.

[5] Zhang G J, Zhang Y M, Chen Z, et al. Magnetic-assisted method and multi-objective optimization for improving the machining characteristics of WEDM in trim cutting magnetic material [J]. International Journal of Advanced Manufacturing Technology, 2018, 98: 1471-1488.

[6] Jiang X L, Yu Y, Zhao L L, et al. Constrained nondominated neighbor immune multiobjective optimization algorithm for multimedia delivery [J]. Multimedia Tools and Applications, 2017, 76 (16): 17297-17317.

[7] Pan Q-K, Ruiz R, Alfaro-Fernandez P. Iterated search methods for earliness and tardiness minimization in hybrid flowshops with due windows [J]. Computers & Operations Research, 2017, 80: 50-60.

[8] Wu X Q, Che A D. A memetic differential evolution algorithm for energy-efficient parallel machine scheduling [J]. Omega-International Journal of Management Science, 2019, 82: 155-165.

[9] Jing X L, Pan Q K, Gao L, et al. An effective Iterated Greedy algorithm for the distributed permutation flowshop scheduling with due windows [J]. Applied Soft Computing, 2020, 96: 106629.

[10] Yuan Y, Xu H. Multiobjective flexible job shop scheduling using memetic algorithms [J]. IEEE Transactions on Automation Science and Engineering, 2015, 12 (1): 336-353.

[11] Gong G L, Chiong R, Deng Q W, et al. A memetic algorithm for multi-objective distributed production scheduling: Minimizing the makespan and total energy consumption [J]. Journal of Intelligent Manufacturing, 2020, 31 (6): 1443-1466.

[12] Deb K, Pratap A, Agarwal S, et al. A fast and elitist multiobjective genetic algorithm: NSGA-Ⅱ

[J]. IEEE Transactions on Evolutionary Computation, 2002, 6 (2): 182-197.

[13] Zhang Q F, Li H. MOEA/D: A multiobjective evolutionary algorithm based on decomposition [J]. IEEE Transactions on Evolutionary Computation, 2007, 11 (6): 712-731.

[14] Minella G, Ruiz R, Ciavotta M. Restarted iterated pareto greedy algorithm for multi-objective flowshop scheduling problems [J]. Computers & Operations Research, 2011, 38 (11): 1521-1533.

[15] Wang G C, Li X Y, Gao L, et al. Energy-efficient distributed heterogeneous welding flow shop scheduling problem using a modified MOEA/D [J]. Swarm and Evolutionary Computation, 2021, 62: 100858.

[16] Zhang Z K, Tang Q H, Chica M. Maintenance costs and makespan minimization for assembly permutation flow shop scheduling by considering preventive and corrective maintenance [J]. Journal of Manufacturing Systems, 2021, 59: 549-564.

[17] Tan W, Khoshnevis B. Integration of process planning and scheduling: A review [J]. Journal of Intelligent Manufacturing, 2000, 11 (1): 51-63.

[18] Phanden R K, Jain A, Verma R. Integration of process planning and scheduling: A state-of-the-art review [J]. International Journal of Computer Integrated Manufacturing, 2011, 24 (6): 517-534.

[19] Usher J M. Evaluating the impact of alternative plans on manufacturing performance [J]. Computers & Industrial Engineering, 2003, 45 (4): 585-596.

[20] Joo J, Park S, Cho H. Adaptive and dynamic process planning using neural networks [J]. International Journal of Production Research, 2001, 39 (13): 2923-2946.

[21] Larsen N E, Alting L. Dynamic planning enriches concurrent process and production planning [J]. International Journal of Production Research, 1992, 30 (8): 1861-1876.

[22] Wen X, Qian Y, Lian X, et al. Improved genetic algorithm based on multi-layer encoding approach for integrated process planning and scheduling problem [J]. Robotics and Computer Integrated Manufacturing, 2023, 84.

[23] Zhang G, Gao L, Shi Y. An effective genetic algorithm for the flexible job-shop scheduling problem [J]. Expert Systems with Applications, 2011, 38 (4): 3563-3573.

[24] Lou X, Loparo K A. Bearing fault diagnosis based on wavelet transform and fuzzy inference [J]. Mechanical systems and signal processing, 2004, 18 (5): 1077-1095.

[25] Zhang X, Liang Y, Zhou J. A novel bearing fault diagnosis model integrated permutation entropy, ensemble empirical mode decomposition and optimized SVM [J]. Measurement, 2015, 69: 164-179.

[26] Lei Y G, Jia F, Lin J, et al. An intelligent fault diagnosis method using unsupervised feature learning towards mechanical big data [J]. IEEE Transactions on Industrial Electronics, 2016, 63 (5): 3137-3147.

[27] Zhang X Y, Qiu D Y, Chen F A. Support vector machine with parameter optimization by a novel hybrid method and its application to fault diagnosis [J]. Neurocomputing, 2015, 149: 641-651.

[28] Du W, Tao J, Li Y, et al. Wavelet leaders multifractal features based fault diagnosis of rotating mechanism [J]. Mechanical Systems and Signal Processing, 2014, 43 (1): 57-75.

[29] Jin X, Zhao M, Chow T W, et al. Motor bearing fault diagnosis using trace ratio linear discriminant analysis [J]. IEEE Transactions on Industrial Electronics, 2014, 61 (5): 2441-2451.

[30] Li W, Zhang S, He G. Semisupervised distance-preserving self-organizing map for machine-defect detection and classification [J]. IEEE Transactions on Instrumentation and Measurement, 2013, 62 (5): 869-879.

[31] Lu C, Wang Y, Ragulskis M, et al. Fault diagnosis for rotating machinery: A method based on image processing [J]. PLoS One, 2016, 11 (10): e0164111.

[32] Wen L, Li X, Gao L, et al. A new convolutional neural network-based data-driven fault diagnosis method [J]. IEEE Transactions on Industrial Electronics, 2018, 65 (7): 5990-5998.